大学计算机系列教材 | i教育·融合创新一体化教材

U0237960

大学
信息技术（第三版）

College
Information Technology

组　编◎上海市教育委员会

总主编◎高建华

主　编◎徐方勤　朱　敏

内附
微课视频

华东师范大学出版社
·上海·

图书在版编目（CIP）数据

大学信息技术/徐方勤，朱敏主编.—3 版.—上海：华
东师范大学出版社，2022
　大学计算机系列教材
　ISBN 978 - 7 - 5760 - 2886 - 7

Ⅰ.①大…　Ⅱ.①徐…②朱…　Ⅲ.①电子计算机-
高等学校-教材　Ⅳ.①TP3

中国版本图书馆 CIP 数据核字（2022）第 135317 号

大学计算机系列教材

大学信息技术(第三版)

组　　编　上海市教育委员会
总 主 编　高建华
主　　编　徐方勤　朱　敏
责任编辑　范耀华
责任校对　胡　静
装帧设计　庄玉侠

出版发行　华东师范大学出版社
社　　址　上海市中山北路 3663 号　邮编 200062
网　　址　www.ecnupress.com.cn
电　　话　021 - 60821666　行政传真 021 - 62572105
客服电话　021 - 62865537　门市(邮购)电话 021 - 62869887
地　　址　上海市中山北路 3663 号华东师范大学校内先锋路口
网　　店　http://hdsdcbs.tmall.com

印 刷 者　江苏扬中印刷有限公司
开　　本　787毫米1092毫米　1/16
印　　张　24.75
字　　数　645 千字
版　　次　2022 年 8 月第 3 版
印　　次　2024 年 1 月第 12 次
书　　号　ISBN 978 - 7 - 5760 - 2886 - 7
定　　价　59.50 元

出 版 人　王　焰

序

XU

教材是育人育才的重要依托，是解决培养什么人、怎样培养人、为谁培养人这一根本问题的重要载体，是国家意志在教育领域的直接体现。大学计算机课程面向全体在校大学生，是大学公共基础课程教学体系的重要组成部分，在高校人才培养中发挥着越来越重要的作用。

为了显著提升大学生信息素养、强化大学生计算思维以及培养大学生运用信息技术解决学科问题的能力，《上海市教育委员会关于进一步推动大学计算机课程教学改革的通知》在近期发布。教学改革离不开教材改革，教材改革是教育新思想、教育新观念的重要实现载体。"大学计算机系列教材"（含《大学信息技术》、《数字媒体基础与实践》、《数据分析与可视化实践》、《人工智能基础》和《信息技术基础与实践》）聚焦新时代和信息社会对人才培养的新需求，强化以能力为先的人才培养理念，引入互联网＋、云计算、移动应用、大数据、人工智能等新一代信息技术，体现了上海高校计算机基础教学的新理念和新思想。

本套教材的编写者来自上海市众多高校，他们长期从事计算机基础教学和研究，坚守在教学第一线，经常举行全市性的教学研讨会，研讨计算机基础教学改革与发展，研讨计算机基础教育应如何为新时代高校创新人才培养发挥重要作用。在本套教材的编写过程中，编写者结合信息技术的快速发展及学科特点，遵循学生的认知规律，注重教材编写的设计理念、内容选材、编排体系和呈现形式。学生通过对本套教材的学习，可以掌握信息技术的基本知识，增强信息意识，提高信息价值判断力，养成良好的信息道德修养；能够促进自身的计算思维、数据思维、智能思维的养成，并能通过恰当的数字媒体形式合理表达思维内容；可以深化信息技术与各专业学科融合，提升创新能力，获得运用信息技术解决学科问题及生活问题的能力。

从 1992 年版的《计算机应用初步》到现在的"大学计算机系列教材"，本套教材对上海市高校计算机基础教学改革起到了非常重要的推进作用，之后还将不断改进、完善和提高。我们诚恳希望广大师生在使用教材的过程中多提宝贵的意见和建议，为教材建设、为上海高校计算机基础教学水平的不断提升而共同努力。

上海市教育委员会副主任　毛丽娟

2019 年 6 月

编者的话

BIAN ZHE DE HUA

移动互联网、物联网、云计算、大数据、人工智能、区块链等新一代信息技术的不断涌现，给整个社会进步与人类生活带来了颠覆性变化。各领域与信息技术的融合发展，产生了极大的融合效应与发展空间，这对高校的计算机基础教育提出了新的需求。如何更好地适应这些变化和需求，构建大学计算机基础教学框架，深化大学计算机基础课程改革，以达到全面提升大学生信息素养的目的，是新时代大学计算机基础教育面临的挑战和使命。

为了显著提升大学生信息素养、强化大学生计算思维以及培养大学生运用信息技术解决学科问题的能力，适应新时代和信息社会对人才培养的新需求，在上海市教育委员会高等教育处和上海市高等学校信息技术水平考试委员会的指导下，我们组织编写了"大学计算机系列教材"（含《大学信息技术》、《数字媒体基础与实践》、《数据分析与可视化实践》、《人工智能基础》和《信息技术基础与实践》），从2019年秋季起开始使用。

在本套教材的编写过程中，我们结合信息技术的快速发展及学科特点，遵循学生的认知规律，注重教材编写的设计理念、内容选材、编排体系和呈现形式。学生通过对本套教材的学习，可以掌握信息技术的知识与技能，增强信息意识，提高信息价值判断力，养成良好的信息道德修养，同时能够促进自身的计算思维、数据思维、智能思维与各专业思维的融合，提升创新能力，获得运用信息技术解决学科问题及生活问题的能力。

本套教材的总主编为高建华；《大学信息技术》的主编为徐方勤和朱敏；《数字媒体基础与实践》的主编为陈志云，副主编为顾振宇；《数据分析与可视化实践》的主编为朱敏，副主编为白玥；《人工智能基础》的主编为刘垚，副主编为宋沂鹏、费媛；《信息技术基础与实践》的主编为陈志云、白玥，副主编为詹宏、胡文心。本套教材可作为普通高等院校和高职高专院校的计算机应用基础教学用书。

在编写过程中，编委会组织了集体统稿、定稿，得到了上海市教育委员会及上海市教育考试院的各级领导、专家的大力支持，同时得到了华东师范大学、华东政法大学、复旦大学、上海大学、上海建桥学院、上海师范大学、上海对外经贸大学、上海商学院、上海体育学院、上海杉达学院、上海立信会计金融学院、上海理工大学、上海应用技术大学、上海第二工业大学、上海海关学院、上海电力大学、上海出版印刷高等专科学校、上海思博职业技术学院、上海农林职业技术学院、上海东海职业技术学院、上海中侨职业技术大学、上海震旦职业学院等校有关老师的帮助，在此一并致谢。由于信息技术发展迅猛，加之编者水平有限，本套教材难免还存在疏漏与不妥之处，竭诚欢迎广大读者批评指正。

高建华　徐方勤　朱　敏

2019年6月

前 言

QIAN YAN

信息技术是在信息的获取、整理、加工、传递、存储和应用中所采取的各种技术和方法。日新月异的信息技术,给整个社会进步与人类生活带来了颠覆性变化,信息技术在人们的日常学习、工作和生活中发挥着越来越重要的作用。党的二十大报告指出,"科技是第一生产力、人才是第一资源、创新是第一动力"。本教材以信息技术基本概念和基础知识为铺垫,为大学信息技术课程后续学习打下良好的基础。通过学习,学生能认识信息技术对于学习、工作和生活的重要意义,能准确使用信息源,并能够判断信息的有效性和合法性,熟练掌握数据文件管理和数据处理的基本方法,能够运用法律法规保障信息的安全合法,能够运用技术手段解除信息的危害,能够严守信息道德规范,塑造积极的信息素养道德观。

本教材共4章。第1章介绍信息技术的基本概念和基础知识,讨论信息技术的重要作用,强调信息素养、计算思维和信息道德培养的重要性;第2章在介绍数据文件管理方法的基础上,通过对操作系统的具体讲解,强调数据文件管理的必要性;第3章在介绍数据通信技术、计算机网络的基本概念的基础上,探讨了互联网应用、物联网应用及信息时代的安全技术,强调理解计算机网络的重要性;第4章强化对数据处理通用性和基础性方法的介绍,强调对实际应用能力培养的重要性。

本教材由徐方勤和朱敏主编,第1章由章元峰、曹晓洁、朱敏、张娜娜、白玥、陈志云编写,第2章由刘琴、徐玉麟、刘洋、鲁志芳编写,第3章由徐方勤、刘垚、高珏、张娜娜、高夏、杨文明、马剑锋、孙敏编写,第4章由朱敏、白玥、李智敏、姜曾贺、戴李君编写。本教材由张世正老师主审。本教材可作为普通高等院校和高职高专院校的计算机基础课程教学用书。另外,本教材配有微课讲解视频,扫描书中二维码即可观看。

本教材在编写过程中还得到了华东师范大学蒲鹏等老师的帮助,在此表示诚挚感谢。由于时间仓促和水平有限,书中难免存在不妥之处,竭诚欢迎广大读者批评指正。

编者

目 录

MU LU

PART —— 01

第 1 章 　信息技术基础

＜本章概要＞

　　信息技术是在信息的获取、整理、加工、传递、存储和应用中所采取的各种技术和方法。信息技术可以看作是代替、延伸、扩展人的感官和大脑信息处理功能的技术。

　　现代信息技术的主要特征是：各类数据的数字化，以及数据传递、数据处理、数据应用的计算机化、网络化和智能化。它是以微电子技术为基础，以计算机技术、通信技术和控制技术为核心，以信息应用为目标的科学技术群，具体包括数据获取技术、数据传输技术、数据处理技术、数据控制技术、数据存储技术、信息展示技术和信息应用技术等。

　　本章论述信息技术的基础知识，包括信息技术的发展、计算机系统、计算思维、新一代信息技术、信息安全与信息素养。

＜学习目标＞

当完成本章的学习后，要求：

1. 了解信息技术的发展历程；

2. 理解现代信息技术包含的基本内容；

3. 理解数据是以怎样的数字形式在信息设备上存储的；

4. 理解计算机软件系统的基本内容；

5. 理解计算思维的本质；

6. 了解新一代信息技术；

7. 能够规范信息行为，合理合法地利用信息。

1.1　信息技术概述

1.1.1　信息技术的发展

信息技术是随着人类对外部世界的认识和控制能力的提高而逐步发展的，按照信息的载体和通信方式的发展，可以大致分为古代信息技术、近代信息技术和现代信息技术三个不同的发展阶段，经历了语言的利用、文字的发明、印刷术的发明、电信革命，以及计算机技术的发明和利用五次重大的变革。

1.　古代信息技术

自有人类活动以来到 1837 年漫长的古代信息技术发展阶段内，信息传递基本上是以声、光、文字、图形等方式进行的。在这一时期，信息技术经历了语言的利用、文字的发明、印刷术的发明三次重大的变革。

人类最原始的信息表达和传递与现在的灵长类动物相似，是通过手势、面部表情、身体动作或简单的嗓音来进行的，只能在视觉和听觉范围内近距离传递（如图 1-1-1 所示）。随着历史的演变，简单的嗓音逐渐演变为语言，又经过长时期的进化，语言变得越来越丰富多彩。人类通过语言表达和传递信息，使信息的表达质量和效率大大提高。

语言信息的表达只能是瞬间的，除了用脑记忆外无法记录，因此信息的表达和传递在时间和空间上都受到限制。为了克服人脑容易遗忘的缺陷，人类开始创造符号来记录语言。经过长期的演变，符号逐渐发展成文字（如图 1-1-2 所示）。文字的发明是人类信息活动的一次革命性变革，使古代信息技术产生了突破性的进展。文字出现后，人类摆脱了自身的束缚，在大脑之外开始大量记录和存贮信息。文字的产生，也使得信息的远距离传输成为可能，用书信传递信息的方式开始出现，我国在秦朝就已经建立了信息传递系统——驿站。

图 1-1-1　形体语言

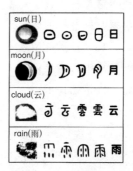

图 1-1-2　文字的演变

古代记录文字的载体，随着不同的历史时期而逐渐发展。在纸张发明前，文字的载体先后有：石刻、甲骨、青铜器、竹简、木牍、丝绸等。公元 105 年东汉蔡伦发明了造纸术（如图 1-1-3 所示），从而使文字的记录变得既方便又经济。造纸术是中国古代的四大发明之一，首先传到越南和朝鲜，7、8 世纪分别传到日本和阿拉伯，16 世纪传遍欧洲，对世界文明作出了巨大贡献。

印刷术在我国古代经历了石刻印刷（如碑帖拓印）、雕版印刷和活字印刷的发展过程，其中最为重要的是人工排版的活字印刷术（如图 1-1-4 所示），它是宋代毕昇发明的，也是中国古代的四大发明之一。印刷术的发明和使用，结束了人类记录和传递信息时单纯依靠手写的阶段。

图 1-1-3　造纸　　　　　　　　　　图 1-1-4　活字印刷

纸张和印刷术的结合，使得信息的记录、存贮、传递和使用范围在时间和空间上变得更为久远和广阔。

为了快速实现较远距离的信息传播，人们创造了声响传播、光传播等技术。例如，古代作战时的"擂鼓进军"、"鸣金收兵"，是利用诸如鼓、锣、炮等能够发出响亮声音的物件来进行信息传递的。在近代，战争中还用吹号来传达战斗命令。在现代，某些特种车辆（如警车、消防车、急救车、工程抢修车等）仍用特殊的响声来传递急救信息。用声响方式进行信息传递突破了语言传播的距离障碍，但也存在着传递距离有限和可靠性较差等诸多弱点。人们寻找到的新的、更有效的信息传递方式是光传播。早在两千多年前我国的周朝，边境上每隔一定距离会建筑起一座高高的土台，称为烽火台。一旦敌人来犯，白天点燃狼粪冒浓烟，晚上则燃烧柴草闪火光，用以传递敌情信息，称之为"狼烟烽火"。与声音信息传输相比较，光信息传播的速度更快、距离更远。

古代信息技术的特征是以文字记录为主要的信息存储手段，以书信传递为主要的信息传输方法，信息的采集、记录、传输都是在人工条件下实施的，因此，当时人们的信息活动范围小、效率低，可靠性也较差。

2.　近代信息技术

近代信息技术的发展是将以电为主角的信息传输技术的突破作为先导的。整个近代信息技术的发展过程就是信息技术的第四次重大变革——电信革命的过程。

1837 年，美国科学家莫尔斯成功地发明了有线电报和莫尔斯电码，拉开了以信息的电传输技术为主要特征的近代信息技术发展的序幕。

电通信是用电波作为信息载体，将信号传输到远方的通信方式。携带信息的电波沿着通信线路（电话线、各种通信电缆等）传输的通信方式称为"有线电通信"；电波借助于空间传播的通信方式称为"无线电通信"。电通信传递信息快、传递信息远、传送信息多。电通信的问世，是人类通信发展史上的一大飞跃，它使信息传输空间空前扩大，信息传输时效空前提高。在发明和发展电通信方面，美国发明家莫尔斯、贝尔，意大利发明家马可尼以及英国年轻军官克拉克四人作出了不朽的贡献，被誉为电通信领域的"四大金刚"。

在物理学，特别是电子学和电子技术发展的推动下，有线电通信、无线电通信、卫星通信等新的信息传递方式不断涌现。电报、有线电话、无线电话、传真、广播、电视（如图 1-1-5 至图 1-1-9 所示）等新的信息传播工具不断产生，它们的功能和性能不断得到改进和提高。

图 1-1-5　莫尔斯电报机

图 1-1-6　电话机

图 1-1-7　传真机

图 1-1-8　收音机

图 1-1-9　电视机

电信革命对人类的信息技术作出了非凡的贡献，也为现代信息技术奠定了坚实的基础。

1876 年贝尔试制成功第一台电磁式电话；1878 年爱迪生发明碳精电话，使电话进入实用阶段。1895 年意大利人马可尼成功地进行了间隔 3 公里两地间的无线电通信，俄罗斯军官波波夫研制成功无线电收发报机。1843 年英国物理学家亚历山大·贝恩利用电流自动传输和记录图像的原理，发明了世界上第一台传真机；1925 年贝尔实验室制造出了世界上第一台商用传真机后，传真机进入了实用阶段。

电话、电报和电传都是点对点式的通信，而广播、电视的出现则开创了开放式的通信手段。

1906 年美国物理学家费森成功地进行了无线电广播实验，1933 年出现了调频广播，1966 年出现了立体声广播。1927 年英国广播公司开始播放贝尔德实现的圆盘电视节目，1939 年美国推出全电子电视机，1953 年彩色电视节目开播。

1945 年，英国年轻军官阿瑟·克拉克在《无线电世界》杂志上发表了题为"地球外的接力通信"的论文，提出利用通信卫星进行远距离卫星通信的科学设想。美国人哈罗德·罗森受到克拉克的启发，设计出了一种别开生面的自旋稳定式卫星，并在星体表面布满了太阳能电池。时隔不久，世界上第一颗同步卫星升空，实现了跨洋通信和电视转播。

近代信息技术发展阶段的特征是以电为主角的信息传输技术，它大大加快了信息传递的速度，从而使人类的信息活动步入新的阶段。伴随着信息传播技术的发展，诸如录音（钢丝录音、磁带录音)、唱片(胶木、塑料)、照相、摄录像等信息存储技术也在快速发展。

3. 现代信息技术

20 世纪 40 年代,电子计算机诞生,这是人类社会进入现代信息技术发展阶段的标志。

随着社会生活和经济活动的发展,人类信息活动的强度和范围急剧增大,社会的信息量迅速猛增,尤其是在 20 世纪 60 年代后,人类社会进入"信息爆炸"时代。

推动信息技术革命性变革的直接动力是电脑的智能化、低价格和通信设施的大容量、高速化。电脑智能化的发展使其能快速处理大容量的数据,强大的功能加上低廉的价格,使电脑能以惊人的速度在普通家庭中得到普及。由于诸如 ADSL、光纤、无线电通信、卫星通信等各种通信技术的发展,通信的速度和容量飞速提高,通信的费用不断降低,网络通信快速渗透到了人们的日常生活中。

电子学的发展,特别是半导体技术、微电子技术、集成电路技术、通信技术、传感技术、光纤技术、激光技术、远红外技术、人工智能技术等现代科学技术领域的重大突破,使信息技术发生了革命性的发展,真正成为一种适应现代信息社会需要的高科技。人类社会正是依靠先进的信息科学技术的推动,从工业时代逐步过渡到信息时代。

现代信息技术是产生、转换、存储、加工和传输数字、文字、声音、图像信息的一切现代高新技术的总称,其核心包括计算机技术、通信技术和控制技术。现代信息技术之所以能够处于现代高新技术群体中最核心、最先导的地位,具有非凡的重要作用,根本原因在于它是渗透性、综合性、应用性极强的高科技,它包括的技术十分广泛,它和其他高新科技如材料科学、生命科学等相互渗透、相互支撑、相互促进。

1.1.2　现代信息技术的内涵

信息技术的基础是微电子技术,它包括信息的获取、传输、处理、控制、存储和展示等技术。

1. 微电子技术

微电子技术的主要成果是大规模和超大规模集成电路芯片,计算机的核心中央处理器(Central Processing Unit,CPU)就是超大规模集成电路芯片。美国英特尔公司是生产 CPU 芯片的行业老大,它的产品从 20 世纪的 Intel 386 芯片发展到 20 世纪末达到顶峰的 Pentium 4 处理器,21 世纪又发展出双核、多核芯片,从 Core 2 Duo(双核)、Core 2 Quad(四核),直到目前的 Core i7、Core i9(最高十八核)系列。

在集成电路里,电子元器件和线路做得愈小、愈细,同样大小芯片内包含的元器件的数量就愈多,集成度也就愈高,芯片运行的速度也可以更高。微电子技术在近年来已从微米工艺发展到纳米工艺,微处理器芯片已做到 7 纳米工艺,运行的时钟频率超过 3 GHz,集成度达到了上百亿个晶体管。

微电子工业是一个国家的战略工业,微电子产业的科技水平和发展规模是衡量一个国家综合实力的重要标志。我国的微电子工业正在发展中,整体来说离世界先进水平还有不小的距离。

业界著名的摩尔定律指出:集成电路芯片的集成度(即单片芯片中集成的电子元器件数)每 18 个月翻一番,而价格保持不变甚至下降。芯片科技的快速发展,为计算机技术的发展提供了坚实的基础和强大的推动力。

2. 数据获取技术

图 1-1-10　利用摄像机
获取数据

　　获取数据是产生信息的先决条件。人类最直接的手段是用眼、耳、鼻、舌、身等感觉器官获取来自自然、社会中的数据。为了克服人体器官的局限和外界条件的限制，人们不断研制和创造各种传感器来间接获取数据。例如，使用放大镜、显微镜、望远镜、照相机、摄像机、雷达、侦察卫星来获取小、远、高速运动的物体的数据（如图 1-1-10 所示）；使用超声波检测仪、X 光透视仪、核磁共振仪等成像技术设备对人体或物体内部进行检测；使用遥感遥测技术获取远距离的人体不能感知的数据等。数据获取技术的核心是传感技术。

3. 数据传输技术

　　数据在空间的传输称为通信（communication），数据传输的核心是通信技术。

　　通信技术的功能是使数据能在大范围内迅速、准确、有效地传递，以便让众多用户共享，从而充分发挥其作用。信息技术的每次重大变革，都包含了以数据传输技术为主要内容的变革。通信技术是现代信息技术的命脉。

　　由于受到人的体力的制约，靠人力传送数据的距离往往受到限制。我们的祖先就从飞禽走兽中招募"运动通信兵"，脍炙人口的"鸿雁传书"就是一例。从烽火台、信号弹、灯光、旗语等简易信号通信，到近代的以电传输为特色的电报、电话、电传、电视、广播，通信技术的发展有了质的飞跃。现代通信技术包含了光纤通信、卫星通信、无线移动通信、数字通信等高新技术，是当代互联网和移动互联网得以广泛应用的基础（如图 1-1-11 所示）。

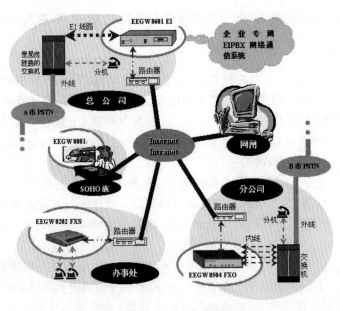

图 1-1-11　数据传输

4. 数据处理技术

数据处理就是对获取的数据进行识别、转换和加工，以保证数据能被安全可靠地存储、传输，能被方便地检索和利用，并可以从中提炼知识、发现规律、产生信息。用以进行数据处理的基本工具是计算机，数据处理技术的核心是计算机技术（如图 1-1-12 所示）。

图 1-1-12　数据处理

在计算机诞生以前，人类主要以手工方式和利用机械的方式来完成对数据的处理，效率不高。电子计算机问世后，计算机作为信息处理工具，使数据处理走上了自动化的道路，其强大的功能引领人类社会进入了信息化时代。

数据处理技术就是应用计算机系统以及数字传输网络，对数据进行识别、转换、整理、加工、再生和利用的技术，它能帮助人们更好地存储数据、检索数据、加工数据、产生信息、利用信息。一些新近发展的技术，如大数据、人工智能、区块链等，不断给数据处理开拓了新的局面。

5. 数据控制技术

图 1-1-13　一个煤矿的数据控制系统

在信息系统中，对数据实施有效的控制，一直是信息活动的一个重要内容，也是利用信息的重要前提。数据控制技术就是利用信息传递和信息反馈，来实现对目标系统的控制的技术（如图 1-1-13 所示）。

在信息系统中，反馈是用来改变输入以修正输出的。反馈回来的误差或问题可以用来修正输入数据，或者改变某个过程。例如，在病房系统中测试某病人的体温数据并输出记录成 56.4℃，系统对该数据进行校验时会确定当前的输入数据超出范围，于是提供一个反馈信息——要求更正，否则，该患者的病程中将出现一个不合理的高体温记录。

上述通信技术、计算机技术和控制技术合称为 3C（Communication，Computer，Control）技术，它们是信息技术的主体，因此，有时也把信息技术称为"3C 技术"。

6. 数据存储技术

在继承古、近代信息技术发展阶段中出现的纸张、录音（钢丝录音、磁带录音）、唱片（胶木、塑料）、照相、摄录像等数据存储技术的同时，得益于现代磁技术、电子技术的发展，现代信息技术的存储技术有了快速的发展。

现代数据存储的器件主要可分为直接连接存储、移动存储和网络存储三类（如图 1-1-14 至图 1-1-16 所示）。

7. 信息展示技术

如何使信息及时、有效、生动地展示在需要该信息的对象的面前，已经成为信息技术的一

图1-1-14　直接连接存储设备(硬盘)　图1-1-15　移动存储设备（U　图1-1-16　网络存储设备
盘和移动硬盘）

图1-1-17　信息展示

个极其重要的分支。

展示也称为再现技术,包括:文字和图形的展示,如电子图书;数据的展示,如三维图表、仪表盘;声音的展示,如MP3、语音合成、多声道声响系统等;视频的展示,如球幕电影、3D和4D电影(如图1-1-17所示),其中3D是指视觉上实现三维展示,4D是指除三维展示外加上嗅觉、触觉和身体运动的感觉,从而给人以身临其境的感受,加上各种声响系统的作用,往往可以产生令人震撼的效果。

在展示器材方面,有小到手机的高清展示屏幕,也有大到整幢大厦外墙的巨幅屏幕。

文字、声音、图像、图形、视频的综合处理和展示,已成为目前蓬勃发展的多媒体技术的重要内容。

1.1.3　计算机的发展

1. 计算机的诞生

在现代信息技术中处于核心地位的是电子计算机。它自20世纪40年代诞生后,经历了超乎常规的发展,并由此对人类社会的发展产生了深刻而广泛的影响。

现有资料表明,世界上第一台电子计算机是由美国衣阿华州立大学的教授阿塔纳索夫(John Vincent Atanasoff)和他的研究生贝瑞(Clifford Berry)在1941年研制成功的,叫作ABC(Atanasoff-Berry Computer)。这台计算机装有300个真空电子管,用以执行数字计算与逻辑运算,机器使用电容器进行数值存储,数据输入采用打孔读卡方法,还采用了二进位制。令人惋惜的是,阿塔纳索夫本人或许没有意识到这是一项将要影响整个人类社会的重大发明,他在1942年应征去海军服务,中断了这项研究,而学校也把这台计算机拆掉了,因为在第二次世界大战期间,计算机上的那些电子管是紧缺战备用品。如今放在衣阿华州立大学供人参观的ABC是按照阿

图1-1-18　根据手稿复原的ABC

塔纳索夫当年的设计手稿复原的复制品（如图 1-1-18 所示）。

1946 年 2 月，世界上真正最早投入实际使用和具有极其重要影响的电子计算机 ENIAC（Electronic Numerical Integrator and Calculator，电子数字积分计算机）在美国诞生。这是第二次世界大战期间，因武器研制需要，由美国军方资助，宾夕法尼亚大学的科学家和工程师研制成功的。这台计算机使用了 18800 个真空电子管，长 50 英尺，宽 30 英尺，占地 1500 平方英尺，重达 30 吨（如图 1-1-19 所示）。它的运算速度达

图 1-1-19 ENIAC

到每秒可做 5000 次加法运算。这台计算机一直工作到 1955 年 10 月，运行了九年多。ENIAC 的问世，开启了人类进入电子计算机时代的进程，具有划时代的意义。

20 世纪四五十年代，在理论上为计算机的发展作出了重大贡献的人物，当数英国科学家阿伦·图灵（如图 1-1-20 所示）和美国科学家冯·诺依曼（如图 1-1-21 所示）。

图 1-1-20 阿伦·图灵

图 1-1-21 冯·诺依曼

阿伦·图灵（Alan Mathison Turing，1912—1954）在计算机科学方面的贡献主要有两个。一是建立了图灵机（Turing Machine，TM），奠定了可计算理论的基础。图灵机的能力概括了数字计算机的计算能力，对认识计算机的一般结构、可实现性和局限性都产生了深远的影响。二是提出图灵测试（Turing Test），奠定了人工智能的理论基础。为纪念图灵对计算机科学的贡献，美国计算机学会（Association for Computing Machinery，ACM）于 1966 年设立了"图灵奖"，该奖每年颁发给在计算机科学领域作出杰出贡献的研究人员，被誉为计算机领域的诺贝尔奖。

冯·诺依曼（John von Neumann，1903—1957）是出生于匈牙利的美国籍犹太人数学家，他在数学、计算机科学、经济学、物理学等诸多领域中都作出了重大贡献。他所领导的研究小组在 1945 年发表了长达 101 页的《关于 EDVAC 的报告》，给出了"程序存储通用计算机（EDVAC）"的设计方案，在 1946 年又提出了进一步完善的设计报告《关于电子计算机逻辑设计的初步讨论》。这两份报告提出了一些基本又极其重要的计算机设计思想，如二进制、程序存储和程序控制、计算机的五大组成部分（控制器、运算器、存储器、输入设备、输出设备）等。现代计算机到目前为止主要还是基于这些设计思想，因此我们把现在使用的计算机叫作"冯·诺依曼计算机"。

2. 计算机的发展史

计算机诞生后的几十年间,发展突飞猛进,其主要电子器件相继使用了真空电子管、晶体管、中小规模集成电路和大规模/超大规模集成电路,每一次更新换代都使计算机的体积和耗电量大大减小,功能大大增强,应用领域大大拓宽。特别是体积小、价格低、功能强的微型计算机的出现,使得计算机迅速普及。目前,计算机的应用已扩展到社会的各个领域。

(1) 第一代(1946—1958):电子管计算机

在这个阶段,计算机的逻辑元件采用电子管,主存储器采用汞延迟线、磁鼓、磁芯,外存储器采用磁带;软件主要采用机器语言、汇编语言;应用以科学计算为主。这时的计算机体积大、耗电多、可靠性差、价格昂贵、维修复杂,但它奠定了以后计算机发展的基础。

(2) 第二代(1958—1964):晶体管计算机

晶体管的发明推动了计算机的发展,逻辑元件采用了晶体管以后,计算机的体积大大缩小、耗电减少、可靠性提高,性能比第一代计算机有很大的提高。主存储器采用磁芯,外存储器已开始使用更先进的磁盘。软件有了很大发展,出现了各种各样的高级语言及其编译程序,还出现了以批处理为主的操作系统。应用以科学计算和各种事务处理为主,并开始用于工业控制。

(3) 第三代(1964—1971):集成电路计算机

20世纪60年代,集成电路技术开始应用,计算机的逻辑元件采用小、中规模集成电路(SSI、MSI),计算机的体积更小型化、耗电量更少、可靠性更高,性能比第二代计算机又有了很大的提高。这时,小型机蓬勃发展起来,应用领域日益扩大。主存储器仍采用磁芯,软件逐渐完善,分时操作系统、会话式计算机语言等多种计算机高级语言都有新的发展。

(4) 第四代(1971年以后):大规模/超大规模集成电路计算机

在这个阶段,计算机的逻辑元件和主存储器采用了大规模集成电路(LSI)和超大规模集成电路(VLSI)。所谓大规模集成电路是指在单片硅片上集成上万个晶体管的集成电路,其集成度比中、小规模的集成电路提高了1—2个以上数量级,而超大规模集成电路更是能在单片硅片上集成几百万至几千万个晶体管。这时的计算机发展到了微型化、耗电极少、可靠性很高的阶段。大规模集成电路使军事工业、空间技术、原子能技术等得到发展,这些领域的蓬勃发展又对计算机提出了更高的要求,有力地促进了计算机工业的空前大发展。随着大规模和超大规模集成电路技术的迅速发展,计算机除了向巨型机方向发展外,还朝着超小型机和微型机方向发展。1971年末,世界上第一台微处理器和微型计算机在美国旧金山南部的硅谷应运而生,它开创了微型计算机的新时代。此后,各种各样的微处理器和微型计算机如雨后春笋般地被研制出来,如潮水般地涌向市场,这种势头直至今天仍然方兴未艾。由于计算机的普及,计算机的应用也深入到了人类生活和工作的各个方面。

3. 计算机的发展及趋势

基于大规模和超大规模集成电路的发展,计算机朝着微型化、高性能化和智能化的方向发展。尝试采用新型器件的新型计算机研究也在进展之中,如超级计算机、纳米计算机、光子计算机、生物计算机、量子计算机等。

(1) 超级计算机

超级计算机又叫巨型机、高性能计算机,通常是指由数百数千甚至更多的处理器(机)组成、性能极其强大、能完成普通个人计算机和服务器不能完成的大型复杂计算的计算机。超级计算机是计算机中功能最强、运算速度最快、存储容量最大的一类计算机,多用于国家军事国防领域、高科技领域和尖端技术研究领域,是国家科技发展水平和综合国力的重要标志。

2008 年,美国宣布由 IBM 和美国国防部联合研制出了当时世界上运算速度最快的计算机"走鹃(Roadrunner)",其运算速度达到了每秒 1042 万亿次,是世界上第一台运算速度超过每秒 1000 万亿次的超级计算机。

作为高科技发展的要素,超级计算机已成为世界各国经济和国防方面的竞争利器。经过我国科技工作者几十年的不懈努力,我国的高性能计算机研制水平显著提高,成为继美国、日本之后的第三大高性能计算机研制生产国。

2009 年 10 月,我国宣布由国防科技大学研制成功了"天河一号"超级计算机,其运算速度为每秒 1206 万亿次。2010 年在国际超级计算机 TOP500 组织公布的当年全球超级计算机前 500 强排行榜中,"天河一号"位居第一,成为当年世界上运算速度最快的超级计算机。

继"天河一号"之后,2013 年我国又研制成功"天河二号"超级计算机(如图 1-1-22 所示),它的峰值计算速度达到每秒 5.49 亿亿次,持续计算速度达到每秒 3.39 亿亿次。从 2013 年到 2015 年,"天河二号"保持了世界上运算速度最快的超级计算机的记录。

图 1-1-22 "天河二号"超级计算机

2016 年,我国研制成功"神威·太湖之光"超级计算机,其峰值性能为每秒 12.5 亿亿次,持续性能为每秒 9.3 亿亿次。该超级计算机连续两年位于世界超级计算机的榜首。

2018 年 6 月,美国能源部橡树岭国家实验室推出超级计算机"Summit",以每秒 18.77 亿亿次峰值运算速度、每秒 12.23 亿亿次持续运算速度,成为当年世界上运算速度最快的超级计算机。

随着超级计算机应用领域的进一步拓展,超级计算机与人工智能等前沿技术的融合是最近 20 年内的重要研究方向。

我国已在上海、天津、深圳、长沙、济南、广州、无锡等地建立了超级计算中心。上海超级计算中心(Shanghai Supercomputer Center)成立于 2000 年 12 月,由上海市政府投资建设,坐落于浦东张江高科技开发园区内(如图 1-1-23、图 1-1-24 所示)。上海超级计算中心是国内第一个面向社会开放、资源共享、设施一流、功能齐全的高性能计算公共服务平台,拥有曙光 4000A

（2004年世界排名第十）和"魔方"（曙光5000A，2008年世界排名第十）等多台运算速度超过每秒百万亿次的超级计算机，同时配备丰富的科学和工程计算软件，致力于为国家科技进步和企业创新提供高端计算服务，支持了一大批国家和地方政府的重大科学研究、工程项目和企业新产品研发，在汽车、商用大飞机、航空、钢铁、核能、市政工程、新材料、新能源、生物医药、天文、物理、化学等多个领域取得了大批重大成果。

图 1-1-23　上海超级计算中心

图 1-1-24　上海超级计算中心机房

(2) 纳米计算机

20世纪80年代开始迅速发展的纳米技术，目前已是最为前沿的科学领域，而且正在逐步走向成熟。纳米计算机可以被理解为利用纳米技术进行研发创造的计算机。纳米计算机与传统计算机相比，它更为坚固，且在信号的传导以及内部元件的导电性能方面都得到极大的提升。此外，利用纳米技术进行内存芯片的研发，其各项性能必然会比现在的芯片高出很多。随着纳米技术的不断发展，为纳米计算机的进一步研发奠定了良好的基础。

(3) 光子计算机

光子计算机的数据处理、信息存储等操作主要是依靠光信号完成的。光子计算机的特征包括：①光子不存在电荷，因而不会产生电磁相互作用，可靠性强。②光子的并行性、运算能力较强，传播速度较快。光在长距离内传输要比电子信号快约100倍，继而提高了机器的运算速度，因此，预计光子计算机的运算速度可能比今天的超级计算机快1000到10000倍。③电磁干扰对光子操作无影响，光子互联密度强，存储容量相对较大。

(4) 生物计算机

生物计算机由生物分子构成，可以在生化环境中以分子的形式与外界进行信息的交换。生物计算机的研发，能极大地推动医学与仿生学等领域的发展。由于生物计算机内部芯片所使用的材料为蛋白质，可以进行自我修复，可靠性强、存储容量大、运算速率高、并行性强，且蛋白质的生物活性能够跟人体组织结合在一起，特别是可以同人的大脑和神经系统有机连接，因此，生物计算机可以听从人的指挥，成为人脑的有效延伸。

(5) 量子计算机

量子计算机是利用量子相干叠加原理，利用粒子所具有的量子特性进行信息处理的一种全新概念的计算机，它以处于量子状态的粒子（如原子）作为中央处理器和内存，能存储和处理量子力学变量的信息并进行量子计算。量子计算具有超快的并行计算和模拟能力，计算能力随可操纵的粒子数呈指数增长,可为经典计算机无法解决的大规模计算难题提供有效的解决方案。

1.1.4　信息技术的发展趋势

云计算、大数据、互联网＋、物联网、人工智能等新一代信息技术已渗透到经济和社会生活的各个领域,软件产业服务化、平台化、融合化趋势更加明显。在中国,新一代信息技术也是国务院确定的七个战略性新兴产业之一。我国高度重视新一代信息技术产业,就人工智能、工业互联网、5G、机器人等领域的发展作出一系列战略部署,有力地推动了我国新一代信息技术产业的发展。

1. 信息技术向纵深化和融合化发展

一是信息技术作为一个技术领域,其关键技术(如芯片技术、通信网络技术、数据挖掘技术等)将沿纵深方向不断发展。二是信息技术与产业发展正加速融合,产业发展不断对信息技术提出新的需求,二者相互融合、相互促进,呈现融合化发展的局面。因此,下一代信息技术的发展将呈现信息技术的纵深化和融合化互相促进的特征。

2. 信息处理向泛在化和云集化发展

一是在信息技术发展的初期,信息处理是在分散的服务器上进行的,而随着云计算和虚拟化技术的快速发展,信息处理呈现云集化趋势。二是云计算和数据中心技术正日趋成熟,不同行业和企业纷纷建立了自己的云计算中心和数据中心,这又表现为更高层次的信息处理泛在化。因此,下一代信息技术将呈现出信息处理泛在化与云集化协同发展的特征。

3. 信息服务向个性化和共性化发展

一是随着经济社会的不断发展,人们对信息服务的需求日益多样化和个性化,信息技术的发展也不断满足人们对个性化服务的需求。二是当个性化发展到一定程度,差异性逐渐成为普遍性,信息服务呈现越来越多的共性特征。因此,下一代信息技术将呈现出信息服务的个性化和共性化辩证统一的特征。

习题与实践

1. 简答题

(1) 信息技术的发展可以分为哪些阶段? 各阶段的主要特征是什么?
(2) 现代信息技术的核心是什么?
(3) 从数据流角度看,现代信息技术主要包括哪些内容?

2. 实践题

(1) "上海市(高校)计算机应用基础教学资源平台"的使用。
① 访问"上海市(高校)计算机应用基础教学资源平台",网址"www.jsjjc.sh.edu.cn"。

② 注册资源平台新用户。

③ 使用资源平台。

（2）通过自助装机网站，配置计算机系统的硬件。

① 访问一个自助装机网站（"太平洋电脑网"中的"自助装机"频道，网址为"mydiy. pconline. com. cn"）。

② 查看计算机部件信息，制定装机方案。

③ 查看他人的装机方案，优化自己的方案。

1.2　计算机系统

1.2.1　通用计算机系统

前文已介绍，美籍匈牙利科学家冯·诺依曼在 20 世纪 40 年代后期提出了一些基本而又极其重要的计算机设计思想，如二进制、程序存储和程序控制、五大组成部分等，现代计算机的体系结构和工作原理到目前为止主要还是基于这些设计思想，我们把这样的计算机叫作"冯·诺依曼计算机"。

1. 基本组成

计算机由控制器、运算器、存储器、输入设备、输出设备五大部分组成。控制器是控制计算机的各个部件按照指令要求协调工作的部件。运算器是进行算术运算和逻辑运算的部件。集成电路出现后，把运算器和控制器制作在同一个芯片上，这个芯片称为"中央处理器（Central Processing Unit，CPU）"。存储器用以存储程序和数据，现代计算机的存储器一般分为内存和外存。

早期的计算机以控制器、运算器为中心，但这使得快速的运算器不得不等待低速的输入、输出设备，即快速的中央处理器等待慢速的外围设备。又由于所有部件的操作都由控制器集中控制，使控制器的负担过重，从而严重影响机器速度和设备利用率的提高。因此，设计者很快就将计算机改成以主存储器为中心（如图 1-2-1 所示），让系统的输入、输出与 CPU 的运算

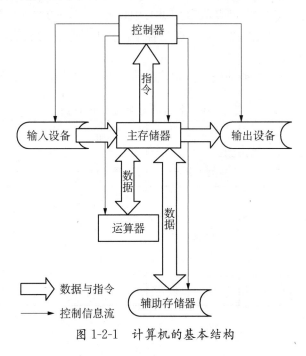

图 1-2-1　计算机的基本结构

并行，多种输入和输出并行。

2. 二进制编码

计算机内部采用的是二进制编码，任何信息在计算机内部都是用 0 和 1 的各种组合来表示的。在存储器里，指令和数据以二进制代码出现，运算时采用二进制运算。采用二进制的原因有：一是二值器件在物理上容易实现，二是在人类思维时，"是"和"否"两种状态的判断最为简单和稳定。

二进制编码是进位计数制的一种。十进制数是"逢十进一"，二进制数是"逢二进一"。二进制数中 1 加 1 不再是 2，而是 10B（B 表示是二进制数），10B 加 10B 等于 100B。十进制数 100 表示成二进制数是 1100100B，十进制数 1023 表示成二进制数是 11111111111B。二进制表示的数比较长，不太方便，因此在书面表示时经常使用十六进制数。十六进制数的数符有十六个，0—9 之后再加上 A、B、C、D、E、F 六个字母。四位二进制数可以转换成一位十六进制数，例如二进制数 1111 就是十六进制数 F。

一般而言，如果数制系统中用 r 个基本符号（例如 $0, 1, 2, \cdots, r-1$）表示数值，则称其为基 r 的数制，r 称为该数制的"基（radix）"。不同基的数制具有以下共同特点：

① 每一种数制都有固定的符号集。如十进制数制，其符号有十个：$0, 1, 2, \cdots, 9$；二进制数制，其符号有两个：0 和 1；十六进制数制，其符号除 0—9 之外，加上 A、B、C、D、E、F，共十六个符号。

② 每一种数制都使用位置加权表示法。处于不同位置的数符所代表的值不同，与它所在位置的权值有关。如果该位置是从小数点向左，以 0 开始从右到左数第 n 位，那么权值为 r^n，小数点右边则依次为 r^{-1}、$r^{-2}\cdots$。

例如，十进制数 1234.56 可表示为：$1234.56 = 1 \times 10^3 + 2 \times 10^2 + 3 \times 10^1 + 4 \times 10^0 + 5 \times 10^{-1} + 6 \times 10^{-2}$，这里 $10^3, 10^2, 10^1, 10^0, 10^{-1}, 10^{-2}$ 就是各个位置上的数符的权值。

再例如，二进制数 1001.01 可表示为：$1001.01B = 1 \times 2^3 + 0 \times 2^2 + 0 \times 2^1 + 1 \times 2^0 + 0 \times 2^{-1} + 1 \times 2^{-2}$，这里 $2^3, 2^2, 2^1, 2^0, 2^{-1}, 2^{-2}$ 就是各个位置上的数符的权值，由此可计算出它对应的十进制的值是 9.25。

表 1-2-1 所示是常用的几种进位计数制，表 1-2-2 是一些数在不同数制下的表示。

表 1-2-1　常用的几种进位计数制

进位制	二进制	八进制	十进制	十六进制
规则	逢二进一	逢八进一	逢十进一	逢十六进一
基数	$r = 2$	$r = 8$	$r = 10$	$r = 16$
数符	0,1	0,1,$\cdots$,7	0,1,$\cdots$,9	0,1,$\cdots$,9, A, B, C, D, E, F
权	2^i	8^i	10^i	16^i
形式表示	B	O	D	H

表 1-2-2　数的不同数制表示

十进制	二进制	十六进制	十进制	二进制	十六进制
0	0	0	9	1001	9
1	1	1	10	1010	A
2	10	2	11	1011	B
3	11	3	12	1100	C
4	100	4	13	1101	D
5	101	5	14	1110	E
6	110	6	15	1111	F
7	111	7	16	10000	10
8	1000	8	17	10001	11

我们经常会用到整数的数制转换,包括十进制转换成其他进制和其他进制转换为十进制。

① 十进制转换成其他进制:10 进制数用 2 连除,各次的余数连起来就是它的二进制表示(如图 1-2-2 所示);10 进制数用 16 连除,各次的余数连起来就是它的十六进制表示(如图 1-2-3 所示)。

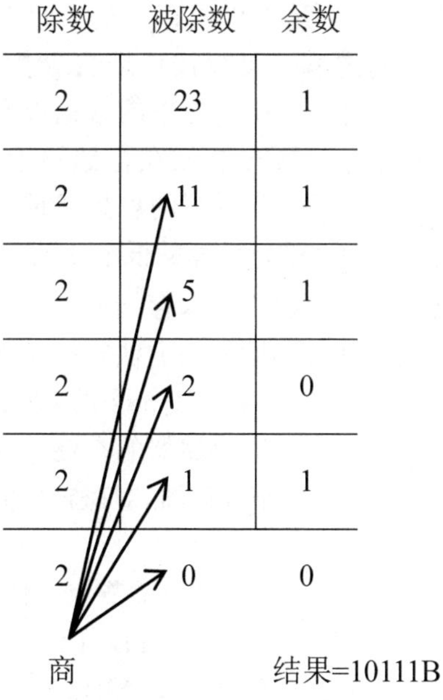

图 1-2-2　十进制转换为二进制的实例

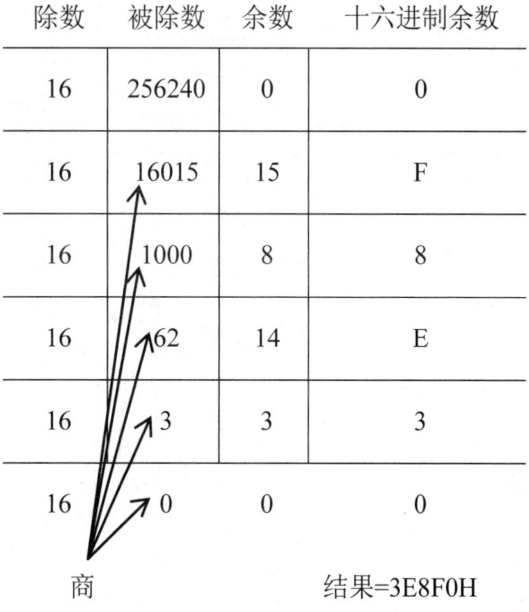

图 1-2-3　十进制转换为十六进制的实例

② 其他进制转换为十进制:将各个位置上的数符乘以所在位置的权值,最后加总。例如:1001011B 转换成十进制数就是 $1 \times 2^6 + 0 \times 2^5 + 0 \times 2^4 + 1 \times 2^3 + 0 \times 2^2 + 1 \times 2^1 + 1 \times 2^0 = 75$。

在实际应用中，可以用 Windows 操作系统中的计算器工具来完成数制转换，图 1-2-4 是用计算器将二进制数 11111111 分别转换成十进制数和十六进制数的例子。

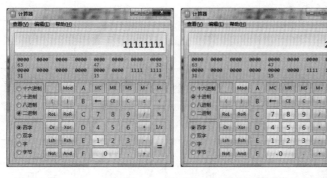

图 1-2-4　用"计算器"完成数制转换

3. 程序和数据的存储

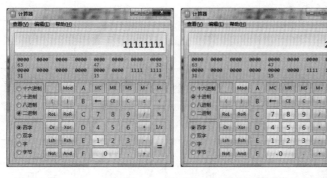

图 1-2-5　随机存储器的线性地址

计算机的性能和它能储存的信息的多少密切相关。存储器中有许多存放指令或数据的存储单元。每一个存储单元都有一个地址编号，地址编号按由小到大的顺序增加（如图 1-2-5 所示）。对该存储单元取用或存入的二进制信息称为该地址的内容。可以按地址去寻找、访问存储单元里的内容。所要处理的数据以及进行处理所用的命令都预先存放在存储器中，由计算机自动执行。"程序存储"的思想是现代电子计算机能够自动地进行计算的根本保证。

存储器按其存取信息的方式可分为两类：随机存取存储器和顺序存取存储器。随机存取存储器的地址按线性编排，CPU 对它的每一个单元都是按照地址用同样的方法在极短的时间内找到该存储单元的位置，对内容进行读取或把内容写入，因此随机存取存储器中对所有存储单元的存取时间都是一样快的，保证了计算机的高速运行。顺序存取存储器的存储单元只能按顺序存取，对各个单元的存取时间不同，总体速度比较慢，例如磁带存储器，对磁带中间位置存储单元的访问，必须是磁头达到该单元时才可进行。

二进制的单位是位（bit）。存储容量的基本单位是字节（B，byte）。一个字节由八位组成，即 1 个字节含 8 位（1 byte＝8 bit）。比字节大的单位依次是 KB、MB、GB、TB、PB、EB、ZB 等，$1\ KB = 2^{10}\ B = 1024\ B$，$1\ MB = 2^{10}\ KB = 1024\ KB$，$1\ GB = 2^{10}\ MB = 1024\ MB$，$1\ TB = 2^{10}$ GB＝1024 GB，$1\ PB = 2^{10}\ TB = 1024\ TB$，$1\ EB = 2^{10}\ PB = 1024\ PB$，$1\ ZB = 2^{10}\ EB = 1024\ EB$。

存储器中最重要的是内存，也叫主存（main memory）。目前个人计算机的主存可达到若干千兆（G）字节。主存一般由随机存取存储器组成。

随着计算机的广泛应用，人们对存储器的容量和存取数据的速度提出了越来越高的要求。但要同时提高容量和速度往往受到成本的制约，所以几乎所有的计算机系统都具有不止一种形式的存储器，并以此形成存储器的层次结构。例如，在主存和 CPU 之间加入高速缓冲存储器(Cache),它直接和运算器、控制器进行信息交换,速度高,但容量小、价格贵,因此往往只能把某个程序正在运行的那一部分放在里面。在内存之外再加上外存,例如硬盘、光盘等,外存的速度比较低,但容量大,价格也比较便宜。

4. 指令系统

用来指挥硬件动作的命令称为"指令",它由操作码和操作数两部分组成,操作码指示要进行什么操作(如加、减、乘、除、移位等),操作数指示操作对象(如加数、被加数、乘数、被乘数等)的内容或所在地址,操作数在大多数情况下是地址码。例如在图 1-2-6 中,操作码 JMP 表示指令将要跳转到另一个分支,ADD 表示做加法。从地址码得到的是数据所在的地址,可以是源操作数的存放地,也可以是操作结果的存放地。数据的性质(如整数、小数或字符串等)则由操作码确定。

| 操作码(跳转) | JMP M1 | ← | 操作数 |
| 操作码(加法) | ADD R1 R2 | ← | 两个操作数 |

图 1-2-6　简单指令示意

一台计算机的所有指令的集合称为该计算机的指令系统。一个指令系统中往往有几十种,甚至几百种操作码,以完成各种复杂的任务。而程序就是计算机指令的有序集合。

5. 指令的执行

硬件所能执行的程序是一串按顺序排列的指令,在存储器中最基本的存放方式是按照地址的顺序。一般情况下机器运行时由起始地址(第一条指令所在地址)开始,顺序地从存储器中取一条指令,执行一条指令,再取下一条,然后再执行一条,如此反复,直到指令执行完毕。指令的取出并执行,受控制器中的程序计数器控制。开始时,把程序的起始地址放到程序计数器中,于是就取出第一条指令并执行,同时程序计数器自动加 1,就为取第二条指令并执行作好了准备,按此实现了程序的顺序执行。有时,在程序中需要根据当前的条件,将程序转移到新的指定地址,继续执行下去。在执行转移指令时,则把要转移到的新地址放入程序计数器,以实现程序执行的转移。

首先要从计算机的程序中得到当前要具体执行的指令,才可能有后面的动作。这在计算机里就是取指令,是实现每一条指令的第一步。计算机下一步要做的是分析指令是做什么的,也称为指令译码,明确用到哪些原始数据,要求什么样的结果等。例如译码结果是一个加法指令,要求把内存的某个单元的内容和另一单元的内容相加,结果放到第三个单元中去。接下来计算机要取出原始操作数,并具体进行运算,这一步被称为执行指令。前面都是准备工作,这一步是指令要做的主要的事情。计算机在计算出结果后,需要把它存起来,这个阶段称为存操作结果。例如将以上的加法运算所得的结果存到目的地,供后面的指令使用。经过这样四步,计算机完成了一条指令(如图 1-2-7 所示)。

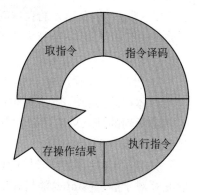

图 1-2-7　指令的执行

一般把这个过程所花费的时间称为一个指令周期，接下来计算机就可进入实现下一条指令的指令周期。指令周期越短，指令就执行得越快。决定指令周期的最重要的参数是 CPU 的时钟频率（又称主频），例如 Intel Core i7 CPU 的主频达到 3.8 GHz。

6. 存储器及其管理

从一开始，计算机的研制者就非常重视存储器的使用，它是现代电子计算机体系结构的重要组成部分。

(1) 存储器器件的变革

用什么器件来存储信息呢？第一，它必须能表示两个状态，用来表示数字信息 0 和 1。一颗磁芯可以有两个状态："有磁性"和"无磁性"，或者"S 极向上"和"S 极向下"；一个电路可以有两个状态："开"和"关"；光也可以表示两个状态：亮度达到一定程度以上表示"1"，达不到这个程度都表示"0"；它们都是候选者。第二，这种器件要能保持状态的稳定，达到记忆的目的。在这一方面磁性体是最有优势的材料，电器件可借助于电容保持状态，光器件则只能依靠光源来保持状态。第三，作为存储器的器件，要能在一定的控制条件下实现状态的转换。能达到以上三个要求的器件都可以被用作存储信息的器件。

20 世纪 40 年代使用电子管做存储器，它的最大优点是速度快，但是容量不可能做得很大，而且为了保持记忆状态，不能停止供电。美籍华人王安对存储器作了革新，在 20 世纪 50 年代发明了使用磁性器件制作的存储器——磁芯存储器（如图 1-2-8 所示），利用电磁感应可方便地储存和提取其中的信息。

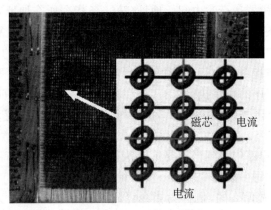

图 1-2-8　磁芯存储器

20 世纪 60 年代出现了半导体存储器，它具有速度快、体积小、耗电省等明显的优点。随着半导体存储器的出现，存储器的容量突飞猛进。现在计算机的内存都采用半导体存储器，我们常常听到的"RAM 芯片"（随机存取存储器）或"ROM 芯片"（只读存储器）都是半导体存储器（如图 1-2-9 所示）。

目前，作为内存的半导体存储器芯片主要是 DRAM，即动态（dynamic）随机存取存储器，它是相对于静态（static）随机存取存储器 SRAM 而言的。DRAM 利用电容器充放电状态来储存信息，存储单元结构非常简单，便于制造大规模集成电路芯片，功耗也低。SRAM 在存取速度上优于 DRAM，但集成度较低、成本较高、功耗较大，一般用作速度要求更高的快速缓冲存

图 1-2-9　半导体存储器芯片

储器(Cache)。

随着计算机 CPU 速度的不断提高,对内存存取速度的要求也越来越高。DRAM 的性能每年都在翻新,按工作方式的不同,DRAM 芯片目前主要分为 SDRAM(同步动态 RAM,Synchronous Dynamic RAM)、RDRAM(总线式动态 RAM,Rambus Dynamic RAM)和 DDR RAM(Double Date Rate RAM)等几种。目前内存的主流产品是 DDR4 SDRAM(如图1-2-10 所示)。

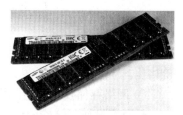

图 1-2-10　RAM 芯片(DDR4 内存条)

(2) 现代信息存储技术

现代信息存储技术主要包括直接连接存储技术、移动存储技术和网络存储技术。

① 直接连接存储技术。硬盘、磁带和光盘等直接连接存储(Direct Access Storage, DAS)设备是现代信息存储技术最常用的存储形式。随着诸如多媒体等大容量信息处理需求的产生,存储部件速度和容量的提升、接口和传输速度的重要性逐渐显示出来。硬盘包括传统的磁盘和新兴的半导体硬盘(固态硬盘)。磁盘继续向大容量和高转速方向发展,3.5 英寸的磁盘已经进入了 TB 水平,转速达到每分钟 7200 转(7200 r/m)。固态硬盘的存取速度远超磁盘,但现在由于价格原因,容量不能做到很大,在几百 G 水平。磁带存储设备虽然不利于高速存取,但具有单位存储成本低、容量扩展灵活方便等特点,依然被应用于备份领域中。光盘存储设备在快速发展并被广泛使用。

② 移动存储技术。在计算机、互联网、手机以及数码相机、数字摄像机、MP3 播放器等电子消费产品不断普及的今天,存储设备需要支持移动应用。种类繁多的大容量、高速度、高便携性的移动存储产品如雨后春笋般地涌现。目前,新一代移动存储产品主要有以下三类:

• 闪存卡:基于半导体技术的闪存(flash memory)是能够满足电子设备工作过程中低功耗、高可靠性、高存储密度、高读写速度的要求的移动存储技术。闪存卡种类较多,有 Compact Flash(CF)卡、Smart Media (SM)卡、Multi-media Card (MMC)卡、Memory Stick (MS)卡、Scan Disk (SD)卡等。闪存卡主要面向手机、数码相机、MP3 等产品,计算机可以通过读卡器读取闪存卡上的信息(如图 1-2-11 所示)。

• U 盘:U 盘实际上是闪存芯片与 USB 芯片结合的产物,使用了目前最为普及的 USB 接口。U 盘类产品目前已成为很受用户青睐的移动存储产品,容量在几 GB 到几百 GB 之间(如图 1-2-12 所示)。

● 移动硬盘：移动硬盘的容量可达几百 GB 到几 TB，能满足需要经常传送大量数据的用户的需求。移动硬盘采用了成熟的硬盘技术，使用通用、支持热插拔的 USB 接口或 IEEE1394 接口进行数据传输，单位存储容量的价格比较低（如图 1-2-13 所示）。

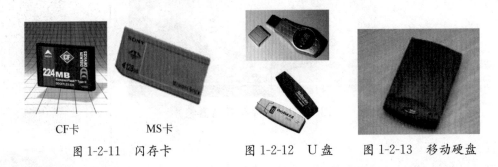

CF卡　　　　MS卡

图 1-2-11　闪存卡　　　　图 1-2-12　U 盘　　　　图 1-2-13　移动硬盘

面对形形色色的移动存储产品，用户需要考虑方便性、兼容性、保密性、数据安全性和性能价格比。

③ 网络存储技术。与网络密切相关的两种存储技术是网络附加存储和存储区域网络。

● 网络附加存储（Network Add-on Storage，NAS）：NAS 是直接连接到网络上通过网络传输的一种存储器。NAS 设备采用专门的操作系统，通过类似网络文件系统等标准化协议提供文件级 I/O 的数据访问和存储。对于既要解决巨大存储容量，又要求低价位和即插即用的中小型用户，NAS 是首选的存储解决方案。

● 存储区域网络（Storage Area Network，SAN）：SAN 是以块为传输单元，通过光纤通道（fibre channel）传输数据的技术。由于文件服务器与存储系统间采用的是低层的块协议，存储系统没有文件系统等数据管理工具，每个服务器都要安装存储服务。SAN 目前主要应用在大型应用领域。

(3) 存储器的层次结构

计算机在使用内存时总是遇到两个矛盾：①总嫌容量不够大；②总嫌速度不够快。所谓容量不够大，一是指存放信息资料（如数据库数据、声音和图像数据、备用程序等）的地方不够，二是指程序运行时，特别是多道程序运行时，内存大小显得不够。所谓速度不够快，是指计算机 CPU 处理指令的速度越来越快，内存存取指令的速度显得跟不上。为了解决这两个问题，可借助另外两类存储器：外部存储器和高速缓冲存储器。

外部存储器也称为辅助存储器，典型的是硬磁盘存储器和光盘存储器。它们的主要特点是存储容量大，例如 PC 机硬盘的容量可达 4 TB。对外存单元的存取，往往需要有机械动作，因此存取速度比较慢，例如对磁盘上内容的存取需要磁头的机械移动，寻找磁道，寻找扇区，最后找到存储单元。外存容量大可被用来弥补内存容量的不足，把那些当前不用的信息存在外存中。但外存速度慢使它不能替代内存，处理器要处理的程序和数据只能是内存中的数据，被处理的数据和程序必须先从外存调入内存。

图 1-2-14　Cache 芯片

高速缓冲存储器简称高速缓存，又称 Cache（如图 1-2-14 所示）。从逻辑上来说，它介于计算机 CPU 和内存之间，因此称之为"缓冲存储器";它的器件速度和CPU的器件速度是同一个级别的,能跟得上CPU的运行速度,比内存要快得多,因此又是"高速"的。高速缓冲存储器在工艺上比较复杂,价格昂贵,集成度达不到目前RAM芯片那么高,它只能小容量地集成在半导体芯片上。例如英特尔Core i7芯片带有16.5M三级Cache。

综上所述,计算机的存储器呈现出一种层次结构的形式,即"高速缓冲存储器—内存—外存"三层结构。和CPU最接近的是内层高速缓冲存储器,中间层是内存(包括RAM和ROM),外层是辅助存储器。CPU能直接存取数据的是高速缓存和内存。这样的层次结构既有利于解决速度问题,又有利于解决容量问题。

7. 总线、外设和接口

(1) 计算机内部的总线

总线(bus)是计算机中各个组成部件之间相互交换数据的公共通道,是计算机系统结构的重要组成部分。总线的性能影响到计算机的性能。计算机的发展,特别是个人计算机的发展,与总线技术的发展是密不可分的。

计算机中有很多部件,如存储器、控制器、运算器、输入设备和输出设备等,它们之间要进行频繁的数据交换,而各模块之间能否顺畅地实现这种交换,在很大程度上影响着计算机的效率。例如,存储器中的数据要送到运算器中参加各种算术和逻辑运算,运算的结果又要送回到存储器加以保存。最理想的情况是,各个部件之间的数据传输在每个方向上各有自己独立的通道,这样数据传输将不会在任何通道上堵塞,速度会很快。但是,如果部件很多,这种独立的通道就要很多,例如有5个部件相互都要双向传输数据,就需要5×4=20个通道。若部件的数量很大,硬件将不堪负荷,因此采用这种方案几乎是不现实的。为了解决这个问题,计算机的设计采用了总线结构,在计算机内部设置有:专门传输数据的"数据总线"、专门传输地址信息的"地址总线"和专门传输控制信息的"控制总线"。由于各个部件之间的数据传输并不总是同时发生的,这样设计虽然使速度慢了一些,但硬件开销上的节省是明显的,在性能价格比上是可取的。

(2) 外部设备

计算机能连接大量的外部设备,除外存(硬盘、光盘、磁带机等)外,最主要的输入设备有键盘和鼠标,输出设备有显示器和打印机。随着计算机辅助设计(Computer Aided Design,CAD)、计算机辅助制造(Computer Aided Manufacture,CAM)和多媒体技术的发展,外部设备的品种大大增加,例如绘图机、扫描仪、摄像头、照片输出机、数码照相机、音响、3D打印机等,连接外部设备的接口也在不断发展。

① 硬盘、光盘和光盘驱动器。传统的硬盘叫作机械硬盘(HDD),是用磁性碟片作为存储介质的,通过磁盘的转动和磁头的移动来读写数据。硬盘一般被固定安装在计算机的机箱内,安装前要注意它的接口标准,常用的有IDE(Integrated Drive Electronics)接口、EIDE(Extended Integrated Drive Electronics)接口、SATA(Serial ATA)接口和SCSI(Small Computer System Interface)接口。现在流行的主板一般缩减IDE接口而增加SATA接口。SCSI接口的硬盘速度较快,但价格较贵,主要用于高端服务器和高档图形工作站。移动硬盘采用USB接口或IEEE1394接口。硬盘是可读可写设备。目前硬盘的容量已达到几个TB,

转速达到 7200 r/m。

前文已介绍，新发展起来的硬盘是固态硬盘(SSD)，它是用半导体材料(闪存芯片)作为存储介质的，其读写速度要比机械硬盘快得多，但目前价格还比较贵，因此现在商用的固态硬盘存储容量要比机械硬盘小，一般在几百 G 级别。

光盘是使用激光读取和刻录数据的设备，最早作为多媒体计算机的关键部件之一使用，由于它具有容量大、价格低、易于长期保存等特点，现在已经成为被广泛使用的存储设备。

早期的光盘叫 CD(Compact Disc)，一般分为只读光盘(CD-ROM)、一次性写光盘(CD-R)和可多次读写光盘(CD-R/W)。CD 的容量一般为 680 MB。

使用光盘必须有相应的光盘驱动器(简称光驱)，如图 1-2-15 所示。光驱的接口主要有 IDE 接口、SATA 接口和 USB 接口。光驱的数据读取速率有 16 倍速、24 倍速、32 倍速、48 倍速、64 倍速等。32 倍速光驱的数据存取速度达到 4.8 Mb/s，已接近硬盘对数据的存取速度。为了提高光驱读取数据的速度，光驱往往也带有内部高速缓存，缓存容量越大，速度越快。

图 1-2-15　光盘和光盘驱动器

数字视频光盘 DVD(Digital Video Disk)的容量可达 4.5GB(单面单层)—17GB(双面双层)，比 CD 容量大 8—25 倍。DVD 也分成 DVD-ROM、DVD-R 和 DVD-R/W。使用 DVD 要用 DVD 光驱，它读取数据的速度是 CD 光驱的十多倍。DVD 光驱既可以读 DVD，也可以读 CD，即向下兼容。通常 PC 机标配都是 DVD-R/W 光驱。

CD 和 DVD 都采用波长在红外波段的激光器读写数据。当采用波长在蓝色波段的激光器时，光盘的存储容量可以更大，这就是目前已经商品化的蓝光光盘(Blue-ray，BD)，其单层的存储容量可达 25G。蓝光光驱也向下兼容，既可以读蓝光光盘，也可以读 DVD 和 CD。

②　显示器、显示卡、键盘和鼠标。显示器是计算机最重要的输出设备。显示器按显示屏材料可分为阴极射线管(CRT)显示器、液晶(LCD)显示器、LED 显示器等；显示屏尺寸大小有 15 英寸、19 英寸、23 英寸、27 英寸等，屏幕比例有普通(4:3)和宽屏(16:9)；屏幕分辨率有 640×480、800×600、1024×768、1280×1024、1600×1200 等。

显示卡(简称显卡)要与显示器相匹配。显卡分独立显卡和主板集成显卡，高档配置一般都用独立显卡。目前流行的是 AGP 显卡和 PCI Express 显卡。显卡可分为一般显卡和二维、三维加速显卡，加速显卡中装有二维、三维的图形加速芯片，有利于动态二维和三维图形的显示。

显示卡中的显示内存(简称显存)的大小对显示质量有很大影响，常见的显存容量有 512M、1G、2G、4G 等，容量越大能显示的颜色数和屏幕分辨率也越高。

键盘是计算机最基本的输入设备，一般为 101/102 键。Windows 广泛使用后，出现了为它专门设计的键盘，比原先的键盘多了 4 个键，把原来的几个组合键功能用一个键替代(例如位于〈Alt〉键旁的〈Win〉键代表"〈Ctrl〉+〈Esc〉"组合键)。除普通键盘外，现在也有依据人体工程学原理设计的键盘等。

鼠标器类型众多，有两键的、三键的，机械的、光电的，有线的、无线的等。

③　打印机和扫描仪。常用的打印机分为针式打印机(如图 1-2-16 所示)、喷墨打印机(如图 1-2-17 所示)和激光打印机(如图 1-2-18 所示)。

图 1-2-16 针式打印机 　　图 1-2-17 喷墨打印机 　　图 1-2-18 激光打印机

　　打印机的主要性能指标是打印分辨率和打印速度。打印分辨率的单位是每英寸多少点（dpi），它决定了打印的质量。打印速度用每分钟打印几页（ppm）来衡量，它决定了打印的效率。目前彩色打印机已普及，它的另一个指标是颜色数，颜色数越多，打印出来的彩色效果越好。打印机的打印幅面也是一项指标，能输出的幅面越大，价格越贵。打印机所用的纸张型号也很重要（特别对彩色打印机而言），分为普通纸、复印纸和专用纸，如果使用专用纸，一般价格比较贵。

　　3D打印机（如图 1-2-19 所示）是一种全新的输出设备，它通过层层打印的方式，一层层地打印黏合材料，最终打印出一个物体。如图 1-2-20 所示的产品，用传统的加工技术是很难制作的。有了 3D 打印机，快速成型技术、新型制造、特殊物品的制作等都有了快速的发展。

图 1-2-19 3D打印机 　　　　图 1-2-20 3D打印产品

　　扫描仪用于把图像、图形或文字以点阵图像的格式输入到计算机内部，以便进行各种处理。扫描仪的主要技术指标有：分辨率，单位是每英寸多少点（dpi），分辨率越高，性能越好；色彩位数，对彩色扫描仪来说，每种原色如果用 8 位表示（256 个等级），三种原色共用 24 位表示，如果要求更高可用 30 位、36 位的扫描仪；扫描幅面，台式扫描仪一般可扫描 A4 幅面，也有可扫描 A3 幅面的，工程用滚筒式扫描仪可扫描 A2、A1 以至 A0 幅面的大型图纸；扫描速度，主要取决于扫描仪接口的传输速率，一些针对办公领域文档录入的扫描仪采用自动进纸技术，每分钟进纸可达几十页甚至上百页。

　　除台式扫描仪外，还有手持式扫描仪，使用很方便，但是扫描幅面小，分辨率较低。

　　④ 其他设备和接口（声卡、网卡等）。声卡是实现声音从模拟量转换成数字量（声音输入时）和声音从数字量转换成模拟量（声音输出时）的器件。声卡用来录音和放音，带有接扬声器（喇叭）的插口和接话筒（麦克风）的插口，这两个插口的形状十分接近，位置不能混淆，否则既放不出音，也录不了音。声卡是计算机处理多媒体必不可少的部件。

计算机要实现上网（连接局域网或连接互联网）就必须配置网卡。现在的台式机和便携机都内置有线网卡（有连接网线的 RJ45 端口），便携机和平板电脑都内置无线网卡。计算机也可以外接 USB 接口的无线网卡。

现在的计算机一般还带有 HDMI 接口。HDMI 是高清晰度多媒体接口（High Definition Multimedia Interface）的英文缩写，它是一种适合影像传输的数字化视频/音频接口，可同时传送音频和影像信号，目前最高数据传输速率为 18 Gb/s。

(3) 个人计算机的扩展总线

个人计算机的主板有两个问题要解决，一是如何与外围设备进行高速数据交换，二是如何扩展计算机功能。解决的方法是采用各种类型的扩展总线。个人计算机的发展是与扩展总线的不断改进、不断更新分不开的。

20 世纪 80 年代初，IBM PC/XT 出现，它所用的 8 位扩展总线代表了当时的一种新型总线标准，被称为"PC 总线"或"PC/XT 总线"。随着外部设备性能、主存储器速度和 16 位中央处理器性能的提高，出现了全新的 16 位扩展总线，这种总线系统也就是后来在市场上使用了很长时间的"ISA 总线"。ISA 是 Industry Standard Architecture（工业标准体系结构）的缩写。1988 年，出现了新的称为"EISA"的总线标准，EISA 是 Extended Industry Standard Architecture（增强的工业标准体系结构）的英文缩写，该标准在 ISA 基础上加以扩充，保证了新标准与 ISA 的兼容性。这种标准为众多的计算机系统和外围设备制造商所采用，成为 20 世纪 90 年代的主流产品。

从 PC 总线开始，到 ISA、EISA 等总线的改进，主要是加宽数据通道和地址通道，以及增强总线仲裁能力和增加各种控制信号线。随着多媒体应用的普及，对视频信息、图像信息、声音信息数据传输的速度要求越来越高，总线技术不仅要扩大通道的宽度，还要提高通道上的数据传输率。

① PCI 总线系统。目前广泛使用的扩展总线系统是 1993 年推出的 PCI 总线系统。PCI 是 Peripheral Component Interconnect（外围部件互连）的缩写。PCI 总线支持 64 位数据传输，32 位传输时数据传输率可达到 132 Mb/s，64 位传输时可达到 264 Mb/s。在 PC 机的主板上有 PCI 插槽，用以连接外围设备（如图 1-2-21 所示）。

图 1-2-21　PC 机主板上的 PCI 插槽

② PCMCIA 总线系统。笔记本电脑越来越普及，常规的总线系统由于体积过大而不能适用，必须开发小、薄、轻的总线系统。以制作 IC 卡为主的厂商集合起来成立了个人计算机存储

卡国际联盟(Personal Computer Memory Card International Association，PCMCIA)，其本来目的在于研究和开发具有大存储容量的计算机卡，后来向多个领域发展，做出硬盘卡、网卡等样式新颖且功能强大的卡，这些卡被广泛应用在笔记本电脑上。

PCMCIA 总线是用于笔记本电脑等便携设备上的规范接口，可以连接各种符合 PCMCIA 标准的卡。

(4) 从 RS232C 到 USB

RS232C 和 USB 都是串行端口。作为通用的串行端口，RS232C 在计算机系统中也称为 COM1、COM2……端口，常用于连接打印机。

通用串行总线 USB(Universal Serial Bus)是由英特尔(Intel)等提出的一种新型接口标准，由于其支持热插拔、传输速率高等特点，已成为目前各种外部设备与计算机相连的主流接口。USB 接口是为解决 PC 与周边设备的通用连接而设计的，其设计目标是使所有的低速设备，比如键盘、鼠标、扫描仪、打印机、数字音响、数码相机等，都可以通过统一的 USB 接口连接到计算机上。这种接口还支持功能传递，即只需要为支持 USB 标准的设备准备一个 USB 接口，这些外部设备就可以相互连接成串，且通信功能不受影响，甚至可以不需要为这些设备准备外接电源线，因为 USB 接口本身就提供动力来源。USB 接口还具有即插即用功能，这对于重要的应用任务来说是非常重要的，可以摆脱增加或去掉外部设备时重新开机所造成的麻烦。

USB 可以以树状结构连接目前几乎所有种类的外部设备，如 U 盘、移动硬盘、光驱、显示器、数字音响、扫描仪、数字照相机、Modem、打印机、键盘、鼠标、游戏杆等。目前，USB 2.0 的数据传输速率达到 480 Mb/s，USB 3.0 的数据传输速率可达 5.0 Gb/s。

另一个用于高速传输数据的串行接口标准是 IEEE1394，其数据传输速率现在一般可达 400 Mb/s，最高可达 3.2 Gb/s。

1.2.2　嵌入式系统

嵌入式系统是以应用为中心，以计算机技术为基础，软硬件可裁减，适用于应用系统对功能、可靠性、成本、体积、功耗等有严格要求的专用计算机系统。

嵌入式系统的发展历史可以追溯到 20 世纪 70 年代出现的单片机应用系统。那时候厂家为了使计算机能够得到更广泛的应用，将计算机核心部分和一些必要的接口电路组合在一起，做成一块单片集成电路，只需要增加极少的部件，如石英晶振和电容器，就可以做成一个非常紧凑小巧的独立应用系统，这就是单片计算机，简称单片机。因为单片机大多是针对某一项特殊应用的，所以也将单片机称为微控制器(Micro-Controller Unit，MCU)，它就是早期的嵌入式系统。嵌入式系统的核心部分称作为微处理器(Micro-Processor Unit，MPU)。

嵌入式系统一般包括嵌入式微处理器、外围硬件设备以及特定的应用程序等几个部分，是集软、硬件为一体的可独立工作的"器件"，用于实现对被嵌入对象的控制和管理。随着技术的发展，根据应用场合的需要，计算机操作系统也被加入嵌入式系统中，使得嵌入式系统的开发和应用更为简便和现代化，系统性能得到极大的提高。

嵌入式系统的关键元件是集成电路芯片(Integrated Circuit，IC)，简称芯片。它采用一定的工艺将晶体管、电阻、电容和电感等元件及布线互联在一起，制作在半导体晶片或介质基片上，然后封装在一个管壳里。芯片的集成度是指它所能容纳的元件数目，目前已能做到容纳最高达到十几个亿的元件数。集成度与布线的最小线条宽度有关，在目前的光刻条件下能做到0.35—0.05微米。根据嵌入式系统微处理器的总线宽度，嵌入式系统可以分为8位、16位、32位和64位。

嵌入式系统有选择地将计算机技术微型化，融入各行各业的应用中，从而极大地提高了性能、效益，降低了成本。嵌入式系统应用在国防军事、尖端武器制造、航天航空、工农业生产自动化、机器人、交通运输、通信、互联网、物联网、虚拟现实、人工智能、自动驾驶、基因技术、智能家居、智慧制造、智慧城市、仪器仪表、家用电器等领域，几乎涵盖了高新技术的所有方面。

各行各业广泛而深入的应用也对嵌入式系统技术提出了新的更高的要求，如：灵活的网络联接，与移动通信相适应的信息交换，快速的多媒体信息处理，精巧的多媒体人机界面，微型化的体积，更高的可靠性，更低的功耗等。

1. 基本组成

图 1-2-22　嵌入式系统硬件层

嵌入式系统硬件层中包含嵌入式微处理器、存储器、通用设备接口、I/O接口和人机交互接口。在一片嵌入式处理器基础上添加电源电路、时钟电路和存储器电路，就构成了一个嵌入式核心控制模块，如图 1-2-22 所示。

2. 微处理器

嵌入式系统硬件层的核心是嵌入式微处理器，嵌入式微处理器对应通用计算机的中央处理器。两者最大的不同在于嵌入式微处理器的工作是为对应系统设计的，它将由通用计算机 CPU 许多板卡完成的任务集成在芯片内部，同时还集成了大量的 I/O 电路，从而满足嵌入式系统体积小、功耗低的要求。

3. 存储器

存储器是构成嵌入式系统硬件的重要组成部分。存储器用来存放计算机工作所必须的数据和程序，在嵌入式系统中被普遍使用。嵌入式微处理器在运行时，大部分总线周期都是用于对存储器的读/写访问。嵌入式系统的存储器子系统与通用计算机的存储器子系统的功能并无明显的区别。全部存储系统分为四级，即寄存器组、高速缓存、内存和外存。它们在存取速度上依次递减，而在存储容量上逐级递增，如图 1-2-23 所示。

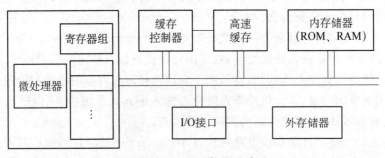

图 1-2-23　分级存储器系统

4. 通用设备接口和 I/O 接口

嵌入式系统和外界交互需要一定形式的通用设备接口,外部设备通过和芯片外其他设备或传感器的连接来实现微处理器的输入/输出功能。每个外部设备通常都只有单一的功能,它可以在芯片外也可以内置在芯片中。外部设备的种类很多,可从一个简单的串行通信设备到非常复杂的 802.11 无线设备。

目前嵌入式系统中常用的通用设备接口有 A/D(模/数转换接口)、D/A(数/模转换接口),I/O接口有 RS-232 接口(串行通信接口)、Ethernet(以太网接口)、USB(通用串行总线接口)、音频接口、VGA 视频输出接口、I2C(现场总线)、SPI(串行外围设备接口)和 IrDA(红外线接口)等。

5. 人机接口设备

为了使嵌入式系统具有友好的人机接口以方便使用,需要给嵌入式系统配置显示装置,如LED 显示器、LCD 显示器以及必要的音响提示等。要进行人机交互,还需要有输入装置,如键盘、触摸屏等,使得用户能够对嵌入式控制器发出命令或输入必要的控制参数。

1.2.3 智能手机系统

智能手机如同个人电脑,具有独立的、开放的操作系统,可扩充的硬件和软件,支持第三方服务商提供的程序,并可以通过移动通信网络来实现无线网络接入。智能手机让我们的生活变得更加丰富多彩。

1. 基本组成

智能手机的硬件层主要由三大部分组成,分别是通信子系统、电源管理子系统和应用子系统。其中应用子系统是核心,通信子系统管理语音和数据通信,电源管理子系统负责供电并确保系统可靠,如图 1-2-24 所示。

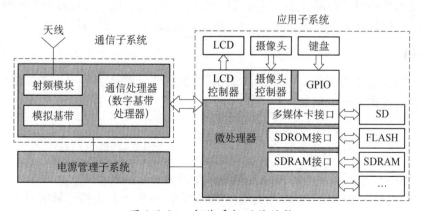

图 1-2-24 智能手机硬件结构

2. 通信子系统

通信子系统包括射频模块、模拟基带和数字基带。射频模块负责射频收发、频率合成、功率放大,起到发射机和接收机的作用。模拟基带和数字基带完成对语音信号和数字语音信号的调制解调、信道编码解码和无线 Modem 控制。

3. 电源管理子系统

电源管理子系统在智能手机系统中承担对电能的变换、分配、检测及其他电能管理的职责。同时,它还可以对电池充电进行管理和控制。

4. 应用子系统

应用子系统包括微处理器、微存储器(SDRAM 接口、SDROM 接口)、液晶显示器(LCD)控制器、摄像机控制器、键盘(GPIO)、SD 卡接口等。

微处理器是智能手机的核心部件,智能手机中的微处理器类似通用计算机中的中央处理器,它是整台智能手机的控制中枢系统,也是逻辑部分的控制核心。微处理器通过运行存储器内的软件及调用存储器内的数据库,达到对手机整体监控的目的。凡是要处理的数据都要经过微处理器来完成,手机各个部分的管理等也都离不开微处理器这个"司令部"统一、协调的指挥。随着集成电路生产技术及工艺水平的不断提高,手机中微处理器的功能越来越强大,如在微处理器中集成先进的数字信号处理器(DSP)等。微处理器的性能决定了整部手机的性能。

1.2.4 信息在计算机中的表示与存储

从原理上来说,任何十进制数都可以通过转换成二进制数而存入计算机内部。但实际上,由于数有正负号、小数点,会遇到很大的数和很小的数,还要考虑计算机器件运算的方便和效率,因此数在计算机内部的表示还是比较复杂的。比如,学习编程时会把数字变量定义成整型数、单精度浮点数、双精度浮点数等,就体现了这种复杂性。

1. 原码、反码和补码

原码、反码和补码是对带有正、负号的符号数的编码,其实质是对负数的不同编码。

为了便于讲解,这里以整数为例,采用 8 位二进制编码,最高位为符号位。

(1) 原码

整数 X 的原码是:符号位 0 表示正,1 表示负;数值部分就是 X 绝对值的二进制表示。通常用 $[X]_原$ 表示 X 的原码。例如:

$$[+1]_原 = 00000001 \qquad [-1]_原 = 10000001$$
$$[+127]_原 = 01111111 \qquad [-127]_原 = 11111111$$

可以看到,8 位原码表示的最大值为 127,最小值为 -127,表示数的范围为 -127 到 127。

原码的优点是简单、易于理解,与其真值的转换方便;缺点是进行运算时符号位需要单独处理,增加了运算规则的复杂性,而且 0 的表示不唯一($[+0]_原 = 00000000$,$[-0]_原 = 10000000$),增加了运算器的设计难度。

(2) 反码

整数 X 的反码是:对于正数,反码与原码相同;对于负数,符号位为 1,其数值位是 X 绝对值的二进制按位取反。通常用[X]_反表示 X 的反码。例如：

$$[+1]_反 = 00000001 \qquad [-1]_反 = 11111110$$
$$[+127]_反 = 01111111 \qquad [-127]_反 = 10000000$$

8 位反码表示的最大值、最小值和表示数的范围与原码相同。

在反码中，0 也有两种表示形式，即 $[+0]_反 = 00000000$，$[-0]_反 = 11111111$。

反码运算也不方便，很少使用，一般用作求补码的中间码。

(3) 补码

整数 X 的补码是：对于正数，补码与原码、反码相同；对于负数，符号位为 1，其数值位是 X 绝对值的二进制按位取反后最低位加 1，即为反码加 1。通常用[X]_补表示 X 的补码。例如：

$$[+1]_补 = 00000001 \qquad [-1]_补 = 11111111$$
$$[+127]_补 = 01111111 \qquad [-127]_补 = 10000001$$

在补码中，$[-0]_补 = 11111111 + 1 = 100000000$，由于超出 8 位字长的要舍弃最高位 1，故 $[-0]_补 = 00000000$，这样，在补码中 0 有唯一的编码：$[+0]_补 = [-0]_补 = 00000000$。而多出来的一个编码 100000000 用来扩展补码表示的数值范围，即把最小值从 -127 扩大到 -128，这里的最高位 1 既是符号位，又是数值位，其值为 -128。

利用补码可以方便地实现正、负数的加法运算。

例 1-1　计算 $(-6) + 3$ 的值

$$\begin{array}{r} 1\,1\,1\,1\,1\,0\,1\,0 \quad (-6\text{的补码}) \\ +\ 0\,0\,0\,0\,0\,0\,1\,1 \quad (3\text{的补码}) \\ \hline 1\,1\,1\,1\,1\,1\,0\,1 \quad (\text{结果的补码}) \end{array}$$

运算结果为 11111101，符号位为 1，为负数，将数值位再求一次补，得出其原码为 10000011，转换成十进制数为 -3，结果正确。

例 1-2　计算 $(-10) + (-5)$ 的值

$$\begin{array}{r} 1\,1\,1\,1\,0\,1\,1\,0 \quad (-10\text{的补码}) \\ +\quad 1\,1\,1\,1\,1\,0\,1\,1 \quad (-5\text{的补码}) \\ \hline 1\,1\,1\,1\,1\,0\,0\,0\,1 \quad (\text{结果的补码}) \end{array}$$

运算结果的补码为 111110001，舍弃超出 8 位字长的最高位 1，结果为 11110001，符号位为 1，为负数，将数值位再求一次补，得出其原码 10001111，转换成十进制数为 -15，结果正确。

因为在计算机的逻辑运算单元中，只有加法运算器，所以利用补码方式将符号位一起参加运算，可以将减法转换成加法来计算，而乘法和除法可以通过移位来完成。

2. 西文字符

在计算机中，可以采用一定的编码方法来表示字母和文字形式的数字、符号等，例如，用 7 位二进制数 1000001 表示字母 A,放在一个字节(8 位)中,最高位置为 0,就是"01000001"。为满足计算机信息交流的目的,需要有标准的编码方法。目前计算机都采用 ASCII(American Standard Code for Information Interchange)码作为英文字母、阿拉伯数字以及常用符号的编码标准,这种编码对应的表称为 ASCII 码表(如图 1-2-25 所示)。ASCII 码表包含 128 个字符,其中可显示字符 94 个、控制字符 34 个,每个字符用 7 位二进制数表示 ($2^7 = 128$)。该表中 0000000B(00H)—0011111B(1FH)是控制符;0100000B(20H)是"空格"(SP,space bar);1111111B(7FH)是"删除"(DEL,delete);0110000B(30H)—0111001(39H)表示数字 0—9;大写字母从 1000001B(41H)开始,小写字母从 1100001B(61H)开始,大写字母的 ASCII 码小于小写字母的 ASCII 码。

按照 ASCII 编码,英文单词 Student 在计算机内部的表示是 7 个字节,如图 1-2-26 所示。

	高三位	0	1	2	3	4	5	6	7
低四位		000	001	010	011	100	101	110	111
0	0000	NUL	DC0	SP	0	@	P	、	p
1	0001	SOH	DC1	!	1	A	Q	a	q
2	0010	STX	SC2	"	2	B	R	b	r
3	0011	ETX	DC3	#	3	C	S	c	s
4	0100	EOT	DC4	$	4	D	T	d	t
5	0101	ENQ	NAK	%	5	E	U	e	u
6	0110	ACK	SYN	&	6	F	V	f	v
7	0111	BEL	ETB	'	7	G	W	g	w
8	1000	BS	CAN	(	8	H	X	h	x
9	1001	HT	EM	)	9	I	Y	I	y
A	1010	LF	SUB	*	:	J	Z	j	z
B	1011	VT	ESC	+	;	K	[	k	{
C	1100	FF	FS	,	<	L	\	l	|
D	1101	CR	GS	—	=	M	]	m	}
E	1110	SO	RS	.	>	N	∧	n	~
F	1111	SI	US	/	?	O	_	o	DEL

图 1-2-25　ASCII 码表

S	01010011
t	01110100
u	01110101
d	01100100
e	01100101
n	01101110
t	01110100

图 1-2-26　英文字母在计算机内的表示

3. 汉字

汉字信息的表示比英文字符要复杂得多。汉字数量众多,常用汉字约 3500 个左右,《新华字典》收字 11000 多个,《辞海》收字 17500 多个,显然用一个字节给汉字编码是不够的。很容易想到,既然一个字节不够用,就用两个字节来编码。两个字节(各用后 7 位,两个最高位留作标记用)可以编码的字符数是 $2^7 \times 2^7 = 16384$,可以满足汉字的日常使用需要。汉字编码的一种方法就是双字节编码法。我国 1981 年公布了国家标准《信息交换用汉字编码字符集　基本集》(GB 2312—80),称为国标码,这是计算机汉字处理标准的基础。该标准有几十页厚,收录了 6763 个汉字和 682 个其他字符,用一个 94×94 的矩阵(94 个区,每个区有 94 个位)来放置字符,每个字符有一个确定的区号和位号,如图 1-2-27 所示。字符的区号和位号就构成了字符的区位码。汉字国标码和区位码的关系是:国标码是将区位码的区号和位号各加 32 (20H),例如汉字“我”的区位码是 4650,它的国标码是 7882。计算机内部表示汉字时,两个字节的最高位都置 1,两个字节后 7 位的编码以国标码(GB 2312—80)为标准。图 1-2-28 是汉字信息“我们都是学生”在计算机内部存储的情况。

国标(GB2312-80)第 46 区

	0	1	2	3	4	5	6	7	8	9
0	巍	微	危	韦	违	桅	围	唯	惟	
1	为	潍	维	苇	萎	委	伟	伪	尾	纬
2	未	蔚	味	畏	胃	喂	魏	位	渭	谓
3	尉	慰	卫	瘟	温	蚊	文	闻	纹	吻
4	稳	紊	问	嗡	翁	瓮	挝	蜗	涡	窝
5	我	斡	卧	握	沃	巫	呜	钨	乌	污
6	诬	屋	无	芜	梧	吾	吴	毋	武	五
7	捂	午	舞	伍	侮	坞	戊	雾	晤	物
8	勿	务	悟	误	昔	熙	析	西	硒	矽
9	晰	嘻	吸	锡	牺					

图 1-2-27　GB 2312—80 示例

	区位码	机内码
我	4650	CED2
们	3539	C3C7
都	2228	B6BC
是	4239	CAC7
学	4907	D1A7
生	4190	C9FA

图 1-2-28　汉字信息在计算机内的表示

汉字除了有在计算机内部存储的编码外,还有输入编码和输出编码。

计算机输入汉字时有多种输入码,输入法不同,输入码也不同。例如,输入“我们”,全拼输入码为 women,区位码输入法的输入码为 46503539。

汉字在屏幕上显示和在打印机上打印而用的编码称为输出码。汉字有点阵输出和矢量输出两种方法,这里以点阵输出为例。例如汉字“我”,如果显示时用 16×16 点阵表示,即为如图 1-2-29(a)所示图样。为了存储这个点阵信息,将白色的点用二进制数 0 表示,黑色的点用二

00000000B	(00H)	01000000B	(04H)
00001110B	(0EH)	01011000B	(58H)
01111000B	(78H)	01000100B	(44H)
00001000B	(08H)	01000000B	(40H)
00001000B	(08H)	01000010B	(42H)
11111111B	(FFH)	11111111B	(FFH)
00001000B	(08H)	01000000B	(40H)
00001000B	(08H)	01000100B	(44H)
00001010B	(0AH)	01000110B	(46H)
00011100B	(1CH)	01000100B	(44H)
01101000B	(68H)	01001000B	(48H)
10001000B	(88H)	01101000B	(68H)
00001000B	(08H)	00110000B	(30H)
00001000B	(08H)	00101001B	(29H)
00101001B	(29H)	11000101B	(C5H)
00011010B	(1AH)	00000010B	(02H)

(a)“我”在屏幕上的显示　　　(b)“我”的点阵编码

图 1-2-29　汉字“我”的点阵显示和它的点阵编码

进制数 1 表示。每行 16 个点，每 8 个点用一个字节表示，每行就需要 2 个字节，一共 16 行，共需要 32 个字节来存储对应的点阵信息。这 32 个字节组成的表如图 1-2-29(b)所示。

4. 图像与图形

数字化图像数据有两种存储方式：位图存储(Bitmap)和矢量存储(Vector)。这两种图像的产生、描述和存储方式都不同。

(1) 图像

位图图像由像素点(图片元素)组成，这些像素点可以进行不同的排列和着色以构成图样。当放大位图时，可以看见构成图像的方块组合。直接放大位图尺寸其实是增大单个像素面积，图像的线条和形状会出现马赛克现象，看起来会显得模糊。

位图图像信息由构成图像的各个部分的颜色、深浅等因素组成，图像被分割得越细，越能完整地表示图像所包含的信息。图像如何进行分割(例如把一幅图像细分成几千万个像素)，如何表示各部分信息的内容，都是人们研究的课题。例如，可以把图 1-2-30 所示的图像划分为 9 行 50 列，这样就有了 450 个"点"(像素, pixel)，每个点用 3 个字节表示其中的信息，各字节分别表示"红、绿、蓝"(RGB)三基色，每个字节有 0—255 的不同编码，表示了某种颜色由浅到深的程度，数字愈大，颜色愈浅(当红、绿、蓝全是 255 时，表示白色)。只要规定好这些点的颜色信息在计算机内部存放的次序和方法，就能把图像变成计算机内部的二进制数据了，它们实际上是被数字化了的信息。图 1-2-30 表示了图像信息和计算机存储的数据之间的一种对应关系。位图图像适用于表达细节丰富的画面，如人像照、风景照等。

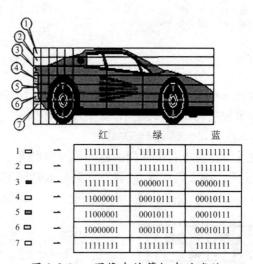

图 1-2-30　图像在计算机中的存储

对于一幅 $a \times b$ 像素，每像素 c 位二进制的图像，在没有压缩时，理论上说，其所占存储空间 size 可以通过以下公式计算得到：

$$size(B) = a \times b \times c \div 8$$

例如，一幅 1024×768 大小的真彩色图像，其所占空间为：

$$size = 1024 \times 768 \times 24 \div 8 \div 1024 \div 1024 = 2.25\ MB$$

（2）图形

矢量图形是指由计算机用数学方程来绘制的直线、圆、矩形、曲线、图表等图形。

矢量图形用一组指令集合来描述内容，如描述构成该图的各种图元位置、形状等。描述对象可任意缩放不会失真。在显示方面，矢量图形使用专门软件将描述矢量图形的指令转换成屏幕上的形状和颜色。矢量图形适用于描述轮廓不是很复杂、色彩不是很丰富的对象，如：几何图形、工程图纸、CAD、3D造型等。

矢量图形不存储图形的每一点，而只存储图形内容的轮廓部分，文件大小取决于图形中所包含对象的数量和复杂程度，与输出图形的大小几乎没有关系。

5. 音频

计算机或电子设备中的声音来源于两种渠道：一种是由麦克风录制的模拟声音通过数字化得到的波形音频；另一种是利用合成设备合成的电子音频，如合成语音或合成音乐。

（1）波形音频

在空气中传播的声音，经麦克风转换成模拟音频信号（一种连续波形），再通过计算机声卡设备的采样、量化和编码，可成为数字化的音频信号，这就是常说的数字音频。

采样就是每隔一段时间从连续变化的模拟音频信号中取一个幅度值（也称为采样值），从而把时间上连续信号变成时间上离散信号。如图1-2-31所示，为对模拟声音波形的采样。采样的时间间隔称为采样周期，每秒采样的次数称为采样频率，采样后所得到的一系列在时间上离散的样本值称为样值序列。

由于存储空间有限，采样得到的离散音频信号需经过量化，即将采样得到的离散音频信号转换为有限位数的、规范化的声音数据后再进行编码，如可以转换成二进制编码存储在计算机中保存。计算机中存储的音频经处理还原为模拟音频后，再通过扬声器或耳机播放出来。如图1-2-32所示，为采样后的数据经16位量化和编码的示意图。

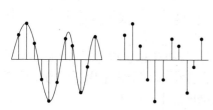

图 1-2-31 对模拟声音波形的采样

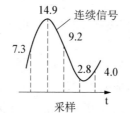

7.3	7	0111	
14.9	15	1111	
9.2	9	1001	
2.8	3	0011	
4.0	4	0100	

量化和编码

图 1-2-32 声音在计算机中存储的示意图

（2）合成声音

使用计算机可以合成的声音分为语音和音乐两大类。

① 合成语音。又称文语转换（Text to Speech）技术，是通过电子计算机或类似的专门装置，将文字信息实时转化为标准流畅的语音朗读出来，相当于给机器装上了人工嘴巴。它涉及声学、语言学、数字信号处理、计算机科学等多个学科技术，是中文信息处理领域的一项前沿技术。

图 1-2-33 为在计算机中将文本转换成语音的示意图。中文语音合成系统实现时,除清晰度、能懂度和自然度外,还要求合成算法具有较低的运算复杂度,使语音库尽量小,以减少对有限存储空间的占用程度。

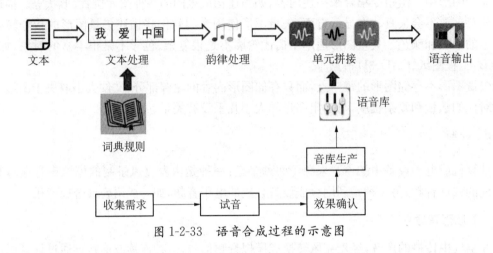

图 1-2-33　语音合成过程的示意图

② 数字合成音乐。数字合成音乐的产生取决于音乐合成器(Musical Synthesizer),这是一种用来产生、修改正弦波形并叠加,然后通过声音产生器和扬声器发出特定声音的设备。

通过音乐合成器产生数字合成音乐的途径有两种:数字 FM 合成法和采样回放合成法。

6. 视频与动画

与音频相似,视频与动画都是与时间相关的数字媒体。它们利用了人眼的视觉暂留特征,即每当一幅图像从眼前消失的时候,留在视网膜上的图像并不会立即消失,还会延迟约1/16—1/12 秒。在这段时间内,如果下一幅图像又出现了,眼睛里就会产生上一画面与下一画面之间的过渡效果,从而形成连续的画面。电影、电视和动画都是利用这一原理制作的。

(1) 视频

通过摄像机之类的视频捕捉设备,将外界影像的颜色和亮度信息转变为电信号,再记录到储存介质中,被称为数字视频。

数字视频是以数字形式记录的视频。它可以通过数字摄像机拍摄获取,也可以通过模拟视频信号经模拟/数字(A/D)转换采集获得。数字视频容量较大,存储前需采用不同的压缩算法压缩,在产生不同的格式文件后存储,播放时则需要用不同的算法解码播放。

模拟视频的数字化主要包括色彩空间的转换、光栅扫描的转换以及分辨率的统一。模拟视频一般采用分量数字化方式,即先把复合视频信号中的亮度和色度分离,得到 YUV 或 YIQ分量,然后用三个模/数转换器对三个分量分别进行数字化,最后再转换成 RGB 空间。

(2) 动画

与数字视频通过摄像机拍摄,或通过采集模拟视频转换成数字视频的方式不同,动画特别是矢量动画可以使用计算机软件制作得到。根据画面的视觉效果,计算机动画可以分为二维动画和三维动画,还可以通过计算机软件实现动画与操作者交互的功能。三维交互式动画与头盔显示器及手持交互设备相结合,则可以制作虚拟现实交互式动画。

1.2.5　计算机软件

1. 软件概述

计算机软件是各种程序以及开发、使用与维护这些程序所需要的文档的集合。

从功能角度分类,计算机软件可以分为两大类:系统软件和应用软件。

为运行计算机而必需的最基本的软件称为系统软件,它实现对各种资源的管理、基本的人机交互、高级语言的编译或解释以及基本的系统维护调试等工作。系统软件包括操作系统、语言处理工具(程序设计语言及其编译、解释程序,调试、查错程序等)和工具软件。

为完成某种具体的应用任务而编制的软件称为应用软件,例如字处理软件、电子表格软件、演示文稿制作软件、即时通信软件、教学辅助软件、电子商务软件、游戏软件等。

由于分类时采用的类别概念本身具有一定的相对性,因此对某些软件要绝对区分属于系统软件还是应用软件就有些困难。例如杀毒软件,有把它归入工具软件的(属于系统软件),但也有把它归入应用软件的。也就是说,系统软件和应用软件的划分并不是绝对的。

由硬件、软件共同构成的计算机系统可以看成具有如图 1-2-34 所示的层次结构。不同层次上的使用者对计算机内部的了解程度各不相同。硬件和软件的界面是操作系统,因此对于计算机用户来说,了解操作系统的概念和学会使用某种操作系统是最基本和最重要的。

图 1-2-34　计算机系统的层次结构

2. 操作系统

操作系统(Operating System,OS)是系统软件中最基础、最重要的部分。使用计算机首先接触到的是操作系统,它是人和计算机交互的界面。

目前 PC 机上使用的操作系统主要是 Microsoft Windows 操作系统、Apple Mac 操作系统和 Linux 操作系统,手机和平板电脑上则大量使用 Apple iOS 操作系统和安卓(Android)操作系统。

20 世纪 60 年代初出现的监控程序是操作系统的雏形,用于监视和控制计算机的软硬件资源,其功能被逐步改进、完善,到 1964 年 IBM 公司推出 IBM 360 计算机系统,配备了 IBM OS/360,这是一个比较成熟的操作系统产品。AT&T 公司从 20 世纪 60 年代末到 70 年代初研制了 Unix 操作系统,1974 年《ACM 通信》刊登了汤姆生(Ken Thompson)和里奇(Dennis Ritchie)合写的"Unix 分时系统"的文章,AT&T 对外公布了 Unix 操作系统,这是操作系统发展史上的重大事件。Unix 操作系统是一个多用户、多任务操作系统,在同一时间内可以由多个用户同时使用计算机来完成多个任务。

20 世纪 70 年代中期出现了以 Apple II 为典型代表的多种微型计算机,在微型计算机上使用的操作系统应运而生。早期的微型计算机操作系统比较简单,一般都是单用户、单任务操作系统,在同一时间内只能由一个用户单独使用计算机完成一个任务,典型的如 CP/M、MS-DOS、PC-DOS 等。随着微型计算机功能的不断增强,微型计算机上的操作系统也从单用户、单任务逐步向单用户、多任务和多用户、多任务发展,从非网络型操作系统向网络型操作系统发展,相继出现了 Windows 操作系统(Windows 3.1、Windows 95、Windows 98、Windows XP、Windows 7、Windows 8、Windows 10)、Windows NT 操作系统以及微型计算机上的 Unix 操作系统和 Linux 操作系统等。

在 Windows 操作系统下,可以使用计算机同时进行几项工作。例如,一边上网发送电子邮件,一边在网上下载一个文件,一边又在打开的 Word 软件中编辑自己的文章等,在任务栏上可能会有五六项甚至更多的任务在同时工作,这就是"多任务"(multi tasks)。在 Windows NT 或 Unix 等操作系统下,还可以同时有几个用户登录在同一台计算机上工作,这就是"多用户"(multi users)。不管是多任务还是多用户,在计算机操作系统中,各个工作都被设置成一个个相对独立的程序,称为"进程"(process)。操作系统管理的基本单位就是进程。

(1) 操作系统的基本功能

操作系统的基本功能是管理计算机系统的全部硬件资源、软件资源及数据资源,控制程序运行,改善人机界面,为其他应用软件提供支持等。操作系统能使计算机系统所有资源最大限度地发挥作用,为用户提供方便的、有效的、友善的服务界面。

操作系统是一个庞大的管理控制程序,大致包括资源管理和用户界面管理两部分功能。

① 资源管理。资源管理可细分为进程与处理机管理、作业管理、存储器管理、设备管理、文件管理五部分。

• 进程与处理机管理。计算机系统可以只有一个 CPU 芯片,也可以有多个 CPU 芯片(多核)。在多道程序环境下,处理机的分配和运行都以进程(或线程)为基本单位,因而对处理机的管理可归结为对进程的管理。进程是程序运行的基本单元。程序并发运行时,计算机内会同时运行多个进程,所以进程何时创建、何时撤销、如何管理、如何避免冲突、合理共享就是进程管理的最主要的任务。

• 作业管理。作业是用户在一次算题过程中或一个事务处理中要求计算机系统所做的工作的集合。作业管理就是对用户提交的诸多作业进行管理,包括作业的组织、控制和调度等,以尽可能高效地利用整个系统的资源。

• 存储器管理。存储器管理能为多道程序的运行提供良好的环境,方便用户使用以及提高内存的利用率,主要包括内存分配、地址映射、内存保护与共享和内存扩充等功能,并且能保护主存储器的数据不被破坏。

• 设备管理。设备管理的主要任务是完成用户的输入、输出设备请求,负责对设备的使用进行调度和优化,提高设备的利用率,主要包括缓冲管理、设备分配、设备处理和虚拟设备等功能。

• 文件管理。计算机中的信息是以文件的形式存在的,操作系统中负责文件管理的部分称为文件系统。文件管理包括文件存储空间的管理、目录管理以及文件读写管理和保护等。

② 用户界面管理。操作系统为用户与计算机硬件系统之间提供了用户接口。应用程序和其他系统程序只有通过操作系统才能使用计算机。用户接口主要分为两类：一类是命令接口，用户利用这些操作命令来组织和控制作业的执行；另一类是程序接口，编程人员可以使用它们来请求操作系统服务。

● 命令接口。使用命令接口进行作业控制分为联机控制方式和脱机控制方式。联机命令接口又称交互式命令接口。它由一组键盘操作命令组成。用户通过控制台或终端输入操作命令，向系统提出各种服务要求。用户每输入完一条命令，控制权就转入操作系统的命令解释程序，然后由命令解释程序对输入的命令进行解释并执行，完成指定的功能。之后，控制权又转回到控制台或终端，此时用户又可以输入下一条命令。脱机命令接口由一组作业控制命令（或称作业控制语句）组成。脱机用户不能直接干预作业的运行，应事先用相应的作业控制命令写成一份作业操作说明书，连同作业一起提交给系统。当系统调度到该作业时，由系统中的命令解释程序对作业说明书上的命令或作业控制语句逐条解释执行，从而间接地控制作业的运行。

● 程序接口。程序接口由一组系统调用命令（简称系统调用，也称广义指令）组成。用户通过在程序中使用这些系统调用命令来请求操作系统为其提供服务。用户在程序中可以直接使用这组系统调用命令向系统提出各种服务要求，如使用各种外部设备、进行有关磁盘文件的操作以及其他各种控制要求。

目前最为流行的是图形用户界面（Graphic User Interface, GUI），即图形接口，用户通过鼠标和键盘，在图形界面上单击、拖拉图标或使用快捷键就能很方便地使用操作系统。

（2）操作系统的类型

计算机的应用已进入人类生活的各个方面，从办公室到家庭，从工业控制到科学技术，在如此广泛的范围内，人们对计算机应用的要求是各不相同的，因此对计算机操作系统的性能要求、使用方式要求也不同，这样就形成了各种不同类型的操作系统。

操作系统按照功能特征可以分成：批处理操作系统、分时操作系统、实时操作系统、网络操作系统以及分布式操作系统。

① 批处理操作系统。批处理操作系统是把多个用户的任务变成规定形式的一批作业，然后交给系统操作员，系统操作员将若干待处理的作业输入传送到外存，批处理操作系统按一定的原则选择其中的一道作业进入内存并使之运行，当作业运行完成或出现错误而无法再进行下去时，由系统输出有关信息并调入下一道作业运行。如此反复处理，直至这一批作业全部处理完毕为止。单道批处理操作系统大大减少了人工操作的时间，提高了机器的利用率。但因内存中只有一道作业在运行，当作业发出 I/O 请求时，CPU 必须等待 I/O 的完成。因为 I/O 设备的低速性，致使 CPU 的利用率也很低。为了改善 CPU 的利用率，研发人员引入了多道程序设计技术，形成了多道批处理操作系统。在多道批处理操作系统中，不仅内存中可以同时有多道作业在运行，而且作业可随时（不一定集中成批）被接受进入系统，并存放在外存中形成后备作业队列，然后由操作系统按一定的原则从后备作业队列中调入一道或多道作业进入内存运行。批处理方式不具有交互性，用户一旦将作业提交给系统后就失去了对作业运行的控制能力。

② 分时操作系统。分时操作系统是利用分时技术的一种联机的多用户交互式操作系统，每个用户可以通过自己的终端向系统发出各种操作控制命令，完成作业的运行。分时技术是

指把处理器的运行时间分成很短的时间片,按时间片轮流把处理器分配给各终端作业使用。一台计算机和许多终端设备连接,每个用户通过自己的终端向系统发出命令,请求完成某项工作。某个终端作业在分配给它的时间片内不能完成其计算,则暂停该终端作业的运行,把处理器让给另一个终端作业使用,等待下一轮时再继续其运行。由于计算机速度很快,各终端作业的运行轮转也很快,这使得每个终端用户感觉自己在独自使用该计算机。

当系统中除了终端型作业还有批处理作业时,应赋予终端型作业较高的优先权,并将它们排成一个高优先权队列,而将批处理作业另外排成一个队列。平时轮转运行高优先权队列的作业,以保证终端用户的请求能获得及时响应,仅当该队列为空时,才运行批处理队列中的作业。这样重复上述交互会话过程,直到用户完成全部工作为止。

③ 实时操作系统。实时操作系统是随着计算机应用于实时控制和实时信息处理领域而发展起来的一种操作系统。实时操作系统能根据用户提出的请求对信息进行检索和处理,并在很短的时间内对用户做出回答,及时响应外部事件的请求,在规定的时间内完成对该事件的处理,并控制所有实时设备和实时任务协调一致地工作。如工业生产中的自动控制、国防上的导弹发射控制、商业上的机票订购系统等,都属于实时处理。实时操作系统的主要特点是响应及时和可靠性高。

④ 网络操作系统。网络操作系统是使网络上各计算机能方便有效地共享网络资源、为网络用户提供所需各种服务的操作系统。网络操作系统具有两大功能:提供高效、可靠的网络通信功能和提供多种网络资源的服务功能,例如文件传输服务功能、电子邮件服务功能、远程登录服务功能和远程打印服务功能等。典型的网络操作系统有 Unix 操作系统、Linux 操作系统、Netware 操作系统和 Windows NT 操作系统等。

⑤ 分布式操作系统。分布式操作系统属于分布式软件系统,主要负责管理分布式处理系统资源和控制分布式程序运行。分布式操作系统需要安装在整个分布系统里面。分布式操作系统能共享资源,加强通信,通过负载平衡提高系统的效率,扩充系统能力。分布式操作系统的主要优点有:

- 更经济——分布式操作系统有较高的性能价格比。
- 速度更快——分布式操作系统平均响应时间比大型机系统短。
- 更有针对性——分布式操作系统更适用于对固有分布性问题的求解。
- 可扩充性——分布式操作系统比较松散的构成,使得节点的增减很容易。
- 更可靠——分布式操作系统可自动降级运行保障,故障时不停机,安全且更有保障。
- 宽适应性——分布式操作系统增加了对分散用户要求协同的支持。

3. 开源软件和非开源软件

从是否开放软件的源代码角度分类,软件可以分为开源软件和非开源软件。传统的商业软件一般都是非开源软件,不对公众开放软件的源代码,例如微软公司的 Windows 操作系统和 SQL Server 数据库管理系统。20 世纪 90 年代开始兴起了开源软件,这种软件的源代码完全向公众开放,例如 Linux 操作系统、My SQL 数据库管理系统、Firefox 浏览器等。开源软件有独特的开放许可证制度,赋予公众自由使用、分发、复制、修改软件的权利,通过法律形式保证了软件的自由开放。目前各行各业都有开源软件的应用,有调查数据显示,全球被访企业中超过 50% 的企业应用着各种开源软件。

4. 付费软件和免费软件

从用户是否需要为软件使用付费角度分类,软件可以分成付费软件和免费软件。目前很多软件是需要付费购买软件使用许可的,但也出现了越来越多的免费软件。免费软件在拷贝、分发、修改等方面往往有一些限定,例如不能将免费软件用于商业用途。

软件是具有知识产权的。无论从法律的角度,还是从软件质量和服务保证的角度以及计算机系统安全的角度,都应该使用正版软件,对盗版软件说"不"。

5. 客户端软件和服务器端软件

客户端/服务器端(Client/Server)结构简称 C/S 结构,是一种软件系统体系结构。在该架构下软件分为客户端和服务器端两部分,通过将任务合理分配到客户端和服务器端,降低了系统的通信开销,从而充分利用了两端硬件环境的优势。通常客户端运行应用程序,服务器端运行服务程序,应用程序向服务程序提出申请,服务程序分析该申请是否合理,以此来决定返回数据信息还是禁止申请信息。服务器提供的服务包括文件服务、打印服务、Web 服务、数据库服务、应用服务和代理服务等。比如从数据库的角度来讲,对一个应用,全局公共数据保存在服务器中,各个客户端保存各自的私有数据,用户可以查询自己的数据,也可以远端查询全局数据。

随着 Internet 技术和 Web 技术的发展,C/S 结构发展出一种改进的结构,即浏览器/服务器(Browser/Server)结构,简称 B/S 结构,如图 1-2-35 所示。在这种结构下,用户界面完全通过 Web 浏览器实现,Web 浏览器是客户端最主要的应用软件。这种模式统一了客户端,将系统功能实现的核心部分集中到服务器上,简化了系统的开发、维护和使用。

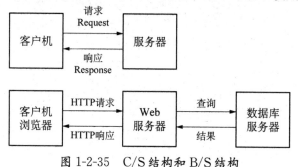

图 1-2-35　C/S 结构和 B/S 结构

6. 在线软件

随着互联网技术的发展和应用软件的成熟,21 世纪开始兴起了一种创新的软件应用模式——在线软件(Online Software)。它遵循"软件即服务"(Software as a Service,SaaS)的理念,通过互联网提供软件服务。厂商将应用软件部署在自己的服务器上,用户根据自己的实际需求,通过互联网登录相应厂商的网站,在网上使用厂商提供的软件服务。在这种模式下,用户无须在自己的计算机上安装软件,只要能够上网就能使用软件;用户不用购买软件使用许可,而是按上网使用的软件种类和使用时间向厂商支付费用(有些在线软件对个人用户是免费的);用户也不需对软件进行升级等维护,软件的管理、升级和维护完全由厂商负责。而且,只要能上网就能使用软件,使得手机等移动上网设备也能使用在线软件,这就大大扩展了在线软件的使用范围。例如，微软公司推出的 Office 365 在线软件。

习题与实践

1. 简答题

(1) 一个汉字在计算机中占用几个字节？为什么？

(2) 图像在计算机里是怎样存储的？

(3) 声音在计算机里是怎样存储的？

(4) 从功能角度看，软件可以分成哪两类？

(5) 系统软件中最重要、最基础的软件是什么？

(6) 操作系统有哪两类主要功能？

(7) 操作系统有哪些主要类型？

2. 思考题

(1) 如果让计算机同时处理多种语种，编码该如何设计？

(2) 怎样发展我国自己的通用操作系统？

1.3　计算思维

1.3.1　计算思维概述

计算思维(computational thinking)是运用计算机科学的基础概念进行问题求解、系统设计以及人类行为理解等涵盖计算机科学之广度的一系列思维活动。这一概念是由美国卡内基梅隆大学计算机科学教授周以真提出的。

1. 求解问题中的计算思维

利用计算手段求解问题的过程是：首先要把实际的应用问题转换为数学问题，然后建立模型、设计算法和编程实现，最后在实际的计算机中运行并求解。前两步是计算思维中的抽象，后两步是计算思维中的自动化。

2. 设计系统中的计算思维

任何自然系统和社会系统都可视为一个动态演化的系统，演化伴随着物质、能量和信息的交换，这种变换可以映射为符号变换，使之能用计算机实现离散的符号处理。当动态演化系统抽象为离散符号系统后，就可以采用形式化的规范来描述，通过建立模型、设计算法和开发软件来揭示演化的规律，实时控制系统的演化并自动执行。

3. 人类行为中的计算思维

计算思维是基于可计算的手段，以定量化的方式进行的思维过程。在人类的物理世界、精神世界和人工世界这三个世界中，计算思维是建设人工世界所需要的主要思维方式。

利用计算手段来研究人类的行为，可视为社会计算(Cyber-Society Computing)，即通过各种信息技术手段，设计、实施和评估人与环境之间的交互。社会计算涉及人们的交互方式、社会群体的形态及其演化规律等问题。研究生命的起源与繁衍、理解人类的认知能力、了解人类与环境的交互以及国家的福利与安全等，都属于社会计算的范畴，这些都与计算思维密切相关。

1.3.2　计算思维的本质

计算思维的本质是抽象(abstract)和自动化(automation)，它反映了计算的根本问题，即什么能被有效自动进行。计算是抽象的自动执行，自动化需要某种计算机去解释抽象。从操作层面上讲，计算就是如何寻找一台计算机去求解问题，隐含地说就是要确定合适的抽象，选择合适的计算机去解释、执行该抽象，后者就是自动化。

计算思维中的抽象超越物理的时空观，可以完全用符号来表示。与数学相比，计算思维中的抽象显得更为丰富，也更为复杂。数学抽象的特点是抛开现实事物的物理、化学和生物等特性，仅保留其量的关系和空间的形式，而计算思维中的抽象却不仅仅如此。堆栈是计算科学中常见的一种抽象数据类型，这种数据类型就不可能像数学中的整数那样进行简单的"加"运算。算法也是一种抽象，也不能将两个算法简单地放在一起构建一种并行算法。

抽象层次是计算思维中的一个重要概念，它使人们可以根据不同的抽象层次，有选择地忽视某些细节，最终控制系统的复杂性。在分析问题时，计算思维要求将注意力集中在感兴趣的抽象层次或其上下层，还应当了解各抽象层次之间的关系。

计算思维中的抽象最终是要能够机械地一步一步自动执行的。为了确保机械地自动化，就需要在抽象过程中进行精确、严格的符号标记和建模，同时也要求计算机系统或软件系统生产厂家能够向公众提供各种不同抽象层次之间的翻译工具。

下面将通过对计算思维6个方面的特征的描述，进一步认识计算思维。

1. 是概念化的抽象思维而不只是程序设计

计算机科学不等于计算机编程。所谓像计算机科学家那样去思维，其含义不仅限于计算机编程，还要求能够在抽象的多个层面上思维。

2. 是根本的而不是刻板的技能

根本技能是每一个人为了在现代社会中发挥职能所必须掌握的。刻板技能意味着机械地重复。计算思维是一种创新能力。

3. 是人的而不是计算机的思维方式

计算思维是人类求解问题的一条途径，但绝非要使人类像计算机那样去思考。计算机枯燥且沉闷，人类聪颖且富有想象力。是人类配置了计算机设备，人们能用自己的智慧去解决那些计算机时代之前不敢尝试的问题，达到"只有想不到，没有做不到"的境界。计算机赋予人类强大的计算能力，人类应该更好地利用这种力量去解决各种需要大量计算的问题。

4. 是数学和工程思维的互补与融合

计算机科学在本质上源自数学思维，因为像所有科学一样，其形式化基础是构建在数学之上的。计算机科学又从本质上源自工程思维，因为人们建造的是能够与实际世界互动的系统，基本计算机设备的限制迫使计算机科学家必须"计算性"地思考，而不只是"数学性"地思考。构建虚拟世界的自由使人们能够超越物理世界的各种系统。数学和工程思维的互补与融合很好地体现在抽象、理论和设计三个学科形态上。

5. 是思维而不是人造物

计算思维不仅体现在以物理形式呈现并时时刻刻触及人们生活的硬件、软件等人造物上，更重要的是计算的概念被人们用于问题求解、日常生活的管理以及与他人进行交流和互动中。

6. 面向所有人和所有地方

计算思维已真正融入人类活动的整体，而不再表现为一种显示哲学，它作为一个问题解决的有效供给，需要在所有地方、所有学校的课堂教学中都得到应用。

1.3.3　计算思维与计算机的关系

计算思维虽然具有计算机的许多特征,但是计算思维本身并不是计算机的专属。实际上,即使没有计算机,计算思维也会逐步发展,甚至有些内容与计算机没有关联。但正是由于计算机的出现,给计算思维的研究和发展带来了根本性的变化。

由于计算机对信息和符号具有快速处理能力,使得许多原本只是理论上可以实现的过程变成了实际可以实现的过程。海量数据的处理、复杂系统的模拟和大型工程的组织,都可以借助计算机实现从想法到产品整个过程的自动化、精确化和可控化,大大拓展了人类认识世界和解决问题的能力和范围。机器替代人类的部分智力活动激发了人们对于智力活动机械化的研究热潮,凸显了计算思维的重要性,推进了计算思维的形式、内容和表述的深入探索。在这样的背景下,人类思维活动中以形式化、程序化和机械化为特征的计算思维受到人们重视,并且其本身已作为研究对象被广泛和深入研究。

什么是计算、什么是可计算、什么是并行计算,计算思维的这些性质得到了前所未有的彻底研究。由此不仅推进了计算机的发展,也推进了计算思维本身的发展。在这个过程中,一些属于计算思维的特点被逐步揭示出来,计算思维与理论思维、实验思维的差别越来越清晰化。计算思维的内容得到不断丰富和发展,例如在对指令和数据的研究中,学者提出了层次性、迭代表述、循环表述以及各种组织结构,这些研究成果也使计算思维的具体形式和表达方式更加清晰。从思维的角度看,计算科学主要研究计算思维的概念、方法和内容,并发展成为解决问题的一种思维方式,极大地推动了计算思维的发展。

1.3.4　计算思维的应用领域

计算思维代表着一种普遍的认识和一类普适的技能,它应该像读、写、算一样成为每个人的基本技能,而不仅仅限于计算机科学家,因此每一个人都应热衷于计算思维的学习和应用。计算思维这一领域提出的新思想、新方法将会促进自然科学、工程技术和社会经济等领域产生革命性的研究成果,计算思维也是创新人才的基本要求和专业素质,在不同学科研究领域有着广泛的影响和应用。

1. 生物学

计算思维已渗透到生物信息学的应用研究中,如从各种生物的 DNA 挖掘 DNA 序列自身规律和 DNA 序列进化规律,可以帮助人们从分子层次上认识生命的本质及其进化规律,开发生物数据处理分析方法库和知识库。DNA 序列实际上是一种用四种字母表达的"语言"。如何从 DNA 序列中挖掘序列的语法规则也涉及计算机编译原理的许多知识,同时也会对计算机语言学产生很大的促进作用。

2. 脑科学

脑科学是研究人脑结构与功能的综合性学科,它以揭示人脑高级意识功能为宗旨,与教育学、心理学、人工智能、认知科学以及创造学等跨学科领域研究有着紧密联系和交叉渗透,是计算思维的重要体现。

生理学家认为,大脑左右半球完全可以以不同的方式进行思维活动,左脑侧重于抽象思维,如逻辑抽象、演绎推理和语言表达等;右脑侧重于形象思维,如直觉情感、想象创新和图像识别等。

著名科学家钱学森说过,教育工作的最终机理在于人脑的思维过程。开发学生的创造性潜能,培养和提升学生的创新思维与能力是我国素质教育的根本宗旨。在帮助学生了解信息技术基本知识和技能的基础上,更加注重学生创新思维能力的培养与提升,应是我国计算机教育的根本出发点和归宿。

3. 化学

计算机科学在化学学科的应用包括:化学中的数值计算、数据处理、图形显示、模式识别、数据库及检索、专家系统等。

计算思维已经渗透到化学学科研究的方方面面,如绘制化学结构及反应式,分析相应的属性数据、系统命名及光谱数据等,都需要计算思维的支撑。

4. 经济学

计算博弈论正在改变人们的思维方式,"囚徒困境"是博弈论专家设计的典型示例,囚徒困境博弈模型可以用来描述两个企业的"价格大战"等许多经济现象。

5. 艺术

计算机艺术作为一门科学与艺术相结合的新兴的交叉学科,包括绘画、音乐、舞蹈、影视、广告、书法模拟、服装设计、图案设计、产品和建筑造型设计以及电子出版物等众多领域,均是计算思维的重要体现。

周以真教授强调:计算生物学正在改变着生物学家的思考方式,计算博弈论正在改变着经济学家的思考方式,量子计算机正在改变着物理学家的思考方式等。计算思维对其他学科也有重要影响,如地质学、天文学、数学、工程技术、社会科学、医学、法律、娱乐、体育和教育等。一个人可以主修英语或者数学,接着从事各种各样的职业。计算机科学也一样,一个人可以主修计算机科学,接着从事医学、法律、商业、政治,以及任何类型的科学与工程工作,甚至艺术工作。

习题与实践

1. 简答题

(1) 请写出在 n 个数中查找最大数的计算步骤。
(2) 列举两个需要利用计算机求解的问题。

2. 思考题

(1) 计算机网络系统的设计属于设计系统中的计算思维吗? 请再列举两个系统设计中的计算思维例子。
(2) 互联网的发展使用户数量激增,大量用户的网络使用有什么规律可循吗? 怎样利用网络上的信息动态来把握商机?

1.4　新一代信息技术

1.4.1　云计算

1. 云计算的概念

云计算(cloud computing)是一种按使用量付费的模式,这种模式提供可用的、便捷的、按需的网络访问,进入可配置的计算资源共享池(包括网络、服务器、存储、应用软件、服务),这些资源能够在只需要投入很少的管理工作,或与服务供应商进行很少的交互的情况下被快速提供。

云计算是基于互联网的相关服务的增加、使用和交付模式,通常涉及通过互联网来提供动态易扩展且经常是虚拟化的资源,即把存储于个人电脑、移动电话和其他设备上的大量信息和处理器资源集中在一起协同工作。"云"是网络、互联网的一种比喻说法,即互联网与建立互联网所需要的底层基础设施的抽象体。"计算"指的是一台足够强大的计算机提供的计算服务(包括各种功能、资源、存储)。狭义云计算指 IT 基础设施的交付和使用模式,指通过网络以按需、易扩展的方式获得所需资源;广义云计算指服务的交付和使用模式,指通过网络以按需、易扩展的方式获得所需服务。

云计算是一种全新的商业模式,其核心部分依然是数据中心,硬件设备主要是成千上万的服务器。企业和个人用户通过高速互联网从云中提取信息,从而避免了大量的硬件投资。

云计算的特征主要为:超大规模、高可扩展性、虚拟化、高可靠性、通用性、廉价性、灵活定制。

目前公认的云计算架构可划分为基础设施层、平台层和软件层三个层次。

① 基础设施即服务(Infrastructure as a Service,IaaS)主要包括计算机服务器、通信设备、存储设备等,能够按需向用户提供的计算能力、存储能力或网络能力等 IT 基础设施类服务,也就是能在基础设施层面提供的服务。IaaS 能够得到成熟应用的核心在于虚拟化技术,通过虚拟化技术可以将形形色色的计算设备统一虚拟化为虚拟资源池中的计算资源,将存储设备统一虚拟化为虚拟资源池中的存储资源,将网络设备统一虚拟化为虚拟资源池中的网络资源。当用户订购这些资源时,数据中心管理者直接将订购的份额打包提供给用户,从而实现了 IaaS。

② 平台即服务(Platform as a Service,PaaS),云计算的平台层应该提供类似操作系统和开发工具的功能。如果以传统计算机架构中"硬件+操作系统/开发工具+应用软件"的观点来看待,PaaS 定位于通过互联网为用户提供一整套开发、运行和运营应用软件的支撑平台。就像在个人计算机软件开发模式下,程序员可以在一台装有 Windows 或 Linux 操作系统的计算机上使用开发工具开发并部署应用软件一样。微软公司的 Windows Azure 和谷歌公司的 GAE,可以算是目前 PaaS 平台中最为知名的两款产品了。

③ 软件即服务（Software as a Service，SaaS），就是一种通过互联网提供软件服务的软件应用模式。在这种模式下，用户不需要再花费大量投资用于硬件、软件和开发团队的建设，只需要支付一定的租赁费用，就可以通过互联网享受到相应的服务，而且整个系统的维护也由厂商负责。

2. 主要技术

(1) 虚拟化技术

虚拟化技术是实现云计算重要的技术设施。云计算的虚拟化技术不同于传统的单一虚拟化，它涵盖整个 IT 架构，包括资源、网络、应用和桌面在内的全系统虚拟化，它的优势在于能够把所有硬件设备、软件应用和数据隔离开来，打破硬件配置、软件部署和数据分布的界限，实现对多个虚拟机操作系统的监视和多个虚拟机对物理资源的共享，使应用能够动态地使用虚拟资源和物理资源，提高系统适应需求和环境的能力。虚拟化技术目前主要应用在 CPU、操作系统、服务器等多个方面，是提高服务效率的最佳解决方案。

(2) 分布式海量数据存储技术

云计算系统由大量服务器组成，同时要满足大量用户的需求，并行地为大量用户提供服务。因此云计算系统采用分布式存储的方式存储数据，用冗余存储的方式（集群计算、数据冗余和分布式存储）保证数据的可靠性。冗余的方式通过任务分解和集群，用低配机器替代超级计算机的性能来保证低成本，这种方式保证了分布式数据的高可用、高可靠和经济性，即为同一份数据存储多个副本。目前应用较为广泛的云计算储存技术有 Google 的 GFS（Google File System，非开源）和 HDFS（Hadoop Distributed File System，开源）。这两种方式各有特点，GFS 主要适用于大数据的访问，而对于一些规模不大的数据而言，只需要利用 HDFS 来进行小范围的访问即可。

(3) 海量数据管理技术及云安全

云计算需要对分布的、海量的数据进行大量的处理、分析，因此，数据管理技术必须能够高效地管理大量的数据。云计算的数据管理技术主要是 Google 的 BT（BigTable）数据管理技术和 Hadoop 团队开发的开源数据管理模块 HBase。由于云数据存储管理形式不同于传统的 RDBMS 数据管理方式，如何在规模巨大的分布式数据中找到特定的数据，也是云计算数据管理技术所必须解决的问题。同时，由于管理形式的不同造成传统的 SQL 数据库接口无法直接移植到云管理系统中来，因此目前一些研究在关注为云数据管理提供 RDBMS 和 SQL 的接口，如基于 Hadoop 子项目 HBase 和 Hive 等。另外，云计算是一种基于 Internet 的计算模型，它在给各用户提供服务时，就会出现一系列涉及安全的问题，比如信息泄露、病毒攻击等漏洞出现，这都是一些信息技术中出现的共性问题，因此，如何保证数据安全性和数据访问高效性也是研究关注的重点问题之一。

(4) 编程模型

云计算提供了分布式的计算模式，客观上要求必须有分布式的编程模式。云计算采用了一种思想简洁的分布式并行编程模型 Map—Reduce。Map—Reduce 是一种编程模型和任务调度模型，主要用于数据集的并行运算和并行任务的调度处理。在该模式下，用户只需要自行编写 Map 函数和 Reduce 函数即可进行并行计算。其中,Map 函数定义各节点上的分块数据的处理方法,而 Reduce 函数则定义中间结果的保存方法以及最终结果的归纳方法。在并行编程模式下,并发处理、容错、数据分布、负载均衡等细节都被抽象到一个函数库中,通过统一接口,用户大尺度的计算任务被自动并发和分布执行,即将一个任务自动分成多个子任务,并行地处理海量数据。

(5) 云计算平台管理技术

云计算资源规模庞大,服务器数量众多且分布在不同的地点,同时运行着数百种应用。云计算平台管理技术能够有效地管理数量众多的服务器,使众多的服务器协同工作,方便进行业务部署和开通,快速发现和恢复系统故障,为整个系统提供不间断的服务。云计算平台管理技术通过自动化、智能化的手段实现了大规模系统的可靠运营。

3. 主要应用

(1) 医疗领域

云计算正在改变全球绝大部分行业,作为基础民生的医疗业也从中收益。

在远程医疗中,由云计算技术发展诞生的云际视界云视频会议,在技术层面上解决了早期远程医疗遗留的难题,在互动性、稳定性方面有了很好的提升,同时成本更低。早期医院搭建远程医疗的主要成本是硬件采购成本和维护成本,但是云视频会议多为按需采购,相比硬件成本则有大幅缩减。

远程陪护也是云计算在医疗行业的重要应用方向。医疗陪护主要集中在两大部分,一是特殊病症家属的探视难题,二是医院值班医生对病号的监测和管理。特殊病症探视难题主要集中在家属方面,由于部分医疗场景对环境要求高,家属无法近距离探视病人,引入远程探视工具,家人便可以通过画面和语音了解病人情况,有效避免了探视对医疗环境的污染问题。在日常工作中,医生需要去多个病室监测和看护病人,工作繁杂,有时在病人有突发情况下,无法及时、有效地查看情况并快速做出抉择,然而,通过云计算技术引入远程监护功能,则可提升医生远程监护的能力。

病历信息共享将大幅节约医疗机构的资源,加快医疗诊断速度。通过云储存技术可以实现不同医疗机构之间病历信息的共享,使诊断医生通过双方身份验证,在系统中添加或变更病历信息,并实现多方采用,这对医院和患者来说,都具有很高的价值。

云计算技术在医疗领域的应用场景极为丰富,有效地利用云计算技术,可解决医疗领域在数据管理、远程医疗等方面的很多难题。随着信息化技术的不断发展,云计算技术与医疗领域将更好地融为一体,服务社会。

(2) 教育领域

教学资源的高效共享对于教学目标的达成有着重要的作用,这一切都离不开云计算的支持。云计算为教育教学提供了强大的信息化支持。

在网络远程访问中,云计算实现了优质教学资源跨越时空的共享,极大促进了教学资源的公平分布,尤其是边远地区,在云计算的帮助下,学生可以随时随地享受存储在云端的学习资源。云教育的实现,使得学生在接受教育时所能获取的学习资源的宽度和深度不再受到限制,极大地拓宽了学生学习的内容,同外面的世界拉近了距离,教学目标的实现不再被困于教育资源现实条件下的限制而被阻碍。

教育云也可以在行政管理方面提供优质高效的服务，提升教育教学的效能，将教学管理、教学评估等进行整合，帮助学校的管理者做出正确的教育教学决策，从而为教育教学改革提供支持。

(3) 金融领域

云计算作为推动信息资源实现按需供给、促进信息技术和数据资源充分利用的技术手段，与金融领域进行深度结合，可促进互联网时代下金融行业的可持续发展。

在银行领域，应用云计算技术搭建开放云平台，可以增强数据的安全性，从而推进零售业务、网上服务的运作模式发展，以及按客户需求提供个性化服务的水平；可以增强银行数据的存储能力和可靠性；可以降低银行成本，提高银行运营效率。

在证券基金领域，云计算可以应用于客户端行情查询和交易量峰值分配等方面。通过业务系统整体上"云"，在数据库分库、分表的部署模式下，实现相当于上千套清算系统和实时交易系统的并行运算。

在保险领域，云计算可以应用于个性化定价和产品上线销售等方面。定制化云软件能够快速分析客户实时数据，提供个性化定价，还能够通过社交媒体为目标客户提供专门的保险服务。

(4) 农业领域

农业信息化建设发展过程中结合云计算技术，能够促进农业综合生产力的有效提升，提高农产品生产管理的水平。

农业项目可利用云计算技术进行精准监测，利用数据分析掌握大棚种植情况；让人们在手机上对园艺设施相关问题进行监测，方便使用者进行有效管理。云计算管理技术可收集动物实时的健康信息，通过信息比对判断养殖情况，并针对出现健康问题的动物采取应对措施。农业生产经营与云计算技术的有效结合，实现了更高的生产效益。

云计算技术在农业管理与服务、农产品质量安全方面发挥了重要作用。通过云计算技术记录农产品生产、流通、消费等环节信息，极大地方便了农业管理后期追踪和安全监测，提高了服务质量。通过分析农产品信息，保证产品的质量与安全。

农业电子商务平台逐渐升级，用户量不断增加，云计算技术在农产品电子商务运营中，能提供更精准的产品购买推送，从而满足用户的需求，使得农业电子商务更加智能化。

云计算技术在农业信息化中发挥了重要价值，为农业生产提供了优良的发展环境，从根本上提高了农产品的安全性，同时也提高了农业活动的工作效率，带动了我国农业经济的长远进步和发展。

1.4.2　大数据

1. 发展历程

随着互联网、移动互联网、云计算、物联网等技术的发展，以及社交网络、微博、自媒体、基于位置的服务（LBS）等新兴服务的广泛应用，人类社会的数据种类和数据规模正以前所未有的速度增长和积累。有研究表明,在整个人类文明所获得的全部数据中,有90%是近几年内产生的。社交网络、电子商务、移动通信、物联网等把人类社会带入了以"PB"、"EB"甚至"ZB"为单位的海量数据信息时代,人类社会进入了大数据时代。

我们先来了解一下学界、企业和政府对大数据不断深化的认识过程。

萌芽期(20世纪90年代至21世纪初):1980年,著名未来学家阿尔文·托夫勒在《第三次浪潮》一书中,将大数据热情地赞颂为"第三次浪潮的华彩乐章"。1999年10月,美国电器和电子工程师协会(IEEE)在关于可视化的年会上,设置了名为"自动化或者交互:什么更适合大数据?"的专题讨论小组,探讨大数据问题。2001年2月,梅塔集团分析师道格·莱尼发布题为《3D数据管理:控制数据容量(Volume)、处理速度(Velocity)及数据种类(Variety)》的研究报告。10年后,"3V"作为定义大数据的三个维度而被广泛接受。

成熟期(21世纪前10年):Web 2.0应用迅猛发展,非结构化数据大量产生,传统的数据处理方法难以应对,带动了大数据技术的发展。2005年,蒂姆·奥莱利发表了《什么是Web 2.0》一文,文中指出"数据将是下一项技术核心"。同年,雅虎公司启动Hadoop项目,用来解决网页搜索问题,这是处理互联网产生的大量数据的一个开创性的项目,是现在进行大数据处理的重要平台。2008年,《自然》杂志推出大数据专刊,计算社区联盟(Computing Community Consortium)发表了《大数据计算:在商业、科学和社会领域的革命性突破》,阐述了大数据技术及其面临的一些挑战。2009年,印度政府建立了用于身份识别管理的生物识别数据库,其数据量和数据类型都是传统的数据库所不能比拟的。2009年,美国政府通过启动Data.gov网站的方式开放了数据的大门,向公众提供各种各样的政府数据。2010年2月,肯尼斯·库克尔在《经济学人》上发表了长达14页的大数据状态报告《数据,无所不在的数据》。报告中提到:世界上有无法想象的巨量数字信息,并以极快的速度增长;科学家和计算机工程师已经为这个现象创造了一个新词汇"大数据"。库克尔也因此成为最早洞见大数据时代趋势的数据科学家之一。

大规模应用期(2010年后):大数据应用渗透到各行业,数据驱动决策,信息社会智能化程度大幅提高。2011年维克托·迈尔-舍恩伯格和肯尼斯·库克尔合作出版了一本很有影响力的书《大数据时代——生活、工作与思维的大变革》,从思维变革、商业变革和管理变革三个层面讨论了大数据对人类社会的影响。2011年5月世界著名咨询公司麦肯锡公司发布《大数据:创新、竞争和生产力的下一个新领域》报告,报告明确提出"大数据时代已经到来","人们对于海量数据的挖掘和运用,预示着新一波生产率增长和消费者盈余浪潮的到来"。这是专业咨询机构第一次全方位介绍和展望大数据,引起了巨大关注和反响。2011年12月,在我国工业和信息化部发布的《物联网"十二五"发展规划》中,信息处理技术作为四项关键技术创新工程之一被提出来,其中包括了海量数据存储、数据挖掘、图像视频智能分析等,这些都是大数据的重要组成内容。2012年1月在瑞士达沃斯召开的世界经济论坛上,大数据是主题之一,会上发布的《大数据,大影响》报告宣称,数据已经成为一种新的经济资产类别。2012年美国政府发布了"大数据研究和发展倡议",投资2亿美元,启动"大数据发展计划"。这一计划被视为美国政府继"信息高速公路计划"之后在信息科学和技术领域的又一重大举措,也是大数据技术从商业行为上升到国家科技战略的重要标志。2012年4月19日,美国软件公司Splunk在纳斯达克成功上市,成为第一家上市的大数据处理公司。2012年7月,为挖掘大数据的价值,阿里巴巴在管理层设立"首席数据官"一职,负责全面推进数据分享平台,并推出大型的数据分享平台"聚石塔",提供数据云服务。2013年我国科技部将大数据列入"国家重点基础研究发展计划"（973 计划）。在《2013 年度国家自然科学基金项目指南》中，管理科学部、信息科学部和数理科学部将大数据列入其中。我国政府于 2015 年 8 月通过了《促进大数据发展行动纲要》。2015 年 10 月中国共产党十八届五中全会召开，公报中提出要实施国家大数据战略，这是大数据第一次被写入中国共产党的全会决议中，标志着大数据战略正式上升为我国的国家战略，开启了我国大数据建设的新阶段。

2. 主要技术

大数据指无法在一定时间范围内用常规软件工具进行捕捉、管理和处理的数据集合，是需要新处理模式才能具有更强的决策力、洞察发现力和流程优化能力的海量、高增长率和多样化的信息资产。

大数据具有以下四个特征（原"3V"已发展为"4V"）：

一是数据体量巨大（Volume）。大数据的数据量一般都会在 PB 级别及以上（1PB＝1024TB，1EB＝1024PB，1ZB＝1024EB）。例如波音发动机上的传感器每小时产生 20TB 左右的数据量。

二是数据类型多样（Variety）。大数据的数据类型不仅有传统的数字和文本形式，更多的是图片、视频、音频、地理位置信息等多种类型的数据，其中既有结构化的数据，也有半结构化的数据，更多的是非结构化的数据。下文将详细介绍，此处不再赘述。

三是速度快（Velocity）。大数据产生和变化的速度快，因而要求处理的速度也要快，这样才能获得高价值的信息。

四是价值密度低而应用价值高（Value）。大数据本身的价值密度相对较低，但对大数据进行处理的结果具有极高的应用价值。

简而言之，大数据技术就是提取大数据价值的技术，是根据特定目标，在对数据的采集、清洗、处理、存储、建模、分析、预测、可视化展示等过程中采取的一系列技术。

依据相应的数据处理流程，大数据技术主要包括大数据预处理技术、大数据存储技术、大数据计算技术、大数据分析技术、大数据挖掘技术、大数据可视化技术和大数据安全技术等。

(1) 大数据预处理技术

由于大数据的多样性和复杂性，导致数据质量的差异性，并影响到其可用性，故须进行数据清洗和质量控制。大数据预处理技术包含数据抽取、清洗和集成。

① 数据抽取。它是指搜索全部数据源，按照某种标准选择合乎要求的数据，并将其组装成一定格式的数据集。数据源具有多样性，可以是结构化的、半结构化的和非结构化的。结构化的数据是指可以使用关系型数据库表示和存储，表现为二维形式的数据。半结构化数据是结构化数据的一种形式，它并不符合关系型数据库或其他数据表形式关联起来的数据模型结构，但包含相关标记，用来分隔语义元素以及对记录和字段进行分层，允许属于同一类的实体有不同的属性。非结构化数据就是没有固定结构的数据，如文档、图片、视频等，一般直接将对象以二进制的数据格式进行整体存储。

② 数据清洗。它的目的是保证数据质量。数据质量一般用数据的准确性、完整性、一致性和及时性四个指标来衡量。数据清洗就是去除冗余、消除噪音、消除错误和不一致数据的过程。

③ 数据集成。它是指把不同来源、不同结构、分散的数据源中的数据,逻辑地或物理地集成到一个统一的数据集合中,使用户能够以透明的方式访问这些数据。实现数据集成的系统称作数据集成系统,它为用户提供统一的数据源访问接口,执行用户对数据源的访问请求。

(2) 大数据存储技术

数据呈现出的结构化、半结构化和非结构化等特点对数据的存储管理提出了挑战。分布式文件系统和分布式数据库相关技术的发展以及大数据索引和查询技术、实时及流式大数据存储与处理的发展有效地解决了相关问题。大数据存储面临的主要问题是容量、延迟、安全、成本、数据的积累与灵活性等。

大数据存储系统架构一般有直连式存储(DAS)、网络附加存储(NAS)和存储区域网络(SAN)三种方式。

① DAS 将存储设备直接与主机系统相连,适用于服务器地理分布很分散,通过 SAN 或 NAS 互联困难,存储系统必须直接与应用服务器连接的小型网络,它的缺点是扩展性差、资源利用率低、可管理性差、异构化严重。

② NAS 采用直接与网络介质相连的特殊设备实现数据存储。NAS 的物理存储器件需要专用的服务器和专门的操作系统。它的优点有:即插即用;支持应用服务器在不同操作系统之间的文件共享;独立于应用服务器,即使应用服务器故障或者停止工作,仍然可以读出数据。它的缺点是:共用网络的模式使网络带宽成为存储性能的瓶颈;访问要经过文件系统格式转换,故只能以文件一级访问,不适合块级的应用。

③ SAN 是指存储设备相互连接并与服务器群相连而成的网络,创造了存储的网络化。它的基本组成是接口、连接设备和通信控制协议。SAN 支持的功能有档案数据归档和检索、备份与恢复、存储设备间的数据迁移、磁盘镜像技术和网络服务器间数据共享等。在 ISCSI 协议出现后,SAN 被分为 FC SAN 和 IP SAN。FC SAN 的缺陷是兼容性差、成本高昂、扩展能力差。IP SAN 具有高扩展性、已经验证的传输设备保证运行的可靠性、数据集中、总体拥有成本低、可以实现远程数据复制和灾难恢复等优点。

随着大数据存储技术的发展,诞生了新型数据库技术,如 NoSQL。

NoSQL 是 Not Only SQL 的英文简写,即不仅仅是 SQL。NoSQL 主要有键值(Key-Value)数据库、列族数据库、文档数据库和图数据库四种类型。键值数据库的数据模型为键/值对,主要应用在内容缓存,优点是扩展性好、灵活性好、大量写操作时性能高,但是无法存储结构化信息、条件查询效率较低,较为典型的有 Redis、Riak、SimpleDB、Chordless、Scalaris 和 Memcached。列族数据库的数据模型为列族,是一种特殊的键值数据库,主要应用于分布式数据存储与管理。文档数据库的数据模型是版本化的文档,最小单位是文档。文档数据也使用键来定位文档,允许键值嵌套,可以看作是键值数据库的衍生品,主要运用于存储、索引并管理面向文档的数据或者类似的半结构化数据。图数据库的数据模型为图结构,比较适合用于社交网络、推荐系统、模式识别、依赖分析以及路径寻找等问题。

(3) 大数据计算技术

大数据包括静态数据和动态数据。相应地,大数据计算分为批量计算和实时计算。

静态数据采用批量计算模式。Hadoop 是典型的批处理模型,由 HDFS(Hadoop Distributed File System,分布式文件系统)和 HBase 存放大量的静态数据,由 MapReduce 负责对海量数据执行批量计算和价值发现。

流数据不适合采用批量计算，不能把源源不断的流数据保存到数据库中，流数据被处理后，一部分进入数据库成为静态数据，其他部分则直接被丢弃。因此，传统的关系数据库不适用于存储快速、连续到达的流数据，流数据必须采用实时计算。实时计算最重要的一个需求是能够实时得到计算结果，一般要求响应时间为秒级。尤其是在大数据时代，数据格式复杂、来源多、数据量巨大，对实时计算提出了很大的挑战。因此，产生了针对流数据的实时计算——流计算。

流计算的基本设计理念是数据的价值随着时间的流逝而降低。当数据一旦产生就立即处理，而不是缓存起来进行批量处理时，就需要构建一个低延迟、可扩展、高可靠的处理引擎。对于一个流计算系统而言，应具备高性能、海量式、实时性、分布式、易用性和可靠性等特征。

流计算处理过程包括数据实时采集、数据实时计算和实时查询服务。数据实时采集阶段通常采集多个数据源的海量数据，保证实时性、低延迟与稳定可靠。流处理系统接收数据采集系统不断发送过来的实时数据，实时进行分析计算，并反馈实时结果。

（4）大数据分析技术

数据分析是指用准确适宜的分析方法和工具来分析经过处理的数据，提取有价值的信息，形成有效的结论并通过可视化技术展现出来。数据分析主要有基本分析方法、高级分析方法和数据挖掘方法。基本数据分析方法以基础的统计分析为主，主要包括对比分析、趋势分析、差异显著性检验、分组分析、结构分析、因素分析、交叉分析、综合评价分析和漏斗图分析等。高级分析方法以建模理论为主。数据挖掘方法以数据仓库、机器学习等复合技术为主。大数据分析是指对规模巨大的数据进行分析，从而提取有价值的信息，以辅助决策。大数据分析有数据挖掘、预测性分析、语义引擎、数据质量控制和数据管理五个基本方面。

（5）大数据挖掘技术

数据挖掘（Data Mining）是从大量的、不完全的、有噪声的、模糊的、随机的数据中提取隐含在其中的、人们事先不知道的、但又是潜在有用的信息和知识的过程。数据挖掘技术就是在数据挖掘过程中采用的所有技术。

数据挖掘的方法有神经网络方法、遗传算法、决策树方法、统计分析方法、模糊集方法等。神经网络方法是基于生理学建立的智能仿生系统模型，由于本身具有自组织、自适应、并行处理、分布存储和高度容错等特性，非常适合解决数据挖掘的问题，因此近年来越来越受到人们的关注，可细分为前向神经网络（BP算法等）、自组织神经网络（自组织特征映射、竞争学习等）等。遗传算法是一种基于生物自然选择与遗传机理的随机搜索算法，是一种仿生全局优化方法。遗传算法具有的隐含并行性、易于和其他模型结合等性质使得它在数据挖掘中被加以应用。决策树是一种常用于预测模型的算法，通过将大量数据进行有目的的分类来从中找到一些有价值的、潜在的信息，它的主要优点是描述简单、分类速度快，特别适合大规模的数据处理。统计分析方法，即利用统计学原理对数据库中的信息进行分析，可进行常用统计、回归分析、相关分析、差异分析等。模糊集方法是利用模糊集合理论对实际问题进行模糊评判、模糊决策、模糊模式识别和模糊聚类分析，系统的复杂性越高，模糊性越强，一般模糊集合理论是用隶属度来刻画模糊事物的亦此亦彼性的。

根据数据挖掘的任务可将数据挖掘技术分为关联分析、聚类分析、分类、预测、时序模式、偏差分析等。

(6) 大数据可视化技术

通过可视化方式来帮助任务探索和解释复杂的数据,可使得用户能更清晰深入地理解数据分析的结果。有许多传统的数据可视化方法,比如表格、直方图、散点图、折线图、柱状图、饼图、面积图、流程图、泡沫图等,以及图表的多个数据系列或组合,像时间线、维恩图、数据流图、实体关系图等。可视化的过程在帮助人们利用大数据获取较为完整的信息时起到了关键性作用,大数据可视化可以通过多种方法来实现,比如多角度展示数据、聚焦大量数据中的动态变化,以及筛选信息(包括动态问询筛选、星图展示和紧密耦合)等,常用的有树状图式、圆形填充式、旭日型、平行坐标式、蒸汽图式、循环网络图式等。数据可视化工具有 NodeBox、R、Weka、Gephi、Flot、D3 等。

(7) 大数据安全技术

大数据容易成为网络攻击的目标,大数据汇集增加的隐私泄露风险等问题必将成为新的隐患,这使得大数据安全成为备受关注的研究方向。大数据安全一方面指的是如何保障大数据本身的安全;另一方面指的是将大数据用于安全,也就是利用大数据技术来提升安全。

3. 主要应用

大数据的战略意义不在于掌握庞大的数据信息,而在于对这些含有意义的数据进行专业化处理,通过加工实现数据的增值。以下通过一些案例,介绍大数据在一些行业中的应用。

(1) 政府治理

2018 年 4 月,作为"智慧政府"基础设施的上海市大数据中心正式揭牌。上海依托大数据中心这个城市数据枢纽,打破部门"数据孤岛",推动政务服务从"群众跑腿"向"数据跑路"转变。2018 年 10 月 17 日,上海"一网通办"总门户正式上线,运行后基本做到统一身份认证、统一总客服、统一公共支付平台、统一物流快递,数据整合共享实现突破,建成市级数据共享交换平台,推动政务数据按需 100% 共享。平台的移动端用户量在 2018 年底突破 1000 万,成为全国首个突破千万用户的政府服务移动平台。2019 年 2 月 1 日,上海政务"一网通办"移动端 APP 正式命名为"随申办市民云",目前该移动端已实现了面向个人和法人办事的指南查询、在线预约、亮证扫码、进度查询、服务找茬这五方面功能。政务事项也涉及交通出行、劳动就业、企业开办等多个公众高度关注的领域,实现了办事预约的全覆盖。

各地政府都有大数据项目或大数据项目的规划,如深圳的"织网工程"、无锡的"智慧无锡"、贵州的"食品安全云"、兰州的"扬尘监管大数据平台"等。

(2) 金融领域

金融领域可以利用大数据建立起智能的反洗钱体系。目前的反洗钱工作主要通过大额可疑信息报告制度完成,具体到可疑交易识别、预警、报告等过程,需要大量金融机构的前台柜员来参与。这样不仅增加了信息搜集和报告的边际成本,而且还存在覆盖面窄、误报率高、时效性差等缺点。由于掌握了大数据,在反洗钱工作中可以先利用数据进行智能化排查,待发现可疑交易后再进行人工甄别,从而大大提高效率,也降低误报率。

随着互联网技术的发展,互联网金融快速扩张,鱼龙混杂,其中不乏借金融创新之名行非法集资之实的公司。非法集资信息的发现和识别成为互联网金融专项整治的重点课题。北京市金融办建立大数据监测预警非法集资云平台，以强大的金融数据中心作为支撑，7×24 小时不间断对数据进行采集，利用机器学习和神经网络技术，构建"冒烟指数"分析模型，通过机构合规程度、投诉率、收益率、特征词命中率、传播力五个维度，计算监控对象的金融风险，快速发现公司的非法集资线索，为政府决策提供事实依据和数据参考。

(3) 医疗领域

加拿大安大略理工大学的卡罗琳·麦格雷戈（Carolyn McGregor）博士团队与 IBM 一起，和众多医院合作，用一个软件来监测处理即时的病人信息，并将其用于早产儿的病情诊断。数据包括心率、呼吸、体温、血压和血氧含量以及孕妇产检数据、电子病历、遗传数据等，这些数据可以达到每秒钟 1260 个数据点之多。在明显感染症状出现之前的 24 小时，系统就能监测到由早产儿细微的身体变化发出的感染信号，及早预测和控制早产儿的病情，从而提高新生儿的出生率。通过海量的数据找出隐含的相关性就能发现并提早知道病情，从而让医生能够提早治疗，也能更早地知道某种疗法是否有效，这一切都有利于病人的康复。

广东省人民医院利用大数据来调配医院床位。该医院各专业科室病床使用率差异较大。长期以来，优势专业病源充足，病人候床情况严重，排队入院，而有些专业空床情况明显，病床使用率仅 65％左右。为此，医院利用患者数据（挂号数据、电子病历、患者基本数据等）和医院数据（各科室床位使用情况、诊疗活动、平均住院费用、平均住院周期等），构建数据分析处理系统，模糊临床二级分科，跨科收治病人，对跨科收治病人之后的科与科之间的工作量、收入、支出、分摊成本等指标进行合理的划分，强化了入院处的集中床位调配权，缓解病人入院排队情况，使医院更好地履行了社会责任，同时提高了医院的效益。系统取得了明显的效果，病床使用率由 87％提高到 92％，优势专业候床排队现象明显减少。

(4) 电商领域

电商领域拥有海量的用户数据、商品数据和交易数据，是天然的大数据公司。当今电商企业高度重视数据的利用，通过大数据平台深入了解用户的状态、爱好、需求等，从而提供商品推荐、促销建议等有针对性的服务。

(5) 能源领域

在欧洲，智能电网现在已经做到了终端，也就是所谓的智能电表。在德国，为了鼓励利用太阳能，电力企业会在家庭安装太阳能发电装置，除了卖电给客户，当客户有多余电的时候还可以买回来。智能电网每隔 5 分钟或 10 分钟收集一次数据，收集来的数据可以用来预测客户的用电习惯等，从而推断出在未来 2—3 个月时间里，整个电网大概需要多少电。有了这个预测后，电网就可以向发电或者供电企业预购一定数量的电。因为电和期货类似，如果提前买就会比较便宜，买现货就比较贵。通过这个预测，可以降低采购成本。

(6) 通信领域

在大数据领域，中国移动是极具优势的——手握 8 亿多移动用户，拥有 150 多万座 4G 基站，每天有大量数据在其网络上产生。中国移动也早已认识到数据宝藏的巨大价值，从 2010 年就开始正式制定大数据规划，目前已经形成了苏州研发中心提供技术产品支持、各省公司面向具体客户的局面。中国移动的大数据产品目前主要用于网络优化、业务创新、精准营销、决策支持等方面,不仅面向内部,也对外提供服务。对内方面,中国移动大数据应用的典型案例是治理不良信息。垃圾短信和骚扰电话让用户不胜其烦,中国移动引入了大数据技术,将无法识别的垃圾短信进行搜集,采用自然语言处理方法对内容进行分析,并结合文本分析和语义理解进行深度分析,提高了垃圾短信和骚扰电话的甄别率,降低了人工成本支出。中国移动 10086 客服热线的机器人"移娃",是大数据和人工智能相结合的产品。对外服务方面,中国移动的工业大数据、纺织平台大数据、车联网信息数据分析平台、精准普扶贫平台,以及智慧旅游、智慧交通等都是成熟可用的产品。

1.4.3　人工智能

1. 发展历程

人工智能(Artificial Intelligence,AI)也叫机器智能,是指由人制造出来的机器或计算机所表现出来的智能,以区别于自然智能,特别是人类智能。人工智能是计算机科学的一个分支,它试图了解智能的实质,并生产出一种新的能以与人类智能相似的方式做出反应的智能机器。人工智能研究的一个主要目标是使机器能够胜任一些通常需要人类智能才能完成的复杂工作,如学习、感知、思考、理解、识别、判断、推理、证明、通信、设计、规划、行动和问题求解等。近年来,随着一些关键技术(如深度学习等)的突破性发展,人工智能及其应用进入了快速发展的轨道。人工智能的发展大致经历了以下 5 个阶段。

(1) 孕育期(1956 年之前)

自古以来,人类就力图根据认知水平和当时的技术条件,努力用机器来代替人的部分脑力劳动,提高征服自然的能力。公元 850 年,古希腊就有制造机器人帮助人们劳动的神话传说。公元前 900 多年,我国也有歌舞机器人传说的记载。这都说明古代人就有人工智能的幻想。古希腊伟大的哲学家、思想家亚里士多德最著名的创造就是提出人人熟知的三段论,将推理形式化,至今仍是演绎推理的基本依据。英国哲学家培根曾系统提出归纳法,还提出了"知识就是力量"的警句。这对于研究人类的思维过程,以及自 20 世纪 70 年代以来人工智能转向以知识为中心的研究都产生了重要影响。德国数学家和哲学家莱布尼茨提出了万能符号和推理计算的思想。这一思想不仅为数理逻辑的产生和发展奠定了基础,而且是现代机器思维设计思想的萌芽。英国逻辑学家布尔致力于使思维规律形式化和实现机械化,并创立了布尔代数。1936 年,英国数学家图灵提出了一种理想计算机的数学模型,即图灵机,为电子计算机的问世奠定了理论基础。美国神经生理学家麦克洛奇和数理逻辑学家匹兹于 1943 年提出世界上第一个神经网络模型(M-P 模型),开创了微观人工智能的研究领域,为后来人工神经网络的研究奠定了基础。1937 年至 1941 年间,美国衣阿华州立大学的阿塔纳索夫教授和他的研究生贝瑞研制出世界上第一台电子计算机,为人工智能的研究奠定了物质基础。

(2) 形成期(1956—1969)

1956 年夏季,麦卡锡、明斯基、洛切斯特和香农等一批年轻科学家在达特茅斯学院开会,研究和探讨用机器模拟智能的一系列有关问题,麦卡锡在会上首次提出了"人工智能"一词,它标志着"人工智能"这门新兴学科的正式诞生。这次会议后,美国形成了多个人工智能研究组织。不久，麦卡锡从达特茅斯学院转到了麻省理工学院（MIT），同年，明斯基也转到了 MIT，之后两人共同创建了世界上第一个人工智能实验室——MIT AI LAB。自此，最早的一批人工智能学者和技术开始涌现，人工智能走上了快速发展的道路。1957 年罗森布拉特（Rosenblatt）成功研制了感知机。这是一种将神经元用于识别的系统，它的学习功能引起了人工智能学者们的广泛兴趣，推动了连接机制的研究，但人们也很快发现了感知机的局限性。在定理证明方面，美籍华人数理逻辑学家王浩于 1958 年在 IBM - 704 机器上用 3—5 分钟证明了《数学原理》中有关命题演算的全部定理（220 条），并且证明了谓词演算中 150 条定理的 85%。1965 年鲁宾孙提出了归结原理，为定理的机器证明作出了突破性的贡献。在模式识别方面，1959 年赛尔夫里奇推出了一个模式识别程序，1965 年罗伯特编制出了可分辨积木构造的程序。在问题求解方面，1960 年纽厄尔等人通过心理学试验总结出了人们求解问题的思维规律，编制了通用问题求解程序 GPS，可以用来求解 11 种不同类型的问题。在专家系统方面，美国斯坦福大学费根鲍姆领导的研究小组自 1965 年开始专家系统 DENDRAL 的研究，并于 1968 年研究成功，随即投入使用。该系统能根据质谱仪的实验，通过分析推理决定化合物的分子结构，其分析能力已经接近甚至超过有关化学专家的水平，这对知识表示、存储、获取、推理及利用等技术是一次非常有益的探索，为人工智能的应用研究作出了开创性贡献。在人工智能语言方面，1960 年麦卡锡研制出了人工智能语言 LISP，成为建造专家系统的重要工具。1969 年第一届国际人工智能联合会议（International Joint Conference on Artificial Intelligence, IJCAI）召开，标志着人工智能作为一门独立学科登上了国际学术舞台。此后，IJCAI 每两年召开一次。

(3) 低谷期（1969—1975）

20 世纪 70 年代，人工智能进入了一段痛苦而艰难的岁月。由于科研人员在人工智能的研究中对项目难度预估不足，对人工智能的未来发展和成果做出了过高预言，预言的失败给人工智能的发展造成了不可估计的损伤，给人工智能的发展前景蒙上了一层阴影。与此同时，社会舆论的压力也开始慢慢压向人工智能，导致很多研究经费被转移到了其他项目上。当时，人工智能面临的技术瓶颈主要在三个方面：第一，计算机性能不足；第二，问题的复杂性；第三，数据量严重缺失。因此，人工智能项目停滞不前。1971 年英国剑桥大学数学家詹姆士在政府的授意下，发表了一份关于人工智能的综合报告，批评了 AI 在实现"宏伟目标"上的失败。由此，人工智能研究陷入低谷。

(4) 知识应用期（1975—1986）

1972—1976 年，费根鲍姆研究小组成功开发了 MYCIN 医疗专家系统，用于抗生素药物的治疗。此后，运用于医疗诊断、计算机设计、符号运算、工矿数据分析处理等方面的多个专家系统相继开发。1977 年费根鲍姆在第五届国际人工智能联合会议上，正式提出了知识工程的概念。随后，专家系统和知识工程得到迅速发展。1980 年，卡内基梅隆大学为 DEC 公司（数字设备公司）设计了一套名为"XCON"的专家系统（又称为 R1 系统），这是一套采用"知识库＋推理机"，且由具有完整专业知识和经验的计算机系统配置的专家系统。它运用计算机系统配置的知识，依据用户的定货，选出最合适的系统部件，给出一个系统配置的清单和一个部件装配关系图，以便技术人员进行装配。这套系统每年能为公司节省超过 400 万美元的经费。有了这种商业模式后，衍生出了像 Symbolics、Lisp Machines、IntelliCorp、Aion 等硬件、软件公司。在这个时期,仅专家系统产业的价值就高达 5 亿美元。

(5) 集成发展期(1986 年之后)

20 世纪 80 年代后期以来,机器学习、计算智能、行为主义等研究深入开展,不断推动着人工智能的发展,尤其是神经网络技术的逐步发展,以及人们对 AI 开始抱有客观理性的认知,人工智能技术开始进入集成发展期。近年来,许多模仿人脑思维、自然特征和生物行为的计算方法已被引入人工智能学科,这些有别于传统人工智能的智能计算理论和方法称为计算智能(Computational Intelligence,CI),丰富了人工智能的理论框架。1997 年 5 月 11 日,IBM 的计算机系统"深蓝"战胜了国际象棋世界冠军卡斯帕罗夫,又一次在公众领域引发了备受瞩目的 AI 话题讨论,这是人工智能发展的一个重要里程碑。2006 年,杰弗里·辛顿(Geoffrey Hinton)在神经网络的深度学习领域取得突破,这一标志性的技术进步,让人类又一次看到机器赶超人类的希望。

人工智能的应用愈来愈广泛,随之出现了新的理论、方法和技术,特别是深度学习获得了突破性进展,同时,计算机性能、网络性能的不断提高和大数据的积累,为人工智能的研究和应用提供了坚实的基础。人工智能三大学派(符号主义、连接主义和行为主义)携手合作、相互集成、共同发展,开创了人工智能发展的新时期。随着深度学习技术的成熟,加上计算机运算能力的大幅提升,还有互联网时代积累起来的海量数据,人工智能开始了一段与以往大为不同的复兴之路。

2019 年计算机领域的最高奖项图灵奖颁发给了约书亚·本希奥(Yoshua Bengio)、杰弗里·欣顿(Geoffrey Hinton)和杨立昆(Yann LeCun),这三位科学家被誉为"当代人工智能教父"。他们关于深度神经网络的开创性工作,为深度学习算法的发展和应用奠定了基础,而正是深度学习方面的突破,带来了当今人工智能的蓬勃发展。

我国的人工智能研究起步较晚。纳入国家计划("智能模拟")的研究始于 1978 年。1984 年召开了智能计算机及其系统的全国学术讨论会。目前,人工智能已经成为国家战略。为应对新科技革命和产业变革的影响,2015 年 7 月,国务院发布《关于积极推进"互联网+"行动的指导意见》,明确将人工智能作为重点布局的 11 个产业领域之一,"依托互联网平台提供人工智能公共创新服务,加快人工智能核心技术突破,促进人工智能在智能家居、智能终端、智能汽车、机器人等领域的推广应用,培育若干引领全球人工智能发展的骨干企业和创新团队,形成创新活跃、开放合作、协同发展的产业生态。"2017 年 7 月,国务院发布《新一代人工智能发展规划》,提出了我国人工智能产业发展的战略目标和重点任务,战略目标是:到 2020 年人工智能总体技术和应用与世界先进水平同步,人工智能产业成为新的重要经济增长点,人工智能技术应用成为改善民生的新途径;到 2025 年人工智能基础理论实现重大突破,部分技术与应用达到世界领先水平,人工智能成为带动我国产业升级和经济转型的主要动力,智能社会建设取得积极进展;到 2030 年人工智能理论、技术与应用总体达到世界领先水平,成为世界主要人工智能创新中心。2017 年到 2018 年间,工业和信息化部发布《促进新一代人工智能产业发展三年行动计划(2018—2020)》,科技部公布新一代人工智能创新平台,中科院成立人工智能产业发展联盟,一些高校成立人工智能学院,教育部将人工智能列入高中课程标准,发布《高等学校人工智能创新行动计划》,众多企业围绕人工智能进行布局,新一代人工智能的产业生态开始逐步完善和成熟。2018 年 9 月,上海举办世界人工智能大会(World Artificial Intelligence Conference,WAIC)。

当前,我国人工智能正进入加速发展时期,国际领先企业也在争先布局,资本市场投入力度持续加大,国家出台战略规划与支持。在政策和市场的双重驱动下,我国人工智能发展取得了长足的进步。

2. 主要技术

目前,人工智能围绕医疗、金融、交通、教育、零售等数据较集中且数据质量较高的行业的实践需求,在算法模型、图像识别、自然语言处理等方面持续出现迭代式的技术突破,在深度应用中支撑人工智能实现"数据—技术—产品—用户"的往复正循环,由学术驱动向应用拉动转化。

人工智能的主要技术包括搜索技术、机器学习、人工神经网络和自然语言处理等。

(1) 搜索技术

搜索技术是指当要寻求问题的答案时,在采用搜索方式解决问题的过程中所采用的技术,主要分为盲目搜索、启发式搜索两类。盲目搜索也称无信息搜索,即只按预定的控制策略进行搜索,在搜索过程中获得的中间信息不用来改进控制策略。盲目搜索一般用于求解比较简单的问题,如宽度优先搜索、深度优先搜索。而启发式搜索是指在搜索中加入了与问题有关的启发性信息,用于指导搜索朝着最有希望的方向进行,加速问题的求解并找到最优解。

(2) 机器学习(Machine Learning, ML)

机器学习的定义目前还不统一。亚瑟·塞缪尔(Arthur Samuel)曾经将机器学习定义为:在不直接针对问题进行编程的情况下,赋予计算机学习能力的一个研究领域。机器学习的鼻祖级人物,卡内基梅隆大学教授汤姆·密歇尔(Tom Mitchell)将机器学习定义为:对于某类任务 T 和性能度量 P,如果计算机程序在 T 上以 P 衡量的性能随着经验 E 而自我完善,那么就称这个计算机程序从经验 E 学习。在这里我们一般理解机器学习是指研究如何使用机器来模拟人类学习。从某种较为容易理解的角度看,机器学习是一种通过利用数据(训练集),训练出模型,然后使用模型预测的一种方法。它的主要目的就是把人类思考归纳经验的过程转化为计算机通过对数据的处理计算得出模型的过程。

按照学习的形式,机器学习分为监督学习(Supervised Learning)、无监督学习(Unsupervised Learning)、半监督学习(Semi-supervised Learning)和强化学习(Reinforcement Learning)四类。

① 监督学习的最大特点是其训练集有类别标记,通过训练集学到或建立一个模式,并依此模式推测新的实例。训练集由输入物件(通常是向量)和预期输出所组成。函数的输出可以是一个连续的值(称为回归分析),或是预测一个分类标签(称作分类)。通过已有的训练样本(即已知数据及其对应的输出)去训练得到一个最优模型(这个模型属于某个函数的集合,最优则表示在某个评价准则下是最佳的)。再利用这个模型将所有的输入映射为相应的输出,对输出进行简单的判断从而实现分类的目的。常见的算法有决策树(ID3、C4.5算法等)、朴素贝叶斯分类器、最小二乘法、逻辑回归(Logistic Regression)、支持向量机(Super Vector Machines, SVM)、K最近邻算法(K-NearestNeighbor, KNN)、线性回归(Linear Regreesion, LR)、人工神经网络(Artificial Neural Network, ANN)、集成学习以及反向传递神经网络(Back Propagation Neural Network)等。

② 无监督学习的特点是训练集无类别标记,在学习时并不知道其分类结果是否正确,以及自动从这些范例中找出其潜在类别规则等。当学习完毕并经测试后,也可以将之应用到新的案例上。无监督学习典型的例子是聚类。聚类的目的在于把相似的东西聚在一起,而并不关心这一类是什么。因此,一个聚类算法通常只需要知道如何计算相似度便可开始工作。

③ 半监督学习介于有监督学习和无监督学习之间,训练集部分有类别标记,部分没有类别标记,一般针对的是数据量超级大但是有标签数据很少或者标签数据的获取很难很贵的情况,利用少量标注样本和大量未标注样本进行机器学习,应用于分类和回归。常用的算法有自训练算法(Self-training)、多视角算法(Multi-view)、生成模型(Enerative Models)、图论推理算法(Graph Inference)、拉普拉斯支持向量机(Laplacian SVM)等。

④ 强化学习从动物学习、参数扰动自适应控制等理论发展而来,是一种激励学习的方式,通过激励函数让模型不断根据遇到的情况做出调整。以小孩学习走路为例,走路时小孩需要决定先迈哪条腿,如果第一步做对了,就会得到奖励,错了则记录下来,第二次走路时进行学习更正。常见算法包括 Q-Learning、TD(Temporal Difference,时间差分学习)算法、SARSA 算法等。

目前得到广泛应用的深度学习,是一种在表达能力上灵活多变,同时又允许计算机不断尝试,直到最终逼近目标的机器学习方法。从数学本质上说,深度学习与传统机器学习方法并没有实质性差别,都是希望在高维空间中,根据对象特征,将不同类别的对象区分开来。但深度学习的表达能力,与传统机器学习相比,有着天壤之别。简而言之,深度学习就是把计算机要学习的东西看成一大堆数据,把它们丢进一个复杂的、包含多个层级的数据处理网络(深度神经网络),然后检查经过这个网络处理得到的结果数据是不是符合要求。如果符合,就保留这个网络作为目标模型,如果不符合,就一次次地、锲而不舍地调整网络的参数设置,直到输出满足要求为止。

(3) 人工神经网络(Artificial Neural Network, ANN)

人工神经网络是一个模拟人脑及其活动的数学模型,由大量的处理单元,通过适当的方式互连所形成的一个大规模的非线性自适应系统。

神经网络是一种运算模型,由大量的节点(或称神经元)相互连接构成。每个节点代表一种特定的输出函数,称为激活函数(activation function)。每两个节点间的连接都代表一个对于通过该连接信号的加权值,称之为权重(weight),神经网络就是通过这种方式来模拟人类的记忆的。网络的输出则取决于网络的结构、网络的连接方式、权重和激活函数。神经网络的构筑理念是受到生物的神经网络运作启发而产生的。人工神经网络则是把对生物神经网络的认识与数学统计模型相结合,借助数学统计工具来实现。此外,在人工智能学的人工感知领域,我们通过数学统计学的方法,使神经网络能够具备类似于人的决定能力和简单的判断能力,这种方法是对传统逻辑学演算的进一步延伸。

人工神经网络一般有前向型和反馈型两种网络结构。前向型有自适应线性神经网络、单层感知器、多层感知器、BP(反向传播)等。反馈型有 Hopfield、Hamming、BAM 等。前向型网络中各个神经元接受前一级的输入,并输出到下一级,网络中没有反馈,可以用一个有向无环路图表示。这种网络实现信号是从输入空间到输出空间的变换,它的信息处理能力来自简单非线性函数的多次复合,网络结构简单,易于实现。反馈型网络是指网络内神经元间有反馈,可以用一个无向的完备图表示。这种神经网络的信息处理是状态的变换,可以用动力学系统理论处理。系统的稳定性与联想记忆功能有密切关系。

从技术上来说,深度学习的概念源于人工神经网络的研究。含多隐层的多层感知器就是一种深度学习结构。深度学习通过组合低层特征形成更加抽象的高层来表示属性类别或特征,以发现数据的分布式特征。

(4) 自然语言处理(Natural Language Processing,NLP)

自然语言是用于传递信息的表示方法、约定和规则的集合,它由语句组成,每个语句又由词汇组成。在组成语句时,要遵循一定的语法与语义规则。词汇分为熟语和词,熟语就是一些词的固定组合,词由词素构成,词素是构成词的最小单位。

自然语言处理是指计算机拥有人类般的语言处理能力,即以计算机为工具,对书面形式或者口头形式的自然语言进行各种各样的处理和加工的技术。比如,从文本中提取意义,甚至从那些可读的、风格自然的、语法正确的文本中自主解读出含义。一个自然语言处理系统并不了解人类处理文本的方式,但是它却可以用非常复杂与成熟的手段巧妙处理文本。例如,自动识别一份文档中所有被提及的人与地点;识别文档的核心议题;在一堆合同中,将各种条款与条件提取出来并制作成表。以上这些任务用传统的文本处理软件是不可能完成的。

自然语言处理技术主要应用在信息检索、机器翻译、文档分类、问答系统、信息过滤、自动文摘、信息抽取、文本挖掘、舆情分析、机器写作、语音识别等方面。自然语言处理常用的技术有模式匹配技术、语法驱动的分析技术、语义文法技术、格框架约束分析技术、系统文法技术等。

3. 主要应用

(1) 问题求解与博弈

人工智能的一大成就是下棋程序,属于问题求解与博弈的范畴。在下棋程序中应用的某些技术,如向前看几步,就是把困难的问题分解成一些较容易的子问题,发展成为搜索和问题归纳这样的人工智能基本技术。今天的计算机程序已能够达到下各种方盘棋、中国象棋、国际象棋、围棋等的锦标赛水平,甚至能战胜国际或者国家级冠军。但是,下棋程序尚未解决包括人类棋手具有的但尚不能明确表达的能力,如国际象棋大师们洞察棋局的能力。

(2) 逻辑推理与定理证明

逻辑推理是人工智能研究中最持久的领域之一,其中特别重要的是要找到一些方法,即只把注意力集中在一个大型的数据库中的有关事实上,留意可信的证明,并在出现新信息时适时修正这些证明。对数学猜想寻找一个证明或反证,不仅需要有根据假设进行演绎的能力,而且许多非形式的工作,包括医疗诊断和信息检索都可以和定理证明问题一样加以形式化。

(3) 专家系统

专家系统是目前人工智能中最活跃、最有成效的一个研究领域。它是一种具有特定领域内大量知识与经验的智能计算机程序系统。其内部具有大量专家水平的某个领域的知识与经验,能够利用人类专家的知识和解决问题的方法来解决该领域的问题。发展专家系统的关键是表达和运用专家知识。近年来,在专家系统或知识工程的研究中已出现了成功和有效地应用人工智能技术的趋势。人类专家由于具有丰富的知识,所以才能达到优异的解决问题的能力。那么计算机程序如果能体现和应用这些知识,也应该能解决人类专家所解决的问题,而且能帮助人类专家发现推理过程中出现的差错,现在这一点已被证实。

(4) 模式识别

模式识别是指应用计算机对一组事件或过程进行辨识和分类,所识别的事件或过程可以是文字、声音、图像等具体对象,也可以是状态、程度等抽象对象。模式识别模拟的是人类的感知模式,也就是使一个计算机系统具有模拟人类通过感官接受外界信号、识别和理解周围环境的感知能力,具体的应用有指纹识别、语音识别、图像识别、手写字识别等。

(5) 智能机器人

智能机器人具有多种传感器,能够将各种信息进行融合,具备较强的自学习能力,且能根据周围环境的变化进行自适应。一般可分为工业机器人、服务机器人、军用机器人、仿生机器人和网络机器人。

(6) 机器翻译

用自动翻译工具帮助人类进行跨民族、跨语种、跨文化的交流,是人类一直追寻的梦想,目前,基于人工智能技术的机器翻译正帮助世界各地的人们交流和沟通,使人类能梦想成真。

(7) 自动驾驶

自动驾驶是最能激起普通人好奇心的人工智能应用领域之一。由计算机算法自动驾驭的汽车、飞机、宇宙飞船曾是大多数科幻小说中最重要的未来元素,现在都已成为现实。

1.4.4 数字媒体

1. 数字媒体的概念

数字媒体(digital media)是指以二进制数的形式获取、记录、处理、传播信息的载体,这些载体包括数字化的文字、图形、图像、声音、视频影像和动画等。

数字媒体技术是实现数字媒体的表示、记录、处理、存储、传输、显示、管理等各个环节的软硬件技术,一般分为数字媒体表示技术、数字媒体存储技术、数字媒体创建技术、数字媒体显示应用技术、数字媒体管理技术等。

数字媒体技术的发展以信息科学技术与现代艺术的结合为基础,是将信息传播技术应用到文化、艺术、商业、教育和管理领域的科学与艺术高度融合的综合交叉学科。

根据媒体展示时间属性的不同,数字媒体可分成静止媒体(still media)和连续媒体(continues media)。静止媒体也被称为非连续媒体,是指内容不会随着时间而变化的数字媒体,比如文本和图片。连续媒体是指内容随着时间而变化的数字媒体,比如音频、动画和视频。

根据媒体来源的不同,数字媒体可分成自然媒体(natural media)和合成媒体(synthetic media)。自然媒体是客观世界存在的物质,如声音、景象等经过专门的设备进行数字化和编码处理之后得到的,比如话筒采集的音频、数码相机拍摄的照片。合成媒体则是指以计算机为工具,采用特定符号、语言或算法表示的,由计算机生成(合成)的文本、音乐、语音、图像和动画等,比如用3D软件制作出来的动画角色。

根据计算机应用的组成元素，可以将其包含的数字媒体分成单一媒体（single media）和多媒体（multi media）。顾名思义，单一媒体就是指由单一信息载体组成的媒体；而多媒体则是指该软件应用中包含了多种信息载体的表现形式和传递方式。平时所说的数字媒体一般就是指多媒体。

2. 主要技术

(1) 压缩与编码

数字化后各种媒体数据量十分庞大，直接存储和传输这些原始信源数据是不现实的，在这些庞大的数据中，实际上也存在着大量的数据冗余。通过数据压缩与编码技术，可以在保持数据不损失，或者损失不大的情况下，进行数字媒体的存储与传输，使用时再加以恢复。

数据压缩技术可以分为有损压缩和无损压缩两种。衡量一种压缩编码方法优劣的重要指标有压缩比、压缩与解压缩速度、算法的复杂程度等。压缩比高、压缩与解压缩速度快、算法简单、解压还原后的质量好，则被认为是好的压缩算法。

(2) 传输技术

当前互联网上有大量便于人们收听、观看的声音、视频等数字媒体信息，这些数字媒体的数据量虽然十分巨大，但并不需要等待它们完全下载才能使用，也不需要在自己的计算机或电子设备上预留很大的空间用于存储这些数字媒体数据，这完全有赖于流媒体传输技术的发展。

所谓数据的流媒体传输技术，是指声音、视频或动画等数字媒体由媒体服务器向用户计算机连续、实时地传送，通过用户计算机中的缓冲存储空间，存储刚发送过来的数据，并同时开始播放缓冲区中的数据，播放过的信息便从缓冲区中删除，以便后面的数据可以源源不断地传送过来放入存储区中。由于所传输的媒体几乎可以立即开始播放，因此不存在下载延时的问题。

流媒体技术发展的基础在于数据压缩技术和缓存技术。通过数据压缩技术，使得需要传输的数字媒体数据量尽可能减少；通过缓存技术，在网络传输速率出现波动时可以从缓存中取到接下来需要播放的数据，使得媒体数据能平稳地展现在用户面前。

3. 主要应用

(1) 互联网上的数字媒体应用

当今社会，互联网成了人们获取信息的重要渠道之一，当使用浏览器进入互联网时，纯粹的文字新闻已经无法满足人们的需要，视频、购物、游戏、出行等，各种应用都会涉及数字媒体。

(2) 移动互联网上的数字媒体应用

移动互联网是以移动通信网作为介质的互联网，是移动通信技术、智能终端技术与互联网技术融合的产物。

移动互联网创造了新的媒体传播方式。社交媒体已经成为人们交流和获取信息最重要的媒介，基于此，各种新媒体不断出现，内容大多以图片、视频、音频等数字媒体形式展现。

(3) 多媒体云计算

多媒体云计算(Multimedia Cloud Computing)是提供多媒体服务和应用的新兴技术,用于生成、编辑、处理、搜索各种数字媒体内容,如图像、视频、音频和图形。在这种基于云的新型计算模式中,用户分布式地存储和处理数据,避免在用户设备上进行多媒体计算。云渲染(Cloud Render)是多媒体云计算技术的重要应用,它利用高速互联网,将 3D 模型传输到远程服务器集群(因配备 GPU 而具备了强大的计算能力)中渲染,解决了在手机或其他计算能力受限的终端上进行 3D 渲染的时效问题。云渲染不仅可广泛应用于互联网 3D 游戏产业,而且在大型企业的产品协同设计中发挥着重要的作用。

(4) 智能视频检索

智能视频检索是指利用视频分割、自动数字化、语音识别、镜头检测、关键帧抽取、内容自动关联、视频结构化等技术,以图像处理、模式识别、计算机视觉、图像理解等领域的知识为基础,通过自动化的智能分析预处理,将杂乱无章、毫无逻辑的监控视频内容(运动目标、行人、车辆)进行梳理,自动获取视频内事件及目标的关键信息,并根据这些信息生成视频内容及索引。为了提高计算速度,可采用集群方式来提高计算能力。智能视频检索技术在维护社会公共安全、加强社会管理等领域大有作为。

(5) 数据可视化

数据可视化(Data Visualization)是指将一些抽象的数据以图形图像的方式来表示,并利用数据分析和开发工具发现其中未知信息的处理过程。

数据可视化为各种数据应用创造了一个最终展现的窗口。由于人类的大脑对视觉信息的处理优于对文本的处理,因此数据可视化更易于理解和展示数据的模式、趋势和相关性。在现有的各种数据应用中,可视化模块作为数据和模型触达用户的最末端环节,其呈现方式和触达途径将直接影响数据的实际应用效果,并影响用户对数据系统的使用体验、对数据的直观感受以及对数据隐含信息的发现和理解,从而进一步左右用户基于数据的判断和决策,最终对数据和模型所能够发挥的效用和价值产生巨大影响。

4. 人机交互新技术

人机交互技术(Human-Computer Interaction Techniques)是指通过计算机输入、输出设备,以有效的方式实现人与计算机对话的技术。人机交互技术包括机器通过输出或显示设备给人提供大量的有关信息及提示或请示等,以及人通过输入设备给机器输入有关信息,回答问题及给予提示或请示等。人机交互技术是计算机用户界面设计中的重要内容之一。

人机交互与认知学、人机工程学、心理学等学科领域有密切的联系,也指通过电极将神经信号与电子信号互相联系,达到人脑与电脑互相沟通的技术。电脑在未来甚至可以成为一种媒介,完成人脑与人脑意识之间的交流。

(1) 虚拟现实

虚拟现实(Virtual Reality,VR)是通过将计算机仿真技术与计算机图形学、人机接口技术、多媒体技术、传感技术、网络技术等多种技术相结合来模拟一个三维的虚拟世界,给使用者身临其境的感觉,但使用者看到的场景和人物其实全是虚拟的。

VR 主要由模拟环境、感知、自然技能和传感设备等方面组成。模拟环境是由计算机生成的、实时动态的三维立体逼真图像；感知是指理想的 VR 应该具有一切人所具有的感知，除视觉感知外，还有听觉、触觉、力觉、运动等感知，甚至还包括嗅觉和味觉等；自然技能是指人的头部转动、眼睛、手势或其他人体行为动作，由计算机来处理与参与者的动作相适应的数据，对用户的输入作出实时响应，并分别反馈到用户的五官；传感设备是指三维交互设备。VR 通过对现实世界进行 3D 建模，再通过对用户信息的检测与反馈，从而让用户体验到身临其境的感觉。

虚拟现实作为近年来最为火热的一种三维人机交互技术，已经愈发成熟。

（2）增强现实

增强现实（Augmented Reality，AR）是通过计算机技术将虚拟的信息应用到真实世界，将真实的环境和虚拟的物体实时地叠加到同一个画面或空间，被人类感官所感知，从而达到超越现实的感官体验。在视觉化的增强现实中，参与者利用头盔显示器，把真实世界与电脑虚拟世界合成在一起。

增强现实技术包含了多媒体、三维建模、实时视频显示及控制、多传感器融合、实时跟踪及注册、场景融合等新技术。

AR 系统具有三个突出的特点：真实世界和虚拟世界的信息集成、实时交互性以及在三维尺度空间中增添定位虚拟物体。

AR 技术可广泛应用于军事、医疗、建筑、教育、工程、影视、娱乐等领域。谷歌眼镜（Google glass）是典型的 AR 设备。

（3）混合现实

混合现实（Mixed Reality，MR）是增强现实和增强虚拟（Augmented Virtuality）的组合，是合并了现实和虚拟世界而产生的新的可视化环境。在 MR 环境里，物理对象和数字对象共存并实时互动。增强现实（AR）是将虚拟信息加在真实环境中，从而增强真实环境；增强虚拟是将真实环境中的特性加在虚拟环境中。例如，手机中的赛车游戏与射击游戏，就是通过重力传感器、陀螺仪等设备将真实世界中的重力、磁力等特性加到了虚拟世界中。

VR、AR、MR 存在一定区别，如果一切事物都是虚拟的那就是 VR，如果展现出来的虚拟信息只能简单叠加在现实事物上就是 AR，MR 的关键点是与现实世界进行交互和信息的及时获取。

（4）幻影成像

幻影成像是基于实景造型和幻影的光学成像的结合，将所拍摄的影像（人、物）投射到布景箱中的主体模型景观中，演示故事的发展过程。它绘声绘色，非常直观，能给人留下深刻的印象。幻影成像系统由立体模型场景、造型灯光系统、光学成像系统（应用幻影成像膜作为成像介质）、影视播放系统、计算机多媒体系统、音响系统及控制系统组成，可以实现大场景的逼真展示。

幻影成像技术催生出许多新的应用，如：金字塔式全息幻影成像、幻影环幕、幻影球幕、幻影沙盘、幻影翻书等。

（5）无线传屏

一般家庭中都有多个屏幕，如电视机屏幕、电脑屏幕、手机屏幕和 Pad 屏幕等。利用无线技术把一个屏幕上的内容即时同步地投放到另一个屏幕上就称为无线传屏。例如:把电脑屏幕画面显示在电视机的屏幕上、把手机屏幕画面显示在电视机屏幕上等。目前有四种较为成熟的无线传屏技术:苹果的 Airplay、Wi-Fi 联盟的 Miracast、英特尔的 WiDi(Intel Wireless Display)以及其他公司联盟的 DLNA。

1.4.5　物联网

1. 物联网的概念

物联网(The Internet of Things,IoT),顾名思义,就是将各种物体连接起来的网络,可以看作是物物相连的互联网。具体来说,物联网通过将射频识别(RFID)芯片、传感器、嵌入式系统、全球定位系统(GPS)等信息识别、跟踪、传感设备装备到各种物体上,实时采集任何需要监控、连接、互动的物体或过程的声、光、热、电、力学、化学、生物学、位置等各种需要的信息,经过各类网络(主要是无线网络),联结物与物、物与人,实现对物品和过程的智能化感知、识别、定位、跟踪、监控和管理。

物联网主要具有三个特征:一是互联网特征,即物体接入能够实现互联互通的互联网络;二是识别与通信特征,即物体具有自动识别与物物通信的功能;三是智能化特征,即网络系统具有自动化、自我反馈与智能控制的特点。

物联网中的物可以包括各种各样的物体,大到铁路、桥梁、隧道、公路、建筑、电网、供水系统、油气管道,小到家用电器,因此物联网的应用极为广泛,将对经济、社会、生活产生极为深远的影响。

2. 主要技术

物联网技术的发展几乎涉及信息技术的方方面面,是现代信息技术发展到一定阶段后出现的一种集成性应用与技术提升,它将各种感知技术、网络技术、控制技术、自动化技术、人工智能等集成应用,使人与物、物与物智慧对话,创造一个智慧的世界。物联网牵涉的学科包括计算机科学与技术、电子科学与技术、通信工程、自动控制和软件工程等。

物联网应用中的关键技术包括 RFID 技术、传感技术、嵌入式技术等。

(1) RFID 技术

RFID(Radio Frequency Identification)即射频识别技术,它通过射频信号自动识别目标对象,并对其信息进行标志、登记、存储和管理。RFID 是物联网的基础技术。RFID 标签中存储着各种物品的信息,这些信息通过无线数据通信网络采集到中央信息系统,从而实现物品的识别。

(2) 传感技术

传感技术是从自然信源获取信息,并对之进行处理和识别的多学科交叉的现代科学与工程技术,它涉及传感器、信息处理和识别等技术。如果把计算机看作处理和识别信息的"大脑",把通信系统看作传递信息的"神经系统",那么传感器就类似于人的"感觉器官"。

(3) 嵌入式技术

请参见 1.2.2 小节。

3. 主要应用

典型的物联网应用包括智慧物流、智能交通、智能安防、智慧能源、智能医疗、智慧建筑、智能制造、智能家居、智能零售、智慧农业等。

(1) 智慧物流

智慧物流以物联网、大数据、人工智能等信息技术为支撑，在物流的运输、仓储、包装、装卸、配送等各个环节实现系统感知、全面分析及处理等功能。智慧物流的实现大大降低了各行业运输的成本，提高了运输效率，提升了物流行业的智能化和自动化水平。物联网应用于物流行业主要体现在三个方面，即仓储管理、运输监测和智能快递柜。

(2) 智能交通

智能交通通过将先进的信息技术、数据传输技术以及计算机处理技术等集成到交通运输管理体系中，使人、车和路能够紧密的配合，改善交通运输环境，保障交通安全以及提高资源利用率。物联网在智能交通方面的应用包括智能公交车、共享单车、汽车联网、智慧停车以及智能红绿灯等。

(3) 智能安防

安防是物联网的一大应用市场，智能安防通过设备实现智能判断。智能安防的核心在于智能安防系统，系统对拍摄的图像进行传输与存储，并对其进行分析与处理。一个完整的智能安防系统主要包括三大部分，即门禁、报警和监控，行业应用主要以视频监控为主。

(4) 智慧能源

智慧能源属于智慧城市的一个部分，目前，物联网技术在能源领域的应用主要有水、电、燃气等表计以及根据外界天气对路灯的远程控制等，它基于环境和设备进行物体感知，通过监测提升利用效率，减少能源损耗。智慧能源分为四大应用：智能水表、智能电表、智能燃气表和智慧路灯。

(5) 智能医疗

智能医疗的两大主要应用是医疗可穿戴和数字化医院。在智能医疗领域，新技术的应用必须以人为中心。而物联网技术是数据获取的主要途径，能有效地帮助医院实现对人的智能化管理和对物的智能化管理。对人的智能化管理指的是通过传感器对人的生理状态（如心跳频率、体力消耗、血压高低等）进行捕捉，将他们记录到电子健康文件中，方便个人或医生查阅。对物的智能化管理指的是通过 RFID 技术对医疗物品进行监控与管理，实现医疗设备、用品的可视化。

(6) 智慧建筑

建筑是城市的基石，技术的进步促进了建筑的智能化发展，物联网技术的应用让建筑向智慧建筑的方向演进。智慧建筑是集感知、传输、记忆、判断和决策于一体的综合智能化解决方案。当前的智慧建筑主要体现在用电照明、消防监测以及楼宇控制等，它对设备进行感知、传输并远程监控，不仅能够节约能源，同时也能减少运维的楼宇人员。而对于古建筑，也可以利用物联网技术对白蚁（以木材为生的一种昆虫）进行监测，进而达到保护古建筑的目的。

（7）智能制造

制造领域的市场体量巨大，是物联网的一个重要应用领域，主要体现在数字化以及智能化的工厂改造方面。数字化工厂的核心特点是：产品的智能化、生产的自动化、信息流和物资流合一。企业的数字化和智能化改造大体分成四个阶段：自动化产线与生产装备、设备联网与数据采集、数据的打通与直接应用、数据智能分析与应用。

（8）智能家居

智能家居指的是使用各种技术和设备来提高人们的生活方式，使家庭变得更舒适、安全和高效。智能家居的发展分为三个阶段：单品连接、物物联动以及平台集成，当前处于单品连接向物物联动的过渡阶段。物联网应用于智能家居领域，能够对家居类产品的位置、状态、变化进行监测，分析其变化的特征，同时根据人的需要，在一定的程度上进行反馈。

（9）智能零售

智能零售依托于物联网技术，主要体现在两大应用领域，即自动售货机和无人便利店。智能零售通过将传统的售货机和便利店进行数字化升级、改造，打造无人零售模式。通过数据分析，并充分运用门店内的客流和活动，为用户提供更好的服务，为商家提供更高的经营效率。

（10）智慧农业

智慧农业是利用物联网、人工智能、大数据等现代信息技术与农业进行深度融合，实现农业生产全过程的信息感知、精准管理和智能控制的一种全新的农业生产方式，可实现农业可视化诊断、远程控制以及灾害预警等功能。农业分为农业种植和畜牧养殖两个方面。农业种植分为设施种植（温室大棚）和大田种植，在播种、施肥、灌溉、除草以及病虫害防治五个部分，利用传感器、摄像头和卫星等收集数据，实现数字化和智能机械化发展。畜牧养殖主要是将新技术、新理念应用在生产中，包括繁育、饲养以及疾病防疫等。

1.4.6　5G

1. 5G 概念

第五代移动通信技术（5th generation mobile networks，5G）是最新一代蜂窝移动通信技术。2019 年 6 月 6 日，工信部正式向中国电信、中国移动、中国联通、中国广电发放 5G 商用牌照，我国正式进入 5G 商用元年。5G 具有高速度、低时延、低功耗、泛在网、高可靠等特点，是新一代信息技术的发展方向和数字经济的重要基础。

5G 支撑应用场景由移动互联网向移动物联网拓展，将构建起高速、移动、安全、泛在的新一代信息基础设施。与此同时，5G 将加速许多行业的数字化转型，并且更多用于工业互联网、车联网等，拓展大市场，带来新机遇，有力支撑数字经济的蓬勃发展。预计 2020 至 2025 年，我国 5G 商用直接带动的经济总产出将达 10.6 万亿元，5G 将直接创造超过 300 万个就业岗位。

2. 主要技术

5G 作为新一代的移动通信技术，它的网络结构、网络能力和要求都发生了很大的变化，主要技术包括 D2D 通信技术、多天线传输技术、密集网络技术、同时同频全双工通信技术和大规模的 MIMO 技术。

(1) D2D 通信技术

D2D(Device to Device)通信技术是指借助 Wi-Fi、Bluetooth、LTE-D2D 技术实现终端设备之间的直接通信。在现有的通信系统中，设备之间的通信都是由无线通信运营商的基站进行控制的，由于终端通信设备的能力和无线通信的信道资源有限，以致无法直接进行语音或数据通信。

D2D 技术无须借助基站的帮助就能够实现通信终端之间的直接通信，拓展网络连接和接入方式。5G 系统中，用户处在由 D2D 通信用户组成的分布式网络中，网络的参与者共享它们所拥有的一部分硬件资源，包括信息处理、存储和网络连接能力等。这些共享资源向网络提供服务和资源，能被其他用户直接访问而不需要经过中间实体。

(2) 多天线传输技术

通过采用多天线传输技术，利用足够多的天线，5G 移动通信技术中的频谱效率将提升数十倍甚至更高。在 5G 技术中，广泛地引入了有源天线阵，使基站侧可支持的协作天线数量达到 128 根。此外，原来的 2D 天线阵列拓展成为 3D 天线阵列，结合高频毫米波技术，减少用户间的干扰，而且可以支持多用户波束智能配置，提高无线信号的覆盖性能。

(3) 密集网络技术

密集网络技术能使移动网络的覆盖面更广，主要通过两种方式：首先是在基站的外部设置很多根天线来增加网络范围面积；其次是在室外布置很多密集网络，让它们共同协作，增强有效性和准确性。5G 移动通信通过使用密集网络技术，改善了网络覆盖，大幅度提升了系统容量，并且对业务进行分流，具有更灵活的网络部署和更高效的频率复用。但是，密集网络技术在小范围内存在一定的干扰，降低了网络的高效性。

(4) 同时同频全双工通信技术

利用同时同频全双工通信技术，在相同的频谱上，通信的收发双方可同时发射和接收信号，与传统的 TDD 和 FDD 双工方式相比，从理论上可使空口频谱效率提高一倍。全双工技术能够突破 FDD 和 TDD 方式的频谱资源使用限制，使得频谱资源的使用更加灵活。然而，全双工技术需要具备极高的干扰消除能力，这对干扰消除技术提出了极大的挑战，目前所用的消除干扰的方法有天线干扰消除、射频干扰消除、数字干扰消除等，其综合性能已经基本能满足实验室同时同频全双工通信的需求。

(5) 大规模的 MIMO 技术

MIMO(Multiple-Input Multiple-Output)技术，简而言之就是多天线发射和多天线接收。大规模 MIMO 技术基站需要配置大量的天线，这些天线集中在一个基站上。MIMO 技术主要是将多个天线的空间资源整合起来，从而提高通信的质量，让频谱的频率增强，同时通过波束集中通信范围,让通信设备的信号干扰减少;另外,使用大规模 MIMO 技术可以通过降低发射的功率来提高基站的功率效率;当天线足够大时,其线性编码和检测是最佳的。现在 MIMO 技术已经被无限宽带通信系统采用,从而提高系统的容量。5G 移动通信将其作为一个提高容量和效果的重要技术继续保留。

3. 主要应用

随着 5G 迈入商用阶段,5G 应用呈现井喷之势。5G 已深刻地影响到娱乐、制造、汽车、能源、医疗、教育、农业、养老等各个行业。

(1) VR 全景直播

用 5G 来进行赛事直播已经成为一种潮流,这得益于 5G 的高带宽和低时延。在俄罗斯世界杯上,世界杯的官方合作伙伴已经尝试利用 5G 进行赛事直播。在平昌冬奥会上,英特尔和韩国 KT 在多个场合引入 5G、VR 等技术,让冬奥会变得更有科技感和趣味感。在未来,2020 年奥运会、2020 年欧洲杯、2022 年冬奥会都将使用 5G VR 全景直播,以给观众更好的体验。

(2) 5G 智能工厂

5G 技术将成为释放机器人技术能力的催化剂。由于 5G 的边缘计算能力,数据将更接近源。这一能力与高速和大带宽相结合,将开创更小、更便宜、更自由的机器人。在未来,我们将看到更多的小型自主和协作机器人在工厂里执行各种任务。这些机器人不仅能减轻人类的负担,而且最终能帮助工厂优化生产。

5G 技术将使制造更加灵活,生产者可以根据需要调整网络。有了离线边缘计算功能,生产者将能够在本地控制敏感数据。此外,他们最终能够通过网络切片将单个物理 5G 网络分解为多个虚拟网络。例如,为了提高操作设备的效率,或者当市场需求增加时,制造工厂的一部分网络可能会被分割开来。

人工智能将是未来智能工厂的一个关键特性,但它需要访问大量接近实时的高质量数据才能高效工作。5G 庞大的物联网连接和高速度,加上边缘计算能力,将使人工智能能够迅速从错误中"学习",做出更智能、更快、更可靠的决策。

(3) 5G 自动驾驶

自动驾驶是一种通过电脑系统实现无人驾驶的智能技术。在 20 世纪已有数十年的历史,21 世纪初呈现出实用化的趋势。然而,自动驾驶的发展过程始终伴随着风险大的诟病。而 5G 通信技术具备庞大的带宽容量和接近零时延的特性,正在让自动驾驶"照进现实"。因此,自动驾驶也被认为是最具前景的 5G 应用。根据 ABI Research 预测,到 2025 年,5G 连接的汽车将达到 5030 万辆。当前,已有不少企业推出 5G 自动驾驶应用方案。

(4) 5G 智能电网

建设智能电网已经是大势所趋。但是,通过传统专网建设智能配电网,存在成本高、灵活性低的问题;而利用传统电信公网又存在业务隔离性差、安全保障和通信时延很难满足业务要求的问题。用 5G 网络切片来承载电网业务是一种新的尝试,将运营商的网络资源以相互隔离的逻辑网络切片,按需提供给电网公司使用,满足电网不同业务对通信网络能力的差异化需求；同时兼顾高性能、高可靠、隔离和低成本，成为智能配电网的有效解决方案。目前，已有越来越多的企业推出基于 5G 网络切片的智能电网应用方案。

(5) 5G 超级救护车

医学上把发生伤病后的头 4 分钟称为急救"黄金时间"，在 4 至 6 分钟内不进行急救处置将导致神经系统不可逆损伤。如果超过 8 分钟，救护的成功率就将降低到 5%。挽救生命必须分秒必争，未来 5G 带来的毫秒级速度无疑是医疗救援的强心剂。搭载 5G 网络的系统将更好地保证医院在患者到达前做好充分准备，从而快速投入抢救。在未来，配备高清晰度视频通信的超级救护车将在 5G 时代成为现实。

(6) 5G 远程教育

传统教育受时空限制存在着一些客观问题，如教育资源配置失衡、地域教育差距大、农村偏远地区教育薄弱等，使得优质教育资源成为一种稀缺资源。而借助信息技术优势力量，就能改变这种现状。5G＋VR 远程教育打破了时空的限制，即便是最偏远的地区，只要能上网，就能在线接受万里之外的网络教育，甚至是来自于全球最好学校的课程。可以预计，将会有越来越多的企业加入这一市场。

(7) 5G 智慧农业

根据联合国粮食及农业组织的统计数据，为了养活日益增长的人口，全球农民在 2050 年将不得不多产出 70% 的粮食。由于环境在不断恶化，这几乎是一个不可完成的任务。有了 5G，一切可以迎刃而解。利用 5G 高速网络以及多种传感器，可以随时监控土壤的湿度、温度、肥度等各种影响农作物产量的因素，并做出实时处理，从而提高农作物的产量。更重要的是，还可以节约人力成本，减少体力劳动需求，提升农场运营效率。

(8) 5G 养老助残

有了 5G，养老和助残难题也将得到很好的解决。例如，在某企业提供的 5G 助残项目中，通过部署移动边缘计算（Mobile Edge Computing，MEC）和核心数据中心的智能助残业务平台，借助智能助残终端，可帮助视力残疾、行动不便及听说残疾等人士实现安全出行和顺畅交流。通过终端、人、物、车、云的智能联动，创建一张动态环绕残疾人士的保护网，再造残疾人士的感官，实现科技助残。

1.4.7 区块链

1. 区块链的概念

人类的交流依靠的是信息，因此以前的互联网属于信息互联网，很难实现价值互联，它需要中心化的机构（如银行、支付宝等企业）耗费巨大精力去维护。如要实现价值互联，则需要建立与之相应的信用体系。如今区块链的出现，直接解决了价值互联的问题，使得互联网迈入价值互联网时代。

区块链（Blockchain）是指通过去中心化和去信任的方式集体维护一个可靠数据库的技术方案，实现从信息互联网到价值互联网的转变。该技术方案主要是让参与系统中的任意多个节点,通过一串使用密码学方法相关联产生的数据块(每个数据块中包含了一定时间内全部的系统信息交流数据),生成数据指纹并将其用于验证信息的有效性和链接下一个数据块。区块链是新的分布式记账方式,其本质是交易各方信任机制建设的数学解决方案。它创造了新的交易模式,比特币是区块链技术的首个成功应用。区块链如果运用到位,用户无须自己建立或维系任何第三方中介机构,就能实现自由支付。区块链还能运用到电商、保险、跨境支付等各个领域,可以极大提高效率。

区块链技术的模型是由自下而上的数据层、网络层、共识层、激励层、合约层和应用层组成的,如图 1-4-1 所示。

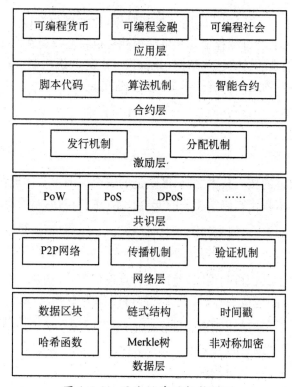

图 1-4-1　区块链基础架构模型

① 数据层:封装了底层数据区块链式结构,以及相关的数据加密技术和时间戳等技术,这是整个区块链技术中最底层的数据结构。这些技术是构建全球金融系统的基础,数十年的使用证明了它非常安全可靠。区块链技术已巧妙地把这些技术结合在一起。

② 网络层:包括 P2P 的分布式组网机制、数据传播机制和数据验证机制等;P2P 组网技术早期应用在 BT 这类 P2P 下载软件中,这就意味着区块链具有自动组网功能。

③ 共识层:主要封装网络节点的各类共识机制算法。共识机制算法是区块链的核心技术,因为这决定了到底是谁来进行记账,而记账决定方式将会影响整个系统的安全性和可靠性。目前已经出现了十余种共识机制算法,其中比较知名的有工作量证明机制(Proof of Work,PoW)、权益证明机制(Proof of Stake,PoS)、股份授权证明机制(Delegated Proof of Stake,DPoS)等。

④ 激励层:将经济因素集成到区块链技术体系中来,主要包括经济激励的发行机制和分

配机制等，主要出现在公有链当中。在公有链中必须激励遵守规则参与记账的节点，并且惩罚不遵守规则的节点，才能让整个系统朝着良性循环的方向发展。而在私有链当中，则不一定需要进行激励，因为参与记账的节点往往是在区块链外完成的，是通过强制力或自愿要求来参与记账的。

⑤ 合约层：主要封装各类脚本、算法和智能合约，是区块链可编程特性的基础。比特币具有简单脚本的编写功能，而以太坊（公共区块链平台）则强化了编程语言协议，理论上可以编写实现任何功能的应用。如果把比特币看成是"全球账本"的话，那么可把以太坊看作是一台"全球计算机"，任何人都可以上传和执行任意的应用程序，并且程序的有效执行能得到保证。

⑥ 应用层：封装了区块链的各种应用场景和案例，比如搭建在以太坊上的各类区块链应用即部署在应用层，而未来的可编程金融和可编程社会也将会搭建在应用层。

该模型中，基于时间戳的链式区块结构、分布式节点的共识机制、基于共识算力的经济激励和灵活可编程的智能合约是区块链技术最具代表性的创新点。

2. 主要技术

(1) 密码学技术

密码学技术是区块链的核心技术之一，区块链的安全保障主要体现在其数据层和网络层，其中数据层的安全主要依赖于密码学相关的安全技术，主要包括：哈希算法、加密算法、数字签名等。

(2) 共识机制

网络层的安全主要由共识机制保障，通过点对点通信模式，构建一个去中心化的分布式网络环境，网络中所有节点的地位平等，每个节点都可以作为服务器，承担区块数据传输、验证、存储工作。共识机制主要是解决分布式节点达成共识的问题。常用的共识机制主要有 PoW、PoS、DPoS、PBFT、PAXOS 等。

(3) 智能合约

智能合约在区块链中的实现标志着区块链技术进入 2.0 阶段。智能合约允许在没有第三方的情况下进行可信交易，只要一方达成了协议预先设定的目标，合约将会自动执行交易，这些交易可追踪且不可逆转。利用智能合约技术，有助于实现去中心化的多方参与、规则透明、不可篡改、自动执行，增加了交易的灵活性，更适应于实现复杂完备的业务逻辑，为区块链在实际业务场景中的应用提供技术基础。

3. 主要应用

(1) 金融领域

比特币是区块链技术在金融领域的首次应用。在比特币系统中，两个节点之间不需要经过中心权威机构，可以直接进行交易。比特币系统通过匿名的方式保护隐私，节点无法获取用户的身份信息。利用 PoW 共识算法来完成交易的验证与记录。同时采用一些密码学技术保障了交易数据的安全性、不可篡改性，使用时间戳和共识机制来解决节点双重支付攻击，使其交易数据不可篡改、无法伪造。

因区块链在金融领域的广泛应用而产生了更多新的服务模式、业务场景和金融产品,为金融业的快速发展带来了很大的影响。随着区块链与金融科技的深度融合,区块链技术将逐步适应大规模金融场景,促进互联网的价值流动,改善目前的交易模式,改变人们在现实生活的交易方式。

(2) 物联网领域

物联网是继互联网与移动通信网之后的又一次信息产业浪潮。目前物联网已具有较多应用场景,但其安全和隐私泄漏问题是应用中的大问题。

一般物联网的数据处理和存储普遍采用以云计算为中心的服务模式,这对云中心的计算能力和存储能力带来了极大的挑战。区块链能够解决物联网的规模化问题,避免云的过载和单点失效,以较低的成本让数千亿设备的物联网共享一个网络。通过多个节点集体参与验证,将全网达成一致的交易记录到分布式账本中。

物联网设备容易遭受黑客的攻击,而区块链能利用网络节点的集体共识机制、公钥密码技术和数据的分布式账本存储有效地抵制攻击。

区块链技术有助于为物联网系统建立一个去中心化的价值网络,使得物联网数据可以形成价值的流动。同时未来也可以利用区块链技术,将物联网与人工智能相结合,使得智能物联网设备可以通过智能合约进行自主交易。

(3) 供应链领域

区块链分布式存储、不可篡改等技术为供应链领域溯源服务的信任问题提供了新颖的解决思路。

区块链利用供应链上下游参与方上链的记账方式,将会使造假数据难以拟合整个区块链信息,造假成本极高,从而保证了供应链交易信息的安全性,提高供应链的透明性。

区块链利用密码学技术对数据进行加密存储,以此保证信息能被安全存储。由于区块链使交易须实名认证,交易过程被永久记录在区块中,产品信息可以核查和快速溯源,因此当产品出现问题时,执法部门利用区块中的交易信息,可直接定位、取证并追究其责任。

区块链还能够解决信息孤岛问题,优化物流管理,提升供应链物流的效率。区块链的去中心化技术有助于供应链参与方协作达成共识,采用分布式账本存储的方式可使物流信息公开不可篡改,为优化物流管理提供数据支撑。

(4) 医疗领域

区块链在加强安全性和保护患者数据隐私方面能够发挥重要作用,同时还可以解决与医疗保健数据的安全性、完整性、安全共享等相关的问题。

区块链医疗系统可以保证医疗机构或患者上传的医疗数据不被随意篡改,保障了医疗数据的安全性。

共享医疗数据对于医疗服务是至关重要的,区块信息公开透明,推进了医疗机构之间的数据共享,方便医务工作者从事医学研究。

区块链系统能够提供数据安全存储、共享以及监管技术,有助于实现医疗数据的安全共享,优化医疗系统的业务流程,在确保数据安全的同时,为医疗研究提供充足的数据支撑。

习题与实践

1. 简答题

（1）列举两个身边大数据应用的实例。

（2）人工智能能够替代人类智能吗？

（3）物联网有哪些重要特征？

2. 实践题

在智能手机上使用"腾讯 AI 体验中心"小程序，体验人工智能的一些应用。

（1）打开"腾讯 AI 体验中心"小程序。

① 在智能手机上打开微信，点击右上方的搜索图标，进入搜索页面，如图 1-4-2 所示。

② 点击中部的"小程序"，进入搜索小程序页面，在输入栏输入"腾讯 AI 体验中心"，点击"搜索"，就可以找到"腾讯 AI 体验中心"小程序，如图 1-4-3 所示。

③ 点击该小程序，进入"腾讯 AI 体验中心"，如图 1-4-4 所示。

图 1-4-2　搜索页面

图 1-4-3　找到小程序

图 1-4-4　进入小程序

（2）体验腾讯 AI 应用。

腾讯 AI 体验中心现有"计算机视觉"、"自然语言处理"、"智能语音"三大类应用，每类应用下各有许多场景可供体验。

① 场景物体识别。上传场景图片后，系统可以给出识别出的场景和物体的概率，如图 1-4-5 所示。

② 机器翻译。它可以进行中文和英文的互译。输入一段文字后，系统可生成对应语言的译文，如图 1-4-6 所示。

③ 语音合成。输入一段文字后，系统可以输出相应的语音，还可以选择输出语音的类型、

语速、音高、音色等，如图 1-4-7 所示。

图 1-4-5　场景物体识别

图 1-4-6　机器翻译

图 1-4-7　语音合成

1.5 信息安全与信息素养

在信息技术的应用中必须注意信息安全，其中有技术上的问题，还有法律问题和道德问题。因此，在信息化社会，我们必须具备信息素养。

1.5.1 信息安全、计算机安全和网络安全

1. 信息安全

信息安全是指信息网络的软件、硬件及其系统中的数据受到保护，不因偶然的或者恶意的原因而遭到破坏、更改、泄露，系统能连续、可靠、正常地运行，信息服务不中断。信息安全包含的内容有：保密性、完整性、可用性、可控性和不可否认性。

2. 计算机安全

计算机安全（Computer Security）是指为数据处理系统的建立而采取的技术上和管理上的安全保护，保护计算机硬件、软件和数据不因偶然的或恶意的原因而遭到破坏、更改、暴露。计算机安全包含的内容有：物理安全和逻辑安全。

3. 网络安全

网络安全是指防止网络环境中的数据、信息被泄漏和篡改，以及确保网络资源可由授权方按需使用的方法和技术。网络安全从其本质上来讲就是网络上的信息安全，因此，凡是涉及网络上信息的保密性、完整性、可用性、真实性和可控性的相关技术和理论都是网络安全的研究领域。网络安全受到的威胁包括两个方面，分别是：对网络和系统的安全威胁，包括物理侵犯、系统漏洞、网络入侵、恶意软件、存储损坏等；对信息的安全威胁，包括身份假冒、非法访问、信息泄露、数据受损等。

4. 信息安全、计算机安全和网络安全的关系

在当前网络化、数字化日益普遍的时代，信息、计算机和网络已经成为不可分割的整体。信息的采集、加工、存储是以计算机为载体进行的，而信息的共享、传输、发布则依赖于网络。因此，网络安全包含计算机安全和信息安全。从信息安全的角度来看，计算机安全与网络安全的含义基本是一致的，只不过计算机安全的概念侧重于静态信息保护，而网络安全的概念侧重于动态信息保护。

1.5.2 常用的信息安全技术

1. 访问控制技术

访问控制技术是保护计算机信息系统免受非授权用户访问的技术，它是信息安全技术中

最基本的安全防范措施,该技术是通过用户登录和对用户授权的方式实现的。

系统用户一般通过用户标识和口令登录系统,因此,系统的安全性取决于口令的秘密性和破译口令的难度。通常采用对系统数据库中存放的口令进行加密的方法,为了增加口令的破译难度,应尽可能增加字符串的长度与复杂度。另外,为了防止口令被破译后给系统带来的威胁,一般要求在系统中设置用户权限。

2. 加密技术

加密技术是保护数据在网络传输的过程中不被窃听、篡改或伪造的技术,它是信息安全的核心技术,也是关键技术。

一个密码系统由算法和密钥两部分组成。根据密钥类型的不同,现代加密技术一般有两种类型:一类是对称式加密法;一类是非对称式加密法。对称式加密法是指加密和解密使用同一密钥,这种加密技术目前被广泛采用。非对称式加密法的加密密钥(公钥)和解密密钥(私钥)是两个不同的密钥,必须配对使用才有效。公钥是公开的,可向外界公布;而私钥是保密的,只属于合法持有者本人所有。

3. 数字签名

数字签名(Digital Signature)是指对网上传输的电子报文进行签名确认的一种方式,它是防止通信双方欺骗和抵赖行为的一种技术,即数据接收方能够鉴别发送方所宣称的身份,而发送方在数据发送完成后不能否认发送过数据。

数字签名已经大量应用于网上安全支付系统、电子银行系统、电子证券系统、安全邮件系统、电子订票系统、网上购物系统、网上报税系统等一系列电子商务应用的签名认证服务中。

数字签名不同于传统的手写签名方式,它是在数据单元上附加数据,或对数据单元进行密码变换,验证过程是利用公之于众的规程和信息,其实质还是密码技术。常用的签名算法是RSA算法和ECC算法。

4. 身份识别技术

身份识别技术是采用密码技术(尤其是公钥密码技术)设计的高安全性协议,通常采用口令和标记两种方式。口令方式的身份识别通常是由5—8个数字、字母或特殊字符等组成的字符串,这种方式是目前运用最广泛的一种技术。标记方式的身份识别技术则类似于个人持有的钥匙,主要运用于启用个人电子设备,因为标记上详细记录有设备识别的个人信息。

目前市场上常用的新型身份识别技术还有指纹识别、虹膜识别、人脸识别、区块链等。

5. 防火墙技术

防火墙是用于防止网络外部的恶意攻击对网络内部造成不良影响而设置的一种安全防护措施,它是网络中使用非常广泛的安全技术之一。防火墙的作用是在某个内部网络和外部网络之间构建网络通信的监控系统,用于监控所有进、出网络的数据流和来访者,以达到保障网络安全的目的。根据实现方式,防火墙可分为硬件防火墙和软件防火墙两类。

1.5.3 信息社会的道德伦理要求

信息道德(Information Ethics)是指在信息领域中规范人们相互关系的思想观念与行为准则，是在整个信息活动中，调节信息生产者、信息加工者、信息传递者之间在网络环境下开展各种信息活动时应当遵循的行为规范的总和。

1. 信息社会常见的道德问题

当人们感叹网络信息技术带来的种种便利时，也不得不警惕网络社会中隐藏的各种风险，如隐私泄漏、网络暴力、网络欺诈、黑客入侵、知识产权的侵犯等社会问题。信息社会常见的道德问题主要有：

(1) 道德意识的模糊

道德意识的模糊主要表现在网络世界与现实世界界限模糊、网络匿名导致自律意识减弱、网络的虚拟性导致责任意识减弱和经济利益驱动下诱发网络犯罪。

(2) 道德行为的失范

在网络社会中，道德行为失范的伦理问题主要包括：知识产权和财富安全的伦理问题、隐私保护的伦理问题、滥用言论自由的道德问题、道德行为的约束变弱。

(3) 道德情感的变异

互联网上充斥着各种媒体发布的虚假、欺诈、淫秽、低俗信息，违背了中华民族的传统文化和社会公德。它们主要通过文字、图片、音频和视频的方式传播。我们所称的垃圾邮件和垃圾信息包含这些内容。它们对互联网的危害很大，严重地影响着人们的身心健康，破坏市场经济秩序和社会管理秩序。

(4) 道德观念的混乱

网络社会是开放和自由的。任何人、组织都可以在互联网上发表个人观点。在网络社会中，人们的道德观念从来没有像现在这样混乱，主要体现在两方面：一方面，道德观念冲突的范围广；另一方面，随着网络信息技术的发展，道德观念冲突的频率频繁。

2. 信息社会伦理问题的形成原因

(1) 外在原因

网络信息社会的形成与发展是人类社会的巨大进步，但由此带来的道德伦理问题不容忽视，信息系统涉及的道德问题主要关于信息的权利和义务。信息道德问题促使人们探讨网络信息社会伦理问题形成的社会原因，从当今网络信息伦理的研究来看，这些社会原因主要包括技术原因、经济原因、文化原因等。

(2) 内在原因

从网络信息行为主体的特征来看，网络信息行为主体比现实社会中的人更容易出现伦理问题。主要表现在：

① 网络信息行为主体的平等导致了自我自由的过度膨胀。

② 网络信息行为主体的隐身性造成道德意识的暂时缺失。

③ 网络信息行为主体的自我中心性导致伦理关系的单极化。

从网络信息行为主体的内在原因来看,如果网络信息行为主体加强自身道德修养,具有一定的道德意识,就能够明是非、知善恶,自觉地维护网络信息伦理的道德规范和相关要求。

3. 信息社会的道德伦理建设

在当今信息社会,为了净化网络空间,规范网络行为,我们需要从技术监控、法律和道德规范、信息道德教育、网络监管等方面入手,构建网络伦理,树立正确的信息价值观。

(1) 完善技术监控

积极研究开发有效的网络信息监控技术,有效掌握各种信息源,及时阻止不道德数据和信息的入侵,从源头上防患于未然,这对于网络道德建设是至关重要的一步。国家网络管理部门通过统一技术标准建立一套网络安全体系,严格审查、控制网上信息内容的发布和流通渠道。例如通过防火墙和加密技术防止网络上的非法入侵;利用一些过滤软件过滤掉有害的、不健康的信息,限制浏览网络中不健康的内容等。同时,通过技术跟踪手段,使有关机构可以对网络责任主体的网上行为进行调查和监控,确定网络主体应承担的责任。

(2) 加强法律和道德规范建设

维护信息安全,除了技术手段,更需要法律提供保障。

自 1994 年以来,我国先后颁布了一系列有关信息安全的法规与规章。全国人民代表大会常务委员会于 2016 年 11 月 7 日发布的《中华人民共和国网络安全法》(自 2017 年 6 月 1 日起施行)就是为了保障网络安全,维护网络空间主权和国家安全、社会公共利益,保护公民、法人和其他组织的合法权益,促进经济社会信息化健康发展而制定的法律。

网络社会的健康持续发展与现实社会的健康发展一样离不开一定的道德义务。许多地区和国家的机构都提出了网络社会所要遵循的道德义务。中国互联网协会也公布了《文明上网公约》,提出:自觉遵纪守法,倡导社会公德,促进绿色网络建设;提倡先进文化,摒弃消极颓废,促进网络文明健康;提倡自主创新,摒弃盗版剽窃,促进网络应用繁荣;提倡互相尊重,摒弃造谣诽谤,促进网络和谐共处;提倡诚实守信,摒弃弄虚作假,促进网络安全可信;提倡社会关爱,摒弃低俗沉迷,促进少年健康成长;提倡公平竞争,摒弃尔虞我诈,促进网络百花齐放;提倡人人受益,消除数字鸿沟,促进信息资源共享。

(3) 加强信息道德教育

信息道德教育是指通过全社会所遵循的价值取向和道德规范,有组织、有计划地对人的人格和道德形成产生影响的活动。在对网络用户进行网络道德教育时,应该结合相关的法律、法规,对网民进行法制教育,促使其树立网络法制意识,规范公民依法上网行为,使公民认识到如果放任自流、伤害他人,最终将会因道德失范而受到法律的制裁。

(4) 加强网络监管

要完全靠人们自律来解决网络道德建设问题是不现实的,必须加强网上行为的道德约束力度,因此政府、社会各部门应该共同做好网络建设和监管工作。加强网络市场监管,需要人人共担责任,需要制度跟进,需要提高监管能力。

(5) 树立正确的信息价值观

网络信息行为主体在信息运用的过程中应秉持社会主义核心价值观,树立正确的科学态度,自觉按照法律和道德规范使用信息技术,进行信息交互活动。信息时代的公民不仅要接受、传递数字信息,而且要创造、享受这种数字化、精确化、高速化的生活;不但要遵守现实社会的秩序,而且应该遵守网络社会的秩序。

1.5.4 信息素养

1. 信息素养的概念

信息素养是信息化社会成员必须具备的基本素养,包括信息意识,利用信息技术和信息工具获取信息、处理信息、再生和创造信息、展现信息、使信息发挥效用的能力,计算思维和利用计算机解决问题的能力,在信息化环境中协同工作和合作的能力,在信息应用中遵循法律和道德。

从不同层面看,信息素养包含了对信息社会的适应能力,信息获取、加工处理、传递创造等综合能力,以及融合新一代信息技术解决专业领域问题的能力,如图 1-5-1 所示。

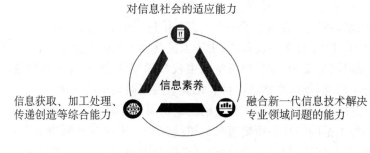

图 1-5-1　信息素养

只有具备信息素养的人,才能实现终身学习,成为信息时代所需要的学习型、创新型的高素质人才。

2. 信息素养与终身学习的关系

培养信息素养的核心在于终身学习。信息素养作为一种高级的认知技能,同批判性思维、问题解决能力一起,构成了人们进行知识创新和学会学习的基础。信息时代的受教育者或学习者不再是一个只会吸纳大量事实信息的人,而应当是一个知道如何获取信息、如何评价信息和如何应用信息解决实际问题,使自己增长知识和提高综合应用能力的人。从学会学习的角度来看,终身学习的本质核心是学习者信息素养的培养。总而言之,信息时代需要人们具有信息素养,信息时代需要人们学会学习和学会创造。

3. 信息素养能力与创新能力的关系

知识创新是信息素养的重要体现,信息素养已成为信息时代创新人才必备的知识结构和知识技能。信息需求是创造性行为产生的必要条件,信息意识可以激发创新思维,信息技术应用能力为提升创新能力拓展了途径,因此,信息素养是培养创新能力的重要层面。信息素养与创新能力两者之间是相辅相成、互相制约、互相影响、互相促进的关系。

习题与实践

1. 简答题

(1) 在互联网和移动互联网的应用中,必须遵守哪些法律规定?

(2) 常用的信息安全技术主要包括哪些?

(3) 信息素养主要包括哪些内容?

2. 思考题

(1) 如何在信息社会中成为一名合格的网民?

(2) 怎样才能在信息化的社会里更好地发展?

1.6 综合练习

1.6.1 单选题

1. 现代信息技术最基础的部分是_____。

    A. 通信电缆   B. 显示设备   C. 芯片   D. 输入设备

2. 信息资源的开发和利用已经成为独立的产业，即_____。

    A. 第二产业   B. 第一产业   C. 信息产业   D. 新能源产业

3. 信息技术是在信息处理中所采取的技术和方法，也可看作是_____的一种技术。

    A. 信息存储   B. 扩展人的感觉、记忆等功能

    C. 信息采集   D. 信息传递

4. 3C技术是指_____。

    A. 新材料和新能源

    B. 电子技术、微电子技术、激光技术

    C. 计算机技术、通信技术、控制技术

    D. 信息技术在人类生产和生活中的各种具体应用

5. 计算机的基本组成包括_____。

    A. 中央处理器CPU、声卡、输入输出设备

    B. 中央处理器CPU、主机板、电源和输入输出设备

    C. 中央处理器CPU、硬盘和软盘、显示器和电源

    D. 中央处理器CPU、存储器、输入输出设备

6. 现代信息技术的内容包括数据获取技术、数据传输技术、_____、数据控制技术、数据存储技术和信息展示技术。

    A. 信息交易技术   B. 信息推广技术   C. 数据处理技术   D. 信息增值技术

7. 直接连接存储是常用的存储形式，主要存储部件有_____。

    A. 硬盘   B. 移动硬盘   C. 网络硬盘   D. U盘

8. 目前应用广泛的U盘属于_____技术。

    A. 刻录   B. 移动存储   C. 网络存储   D. 直接连接存储

9. 有关数制，说法不正确的是_____。

    A. 二进制数仅含数符0和1

    B. 十进制数16等于十六进制数10H

    C. 一个数字串的某数符可能为0，但任一数位上的"权"值不可能是0

    D. 计算机内部一切数据都是以十进制为运算单位的

10. 二进制数10001001011B转换为十进制数是_____。

    A. 2090   B. 1077   C. 1099   D. 2077

11. 十六进制数 ABCDEH 转换为十进制数是_____。

    A. 713710   B. 703710   C. 693710   D. 371070

12. 十进制数 7777 转换为二进制数是_____。

    A. 1110001100001   B. 1111011100011   C. 1100111100111   D. 1111001100001

13. 二进制数 11111111B 转换为十六进制数是_____。

    A. 44   B. 4F   C. FF   D. F4

14. −33 的原码是_____。

    A. 00100001   B. 10100001   C. 10100000   D. 00100000

15. 已知 8 位机器码 10110101,当它是补码时,表示的十进制真值是_____。

    A. 75   B. −76   C. −75   D. 76

16. 若已知"X"的 ASCII 码值为 58H,则可推断出"Z"的 ASCII 码值为_____。

    A. 60H   B. 5AH   C. 50H   D. 6AH

17. 在 GB 2312—80 中,汉字采用_____编码。

    A. 四字节   B. 单字节   C. 双字节   D. 任意字节

18. 若已知汉字"我"的区位码是 4650,则它的 GB 2312—80 国标码是_____。

    A. 6670   B. 7882   C. 4650   D. 1450

19. 在 RGB 色彩系统中,红色是_____。

    A. 255,255,255   B. 255,255,0   C. 255,0,0   D. 0,0,0

20. 操作系统的主要功能是_____和用户界面管理。

    A. 文件管理   B. 资源管理   C. 安全管理   D. 图标管理

21. _____是开源软件。

    A. Windows   B. Office   C. Linux   D. Unix

22. ETL 是与_____技术紧密相关的。

    A. 物联网   B. 大数据   C. 人工智能   D. 数字媒体

23. _____不是数字媒体的关键技术。

    A. 压缩技术   B. 存储技术   C. 传输技术   D. 传感技术

24. _____是人工智能的重要应用。

    A. 数据库   B. 操作系统   C. 固态硬盘   D. 机器翻译

25. 维护信息安全,除了技术手段外,更需要_____提供保障。

    A. 规范   B. 道德   C. 法律   D. 制度

1.6.2 是非题

1. 物质、能源和数据是人类社会赖以生存、发展的三大重要资源。

2. 图灵在计算机科学方面的主要贡献是建立了图灵机和提出了图灵测试。

3. 汉字以 24 * 24 点阵形式在屏幕上单色显示时,每个汉字的显示需占用 96 字节。

4. 计算机系统由软件和硬件两大部分组成,其中软件又可分为系统软件和实用软件。

5. 目前掀起的人工智能热潮主要是因为深度学习技术取得了突破性的进展。

6. 信息素养是信息化社会成员必须具备的基本素养。

本章小结

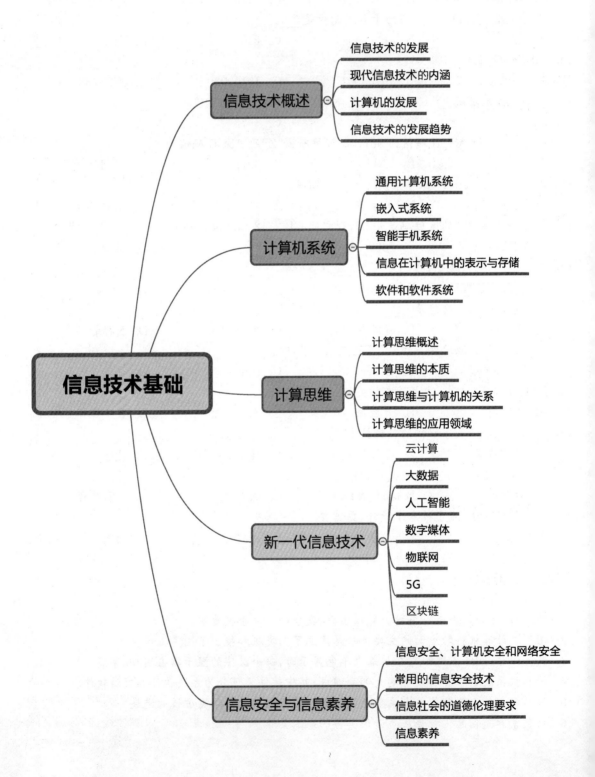

信息技术基础
- 信息技术概述
  - 信息技术的发展
  - 现代信息技术的内涵
  - 计算机的发展
  - 信息技术的发展趋势
- 计算机系统
  - 通用计算机系统
  - 嵌入式系统
  - 智能手机系统
  - 信息在计算机中的表示与存储
  - 软件和软件系统
- 计算思维
  - 计算思维概述
  - 计算思维的本质
  - 计算思维与计算机的关系
  - 计算思维的应用领域
- 新一代信息技术
  - 云计算
  - 大数据
  - 人工智能
  - 数字媒体
  - 物联网
  - 5G
  - 区块链
- 信息安全与信息素养
  - 信息安全、计算机安全和网络安全
  - 常用的信息安全技术
  - 信息社会的道德伦理要求
  - 信息素养

PART —— **02**

第2章 数据文件管理

<本章概要>

操作系统是进行数据文件管理的有效工具,它控制和管理计算机系统内各种硬件和软件资源,合理有效地组织计算机系统的工作,为用户提供良好的人机交互界面,是一般计算机用户使用计算机必不可少的工具和工作环境。

Windows、Linux、Mac 微机操作系统,以及苹果(iOS)和安卓(Android)手机操作系统是目前常用的操作系统。

Windows 10 是微软公司相继发布的微机操作系统的最新版本,它继承了 Windows 7 和 Windows 8 的实用的优势,同时围绕个性化、易用性、多媒体和网络功能的提升,兼容触摸屏平板电脑、各种操作平台等又进行了大的变革,增加了很多特色功能。

本章介绍了在学习、工作中需要了解的数据文件管理方法,以及 Windows 10 操作系统的使用方法和操作技巧。

<学习目标>

当完成本章的学习后,要求:

1. 了解 Windows、Linux、Mac、苹果(iOS)和安卓(Android)文件系统的基本特点;

2. 掌握 Windows 10 系统中文件和文件夹的复制、移动、删除、查找和创建桌面快捷方式的基本操作;

3. 了解 Linux、Mac 系统中文件和文件夹的复制、移动、删除和查找的基本操作;

4. 了解和学会 Windows 10 系统中应用程序的安装和卸载方法;

5. 了解和学会 Windows 10 系统中常用的系统设置方法。

2.1 文件系统

操作系统中负责管理和存储文件信息的软件系统称为文件管理系统，简称文件系统。文件系统是操作系统中以文件方式管理计算机软件资源的软件和被管理的文件和数据结构（如目录和索引表等）的集合，是对文件存储设备（常见的是磁盘、固态硬盘、U 盘和存储卡）或分区上的文件的组织和分配，负责文件存储并对存入的文件进行保护和检索的系统。具体地说，文件系统的用户只要知道所需文件的文件名，就可存取文件中的信息，而无须知道这些文件究竟存放在什么地方。文件系统负责为用户建立文件，存入、读出、修改、转储文件，控制文件的存取，当用户不再使用时撤销文件等。

常用的操作系统有 Windows、Linux、Mac、iOS、Android 等。下面依次介绍各个不同的操作系统中所支持的文件系统。

2.1.1 Windows 文件系统

FAT 文件分配表（File Allocation Table）和 NTFS 标准文件系统（New Technology File System）是 Windows 系统中常用的文件系统。

1. FAT 文件系统

FAT 文件系统由比尔·盖茨和马斯麦当劳在 1977 年为了管理磁盘而发明的。根据 Windows FAT 表项的长度不同，分成 FAT12(12bit)、FAT16(16bit)、FAT32(32bit)。

FAT 文件系统的基本概念可总结为以下几点：

① FAT 文件系统使用"簇"作为最小数据单元。"簇"是一组连续扇区的组合，扇区数必须是 2 的整数次幂（1、2、4、8 等，最大 64），数据区使用的簇从 2 开始编号，所有文件和目录都存在簇中。

② FAT 文件系统的数据结构类型比较少，最重要的两种数据结构是"文件分配表"和"目录项"。

• 文件和目录内容保存在簇中。如果文件或者目录内容（目录的内容是当前目录的文件和子目录的目录项）需要多于一个簇的空间，则该簇对应的 FAT 表显示为下一个簇的簇号，否则显示为文件结束标志。此外，FAT 表也用作显示簇的分配状况（坏簇、未分配簇、特殊簇等）。

• FAT 文件系统的每一个文件和目录都会被分配一个目录项，目录项记录对应的文件/目录的一些元数据（如文件名、扩展名、大小、起始簇等）。

③ FAT 文件系统本身的数据记录在"引导扇区"（DOS Boot Recorder，DBR）中，这个扇区位于整个文件系统的 0 扇区，是系统隐藏区域（也称为"保留区域"）的一部分。DBR 记录文件系统的一些信息，如：起始位置、大小、FAT 表个数、FAT 表大小等。

④ FAT 同时使用"簇地址"和"扇区地址"进行管理、存储用户数据的数据区使用"簇地

址"管理,起始簇为 2(FAT12/16 的根目录不由簇进行管理);其他文件系统数据使用"扇区地址"进行管理,起始扇区为 0。

无论是 FAT12、FAT16 还是 FAT32,都遵从如图 2-1-1 所示的整体布局。

保留区	FAT1	FAT2	数据区

图 2-1-1 整体布局

- 保留区的第一个扇区,也是整个文件系统的 0 号扇区,是系统引导扇区 DBR。DBR 包含了文件系统的重要信息。FAT12/FAT16 的保留区一般只有 DBR,FAT32 的保留区还有其他扇区,包括 DBR 的备份扇区、FSINFO 扇区等。
- FAT1 和 FAT2 是两个完全一样的区域,用于描述数据区各簇的分配状况,以及文件和目录内容所在簇的相互关系。
- 数据区是文件和目录内容存放的区域,紧接于 FAT2 区。数据区使用簇号进行管理。

2. NTFS 文件系统

NTFS 是 Windows NT 以及基于 NT 内核发展的 Windows 标准文件系统,分区的结构是比 FAT16 和 FAT32 复杂的数据结构。在对磁盘格式化时会为 NTFS 建立一个 NTFS 卷,整个 NTFS 分区也是以簇为基本的存储结构,但 NTFS 把整个分区的全部扇区都作为簇来划分,从 0 扇区开始划分簇,每簇为 1、2、4 或 8 个扇区,NTFS 将卷分配成簇,卷上的簇有大小,簇是一个或多个连续的扇区,簇从 0 开始一直排到最后一个簇号,即便是分区引导扇区也赋予 0 簇号。磁盘上每个卷由引导扇区、主文件表(MFT)、系统文件区和普通文件区组成。

NTFS 支持对分区、文件夹和文件的压缩,可以为共享资源、文件夹、文件设置访问许可权限。这样便于提升性能,改善可靠性,降低磁盘空间的利用率,同时还提供了若干附加的扩展功能,如基于可恢复文件,即数据文件不会丢失,适用于一些对安全性能要求高的使用场景。它取代了文件分配表(FAT)文件系统,成为目前 Windows 操作系统的主要文件系统。

NTFS 文件系统的安全性显然好于 FAT 文件系统,可以使用分区格式转换工具将 FAT 转换为 NTFS。

新硬盘使用前需要经过分区和格式化,其作用是将物理硬盘分为主引导记录(MBR)、DOS 引导记录(DBR)、文件分配表(FAT)、文件目录表(FDT)和数据(DATA)。

DOS 引导记录由格式化命令写入。计算机启动时,在 DOS 引导记录装入内存后,会执行引导程序段以完成操作系统的自举,从而由操作系统控制计算机的运行。DOS 引导记录由跳转指令、厂商标志、操作系统版本号和结束标志等组成。

硬盘分区有主分区、扩展分区和非 DOS 分区。一个物理硬盘可以划分一个主分区和一个扩展分区,并在扩展分区上创建多个逻辑盘。在桌面上按一下鼠标右键选中"此电脑",选择"管理/磁盘管理"(如图 2-1-2 所示),显示的是一个 1TB 磁盘 0 和 DVD(F)。磁盘 0 被划分为 4 个分区,C 盘安装了 Windows 10 系统,扩展分区上创建了 D、E、G 三个逻辑盘。

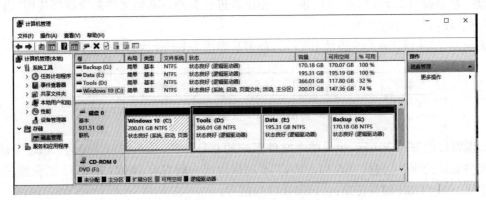

图 2-1-2　1TB 硬盘的管理界面

2.1.2　Linux 文件系统

Linux 是一套免费使用和自由传播的类 Unix 的操作系统，不仅包括完整的 Linux 操作系统，而且还包括了文本编辑器、高级语言编译器等应用软件。此外，它还包括带有多个窗口管理器的 X‐Windows 图形用户界面，可以使用窗口、图标和菜单对系统进行操作，是一个基于 Unix 的多用户、多任务、支持多线程和多 CPU、支持 32 位和 64 位硬件的操作系统。发行版本有：openSUSE、Red Hat、elementary OS、Debian、Arch Linux、Ubuntu、ezgo Linux、Plasma Mobile、红旗 Linux、中标麒麟 Linux、起点操作系统 StartOS 和 Deepin Linux 等。

Linux 下最常用的文件系统是 Ext2。在默认的情况下，Windows 操作系统是不会认识 Linux 的 Ext2 的。Ext2 文件系统将整个磁盘划分成若干分区，每一个分区被当作独立的设备对待，一般需要一个主分区和一个交换分区，主分区用于存放文件系统，交换分区用作虚拟内存。文件系统使用索引节点来记录文件信息，作用类似于 Windows 的文件分配表。索引节点是一个结构，它包含了一个文件的长度、创建及修改时间、权限、所属关系、磁盘中的位置等信息。

Linux 在缺省情况下使用的文件系统为 Ext2，它高效稳定。但如果在写入文件的创建时间、访问时间、所有者的过程中，计算机突然断电，那么系统就会发生错误。这是由于 Ext2 文件系统是非日志文件系统造成的。

Ext3 文件系统是从 Ext2 文件系统直接发展而来的，增加了日志功能，能将整个磁盘的写入动作完整记录在磁盘上的某个区域中，文件系统非常稳定可靠，能够极大地提高文件系统的完整性，避免了意外崩溃对文件系统的破坏。此外，它还能完全兼容 Ext2 文件系统。

当使用 Linux 的时候，逻辑上所有的目录只有一个顶点"/"（根），它是目录的起点，目录都是按照一定的类别有规律地组织和命名的。目录下面包含不同的子目录，在这些子目录下还有许多目录和文件，即目录树结构。目录结构和分区设备是没有关系的，也就是不同的目录可以跨越不同的磁盘设备或分区，组织和应用的目录体系如图 2-1-3 所示。这有别于 Windows 系统中的目录和文件是分区管理的。在不同的发行版本和系统中都具有类似的功能和权限设置。

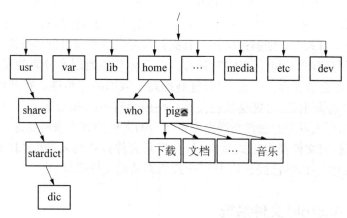

图 2-1-3　Linux 系统文件目录结构

2.1.3　Mac 文件系统

　　Mac 操作系统是一套运行于苹果 Macintosh 系列电脑上的操作系统,是基于 Unix 系统内核的图形化操作系统,其文件系统主要有 HFS+、UFS 和 APFS, HFS+ 和 UFS 文件系统同时被引入早期的 Mac。HFS 全称叫分层文件系统(Hierarchical File System, HFS),诞生于 1985 年,随着若干年的发展,HFS+ 提供的功能已超越 UFS(Unix 文件系统的简称),使其在 Mac OS X 10.5 之后成为唯一正式的 OS X 系统。HFS+ 由启动文件、分配文件、目录文件、域溢出文件、用户文件、属性文件和未使用空间七种类型组成。

　　在 Mac OS X 系统中,存在 User、Local、Network 和 System 四个文件系统区域。其中 User 区域包含了登录到系统的用户可供使用的特定资源,用户具有完全的控制权限。Local 区域包括如文件、程序这些被系统中所有用户共享的资源,但它不是系统运行所必须的。Network 区域包含了本地局域网中可被所有用户共享的资源。System 区域包含运行所必须的资源,它全部位于启动盘的"/System"目录中,且不允许用户添加、删除或更改这些资源。

　　HFS+(Mac OS Extend)中的日志文件系统在档案系统发生变化时,会先把相关的信息写入一个被称为日志的区域,然后再把变化写入主文件系统。在文件系统发生故障(如内核崩溃或突然停电)时,日志文件系统可以较快恢复以提高系统的稳定性。

　　Mac OS X 系统的目录结构符合 Unix 系统的规范,因为这些目录被设置了隐藏属性,让普通用户不能看到,不过可以利用终端窗口中的 Unix 命令查看。它不同于 Windows 用户熟悉的 C 盘、D 盘。用户对系统目录树结构的理解与否并不影响其使用系统,他们真正关心的是把自己的资料存放到哪里更加方便和安全,以至于 Mac OS X 把很多目录都故意隐藏。Windows 用户通常会把个人资料存放在非系统盘(C 盘)的其他分区中,因为 Windows 系统一旦崩溃,C 盘的内容很可能就找不回来了。Mac OS X 的用户则不用担心这个问题,因为用户主目录被保存在一个 HFS+ 文件系统的加密镜像中,Mac OS X 发生崩溃和不能启动的概率很低。由于用户目录和系统目录是彼此独立的,因此更容易找回。

　　APFS(Apple File System)是一个适用于 Mac OS、iOS、tvOS 和 watchOS 的文件系统,使用 APFS 的目的是提高 HFS+ 文件系统的性能,使设备上的闪存碎片化问题得到解决,以拥有先进的数据完整性功能。APFS 所使用的是一种称为写时复制（copy-on-write）的方案来生成重复文件的即时克隆。在 HFS＋下，当用户复制文件的时候，每一个比特（二进制中的"位"）都会被复制。而 APFS 则通过操作元数据并分配磁盘空间来创建克隆。也就是说，在修改复制的文件之前都不会复制任何比特，只有当克隆体与原始副本分离的时候，那些改动（并且只有那些改动）才会被保存。因此，写时复制提高了数据的完整性。在其他系统中，如果卸载卷导致覆写操作挂起的话，可能会发现文件系统中会有一部分与其他部分不同步。而写时复制则通过将改动写入可用的磁盘空间而不是覆盖旧文件的方式来避免这个问题，即：直到写入操作成功完成前，旧文件都是正式版本；只有当新文件被成功复制时，旧文件才会被清除。在 Mac OS 10.13 中，APFS 已经替代 HFS＋成为默认的文件系统。

2.1.4　iOS 与 Android 文件系统

iOS 操作系统是由苹果公司开发的移动操作系统，最初是设计给 iPhone 使用的，后来陆续套用到 iPod touch、iPad 以及 Apple TV 等产品上。iOS 与 Mac OS X 操作系统一样，它也是以开放原始码操作系统为基础的。系统操作占用大概 1—2GB 的存储空间。iOS 由操作系统和能在 iPhone、iPod touch 设备上运行原生程序的技术两部分组成。尽管在底层的实现上，iOS 与 Mac OS X 共享了一些底层技术，但由于 iOS 是为移动终端开发的，因此要解决的用户需求就与 Mac OS X 有些不同。由于 iPhone 和 iPod touch 使用的是基于 ARM 架构的中央处理器，而不是 x86 处理器，因此，Mac OS X 上的应用程序不能直接复制到 iOS 上运行，而是需要针对 iOS 的 ARM 重新编写。

Android 是一个基于 Linux 2.6 内核的开源移动终端设备平台，它支持 Ext2/Ext3/Ext4 文件系统，Android 设备有两个文件存储区域：内部存储和外部存储，即便没有移动存储介质，也始终有两个存储空间。内部存储是手机的内存。为了安全起见，Android 系统中的软件都存放在默认的手机内存里。当用户卸载应用时，系统会从内部存储中移除该应用的所有文件。因为手机内部存储也是系统本身和系统应用程序主要的数据存储所在地，空间十分有限，所以一旦内部存储空间耗尽，手机也就无法使用了。为了解决这个问题，出现了外部存储。用户可以将安装的软件转移到手机扩展 SD 卡作为外部存储。对于无须访问限制以及希望与其他应用共享或允许用户使用计算机访问的文件，都可被存放在 SD 卡中。

习题与实践

1. 简答题

（1）简述文件系统的作用。
（2）简述在常用操作系统 Windows、Linux 中，其文件系统的主要区别。

2. 思考题

（1）为什么 NTFS 文件系统能够成为 Windows 操作系统的主要文件系统？
（2）为什么 Windows 操作系统不能直接运行或使用 Linux 的命令？
（3）为什么当系统发生崩溃时，Mac OS X 比 Windows 更容易恢复？

2.2　文件资源管理器

在计算机中,各种信息都是以文件形式保存在存储设备里的。掌握文件和文件夹的复制、移动、删除、重命名等常规操作是有效管理计算机的基础。

2.2.1　文件资源管理器和库

1. 文件资源管理器

在操作系统 Windows 10 中,文件的管理是通过文件资源管理器来进行的,其作用是管理计算机软、硬件资源,把软件和硬件统一用文件和文件夹的图标表示,对计算机上所有的文件和文件夹进行管理和操作。

(1) 打开文件资源管理器

打开文件资源管理器的几种常用的方法,如图 2-2-1 所示。

① 在"开始"菜单选择 🖾 "文件资源管理器"命令。

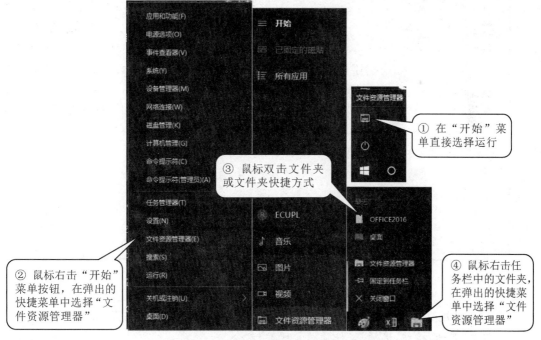

图 2-2-1　打开"文件资源管理器"

本书除特别说明外,所有介绍都以操作系统 Windows 10 为例。

② 鼠标右击"开始"菜单按钮，在弹出的快捷菜单中选择"文件资源管理器"。

③ 在任何位置直接用鼠标双击文件夹或文件夹快捷方式。

④ 鼠标右击任务栏中的文件夹图标 ，在弹出的快捷菜单中选择"文件资源管理器"。

⑤ 按键盘上的"徽标键〈 〉＋〈E〉"或者用鼠标双击桌面上的"此电脑"。

(2) 导航窗格

"文件资源管理器"窗口主要由导航窗格、菜单栏（带状功能区界面）、地址栏、搜索框等几个部分组成，如图 2-2-2 所示。左侧是导航窗格，可以快速访问此电脑、库和网络等，右侧是文件和文件夹目录列表。

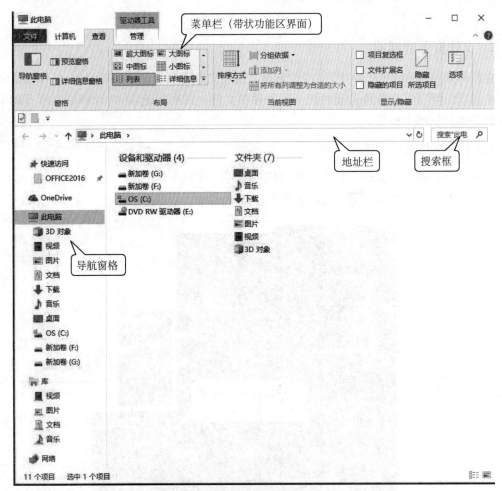

图 2-2-2　"文件资源管理器"窗口

例 2-1　使用文件资源管理器的导航窗格，查看"C:\Windows"文件夹中的内容

① 右击"开始"按钮，选择"文件资源管理器"命令。

② 在"文件资源管理器"左侧的导航窗格中，单击"此电脑"左侧的三角形按钮，可以展开各个驱动器。然后单击"本地磁盘(C:)"左侧的三角形按钮，可以展开C盘中的所有文件夹。找到"Windows"文件夹的图标后单击，在右侧的主窗格中就会显示出该文件夹中的所有内容。

(3) 菜单栏:带状(Ribbon)功能区界面

文件资源管理器的"带状(Ribbon)功能区界面"(如图 2-2-3 所示),将常用的功能以图标的方式分类展现,无论是键鼠用户还是触控屏用户,都可以更加直观方便地对不同类型的文件、文件夹、分区和计算机完成各项操作。

"带状(Ribbon)功能区界面"工具栏中包含"文件"、"主页(计算机)"、"共享"和"查看"等多个分组选项卡,这些分组选项卡的数量和内容会根据用户所选择的不同对象做出相应的变化,每一个分组选项卡中又包含多个分类排列的操作功能图标。

带状工具栏下方有后退、前进、上一级、地址栏以及搜索框,点选前进右边的小三角按钮还可以从下拉菜单中查看并选择最近浏览的位置。

"文件"菜单中包含非常丰富的功能,包括打开新窗口、打开命令提示符、打开 Windows PowerShell、删除历史记录等。

在左侧导航窗格中选择"此电脑",再单击盘符,可以看到"驱动器工具"分类出现,并且"主页"选项卡会变成"计算机",如图 2-2-3 所示。"计算机"选项卡中有属性、打开、重命名、访问媒体、映射网络驱动器、添加一个网络位置、打开设置、卸载或更改程序、系统属性、管理等功能按钮。

图 2-2-3 "计算机"选项卡

如果选择盘分区或者文件夹,则选项卡显示为"主页",其中包含常用的文件操作功能,如复制、粘贴、剪切、复制路径、移动、删除、重命名、新建文件夹、属性、各种选择方式等,可以大大提高文件操作的效率。

当选择某个盘分区、文件夹或者文件时,"共享"选项卡包含常用的文件操作功能,如发送电子邮件、压缩、刻录、打印、传真、共享、安全设置等。选择"查看"选项卡,其中包含常用的查看操作功能,如导航窗格、布局图标尺寸、排序方式等,勾选"项目复选框"、"文件扩展名"、"隐藏的项目"等选项,直接查看文件的扩展名以及隐藏项目。打开"选项"中的"文件夹选项"对话框,选择"查看"选项卡,取消选中"隐藏已知文件类型的扩展名"复选框,选中"显示隐藏的文件、文件夹和驱动器"(如图 2-2-4 所示),也可查看扩展名和隐藏的项目。打开"详细信息窗格",可

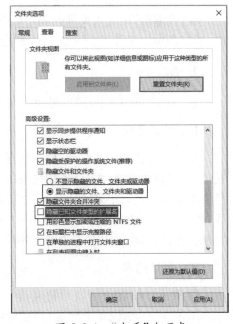

图 2-2-4 "查看"选项卡

以在下方的内容显示窗口中打开右侧的详细信息预览窗格，单击文件可以在不打开文件的情况下，快速查看文件的详细信息。

当选择某个盘分区、文件夹、文件或者库、视频、图片、文档、音乐工具时，文件资源管理器会出现对应的"管理"分组选项卡，如库、视频工具、图片工具等。这些分类工具中包含一些特有的操作，如视频工具中的播放、图片工具中的图片旋转等。

当选择"此电脑"中的某个盘分区，单击"驱动器工具"分类中的"管理"选项卡时，在"管理"选项卡中可以看到对某个盘分区优化、清理、格式化等常用的系统操作选项，如果选择光驱，还可以直接在这里选择播放、弹出、刻录和擦除光盘等功能。

如果选择视频库，则会显示库工具与视频工具，不同的工具分类的"管理"选项卡中会显示不同的功能。

如果选择图片文件，在图片工具的"管理"选项卡可以直接进行旋转、放映幻灯片、设置为背景等操作，直观方便。

例 2-2　设置文件夹的查看形式、排列方式和预览窗格

① 选择本章配套资源为当前文件夹，单击窗口左上角的"查看"，在"查看"选项卡的"布局"工具组中，依次选择"超大图标"、"大图标"、"中图标"、"小图标"、"列表"、"详细信息"、"平铺"和"内容"等查看方式来显示该文件夹的内容，观察文件显示方式的差别。

② 选择"查看"选项卡，在工具栏右侧"显示/隐藏"工具组中，分别勾选三项复选框："项目复选框"、"文件扩展名"和"隐藏的项目"，分别观察文件夹中文件的显示情况。单击最右侧的"选项"按钮，弹出"文件夹选项"对话框，与原来的 Windows 7 系统中的"文件夹选项"相同。

③ 在"查看"选项卡的中间部分，"当前视图"工具组中，分别点选"排序方式"、"分组依据"、"添加列"和"将所有列调整为合适的大小"，查看文件夹中文件显示形式的变化。

(4) 搜索框

在"搜索框"中输入关键词和短语即可搜索需要的文件或文件夹。例如，在输入字母"T"时，所有名称以字母 T 开头的文件都将显示在文件列表框中。

2. 库

在 Windows 10 中，用户可使用库来组织和访问文件，这些文件与存储的位置无关。

(1) 什么是库

库是一个特殊的文件夹，用于管理文档、音乐、图片和其他文件的位置。与文件夹不同的是，库可以收集存储在多个不同位置的文件夹和文件，将它们都汇聚在一起，而无须在多个文件资源管理器窗口中来回切换寻找资源。这些文件夹及其中的文件实际还是保存在原来的位置，并没有被移动到库中，只是在库中登记了它们的信息并进行索引，添加了一个指向目标的"快捷方式"，这样可以在不改动文件存放位置的情况下集中管理，提高工作效率。

(2) 默认的库

在 Windows 的文件资源管理器中，默认的 4 个"库"如下：

① 视频库：组织和排列来自数码相机、摄像机和 Interner 下载的视频文件，默认的情况下

存储在"我的视频"文件夹中。

② 图片库:组织和排列来自数码相机、扫描仪和其他设备获取的文件,默认的情况下存储在"我的图片"文件夹中。

③ 文档库:组织和排列字处理文档、电子表格、演示文稿以及其他与文本有关的各种文件,默认的情况下存储在"用户的文档"文件夹中。

④ 音乐库:组织和排列 CD 歌曲、数字音乐等文件,默认的情况下存储在"我的音乐"文件夹中。

(3) 建立库

建立"库"的方法如下:

① 选择"库"文件夹,单击"新建"选项卡中的"新建项目/库"。

② 输入库的名称(以"JSJ"为例),创建新库。

注:如果导航窗格中没有"库"文件夹,可选择"查看/导航窗格/显示库","库"文件夹就会出现在导航窗格中。

(4) 包含到库中

库可以收集不同文件夹中的内容,可以将不同位置(计算机、硬盘或网络)的文件夹包含到同一个库中,方便用户查看这些文件夹中的内容。具体的操作方法如下:

① 选择某一文件夹(以 Office16 为例),右键单击该文件夹,在弹出的快捷菜单中选择"包含到库中",如图 2-2-5 所示。

② 在"包含到库中"选择"文档"库。

图 2-2-5　选择"包含到库中"

(5) 从库中删除文件夹和删除库

当不需要查看库中的文件夹时,可以将其删除,从库中删除文件夹时不会删除原始位置中的文件夹。执行"管理/管理库"命令,在弹出的需删除库位置对话框,选择需删除的文件夹,单击"删除"按钮。

例2-3　在"库"文件夹中创建一个名为"旅游图片"的新库

① 在文件资源管理器的左侧窗格中右键单击"库"，执行"新建/库"命令，输入库名称"旅游图片"，然后按回车键确认。

② 在桌面上新建"pic1"文件夹，在C盘根目录下新建"pic2"文件夹，将本章配套资源中的"L2-3-1.jpg"图像文件复制到"pic2"文件夹中。

例2-4　将桌面上的"pic1"和C盘根目录下的"pic2"添加到"旅游图片"库中，并设置"pic2"为默认保存位置

① 在导航窗格中单击"旅游图片"库图标，单击右边的"包括一个文件夹"按钮。

② 弹出"将文件夹加入'旅游图片'中"对话框，选中桌面上的"pic1"文件夹，单击"加入文件夹"按钮。

③ 执行"管理/管理库"命令，弹出"旅游图片库位置"对话框，单击"添加"按钮，添加C盘根目录下的"pic2"文件夹，如图2-2-6所示。在更新后的"旅游图片库位置"对话框中，右击"pic2"文件夹图标，在弹出的快捷菜单中选择"设置为默认保存位置"命令，单击"确定"按钮。（"pic2"文件夹成为"旅游图片"库的默认保存文件夹。）

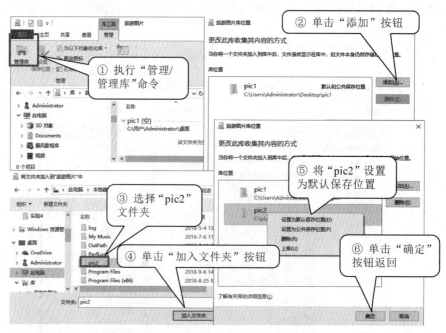

图 2-2-6　将文件夹添加到库中

2.2.2　文件及文件夹的操作

利用文件资源管理器可方便地创建新文件夹，以及对文件或文件夹进行复制、移动、重命名或删除等一系列的管理操作。

1. 文件名和扩展名

计算机中的文档、多媒体和网络文件等资料都是以文件的形式存储在储存器中的。文件是存储信息的基本单位。文件名称是由文件名和扩展名组成的,文件名和扩展名之间用".'分隔。文件主名可以由英文字符、汉字、数字以及符号等组成,文件名最多可以包含 255 个字符(包括盘符和路径),但是文件名中不能含有以下字符:\、/、:、*、?、"、<、>、|。扩展名是标识文件类型的重要方式,跟随不同类型文件自动取名,并由相应的软件打开。扩展名一般是隐藏的,通过以下方法设置可显示扩展名:依次单击带状功能区界面中的"查看/选项",打开"文件夹选项"对话框,选择"查看"选项卡,取消选中的"隐藏已知文件类型的扩展名",单击选中"显示隐藏的文件、文件夹和驱动器",如图 2-2-4 所示。

2. 路径、盘符和通配符

文件或文件夹的位置是由一组连续的文件名、"\"分隔符和文件夹名组成的,叫路径。路径有绝对路径和相对路径的区分。

绝对路径就是从目标文件或文件夹所在根文件夹开始,到其所在文件夹为止的路径上所有的子文件夹。以"\"作为路径的开始符号。例如:ABC. txt 存储在 C 盘的 JSJ 文件夹下,则访问 ABC. txt 文件的绝对路径为"C:\JSJ\ABC. txt"。

相对路径就是从当前文件夹开始,到其所在文件夹为止的路径上所有的子文件夹。例如:当前文件夹是 C:\Windows,则访问 ABC. txt 文件的相对路径为".. \JSJ\ABC. txt"。这里的".."代表上一级文件夹。

盘符是指操作系统分配给驱动器的标识符。一般硬盘驱动器用"C:"、"D:"、"E:"、"F:"等表示。光盘、U 盘、移动硬盘的盘符排在硬盘之后。

通配符有"*"和"?"两种,"*"代表一串字符串,"?"代表一个任意字符。例如:A*. txt 表示以 A 开头的所有 txt 文件,A??. txt 表示以 A 开头的后跟两个任意字符的所有 txt 文件。

3. 创建文件和文件夹

(1) 创建文件

创建文件一般是通过软件操作的,也可以直接在需要创建文件的位置右击空白处,在弹出的快捷菜单中选择"新建"子菜单,选择需要创建的文档类型,如 Microsoft Office Word 文档、文本文档等。

(2) 创建文件夹

例如,当要在 C 盘根目录下创建 JSJ 文件夹时,一般有两种方法。

① 在 C 盘根目录下,右击空白处,在弹出的快捷菜单中选择"新建/文件夹",默认文件夹名为"新建文件夹",将其改名为"JSJ",如图 2-2-7 所示。

② 通过单击"主页/新建文件夹"命令创建文件夹。

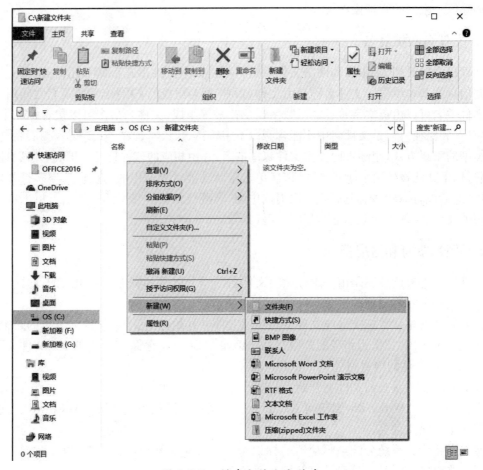

图 2-2-7　创建文件和文件夹

例 2-5　创建文件和文件夹

在 C 盘中建立名为"Text"的文件夹，然后在"Text"文件夹下创建两个子文件夹，分别命名为"Folder1"和"Folder2"，继续在"Text"文件夹下创建一个文本文档，命名为"file. txt"，一个图像文件，命名为"picture. bmp"。

① 打开文件资源管理器，在左侧窗格的"此电脑"中单击"本地磁盘(C:)"，选定 C 盘为当前文件夹。在右侧窗格空白处右击，在弹出的快捷菜单中执行"新建/文件夹"命令，新建一个文件夹，设置名称为"Text"。

② 双击"Text"文件夹，可打开此文件夹。在空白处右击可弹出快捷菜单，执行快捷菜单中的"新建/文件夹"命令，分别新建两个文件夹，将其命名为"Folder1"和"Folder2"。然后在空白处重新单击右键，在弹出的快捷菜单中执行"新建/文本文档"命令，建立新的文本文档，并重命名为"file. txt"；在空白处右击，弹出快捷菜单，执行"新建/BMP 图像"命令，建立图像文件，并重新命名为"picture. bmp"。

4. 选定文件或文件夹

在对文件或文件夹操作之前，首先要选定文件或文件夹，一次可选定一个或多个文件或文

件夹,并呈高亮度显示,选定的方法如下:

① 单击选定:单击要选定的文件和文件夹。

② 拖动选定:在文件夹窗口中按住鼠标左键拖动,将出现一个虚线框,框住要选定的文件和文件夹,然后释放鼠标左键。

③ 多个连续文件或文件夹:单击要选定的第一个文件或文件夹,按住〈Shift〉键不放,然后单击最后一个文件或文件夹,释放〈Shift〉键。

④ 多个不连续文件或文件夹:单击要选定的第一个文件或文件夹,按住〈Ctrl〉键不放,然后单击需要选定的文件或文件夹,最后释放〈Ctrl〉键。

⑤ 选定所有文件或文件夹:执行"主页/全部选择"命令,或者按"〈Ctrl〉+〈A〉"快捷键。

5. 文件或文件夹的复制、移动、重命名

(1) 文件或文件夹的复制、移动

在同一个磁盘中:按住〈Ctrl〉键的同时,拖曳选中的文件或文件夹到预定的位置,完成复制操作;直接拖曳选中的文件或文件夹到预定的位置,完成移动操作。

在不同的磁盘中:按住〈Ctrl〉键的同时,拖曳选中的文件或文件夹到预定的位置,完成复制操作;按住〈Shift〉键的同时,拖曳选中的文件或文件夹,完成移动操作。

对于文件或文件夹的复制和移动,除了可使用鼠标操作外,还可以使用菜单和快捷组合键(剪切"〈Ctrl〉+〈X〉"、复制"〈Ctrl〉+〈C〉"和粘贴"〈Ctrl〉+〈V〉")。若要移动文件或文件夹可以先使用剪切"〈Ctrl〉+〈X〉"命令,再到目标文件夹使用粘贴"〈Ctrl〉+〈V〉"命令。若要复制文件或文件夹可以先使用复制"〈Ctrl〉+〈C〉"命令,再到目标文件夹使用粘贴"〈Ctrl〉+〈V〉"命令。

例 2-6 将文件"file.txt"和"picture.bmp"复制到"Folder1"文件夹中

① 在文件资源管理器的左侧窗格中单击文件夹"Text",使其在右侧窗格呈可见状态。

② 选中文件"file.txt",用"〈Ctrl〉+拖曳"的方式将其复制到右侧窗格目标文件夹中。

③ 在右侧窗格中,单击选中"picture.bmp"文件,并按"〈Ctrl〉+〈C〉"快捷组合键进行复制。

④ 打开"Folder1"文件夹,按"〈Ctrl〉+〈V〉"快捷组合键进行粘贴操作。

(2) 文件或文件夹的重命名

鼠标右击选中文件或文件夹,在快捷菜单中选择"重命名",在光标处键入新名称。

例 2-7 将"C:\Text"中的"Folder2"文件夹更名为"Newfolder",将"C:\Text"中的"file.txt"文本文档更名为"test.ini"

① 在右窗格缓慢两次单击文件夹名"Folder2",中间稍微停顿一段时间(或右击"Folder2"文件夹后选择"重命名"命令),进入文件名编辑状态,键入"Newfolder",按回车键确认。

② 在"文件夹选项"的"查看"选项卡中,取消"隐藏已知文件类型的扩展名",将文件类型的扩展名称显示出来。

③ 打开"C:\Text"文件夹,右键单击"file.txt"文件,在弹出的快捷菜单中选择"重命名"

命令，输入"test. ini"，按回车键完成①。

6. 文件或文件夹的删除及恢复

在 Windows 中执行"删除"命令时，硬盘中被删除的文件或文件夹并没有被真正删除，而是被放入了"回收站"文件夹中，以便必要时可以恢复。

(1) 文件或文件夹的删除

选中准备删除的文件或文件夹，单击键盘上的〈Delete〉键；或者鼠标右击操作对象，在快捷菜单中选"删除"命令；或者将操作对象直接拖曳到桌面上的"回收站"中；或者在"文件"菜单下选择"删除"命令。注意当按住〈Shift〉键进行删除操作时，被删除的文件或文件夹将被永久删除而不能再恢复。

(2) 被临时删除的文件或文件夹的恢复

被临时删除的文件或文件夹进了"回收站"，在"回收站"选中需要恢复的文件，在工具栏点击"还原此项目"，或者将该文件直接拖曳到左窗格的目标文件夹中即可恢复文件或文件夹。

例 2-8　按要求完成下述操作

① 将"C：\Text"文件夹中的文件"picture. bmp"删除到"回收站"。删除"C：\Text\Folder2"文件夹。

打开"C：\Text"，单击选中"picture. bmp"文件，按〈Del〉键删除，或右键单击该文件，在弹出的快捷菜单中选择"删除"命令将文件删除到回收站。删除"C：\Text\Folder2"文件夹的方法与其类似。

② 从"回收站"中将文件夹"C：\Text\Folder2"恢复到原来的位置。

双击桌面上的"回收站"图标打开"回收站"窗口，右键单击"Folder2"文件夹，在弹出的快捷菜单中单击"还原"命令，即可恢复被删除的"C：\Text\Folder2"文件夹。

③ 永久性删除"C：\Text\Folder2"文件夹。

选中"C：\Text\Folder2"文件夹，按"〈Shift〉＋〈Del〉"组合键，在弹出的对话框中单击"是"按钮，彻底删除该文件夹。

7. 快捷方式

快捷方式是 Windows 提供的一种能快速启动程序、打开文件或文件夹所代表的项目的快速链接，一般扩展名为"＊. lnk"。它是某个项目链接的图标，而不是项目本身。双击快捷方式可以打开该项目。文件图标没有箭头，而快捷方式图标的左下角有箭头标识。常用的创建快捷方式的方法有：

① 找到要创建快捷方式的项目（如某个应用程序），右击该项目，从弹出的快捷菜单中选择"复制"命令；打开快捷方式需要存放的位置（如桌面或某个文件夹中），右击空白处，从弹出的快捷菜单中选择"粘贴快捷方式"。

---

① 直接修改文件扩展名的方法须慎用，这可能会引起文件不可用。

② 在文件资源管理器中,选中某项目并按住鼠标右键不放,将其直接拖拽到快捷方式需要存放的位置,选择"在当前位置创建快捷方式"。

③ 在文件资源管理器中,打开快捷方式需要存放的位置,右击空白处,从弹出的快捷菜单中执行"新建/快捷方式"命令,根据向导,依次选择相关内容。

例 2-9   在桌面上创建"mspaint.exe"的桌面快捷方式,并将其改名为"画笔"

① 右击桌面空白处,在弹出的快捷菜单中选择"新建/快捷方式"命令,单击"浏览",选择"C:\Windows\System32\mspaint.exe"文件,单击"下一步"按钮。

② 输入快捷方式的名称"画笔",单击"完成"。

8. 剪贴板

剪贴板是 Windows 系统在内存区开辟的临时数据存储区。这个存储区用于存放通过"复制"(〈Ctrl〉+〈C〉)或"剪切"(〈Ctrl〉+〈X〉)操作录入的文本、图像、图形、声音,以及活动窗口甚至整个桌面界面数据。在 Windows 系统中,用户在任何时刻都可以通过多种方式向剪贴板送入信息,许多应用程序都可以从剪贴板中采用"粘贴"(〈Ctrl〉+〈V〉)操作取用当前存放在剪贴板中的信息。在单一应用程序运行过程中,可通过剪贴板完成信息的复制、移动和删除;在多应用程序运行时,则可以通过剪贴板达到在应用程序之间传递信息的目的。所以,剪贴板是在应用程序或文档间传递信息的中间存储区。

按"〈Alt〉+〈Print Screen〉"键可以将当前活动窗口的界面录入剪贴板;按〈Print Screen〉键可以把整个桌面画面送入剪贴板中。

例 2-10   将"计算器"主窗口保存为"C:\Text\cal.jpg"

① 打开"计算器"主窗口,按"〈Alt〉+〈Print Screen〉"键,将当前窗口复制到剪贴板。

② 在任务栏搜索框中键入"画图",单击回车键,打开"画图"应用程序。选择"粘贴"命令(或组合键"〈Ctrl〉+〈V〉"),将剪贴板内的图像粘贴到画图工作区,并将该图像文件保存为"C:\Text\cal.jpg"。

*9. 其他操作系统中的相关操作

这里以 Linux 系统的 Ubuntu18.04 版本为例进行介绍。该版本的 Linux 系统对文件管理的可视化界面已经做得相对友好了,用户可以利用鼠标的左键和右键快捷菜单进行选择。如图 2-2-8 所示,单击"文件"按钮,选择"文档",在右侧打开的文档选项卡界面中单击右键,选择快捷菜单中的"新建文件夹"命令,创建了新的文件夹"text1"。

下面主要介绍使用命令行创建文件夹和文件的操作方法。

(1) 创建文件夹和文件

在"文档"目录下创建"JSJ"文件夹,然后在"JSJ"文件夹下创建"Folder1"子文件夹,继续在"JSJ"文件夹下创建一个文本文档,命名为"file.txt"。分别输入命令:mkdir JSJ;mkdir JSJ/Folder1;touch JSJ/file.txt,按回车键建立"Folder1"子文件夹和"file.txt"的文本文档,如图 2-2-9所示。ls命令可用于查看当前目录下的文件夹和文件。白色的是文件,蓝色的是文件夹。

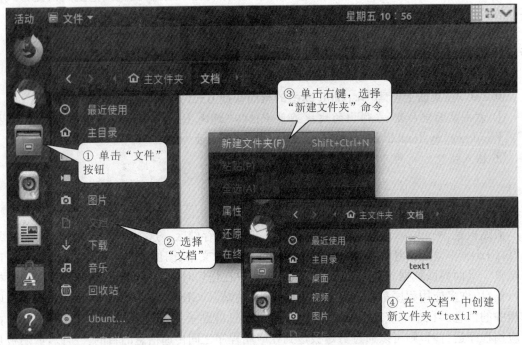

图 2-2-8　运用可视化窗口创建文件夹

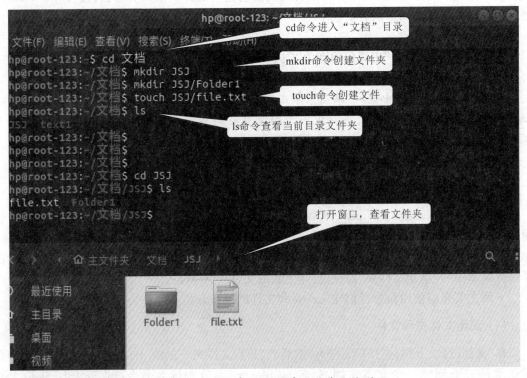

图 2-2-9　使用命令行创建文件夹和文件

（2）文件或文件夹的复制、移动

将"文档\JSJ"中的"file. txt"文本文档复制到"Folder1"文件夹中；将"Folder1"文件夹更名为"Newfolder"，将"文档\JSJ"中的"file. txt"文本文档更名为"test. ini"。分别输入命令：cp JSJ/file. txt JSJ/Folder1；mv JSJ/Folder1 JSJ/Newfolder；mv JSJ/file. txt JSJ/test. ini，按回车键分别复制"file. txt"文本文档，将文件夹改名为"Newfolder"、文件改名为"test. ini"，如图2-2-10 所示。

```
                          hp@root-123: ~/文档/JSJ
 文件(F)  编辑(E)  查看(V)  搜索(S)  终端(T)  帮助(H)
hp@root-123:~$ cd 文档
hp@root-123:~/文档$ cp JSJ/file.txt JSJ/Folder1
hp@root-123:~/文档$ mv JSJ/Folder1 JSJ/Newfolder
hp@root-123:~/文档$ mv JSJ/file.txt JSJ/test.ini
hp@root-123:~/文档$ ls
JSJ  text1
hp@root-123:~/文档$ cd JSJ
hp@root-123:~/文档/JSJ$ ls
Newfolder  test.ini
hp@root-123:~/文档/JSJ$ █
```

图 2-2-10　使用命令行复制、移动文件或文件夹

（3）删除文件或文件夹

先删除"C:\JSJ\Newfolder"中的"file. txt"文本文档，再删除"Newfolder"文件夹，分别输入命令：rm JSJ/Newfolder/file. txt；rmdir JSJ/Newfolder，按回车键删除"file. txt"文本文档和"Newfolder"文件夹，如图 2-2-11 所示。

```
                          hp@root-123: ~/文档/JSJ
 文件(F)  编辑(E)  查看(V)  搜索(S)  终端(T)  帮助(H)
hp@root-123:~$ cd 文档
hp@root-123:~/文档$ rm JSJ/Newfolder/file.txt
hp@root-123:~/文档$ rmdir JSJ/Newfolder
hp@root-123:~/文档$ cd JSJ
hp@root-123:~/文档/JSJ$ ls
test.ini
hp@root-123:~/文档/JSJ$ █
```

图 2-2-11　使用命令行删除文件或文件夹

Linux 常用的命令有：①cd，改变路径；②ls，列出当前目录下的文件；③cp，复制文件；④rm，删除文件；⑤mv，移动、重命名文件或文件夹。

2.2.3　搜索功能

磁盘上放有大量的文件和文件夹，当记不清某个/类文件的名称或存放位置时，Windows提供了在计算机上查找项目对象的便捷途径。

1. 搜索框

在全新安装的 Window 10 系统的任务栏左边，有一个 Cortana（小娜）搜索框，如图 2-2-12 所示。如果没有该搜索框，可以右击任务栏，选择"Cortana/显示搜索框"命令调出 Cortana 搜索框。该搜索框的搜索内容包括应用、文档、视频、图片、音乐、设置等文件。搜索框不要求用户提供确切的搜索范围，它将遍览安装的程序、控制面板以及与当前用户相关的硬盘和库中的文件夹。一旦在搜索框键入搜索项内容，即使只有一个字母，搜索结果也会立即显示在搜索框上方的"开始"菜单左窗格中。随着搜索项内容的增加，搜索结果的数量越来越少，越来越精确。被搜索对象的标题、内容和属性中的任何文字只要有与搜索项匹配的均将作为搜索结果显示。在结果列表中，结果项被按"应用"、"文档"、"视频"、"图片"、"音乐"、"设置"、"搜索网页"等类型显示，单击任一结果即可将其打开。另外，在"搜索网页"中还能打开 Web 浏览器，搜索互联网中的信息。

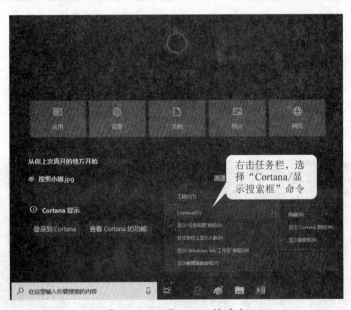

图 2-2-12　Cortana 搜索框

2. 搜索工具栏

Windows 10 已经将搜索工具条集成到工具栏中，这样不仅可以随时查找文件，还可以对任意文件夹进行搜索。

例 2-11　在 C 盘上寻找扩展名为"＊.txt"的文件，并保存搜索条件文件

① 访问文件所在的 C 盘目录。

② 在文件夹窗口中的搜索框输入搜索条件,如图 2-2-13 所示。当输入关键字"＊.txt"时,系统开始反复筛选搜索,直到搜索出需要的内容。

③ 搜索结束,满足条件的搜索结果显示在右窗格中。搜索到的文件、文件夹与普通文件夹窗口一样,可以进行打开、执行、复制、移动、删除、重命名等操作;也可以选定搜索到的文件,在其快捷菜单中选择"打开文件位置",转到该文件所在的文件夹。

④ 选择"保存搜索",在"另存为"对话框中输入文件名"LX",保存位置为"C:\JSJLX"。保存后双击该文件,即可显示搜索结果。如果还要在搜索结果中进一步搜索,可在搜索框设置搜索条件。

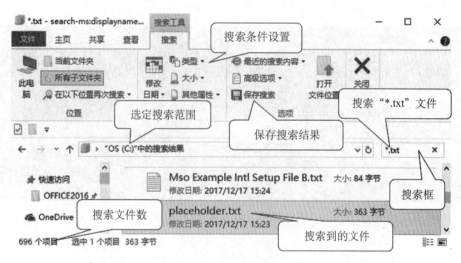

图 2-2-13　搜索结果显示

例 2-12　查找"C:\Windows\System32"文件夹中名为"mspaint.exe"的系统应用程序,并将其复制到"C:\Text"文件夹下

① 在文件资源管理器的左侧窗格中选中"C:\Windows\System32"文件夹,或在地址栏中输入"C:\Windows\System32"后单击回车键。在显示窗口右上角的搜索框中,输入关键词"mspaint.exe"。当关键字开始输入的时候,搜索就已经开始,随着输入字符的逐渐增多,搜索的结果会反复筛选和变化,直到搜索到满足条件的结果。搜索结果显示在右侧窗格中,如图 2-2-14 所示。

② 右击"mspaint.

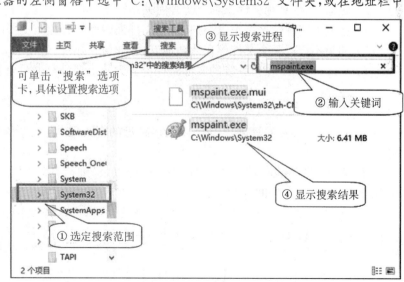

图 2-2-14　搜索结果

exe"文件图标,在弹出的快捷菜单中选择"复制"命令,再打开"C:\Text"文件夹,右击空白处,在弹出的快捷菜单中选择"粘贴"命令。

*3. 其他操作系统中的相关操作

这里以 Linux 系统的 Ubuntu18.04 版本为例进行介绍。搜索"文档\text1"文件夹中名为"file. ini"的文件,并将其复制到"文档\JSJ"文件夹下。分别输入命令:find text1/file. ini;cp text1/file. ini JSJ,按回车键找到"file. ini"文件,并复制到"文档\JSJ"文件夹下,如图 2-2-15 所示。

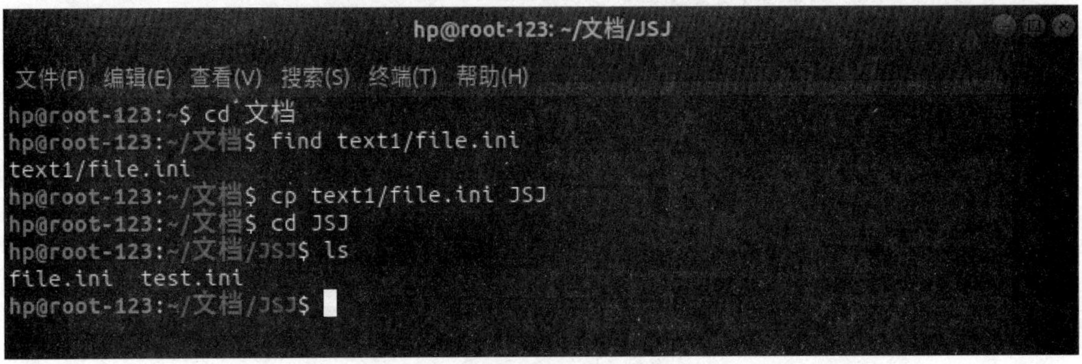

图 2-2-15　搜索文件并复制

习题与实践

1. 思考题

（1）磁盘、文件夹和文件三者之间有何关系?
（2）在文件资源管理器中,针对文件与文件夹的操作有什么主要的区别?
（3）如果不记得某个文件存在什么地方,该如何查找?
（4）Windows 10 操作系统的文件路径可分为几个部分? 书写上有什么特点?

2. 实践题

（1）打开"文件资源管理器"窗口,观察磁盘的树形结构,在左侧窗格中练习展开和折叠操作。
（2）将"C:\Windows"文件夹窗口中的图标以"详细信息"方式显示,按"大小"排列图标,并添加"作者"、"标记"和"标题"列。
（3）在 C 盘建立一个名为"KS\SY"的二级文件夹,并执行以下操作:
① 在"C:\Windows"文件夹中搜寻任意两个文本类型的文件,并将它们都复制到"KS"文件夹中。
② 将"KS"文件夹中的一个文件移到其子文件夹"SY"中。
③ 在"KS"文件夹中再建立名为"Shanghai. txt"的文本文档,其内容为文字"上海欢

迎您！"。

④ 将"KS"文件夹删除至回收站，然后再将其恢复。

（4）将"配套资源\第 2 章\SY2-4-1. rtf"以新文件名"word. doc"转存到"C:\KS\SY"中，并将其文件属性改为只读、存档。

（5）在 C 盘的根目录下建立一个名为"picture1"的 BMP 图像文件，然后将它彻底删除。

（6）在"C:\Windows\System32"文件夹中查找"notepad. exe"文件，为该应用程序在桌面及"C:\KS"中创建名为"记事本"的快捷方式。

（7）搜索"C:\Windows\System32"文件夹中所有名称以"fin"开始、文件大小在 10K 到 100K 之间，且扩展名为"exe"的文件，将它们复制到"C:\KS\SY"文件夹中。

（8）将当前活动窗口和整个屏幕分别保存成两个图像文件，以"picture1. jpg"和"picture2. jpg"为文件名保存到文件夹"C:\KS"中。

（9）试用个人数字助理 Cortana 查找相关资料。

2.3　应用程序管理

　　用户在 Windows 操作系统下安装和卸载一些应用软件时，必须做好软件安装前的准备工作，同时还要了解安装过程中的注意事项。

2.3.1　安装前的准备

　　在安装软件前，需要了解应用软件的运行环境、硬件需求。右击"此电脑"，在快捷菜单中选择"属性"选项，查看有关计算机的系统配置情况，如图 2-3-1 所示。

图 2-3-1　计算机的系统配置情况

2.3.2　应用程序的安装

1. Windows 操作系统中的应用程序安装

　　Windows 操作系统的应用安装程序通常是文件名为"setup. exe"的安装文件。安装应用程序时，建议主动提升权限以进行操作。默认情况下，可以右击安装文件，在弹出的快捷菜单中选择"以管理员身份运行"。安装的具体步骤为：

　　① 双击安装文件"setup. exe"，启动安装向导，一般需要输入产品密钥（序列号）。

　　② 在"软件许可证条款"中，选中"我接受此协议的条款"复选框。

　　③ 选择自定义安装或默认安装，若选择自定义安装，则需选择安装内容、文件位置并填写

用户信息。

④ 单击"立即安装"按钮后,安装系统实时跟踪显示安装的进程。

⑤ 安装完毕后,单击提示对话框的"关闭"按钮,即可完成安装。

例 2-13　安装社交软件微信

双击微信的安装文件"WeChatSetup.exe",打开安装窗口,单击窗口下侧的"更多选项"按钮,在展开的窗口中单击"浏览",可以设置安装的路径,最后单击"安装微信"按钮开始安装,安装结束后可单击"开始使用",如图 2-3-2 所示。可以用类似的方法安装 WinRAR 等其他常用软件。

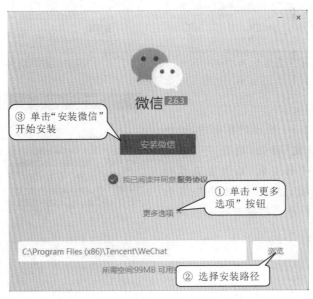

图 2-3-2　微信安装

* 2. 其他操作系统中的相关操作

以 Linux 系统中的 Ubuntu 18.04 为例,软件的安装有多种方式,其中最主要的有两种,一种是命令行安装,一种是由系统的"Ubuntu 软件"进行安装。

例 2-14　在 Ubuntu 18.04 中安装搜狗输入法

方法一:在浏览器中输入安装包的下载地址:http://pinyin.sogou.com/linux/,在打开的网页中选择对应的系统版本(这里选择 64bit),单击"立即下载"后,弹出文件打开对话框,如图 2-3-3、图 2-3-4 所示。选择"打开,通过"选项,单击"确定"按钮,进入软件安装界面,如

图 2-3-3　安装包下载

图 2-3-5 所示，单击"安装"按钮，开始安装软件。

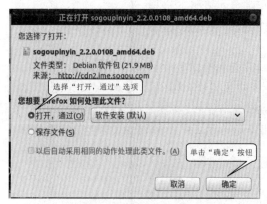

图 2-3-4　文件打开

图 2-3-5　软件安装界面

方法二：在如图 2-3-6 所示的界面中，选择"保存文件"，单击"确定"按钮，打开"下载"文件夹，双击文件即可开始安装（后续安装步骤同上）。也可点击右键，选择"用软件安装打开"选项（如图 2-3-7 所示），即可开始安装软件（后续安装步骤同上）。

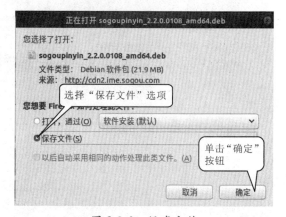

图 2-3-6　保存文件

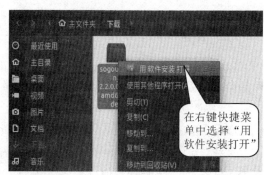

图 2-3-7　软件安装

方法三：命令行安装。将下载的安装包拷贝到桌面上，在"终端"输入命令行"cd 桌面"，进入桌面文件路径。输入命令行"sudo gdebi sogoupinyin_2.2.0.0108_amd64.deb"后按回车键，提示输入密码，密码输入完毕后按回车键，系统开始准备安装软件。随后提示"您是否想安装这个软件包"，如果想继续安装，则选择"y"，系统开始正式安装软件直至安装完毕，如图 2-3-8 和图 2-3-9 所示。

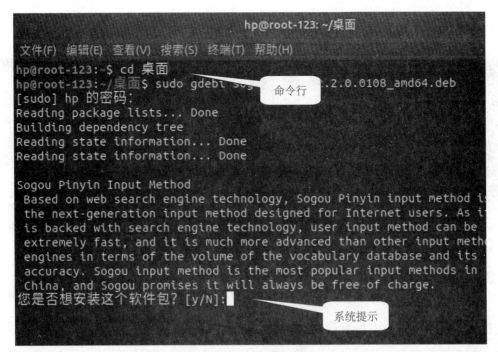

图 2-3-8 命令行安装软件

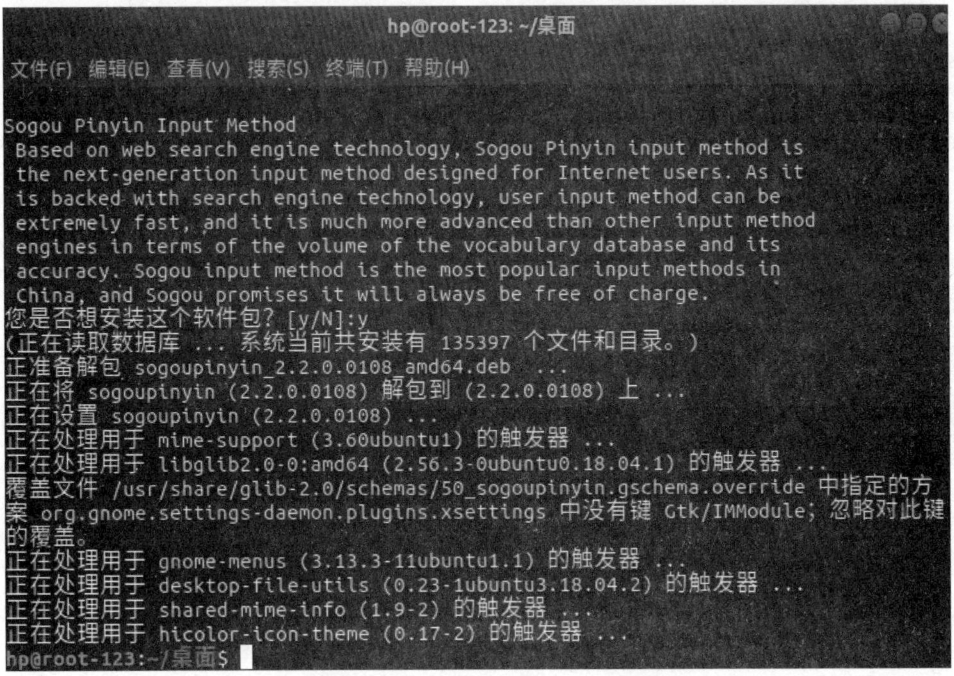

图 2-3-9 命令行安装软件成功

例 2-15 在 Ubuntu18.04 中安装微信

单击系统的"Ubuntu 软件"功能,在弹出界面的搜索框中输入"wechat",下方出现系统的自带软件,点击软件名称进入软件安装界面,点击"安装"按钮即可开始微信的安装,如图

2-3-10 所示。

图 2-3-10　使用"Ubuntu 软件"功能安装微信

2.3.3　应用程序的管理

打开"开始"菜单中的"所有应用"，可以看到系统中当前安装的应用程序。另外，如果需要查看或管理当前 Windows 10 中安装的应用程序，可右击"此电脑"，在快捷菜单中选择"属性"界面，单击左上角的"控制面板主页"，打开"控制面板"窗口，如图 2-3-11 所示。

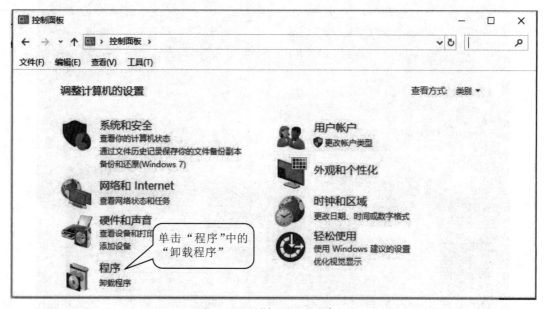

图 2-3-11　"控制面板"窗口

1. 应用程序的查看

在"控制面板"窗口点击"程序"中的"卸载程序"，可打开程序与功能界面，它与文件资源管理器类似，除了以默认列表方式查看外，还能以大图标方式显示应用程序。应用程序根据不同"发布者"、"版本"和"安装时间"等条件排序，提高了浏览效率。

2. 应用程序的更新或修复

在列表中选中应用程序后，根据安装程序的不同，可以在工具栏中看到"卸载"和"更改"按钮。如果应用程序出现问题或需要对已经安装的组件进行添加或删除，那么可以通过"更改"或"卸载"按钮来进行操作。

3. 应用程序的卸载

如果需要卸载一款不需要的应用程序，在列表选中程序后单击工具栏中的"卸载"按钮即可。双击需要卸载的应用程序条目或在其上单击鼠标右键，在菜单中选择"卸载"也可以启动卸载程序。

应用程序在安装时，往往会安装文件名为"Uninstall.exe"的卸载程序，并在"开始"菜单中设置了能启动该命令的命令项（快捷方式）。只要在"开始"菜单各级子菜单定位单击该卸载命令项，即可运行卸载程序，完成相应程序的卸载。

例 2-16　通过控制面板卸载微信程序

① 打开"控制面板"窗口，以"类别"方式查看，单击"程序"中的"卸载程序"按钮，打开"程序和功能"窗口。

② 在"卸载或更改程序"列表框中选择"微信"程序，单击列表上方的"卸载/更改"按钮，在弹出的"确定卸载微信"对话框中单击"卸载"按钮，同时可选择"是否保留本地的设置数据"选项，系统自动开始卸载微信程序。

③ 返回"程序和功能"窗口，程序列表里的"微信"程序已经消失，说明该软件已经卸载。

* 例 2-17　在 Ubuntu18.04 中卸载微信程序

在桌面单击"Ubuntu 软件"，选择"已安装"选项卡，可以浏览和管理已经安装的软件。找到微信程序，单击"移除"按钮，弹出对话框，再次单击"移除"按钮后开始删除软件，如图 2-3-12 所示。

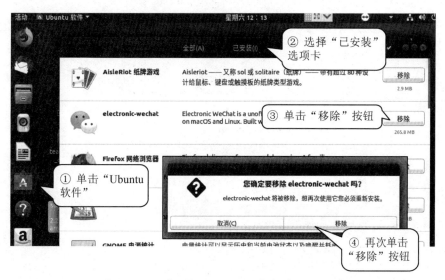

图 2-3-12　在 Ubuntu18.04 中卸载微信程序

习题与实践

1. 思考题

（1）常用的卸载软件的方法有哪几种？尝试使用 360 软件管理工具。

（2）通常可以用哪些方法来运行不兼容的软件？在安装软件时有哪些需要注意的地方？

2. 实践题

（1）安装 WinRAR 简体中文版软件，并学习 WinRAR 软件的使用方法。

（2）将本章的配套资源以"我的压缩文件"为文件名，压缩至文件夹"C:\KS"中，并设置其压缩密码为"password"。

（3）卸载 WinRAR 软件。

2.4 系统设置

2.4.1 环境设置

启动 Windows 10 后,系统将整个显示器屏幕作为工作桌面(简称桌面),在桌面上排放着许多操作对象,主要包括桌面背景、桌面图标、开始按钮、任务栏和通知区域五项内容。根据需要,还可以加入虚拟桌面的多桌面功能。

1. 桌面背景

Windows 10 所指的桌面背景,广义的包含桌面主题(桌面风格)和背景图片,狭义的仅指桌面背景图片(也称桌布或墙纸)。

(1) 桌面主题

桌面上可见元素的显示风格、窗口颜色、事件声音和屏幕保护方式统称为桌面主题。在桌面空白处单击鼠标右键,打开快捷菜单选择"个性化"命令项。如图 2-4-1 所示,"个性化"设置包含"背景、颜色、锁屏界面、主题、字体、开始、任务栏"窗口。在"主题"窗口中,系统分组提供不同风格的主题,单击选择某主题,系统会自动为桌面配置与该主题相关的一整套背景、颜色、声音、鼠标光标。

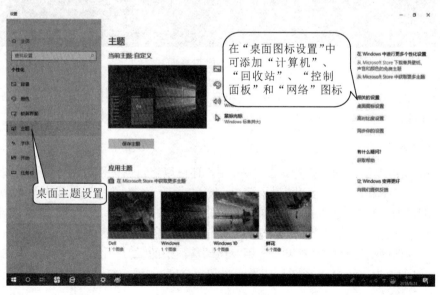

图 2-4-1 "个性化"设置

例 2-18 为系统设置新的主题,选用"Windows 默认主题"中的"鲜花"主题
① 右击桌面空白处,从快捷菜单中选择"个性化"命令项,打开"设置"窗口。

② 在"设置"窗口中，点击"主题"，选择"Windows 默认主题"中的"鲜花"，设置计算机的桌面主题效果。

(2) 虚拟桌面

虚拟桌面如同 Mac OS X 与 Linux 中建立多个桌面的功能，即在各个桌面上运行不同的程序且互不干扰。按下"〈图〉＋〈Ctrl〉＋〈D〉"键增加桌面，按下"〈图〉＋〈Ctrl〉＋左/右箭头"切换桌面，按下"〈图〉＋〈Tab〉"键查看当前所选择的桌面及正在运行的程序。桌面可以切换或删除，也可以把桌面 1 中的窗口移到桌面 2，如图 2-4-2 所示。

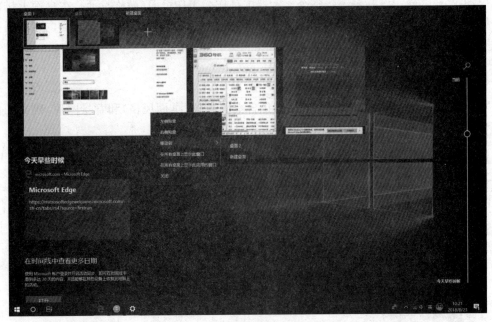

图 2-4-2　虚拟桌面

有时用户需要在屏幕上并排显示多个窗口，以便同时操作其中的内容。在 Windows 10 中，使用虚拟桌面功能可以让用户高效利用屏幕，极大地提高工作效率。

(3) 背景图片

除 Windows 10 默认的 5 张背景图片外，用户还可以将自己的图片用作桌面背景。

① 更换背景图片。在"个性化"设置窗口，选用"背景/选择图片"，即可从 Windows 10 默认的背景图片中选择要更换的图片。如要更换别的背景图片，可单击"浏览"按钮，选择存放图片的位置，然后再选择契合度，如填充、适应、拉伸、平铺、居中或跨区。

② 桌面背景的幻灯片放映效果。选用"背景"选项中的"幻灯片放映"功能，单击"浏览"按钮，选择存放图片的位置，并选择图片切换频率和契合度，实现幻灯片放映的效果。

(4) 屏幕保护

如果在使用计算机的过程中临时有一段时间需要做一些其他的事情，从而中断了对计算机的操作，这时就可以启动屏幕保护程序，将屏幕上正在进行的工作状况画面隐藏起来。

例 2-19　设置屏幕保护程序为华文楷体、中号、中速、"摇摆式"旋转类型的 3D 文字 "Windows 10"，设置屏幕保护等待时间为 10 分钟

① 如图 2-4-3 所示，在"个性化"设置窗口左侧单击"锁屏界面"命令，窗口右侧出现"锁屏界面"的相关设置，单击"屏幕保护程序设置"，弹出"屏幕保护程序设置"对话框，在该对话框中选择屏幕保护程序为"3D 文字"、等待为"10 分钟"。

② 单击"设置"按钮，在打开的"3D 文字设置"对话框中（如图 2-4-4 所示），按要求设置自定义文字、字体、大小、旋转类型和速度，设置结束后单击"确定"按钮返回。

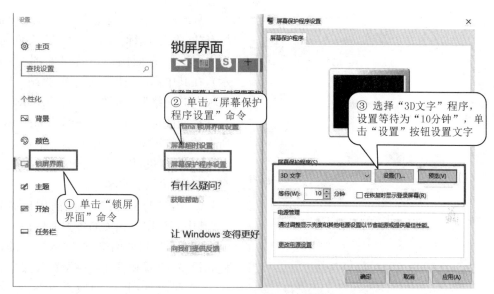

图 2-4-3　"屏幕保护程序"设置（1）

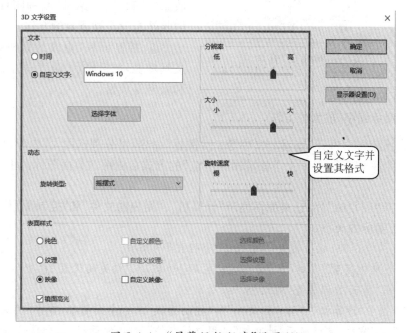

图 2-4-4　"屏幕保护程序"设置（2）

2. 桌面图标

桌面图标实质上是指向应用程序、文件或文件夹的快捷方式，双击图标可以快速启动对应的程序、文件或文件夹。按类型大致可分为 Windows 桌面通用图标（Windows 系统设置）、快捷方式图标（指向应用程序、文件或文件夹的快捷方式，由应用程序安装时生成或用户建立）两种。

（1）桌面通用图标的显示和隐藏

图 2-4-5 "桌面图标设置"窗口

Windows 10 安装完成后，默认的桌面图标有"回收站"图标。用户可以在"个性化"窗口中，选择"桌面图标设置"（如图 2-4-1 所示），在其中添加"计算机"、"回收站"、"控制面板"和"网络"图标，如图 2-4-5 所示。

桌面图标设置里的图标为 Windows 10 所有的系统图标，其作用分别为：

① 计算机：指向资源管理器，可进行磁盘、文件夹和文件的管理。

② 用户的文件：指向当前用户命名的库，其中有该用户相关的各类文件夹。

③ 网络：指向网络，访问网络上的计算机和设备，查看和管理网络设置及共享等。

④ 回收站：指向回收站文件夹，管理（还原或清除）被逻辑删除的文件。分为"回收站空"和"回收站满"两种图标，分别显示回收站有没有被删除的文件。

⑤ 控制面板：更改计算机设置并自定义其功能，包括显示、语言、软件、硬件、账户和服务等项目。

（2）桌面图标缩小/放大的方法

在桌面快捷菜单中选择"查看/大（中等、小）图标"命令，可分别选用大、中等、小桌面图标。也可以在桌面上采用"〈Ctrl〉+上下滚动鼠标滚轮"的方式自由缩放桌面图标大小。

例 2-20　除"回收站"外，让桌面再显示"计算机"、"用户的文件"和"控制面板"三个桌面图标，并设置桌面图标的大小

① 右击桌面空白处，从快捷菜单中选择"个性化"命令项。

② 打开"个性化设置"窗口，在左侧单击"主题"命令，在"相关的设置"栏中单击"桌面图标设置"命令，弹出"桌面图标设置"对话框。

③ 按要求选中"计算机"、"用户的文件"和"控制面板"三个桌面图标，单击"确定"按钮确认，返回"个性化设置"窗口，完成显示"计算机"、"用户的文件"和"控制面板"三个桌面图标的操作。

④ 右击桌面空白处,从快捷菜单中选择"查看/大(中等、小)图标"命令,即可分别设置大、中等、小桌面图标。

(3) 排列桌面图标

随着计算机的不断使用,桌面快捷方式图标愈来愈多。这些图标杂乱无章地排列在桌面上,既影响美观,也不利选择。用户可以直接拖动图标到需要的位置,也可以按照名称、大小、类型和修改日期自动重新排列图标,使得桌面整洁美观,具体操作如下:

① 在桌面空白处右击,弹出快捷菜单,选择"排序方式"命令。

② 在下级菜单选用具体方式:名称、大小、项目类型和修改日期。

3. "开始"菜单

"开始"菜单是操作计算机程序、文件夹和系统设置的主要入口,它包含了 Windows 的大部分功能,可以执行:启动程序、搜索文件、调整计算机设置、获取帮助信息、注销和关闭计算机等操作。按下〈 ⊞ 〉键或单击"开始"按钮,打开"开始"菜单,如图 2-4-6 所示。左窗格显示"开始"菜单,当单击"所有应用"时则显示已安装的所有程序列表,界面切换至 Windows 7 样式,应用程序按照英语字母顺序排列;右窗格是磁贴。

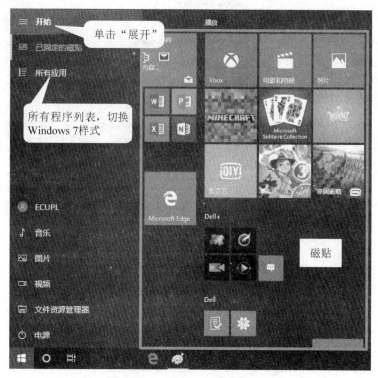

图 2-4-6　"开始"菜单

(1) 设置"开始"菜单

打开"个性化"设置窗口,选择"开始"命令,可以个性化定制"开始"菜单。

大学信息技术（第三版）

例 2-21　将系统的"开始"菜单设置成 Windows 7 模式和 Windows 8 模式，并将"音乐"和"图片"文件夹显示在"开始"菜单上

① 右击桌面空白处，从快捷菜单中选择"个性化"命令项。

② 打开"个性化"设置窗口（如图 2-4-7 所示），在左侧单击"开始"命令，在"开始"菜单的设置栏中将所有项设置为"关"，单击下方红色文字"选择哪些文件显示在'开始'菜单上"，切换至如图 2-4-8 所示的窗口。

③ 将"音乐"和"图片"项设置为"开"，关闭"设置"窗口。

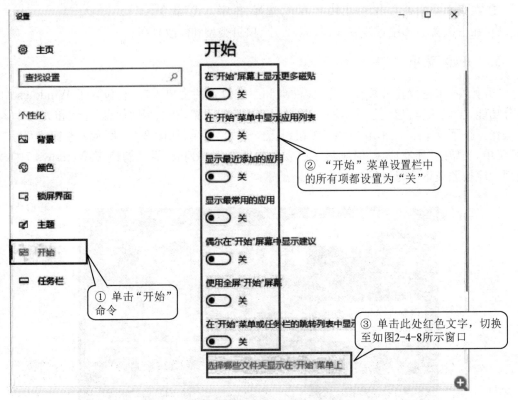

图 2-4-7　"开始"菜单的个性化设置（1）

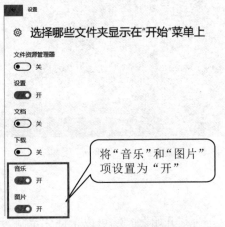

图 2-4-8　"开始"菜单的个性化设置（2）

④ 单击"开始"菜单中的"已固定的磁贴",切换至 Windows 8 样式;单击"所有应用",切换至 win7 样式。在"开始"菜单的左下角,"图片"和"音乐"已添加到菜单中(如图 2-4-6 所示)。

(2) 磁贴

磁贴(Tile)是指"开始"屏幕中的应用程序图标,呈现矩形或正方形并依次排列在"开始"屏幕界面中,单击磁贴可以启动相应的应用程序。用户可以调整磁贴的位置和形状,且能对磁贴进行命名、分组、添加、删除等操作。

默认情况下,系统已经存在几个磁贴组。如果想把一个磁贴放入某个组中,用户可将该磁贴拖动到该组中。如果想新建一个组,拖动一个磁贴到空白区域,鼠标移动到磁贴上方,单击"命名组",在弹出的窗口中输入组名称即可。若要移动磁贴,可将其上下或左右拖动到相应位置,按所需方式排列磁贴。

安装好一个新的应用程序后,计算机会自动将应用程序以磁贴的形式添加到"开始"屏幕中。对于经常需要打开的应用程序或内容(如每天访问的网站、聊天的联系人或文件夹等),可以将相应的磁贴添加到"开始"屏幕上,从而快速找到它们。

如果想删除磁贴,可右键单击该磁贴,然后选择"从'开始'屏幕取消固定"。若要固定某个文件夹,可在文件资源管理器中打开该文件夹,右键单击该文件夹,然后单击"固定到'开始'屏幕"。

4. 任务栏

任务栏默认位于桌面的底部,呈现为水平长条,主要由工具栏、Cortana、任务视图按钮、任务栏按钮区、通知区域、显示桌面按钮等部分组成,如图 2-4-9 所示。在任务栏的空白处单击鼠标右键,弹出的快捷菜单中包含了 Cortana、显示"人脉"按钮、层叠窗口、堆叠显示窗口、并排显示窗口和任务栏设置等命令。

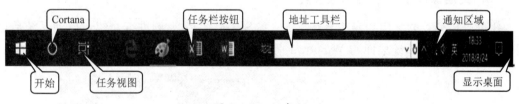

图 2-4-9　任务栏

(1) 任务栏按钮区

任务栏按钮区主要放置固定在任务栏上的程序,以及当前正打开着的程序和文件的任务按钮,用于快速启动相应程序,或在任务窗口间切换。

(2) 应用程序固定/取消任务栏

用户可以将常用的应用程序添加到任务栏。操作方法为右键程序,选择"固定到任务栏"。通过单击任务栏的程序图标可以快速启动相应的程序。如果想删除不常用的程序,可单击右键,从弹出的快捷菜单中选择"从任务栏取消固定"。

(3) 通知区域

通知区域位于任务栏按钮的右侧,除了直观地反映网络、语言、声音、时间和系统功能的状态外，还会主动推送如 QQ 等应用的提示信息。区域内的图标表示计算机上某程序的状态，或提供访问特定设置的途径。在任务栏的空白处单击鼠标右键，选择"任务栏设置"，在"通知区域"单击"选择哪些图标显示在任务栏上"可设置通知区域的图标。

例 2-22　按照下列要求，进行任务栏的设置操作，体验任务栏的功能

① 分别打开本章配套资源中的任意两个文件夹、三个 Word 文档、一个 Excel 文档和一个图像文件，观察任务栏按钮区任务图标的形态，并观察窗口的预览效果。

● 按上述要求打开文件夹和文件，下方一排图标是任务窗口。如图标出现层叠的效果，则表示该图标包含两个以上的一组相同任务。

● 将鼠标移动到任务图标上稍稍停留，就可以在预览窗格上预览各窗口的内容，并可方便地通过单击来进行窗口切换。

● 单击"任务视图"按钮，所有打开的窗口呈平铺状态，可进行窗口的切换。

② 维持上述多文档打开的状态，分别设置任务栏按钮"始终隐藏标签"、"任务栏已满时"和"从不"三种显示方式，观察任务栏按钮区任务图标的显示变化，并体验"显示桌面"按钮的功能。

● 右击任务栏空白处，在弹出的快捷菜单上选择"任务栏设置"命令，打开"任务栏设置"窗口，在右侧"任务栏"设置中，按要求在"合并任务栏按钮"下拉列表中依次选择三种显示方式，分别观察显示效果。

● 鼠标左键单击"显示桌面"按钮，所有窗口会被隐藏；再次单击该按钮，所有隐藏的窗口将重新显示。

③ 将 IE 程序从任务栏中解锁。

在 IE 任务图标的快捷菜单中，选择"从任务栏中取消固定"，即可把 IE 程序从任务栏中解锁。

*5. 其他操作系统中的相关操作

这里以另外一款常用的操作系统 Mac OS Sierra10.12 为例进行介绍。启动系统后（如图 2-4-10 所示），该系统桌面与 Windows 桌面的区别主要体现在两点：一是桌面顶部的菜单

图 2-4-10　Mac OS 桌面

栏,菜单栏包含了"苹果"菜单等多个组成部分;二是桌面底部的 Dock 栏。

(1) 菜单栏

菜单栏位于桌面的顶部,由苹果菜单、应用程序菜单、系统功能区域、Spotlight、Siri、通知中心组成。

① 苹果菜单 :类似 Windows 的"开始"菜单,不过二者在功能上有非常大的区别。菜单中"系统偏好设置"子菜单可以完成很多系统设置,例如:设置"桌面与屏幕保护程序"、"打印机和扫描仪"等。

② 应用程序菜单:与 Windows 不同,Mac OS 下的应用程序各自独有的菜单是显示在桌面上方的菜单栏中的,而不是显示在应用程序窗口内。这些菜单将排列在 按钮之后,应用程序菜单会不停地改变,会根据当前窗口所对应的应用程序而显示相应的菜单。

③ 系统功能区域:相当于 Windows 右下角的通知区域,可以快速了解时间、设备状态等信息,也可设置如音量、输入法等功能。

④ Spotlight :单击该图标会显示文本框,能智能搜索到用户需要的信息。

⑤ Siri :智能语音助手,单击该图标,说出用户的要求就会得到相应的回答。

⑥ 通知中心:提供日历、提醒事项、天气情况、股票信息、社交信息等信息的便捷查看。

(2) Dock 栏

类似 Windows 的任务栏,能让应用程序有个停泊的"港湾"。它由 5 个部分组成,即程序区、分隔线、堆栈区、最小化窗口和废纸篓,如图 2-4-11 所示。

图 2-4-11　Dock 栏

① 程序区:位于分隔线的左侧,显示程序图标。如果应用程序正在运行,图标下方会有一个小黑点。水平拖动图标将调整图标的位置。将图标拖出 Dock 栏后松开鼠标可删除该图标(只是删除了图标,不会删除相对应的应用程序)。打开某应用程序,然后在 Dock 栏上长按该应用程序的图标,可以向 Dock 栏添加应用程序图标。

● Finder :Dock 栏的第一个图标(该图标不能删除和移动),点击即可打开 Finder。它相当于 Windows 系统下的文件资源管理器。通过 Finder 能查看应用程序、硬盘、文件夹和文件,整理所有文件夹和文件,搜索内容以及删除不需要的内容等。

● Launchpad :位于 Dock 栏的图标,用来查找和打开 Mac 系统下的 App 的最快捷方式。设计的目的是让 Mac OS 模拟平板操作,减少笔记本与平板之间的操作差异,主要功能只有两项:打开应用程序和删除应用程序。启动后,所有的应用程序图标都排列在屏幕上,如同 iPad 一样。

② 堆栈区:Dock 栏上的文件夹或文件的替身。堆栈区位于分隔线的右侧。它与

Windows 中的快捷方式类似但不完全相同，堆栈与其对应的文件夹或文件保持着密切的联系，即使对应文件夹或文件被移动或重命名，堆栈都能打开。如果对应文件夹或文件被删除，那么对应的堆栈图标会显示一个"问号"。当用户点击某个堆栈时，其中的文件和文件夹会从 Dock 中以扇形或网格形式弹出。

③ 最小化窗口：最小化的程序窗口。

④ 废纸篓：相当于 Windows 中的回收站。废纸篓位于 Dock 栏最右侧且不能移动。它的主要功能有：一是删除和恢复数据；二是卸载程序；三是退出移动设备（相当于 Windows 中的"安全删除硬件并弹出媒体"）。

⑤ 自定义 Dock 栏：单击"苹果"菜单，选择"系统偏好设置"，双击"Dock"图标，可自定义 Dock 栏。

(3) Mission Control

Mission Control 是从 10.7 Lion 系统开始出现的，是苹果公司为广大 Mac 用户带来的强大的窗口和程序管理方式，它集成虚拟桌面、程序切换和窗口管理器等功能于一体。在 Apple 键盘上按〈F3〉键或者触摸板四指向上平移，即可开启 Mission Control（如图 2-4-12 所示）：上方是桌面选择和预览区，包括仪表盘（Dashboard）预览、桌面列表及全屏运行应用程序名称，其中有底纹的为当前桌面；下方是窗口预览区，可显示该桌面内所有窗口的缩略图。

图 2-4-12　Mission Control

将鼠标移动至屏幕上方桌面选择和预览区右侧并单击"＋"符号，会新增一个桌面；鼠标移动到桌面缩略图的左上角区域，单击出现的"×"按钮即可删除相应的桌面。

打开"系统偏好设置"，双击"Mission Control"图标，可以设置 Mission Control。

在 Apple 键盘上按〈F3〉键或者触摸板四指向下平移可关闭 Mission Control。

2.4.2　系统备份与恢复

计算机在使用过程中,由于病毒破坏、文件丢失以及用户的误操作都可能导致系统崩溃。为了防止这种情况的出现,Windows 10 系统可对重要的文件或文件夹进行单独备份,甚至可创建一个完整的操作系统备份,使计算机恢复到备份前的状态。因此,备份和恢复是个非常实用的功能,可防患于未然。

1. 备份系统

Windows 10 系统提供了系统备份还原功能,当系统不能正常启动时,可以使用先前备份的映像文件快速还原系统。毫无疑问,系统映像备份是 Windows 系统备份中最彻底的备份。系统正常运行时,可以按下列步骤创建映像备份文件。

① 右击"此电脑",在快捷菜单中选择"属性",单击左上角的↑图标,打开"控制面板"窗口,依次打开"系统和安全"、"备份和还原(Windows 7)"选项,单击左侧的"创建系统映像",如图 2-4-13 所示。

图 2-4-13　备份系统

② 打开"创建系统映像"对话框,选择保存到"在硬盘上",在下拉列表框中选择某个硬盘分区、光盘或网络上的其他计算机,单击"下一步"。

③ 选择需要备份的硬盘分区，显示备份保存的硬盘分区以及备份占用的硬盘空间大小，确认备份设置无误后，单击"开始备份"，创建系统映像，如图 2-4-14 所示。

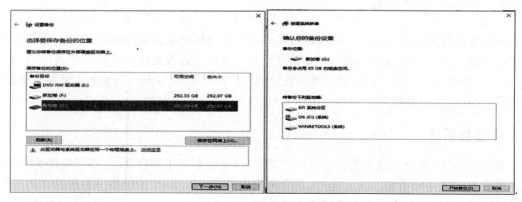

图 2-4-14　创建系统映像

2. 还原系统

恢复系统时，打开"系统和安全/备份和还原"选项，单击下方的"恢复系统设置或计算机"，然后单击"高级恢复方法"，选择"使用之前创建的系统映像恢复计算机"选项，单击"重新启动"，计算机将重新启动并开始还原。

*3. 其他操作系统中的相关操作

这里以操作系统 Mac OS Sierra10.12 为例进行介绍。时间机器（Time Machine）是 Mac OS 中的备份工具，设计理念是减少用户的干预，自动完成备份。该工具不能在系统磁盘上进行备份，因此，要使用这一功能就必须有第二块磁盘。当然如果有支持 Time Machine 的家庭网络存储器或者苹果公司的 Time Capsule，那么可以通过网络备份到这些设备上。

① 备份：单击"苹果"菜单选择"系统偏好设置"，双击"时间机器"图标，启动时间机器（如图 2-4-15 所示）。单击"选择备份磁盘"按钮，在弹出的窗口中选择需要备份的磁盘（可选择移

图 2-4-15　时间机器

动硬盘)后单击"使用磁盘"按钮。如果使用磁盘不符合 Time Machine 格式要求,会弹出提示对话框,如果单击"抹掉"按钮将会格式化磁盘至"Mac OS 扩展格式"。磁盘选择完成后,会自动处于开启状态并显示即将开始备份的倒计时,倒计时完成后,备份开始。

② 恢复:选择"前往/应用程序"菜单,在打开的窗口中双击"时间机器"图标,此时显示所有可用的备份,选择相应备份后,单击屏幕右下方的"恢复"按钮(如图 2-4-16 所示),恢复到所选的时间点。

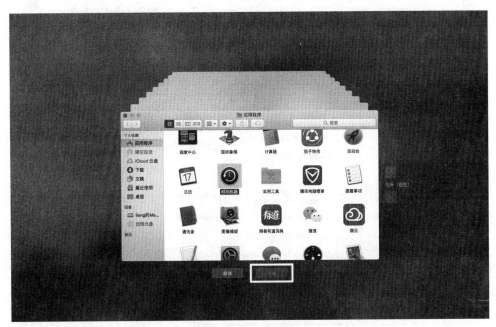

图 2-4-16　恢复备份

2.4.3　打印设置

打印机是计算机的一个外部设备,打印文稿前必须对打印机进行设置才能使用。有时可能会遇到以下情况:要打印一份文稿,却没有合适的彩色喷墨打印机或者激光打印机,需要拿到其他机器上打印,而其他机器恰巧又没有安装相应的软件(或软件版本低)。要解决这个问题,可以对打印机设置"打印到文件"功能,将文稿"打印"成 prn 文件,保存到 U 盘。在有彩色喷墨打印机和激光打印机的计算机中,可以直接在 DOS 下(不用依靠 Windows 的打印机驱动程序)执行打印的动作来完成文稿的打印。

例 2-23　安装 HP Color Laserjet 2500 PCL6 Class Driver 打印机,将其设置为默认打印机并打印测试页到文件 C:\KS\test. prn

① 打开"控制面板",在"硬件和声音"中,选择"查看设备和打印机"命令,单击"添加打印机"按钮,选择"我所需的打印机未列出/通过手动设置添加本地打印机或网络打印机"。

② 在"选择打印机端口"窗口中单击"使用现有的端口"单选按钮,在右侧的下拉列表中选择"FILE:(打印到文件)"选项,单击"下一步"按钮。

③ 在"安装打印机驱动程序"窗口的右侧列表框中分别选择厂商"HP"、打印机型号"HP

Color Laserjet 2500 PCL6 Class Driver"，单击"下一步"按钮。

④ 自动安装所选打印机的驱动程序，安装完成后，勾选"设置为默认打印机"选项，单击"打印测试页"按钮，在"打印到文件"的"输出文件名"文本框中键入"C:\KS\test.prn"（假设 C:\KS 文件夹已经存在），单击"完成"按钮，如图 2-4-17 所示。

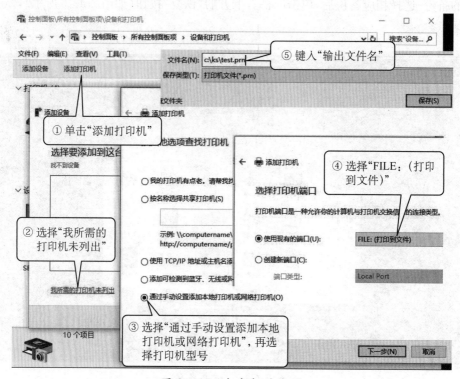

图 2-4-17　打印机的使用

在操作系统 Mac OS Sierra10.12 中，打开"系统偏好设置"，双击"打印机与扫描仪"图标，点击对话框左下角处的"＋"按钮（如图 2-4-18 所示），可以添加打印机，如果想删除打印机的

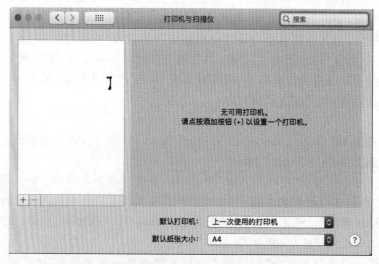

图 2-4-18　添加打印机

话,可以先选中上面的打印机,然后按"-"按钮。

2.4.4　投影仪的设置

在有些特殊环境下,用户需要将笔记本电脑连接投影仪或者大屏幕显示器。在 Windows 10 中按"〈Fn〉＋快捷键〈F1〉—〈F10〉"(笔记本电脑的键盘上会有标准显示器图标或者类似图案键,例如华硕是"〈Fn〉＋〈F5〉"),切换投影仪的功能就会生效。如果是新款笔记本电脑,而且投影仪也是新款的话,就可以用 HDMI 线连接,这样既可以传图像,也可以传声音。单击通知栏上"操作中心"的图标  可选择"投影"选项。投影管理窗口有 4 个选项(如图 2-4-19 所示):

① 仅电脑屏幕:不切换到外接显示器或投影仪。

② 复制:在计算机和投影仪上都显示同样的内容,通常在教学场景中会选择该项。

③ 扩展:增加笔记本显示屏的显示空间,把笔记本显示屏变大,可以在桌面中放更多窗口。

④ 仅第二屏幕:仅通过投影仪显示并关闭电脑屏幕。

在操作系统 Mac OS Sierra10. 12 中,打开"系统偏好设置",双击"显示器"图标,可进入投影仪和显示器的设置窗口。在弹出的"内建显示器"对话框中,选择"排列"选项卡;左下角有"镜像显示器"的功能,勾选后显示器和投影仪显示完全一致,跟普通 Windows 电脑连接

图 2-4-19　投影管理窗口

投影仪的效果一样;取消勾选后显示器和投影仪显示各自的桌面,用户可以在投影仪上播放幻灯片,在 Mac 笔记本或电脑上做相应的笔记,各自互不影响。这也是 Mac OS 易用的一部分。

习题与实践

1. 思考题

(1) Windows 10 的桌面主题的优点体现在哪里? 主要特点是什么?

(2) 如果磁盘中某个文件夹需要经常使用,该怎么设置?

(3) 相比 Windows 7 和 Windows 8,Windows 10 的"开始"菜单和任务栏在功能上有哪些变化?

(4) 如何设置打印机共享并安装网络打印机? 网络打印机和本地打印机的安装方式有何不同?

2. 实践题

(1) 从本章配套资源中,任意选择 4 幅图片作为桌面的背景图片,设置更改图片的频率,最终将其命名为"景色"保存在"我的主题"中。

（2）打开"此电脑"窗口,更改窗口的颜色设置,观察窗口的颜色变化。

（3）用"〈Ctrl〉＋上下滚动鼠标滚轮"的方法,缩放桌面上图标的大小,并观察桌面上图标的变化。

（4）在开始菜单的磁贴中设置第一组的命名为"工具",并拖动"日历"到其他组中,观察效果。

（5）将桌面图标的排序方式设置为"名称",观察图标的排列变化,并把"此电脑"图标拖曳到桌面的右上角。

（6）调整桌面任务栏的大小,并将任务栏分别设置到屏幕的右边和左边,观察效果;将计算器应用程序固定到任务栏。

（7）安装 HP Color Laserjet ××××打印机（"配套资源\第 2 章\upd-pc16-x64-6.9.0.24630.exe"为面向 windowsPCL6 的 HP 通用打印驱动程序）,打印本章配套资源"L3-21-1.docx"到"C:\docSample.prn"文件中。

（8）打开屏幕键盘,并设置登录时启动屏幕键盘。

（9）掌握 Windows 10 常用附件的使用方法。

（10）练习使用 windows 10 的语音识别工具。

2.5　综合练习

2.5.1　单选题

1. Windows 10 操作系统是一个_____操作系统。

　　A. 单用户、单任务　　　B. 多用户、多任务　　　C. 多用户、单任务　　　D. 单用户、多任务

2. 在 Windows 系统中操作时,鼠标右击对象,则_____。

　　A. 可以打开一个对象的窗口　　　　　　B. 激活该对象

　　C. 复制该对象的备份　　　　　　　　　D. 弹出针对该对象操作的快捷菜单

3. 在 Windows 中,回收站的作用是存放_____。

　　A. 文件碎片　　　　　　　　　　　　　B. 被删除的文件

　　C. 已损坏的文件　　　　　　　　　　　D. 录入到剪贴板的内容

4. 在 Windows 中,按键盘上的〈⊞〉键将_____。

　　A. 打开选定文件　　　　　　　　　　　B. 关闭当前运行程序

　　C. 显示"系统"属性　　　　　　　　　　D. 显示"开始"菜单

5. 如果要调整日期时间,可以鼠标右击_____,然后从快捷菜单中选择"调整日期/时间"命令。

　　A. 桌面空白处　　　　　　　　　　　　B. 任务栏空白处

　　C. 任务栏通知区　　　　　　　　　　　D. 通知区日期/时间

6. 桌面图标的排列方式可以通过_____来进行设定。

　　A. 任务栏快捷菜单　　　B. 桌面快捷菜单　　　C. 任务按钮栏　　　D. 图标快捷菜单

7. 桌面图片可以用幻灯片放映方式定时切换,设置的最关键步骤应该是_____。

　　A. 选择图片位置　　　　　　　　　　　B. 选择图片颜色

　　C. 设置图片时间间隔　　　　　　　　　D. 保存主题

8. 开始菜单由"开始"列表和"开始"屏幕组成,两大部分由许多子模块组成,下面哪项不属于开始菜单的基本组成_____。

　　A. 程序列表　　　　B. 任务按钮栏　　　　C. 常用磁贴　　　　D. 常用功能菜单

9. 在 Windows 10 的下列操作中,无法创建应用程序快捷方式的是_____。

　　A. 在目标位置单击鼠标右键　　　　　　B. 在对象上单击右键

　　C. 用鼠标右键拖曳对象　　　　　　　　D. 在目标位置单击鼠标左键

10. 在清理回收站的下列操作中,_____操作无法将文件从磁盘中彻底删除。

　　A. 在回收站的快捷菜单中选"清空回收站"　B. 在回收站中选取文件快捷菜单的"删除"

　　C. 在回收站中选取文件后按〈Del〉键　　　D. 在回收站中选取文件快捷菜单的"还原"

11. 当一个应用程序的窗口被最小化后,该应用程序将_____。

　　A. 继续在桌面运行　　　　　　　　　　B. 仍然在内存中运行

　　C. 被终止运行　　　　　　　　　　　　D. 被暂停运行

12. Windows 操作中，经常会用到剪切、复制和粘贴功能，其中粘贴功能的快捷键为_____。
   A. 〈Ctrl〉+〈C〉　　　B. 〈Ctrl〉+〈S〉　　　C. 〈Ctrl〉+〈X〉　　　D. 〈Ctrl〉+〈V〉

13. 剪贴板的作用是_____。
   A. 临时存放应用程序剪贴或复制的信息　　B. 作为资源管理器管理的工作区
   C. 作为并发程序的信息存储区　　　　　　D. 在使用 DOS 时划给的临时区域

14. _____操作系统只能使用命令输入方式。
   A. DOS
   C. Microsoft Windows XP
   B. Mac OS
   D. Microsoft Windows 2010

15. 直接永久删除文件而不是将其移至回收站的快捷键是_____。
   A. 〈Esc〉+〈Delete〉　　　　　　　　B. 〈Alt〉+〈Delete〉
   C. 〈Ctrl〉+〈Delete〉　　　　　　　　D. 〈Shift〉+〈Delete〉

16. _____是关于 Windows 的文件类型和关联的不正确说法。
   A. 一种文件类型可不与任何应用程序关联　B. 一个应用程序只能与一种文件类型关联
   C. 一般情况下，文件类型由文件扩展名标识　D. 一种文件类型可以与多个应用程序关联

17. 在 Windows 环境下，剪贴板是_____上的一块区域。
   A. 软盘　　　　　　B. 硬盘　　　　　　C. 光盘　　　　　　D. 内存

18. 要关闭没有响应的程序，最确切的方法是按_____。
   A. 主机 Reset 按钮　　　　　　　　　B. 〈Ctrl〉+〈F4〉
   C. 〈Ctrl〉+〈Alt〉+〈Del〉　　　　　　D. 〈Alt〉+〈Tab〉

19. 在 Windows 10 中对资源管理器窗口进行了升级，_____不属于文件资源管理器窗口的基本组成部分。
   A. 导航窗格　　　　B. 地址栏　　　　　C. 任务栏　　　　　D. 菜单栏

20. 在 Windows 10 的文件资源管理器中，选择_____查看方式可以显示文件的"大小"和"修改时间"。
   A. 大图标　　　　　B. 小图标　　　　　C. 列表　　　　　　D. 详细资料

21. 关于库功能，说法错误的是_____。
   A. 库中可添加硬盘上的任意文件夹
   B. 库中文件夹里的文件保存在原来的地方
   C. 库中添加的是指向文件夹或文件的快捷方式
   D. 库中文件夹里的文件被彻底移动到库中

22. 在 Windows 10 中，如果屏幕拷贝时只想拷贝当前窗口的画面，应使用_____键。
   A. 〈Print Screen〉　　　　　　　　　B. 〈Alt〉+〈Print Screen〉
   C. 〈Ctrl〉+〈Print Screen〉　　　　　D. 〈Shift〉+〈Print Screen〉

23. 在资源管理器窗口中，若要选定连续的几个文件或文件夹，可以在选中第一个对象后，用_____键+单击最后一个对象的方法完成选取。
   A. 〈Tab〉　　　　　B. 〈Shift〉　　　　C. 〈Alt〉　　　　　D. 〈Ctrl〉

24. 在 Windows 10 中，_____不能利用任务栏中的"搜索框"命令查找。
   A. 文件
   C. 硬盘的生产日期
   B. 文件夹
   D. 应用程序

25. 在 Windows 10 中,新建文件命名时,文件名合法的是_____。

 A. myfile:docx B. myfile. docx C. my? file. docx D. my/file. docx

26. Windows 10 窗口中显示文件或文件夹所在路径的是_____。

 A. 标题栏 B. 地址栏 C. 搜索栏 D. 工具栏

27. Windows 10 操作系统包含 7 个版本,其中_____面向尺寸较小,配置触控屏的移动设备。

 A. 家庭版 B. 企业版 C. 教育版 D. 移动版

28. 关于 Windows 10 中的库功能,描述正确的是_____。

 A. 库中仅能够添加文件,不可添加文件夹

 B. 添加文件到库中实质是将文件移动到库文件夹下

 C. 库中添加的是指向文件夹或文件的快捷方式

 D. 库中仅能够添加文件夹,不可单独添加文件

29. 在 Windows 10 的默认设置下,用户按_____组合键进行全角和半角的切换。

 A. 〈Alt〉+〈Tab〉 B. 〈Shift〉+〈Space〉 C. 〈Alt〉+〈F4〉 D. 〈Ctrl〉+〈Space〉

30. 关于 Windows 10 的"任务栏",描述正确的是_____。

 A. 显示系统的所有功能 B. 只显示当前活动程序窗口名

 C. 只显示正在后台工作的程序窗口名 D. 便于实现程序窗口之间的切换

31. Windows 10 是一种_____。

 A. 数据库软件 B. 应用软件 C. 系统软件 D. 中文字处理软件

32. Windows 10 的文件系统规定_____。

 A. 同一文件夹中的文件可以同名 B. 不同文件夹中,文件不可以同名

 C. 同一文件夹中,子文件夹可以同名 D. 同一文件夹中,子文件夹不可以同名

33. Windows 10 的整个显示器屏幕称为_____。

 A. 窗口 B. 桌面 C. 任务栏 D. 选项卡

34. 在 Windows 10 中,要进入当前对象的帮助框,可以按_____键。

 A. 〈F1〉 B. 〈F2〉 C. 〈F3〉 D. 〈F5〉

35. 无法打开文件资源管理器的方法是_____。

 A. 在"开始"菜单选择"文件资源管理器"

 B. 右击"开始"菜单按钮,在弹出的快捷菜单中选择"文件资源管理器"

 C. 在任何位置直接单击文件夹或文件夹快捷方式

 D. 右键单击任务栏中的文件夹的图标,在弹出的快捷菜单中选择"文件资源管理器"

36. 安装文件是_____。

 A. ABC. docx B. Tupian. jpg

 C. Donghua. swf D. WeChatSetup. exe

2.5.2 是非题

1. Mac 的架构与 Windows 不同,很少受到病毒袭击,安全性高;没有磁盘碎片,不用整理硬盘,不用分区,几乎没有死机,不用关机。

2. 在 Android 4.4 之前手机自身带的存储卡就是内部存储,而扩展的 SDCard 是外部存储。

3. 操作系统中负责管理和存储文件信息的软件机构称为文件管理系统。

4. 在 Windows 10 的睡眠模式下，系统的状态是不保存的。

5. 在操作系统中，每个文件都有一个属于自己的文件名，文件名的格式是"主文件名.扩展名"。

6. 文件管理系统是进行数据文件管理的有效工具，它控制和管理系统内各种硬件和软件资源，合理有效地组织计算机系统的工作，为用户提供良好的人机交互界面。

7. NTFS 和 FAT 是 Windows 系统中常用的文件系统。

8. 路径有绝对路径和相对路径。

9. 通配符有"＊"和"？"两种，"＊"代表一个任意字符，"？"代表一串字符串。

10. 虚拟桌面如同 Mac OS X 与 Linux 中建立多个桌面，在各个桌面上运行不同的程序互不干扰。

11. 屏幕保护是为了保护显示器而设计的一种专门的程序。其是为了防止电脑因无人操作而使显示器长时间显示同一个画面，导致老化而缩短显示器寿命。

12. 为了防止计算机在使用过程中由于病毒破坏、文件丢失以及用户的误操作等可能导致系统崩溃，一般建议对系统文件进行保存。

2.5.3 综合实践

1. 在 C:\KS 文件夹下创建两个文件夹：AA、AB，在 AA 文件夹下创建 AC 子文件夹。在 C:\KS 文件夹下创建一个文本文档，文件名为 wenben.txt，内容为"Windows 10 操作系统"。

 （1）打开"文件资源管理器"，在左窗格的"此电脑"列表中选定 C:\KS，在右窗格空白处右击鼠标，执行快捷菜单的"新建/文件夹"命令，创建 C:\KS\新建文件夹，将"新建文件夹"更名为"AA"。用同样的方法和步骤，创建 C:\KS\AB 文件夹和 C:\KS\AA\AC 文件夹。

 （2）在左窗格选定 C:\KS 文件夹，在右窗格空白处右击鼠标，执行快捷菜单的"新建/文本文档"命令，创建 C:\KS\wenben.txt。双击打开 wenben.txt，键盘输入"Windows 10 操作系统"，执行菜单"文件/保存"命令，然后将文档关闭即可。

2. 在 C:\KS 文件夹下建立一个名为"画图"的快捷方式，指向 Windows 系统文件夹中的应用程序"mspaint.exe"，设置运行方式为最小化，并为快捷方式指定快捷键"〈Ctrl〉＋〈Shift〉＋〈K〉"。

 （1）打开"文件资源管理器"，在左窗格的"此电脑"列表中选定 C:\KS，在右窗格空白处右击鼠标，执行快捷菜单的"新建/快捷方式"命令，在弹出的向导窗口中将"请键入对象的位置(T)"一栏输入"mspaint.exe"或者"C:\Windows\System32\mspaint.exe"，然后单击"下一步"按钮，在"键入该快捷方式的名称(T)"处输入"画图"，单击"完成"按钮。

 （2）在右窗格右击名为"画图"的快捷方式，在弹出的快捷菜单中单击"属性"，打开属性对话框，在窗口的"快捷键"处同时按住键盘上"〈Ctrl〉＋〈Shift〉＋〈K〉"；将"运行方式"处的"常规窗口"改选为"最小化"。

3. 在系统中安装一台系统自带的"Canon"打印机，并打印测试页到文件 C:\KS\TEST.PRN 中。

 （1）打开"控制面板"，查看方式选择"类别"，在"硬件和声音"类中，选择"查看设备和打印机"命令，打开"设备和打印机"窗口，单击"添加打印机"按钮，在"添加设备"窗口下方单击"我所需的打印机未列出",在"按其他选项查找打印机"窗口中选择"通过手动设置添加本地打印机或网络打印机",单击"下一步"按钮。

(2) 打开"选择打印机端口"界面,选中"使用现有的端口"单选按钮,在右侧的下拉列表中选择"FILE:(打印到文件)"选项,单击"下一步"按钮。

(3) 打开"安装打印机驱动程序"界面,在左右列表框中分别选择 Canon 厂商和打印机型号,然后单击"下一步"按钮。

(4) 打开"键入打印机名称"界面,在"打印机名称"文本框中将打印机名称修改为所选打印机型号(一般默认),单击"下一步"按钮;系统将自动安装所选打印机的驱动程序,完成安装。

(5) 在"打印机共享"窗口中,选择"不共享这台打印机",单击"下一步"按钮。

(6) 在"成功添加打印机"窗口中,勾选"设置为默认打印机",单击左下方的"打印测试页"按钮,在弹出的窗口文件名处输入"C:\KS\TEST.PRN"。

4. 查找系统文件夹 C:\Windows 中名为 regedit.exe 的应用程序文件,复制该文件到 C:\KS 文件夹下,并设置其属性为只读。

(1) 打开"文件资源管理器",在左窗格的"此电脑"列表中选定 C:\Windows,在窗格右上方的"搜索 Windows"(搜索框)处单击鼠标,然后输入"regedit.exe",系统会自动搜索出名为 regedit.exe 的配置设置文件。在右窗格中选中 regedit.exe 的配置设置文件,执行快捷键"〈Ctrl〉+〈C〉"。

(2) 在左窗格的"此电脑"列表中选定 C:\KS,在右窗格空白处执行快捷键"〈Ctrl〉+〈V〉"粘贴文件。在右窗格右击 regedit.exe,在弹出的快捷菜单中单击"属性"选项,打开属性对话框,在"属性"一栏勾选"只读"。

5. 将"计算器"程序的活动窗口利用剪贴板进行复制,然后将其保存在 C:\KS 下,保存文件名为 jsq.jpg。

(1) 执行"'开始'菜单/所有应用/计算器"命令,显示计算器窗口为活动窗口,执行快捷键"〈Alt〉+〈Print Screen〉"。

(2) 执行"'开始'按钮/所有应用/画图"命令,将画图软件打开,按下快捷键"〈Ctrl〉+〈V〉"粘贴,执行"文件/另存为"命令,将文件类型选择为"＊.jpg",将文件名命名为"jsq",单击"保存"按钮即可。

6. 将"配套资源\第 2 章\ZH2-6-1.rar"解压到"C:\KS\UK"中。

(1) 选中"ZH2-6-1.rar",右击所选文件,从弹出的快捷菜单中选择"解压文件"命令。

(2) 打开"解压路径和选项"对话框,在"常规"选项卡"目标路径"编辑框中输入文件解压后所存放的位置"C:\KS\UK",单击"确定"按钮,即可出现显示解压缩进度的对话框。

(3) 打开"C:\KS"文件夹即可查看解压好的文件。

本章小结

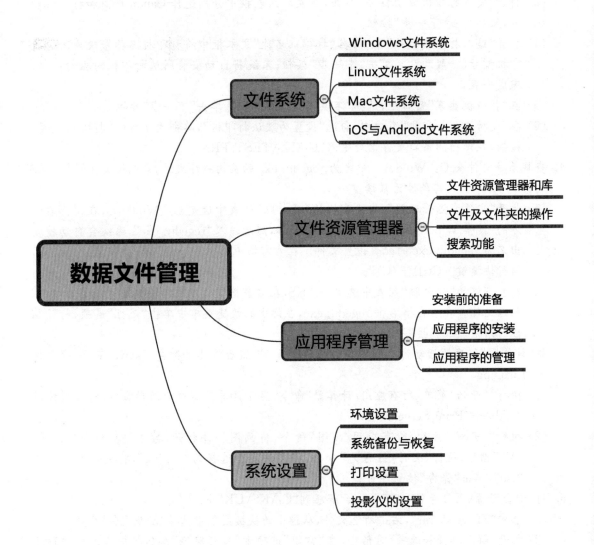

PART —— 03

第3章 计算机网络基础及应用

< 本章概要 >

随着计算机技术及通信技术的迅猛发展,计算机网络已经渗透至社会的各个方面,迅速地改变着传统的工作和生活方式,当今人类已经离不开计算机网络。本章主要介绍数据通信技术基础、计算机网络基础、互联网基础及应用、物联网基础及应用以及信息时代的安全技术等多个方面。

< 学习目标 >

当完成本章的学习后,要求:

1. 了解数据通信技术基础;
2. 了解计算机网络基础;
3. 掌握互联网基础及应用;
4. 掌握物联网基础及应用;
5. 掌握信息时代的安全技术。

3.1 数据通信技术基础

3.1.1 数据通信基本概念

数据通信是一门独立的学科，它是研究计算机之间或计算机与数字终端设备之间使用数字信号进行的通信的理论和方法，是信息技术领域中的一个重要方面。

1. 数据通信系统概述

从数据通信的角度来看，术语"信息"、"数据"和"信号"的含义如下：

① 信息。数据通信的目的是为了交换信息。信息（information）是通信传输过程中数据所包含的内容，其载体一般为数字、文字、语音和图像等。

② 数据。数据是信息的载体，一般用二进制代码表示。数据一般只涉及事物的表现形式，而信息则涉及这些数据的内容和解释。

③ 信号。信号是数据在传输过程中的表示形式，分为模拟信号和数字信号两类。模拟信号是连续变化的，而数字信号是分立离散的。

一般来说，为了传输的需要，必须从数据生成适合传输的信号。数据既可以用模拟信号来表示和传输，也可以用数字信号来表示和传输。例如，普通电话线上适合传输正弦波之类的模拟信号，而局域网传输线上传输的是数字信号。

一个数据通信的系统模型由数据源、数据通信网和数据宿三部分组成（如图3-1-1所示）。数据源发送数据，经由数据通信网传输，输出到数据宿。数据宿是数据通信网络的终端，如计算机、数据终端设备等。数据通信网介于数据源和数据宿之间，通常由发送设备、传输信道和接收设备组成，起到数据转换和传输的功能。

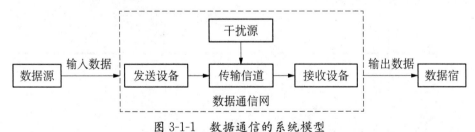

图 3-1-1　数据通信的系统模型

来自数据源的输入数据，首先要通过发送设备转换为适合通过传输信道传输的信号。传输信道若接受模拟信号，这一变换过程称为调制（modulation）；传输信道若接受数字信号，这一变换过程称为编码（code）。经过调制或编码的信号通过传输信道，到达数据宿之前，接收设备从传输来的信号中恢复出数据，这一变换过程相应地称为解调（demodulation）或解码（decode）。调制和解调通过调制解调器（modem）完成，编码和解码通过编码解码器完成。在传输信道上总会存在干扰,干扰源的强度以及系统抗干扰的能力影响整个通信系统的质量,通信技术需要解决的一个重要问题就是如何从信号中恢复原有的真实数据。

以家庭通过普通电话线上网实现数据通信为例,甲主机通过调制解调器向乙主机发送数据,则甲主机为数据源,公用电话网为数据通信网,乙主机为数据宿。由于普通电话线传输的是类似于正弦波的模拟信号,甲主机(数据源)发送的数据要先通过甲主机的调制解调器(发送设备)调制为可以传输的模拟信号(数字信号"1"调制为一种正弦波信号,而数字信号"0"调制为频率不同的另一种正弦波信号),调制好的正弦波信号通过公用电话网传输,通过乙主机的调制解调器(接收设备)解调为原始的数据,最后传送给乙主机(数据宿)。

信号传输的通路称为信道。在数据通信中,可以按不同的方法对信道进行分类。

① 模拟信道与数字信道。按传输信号的类型来分可分为模拟信道和数字信道。模拟信道传输的是模拟信号,数字信道传输的是二进制数字信号。

② 物理信道和逻辑信道。物理信道指用来传输数据信号的物理通路,物理信道由传输介质及有关通信设备组成。逻辑信道指数据源和数据宿之间的逻辑通路,而不是指具体的物理传输介质。一般称逻辑信道为"连接"。

③ 有线信道与无线信道。按照传输信号通路的媒体是否有形来区分,信道可以分为有线信道和无线信道。如电话线、双绞线、同轴电缆、光缆等为有线信道;无线电、微波通信和卫星通信技术采用的传播空间为无线信道。

④ 专用信道与公共交换信道。按使用权限来分可分为专用信道和公用信道。专用信道是连接用户设备之间的固定线路,又称为专线。专用信道可以是自行架设的专用线路,也可以是向邮电部门租用的线路,一般适用于距离较短或数据传输量较大、对数据安全性要求较高的场合。公共交换信道是一种通过公共交换机转接、为大量用户提供服务的信道,如公共电话交换网、综合业务数字网络等都属于公共交换信道。

2. 数据通信的传输媒体

通信网络中使用的传输媒体有电话线、双绞线、同轴电缆、光纤、微波线路、卫星线路和红外传输等,其中最常用的有线传输介质是双绞线、同轴电缆和光纤,如图 3-1-2 所示。

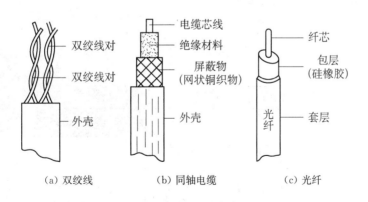

（a）双绞线　　　　（b）同轴电缆　　　　（c）光纤

图 3-1-2　数据通信常用的有线介质

(1) 双绞线

通过加载调制解调器,可以使用这种线路来传输离散的数据信息。双绞线主要用于近距离通信,传输率一般在 10—1000 Mb/s。

双绞线使用方便,价格便宜,但线路损耗大,易受各种电信号干扰,可靠性较差,不适用于高速大容量通信。

(2) 同轴电缆

同轴电缆由四个部分构成。第一部分是最里层的传导物,为铜质或铝质的电缆芯线,用于传输信号;第二部分为包围着裸芯线的绝缘材料;第三部分为一层紧密缠绕的网状导线,起屏蔽作用,保护裸芯线免受电磁干扰;第四部分为最外一层,是起保护作用的塑料外皮。

同轴电缆传输容量大,抗干扰性好,但一般价格比较高。

(3) 光纤

光纤由纤芯、包层和套层组成。纤芯一般由纯净的玻璃纤维制成;包层包围着核心部分,一般由玻璃或塑料制成,其光密度要比核心部分低;最外层是起保护作用的套层。光源发射出光波,以各种不同的角度进入纤芯。以小于临界角的角度射到纤芯和包层的边界面上的光线被全部地反射回来。由于反射的角度不变,所以光线将再次被全部反射回纤芯中。结果光线在边界面之间不断反弹而沿着纤芯向前传播。最后,光线穿过纤芯,被传感器检测到。

光纤传输数据速率快,传输距离远,不受电磁干涉的影响,对湿气等环境因素有很强的抵抗能力,目前已经愈来愈被普及使用。缺点是费用较高。

(4) 微波线路

微波通信是一种无线通信,其传输一般发生在两个地面站之间。微波传输最显著的两个特点是直线传播和受环境条件的影响,如大气条件和固体物(如建筑物)将妨碍微波的传播,因而其使用范围受到了一定的限制。

如果要实现长途传送,可以通过设置中继站来进行接力(如图 3-1-3 所示)。中继站上的天线依次将信号传递给相邻的站点,这种传递不断持续下去就可以实现视线被地表切断的两个站点间的传输。

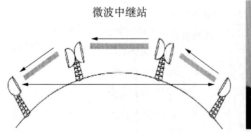

图 3-1-3　用微波中继站实现长途传输

微波通信的优点是宽带特性,可以传输大容量的信号,如多路电视信号;缺点是只能直线传播,受环境条件的影响较大。

(5) 卫星线路

卫星通信传输是微波传输的一种,只不过它的中继站点是绕地球轨道运行的卫星(如图

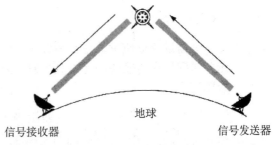

3-1-4 所示）。卫星传输突破了地域的界限，具有海量的带宽，具有广泛的应用市场，其应用包括电话、电视、新闻服务、天气预报、军事用途等。

卫星通信具有许多优点，如不受地理环境和通信距离的限制，通信频带很宽等；缺点是目前实现和使用的代价比较昂贵。

图 3-1-4　卫星通信

(6) 红外传输

红外传输使用红外线为载体传输数据，因为红外线无法穿过物体，因而要求发射方和接收方彼此处在视线内。红外路径传输数据的速度较快，可达到 100 Mb/s。例如，电脑和电脑之间、手机和电脑之间、电脑和打印机之间都可以通过红外传输来进行数据交换，如图 3-1-5 所示。

图 3-1-5　红外传输

红外传输的优点是使用方便、速度较快、传输安全；其缺点是只适用于近距离的数据传输。

3. 数据通信的主要技术指标

数据通信系统可以用一系列技术指标来衡量其特性，其中主要有传输速率、差错率、可靠性和带宽。

(1) 传输速率 B

传输速率 B 是衡量系统传输能力的主要指标，一般用比特率或波特率来表示。

比特率是数字信号的传输速率，它的定义为：单位时间内所传输的二进制代码的有效位数（bit 数），单位为比特每秒（b/s）。

波特率是一种调制速率，又称为波形速率，它的定义为：线路中每秒传送的波形的个数，单位为波特（baud）。若 T 表示波形的持续时间，则其调制速率为：

$$B = 1/T(\text{baud})$$

比特率和波特率之间的换算关系如下：

$$\text{比特率} = \text{波特率} \times \log_2 n$$

其中 n 为一个脉冲信号表示的有效状态数。

在二进制中，只有 0 和 1 两个状态，故 $n=2$，所以比特率＝波特率。如果采用四相调制，则 $n=4$，比特率＝波特率 $\times 2$。

(2) 差错率 p_e

差错率是衡量传输质量的主要指标，一般定义为码元差错率或比特差错率。

码元差错率指在传输的码元总数中发生差错的码元数所占的比例（平均值），简称为"误码率"，一般用符号 p_e 表示。

$$p_e = 差错码元数 / 总码元数$$

在计算机通信系统中，一般要求误码率低于 10^{-6}。

比特差错率指在传输的比特总数中发生差错的比特数所占的比例（平均值），一般用符号 p_{eb} 表示。

$$p_{eb} = 差错比特数 / 总比特数$$

(3) 可靠性 p_r

可靠性是衡量传输系统质量的一个重要指标，一般用可靠度来衡量。

可靠度指在全部工作时间内系统正常工作时间所占的百分比，用符号 p_r 表示。若全部工作时间为 T_r，正常工作时间为 t_r，则可靠度为：

$$p_r = 正常工作时间(t_r) / 全部工作时间(T_r)$$

(4) 带宽 w

带宽是指波长、频率、速率或其他能量带的范围。如果某种设备能够处理的频率或速率范围越宽，那么它的带宽就越宽，数据传输的速度也越快，能传输的信息量也越大。

讨论带宽问题时，常涉及信号带宽和信道带宽两个方面。信号带宽是指传送的信号中具有足够能量的信号的最高速率或频率和最低速率或频率之差，信号带宽越大表示信号内容越丰富。信道带宽也称为信道容量，是指能够传输的足够能量的最高速率或频率和最低速率或频率之差。信道带宽应该与被传输的信号的带宽相匹配，被传输的信号的带宽应该包容在信道带宽之内。

对于数字信号和数字信道，带宽用速率范围来描述，它的单位是速率单位 b/s；对于模拟信号和模拟信道，带宽用频率范围来描述，它的单位是频率单位 Hz。

3.1.2 常用通信网络

1. 公用电话系统

公共交换电话网络（PSTN）是一个传统的、为实时语音通信进行优化的线路交换网络。当呼叫方通过拨号或者按键来输入要拨入的电话号码时，拨入的电话号码分别转换为代码发送到当地的交换中心，交换中心通过解析拨入的电话号码，并判断出目的地，然后通过线路交换的方式，试图在呼叫方电话机和被呼叫者电话机之间建立一条通道。如果成功建立了一条通信线路，则发送两个信号，第一个信号发给被呼叫的电话，使它响铃，第二个信号发给呼叫电话，以通知呼叫者对方的电话正在响铃。如果被呼叫的电话被摘机，则双方可以使用专用电话线路进行通信，直到通信的电话线路被挂断为止。

呼叫路由选择是复杂的技术,其示意图如图 3-1-6 所示。一般而言,任意两部电话要实现连接,都必须从本地交换局开始逐个层次向上传送,一直到电话分局,接着穿过一条主干线到达另一个电话分局,然后再向下传送到达适当的本地交换局(图 3-1-6 中的线路 1)。然而,线路 1 一般并不总是最佳的路线,例如,如果在两个三级基层中心之间铺设了一条高容量的干线,则可以通过这条干线提供另一种路由选择(图 3-1-6 中的线路 2)。

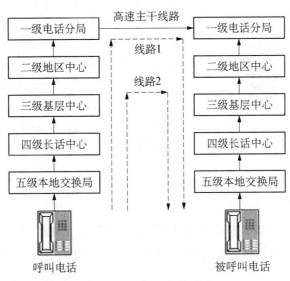

图 3-1-6　电话交换系统

2. 移动通信系统

　　移动通信虽然发展的历史不长,但发展速度异乎寻常的快,已经经历了第一代移动通信(1G)、第二代移动通信(2G)、第三代移动通信(3G)和第四代移动通信(4G),目前第五代移动通信(5G)已逐步进入商用阶段。5G 网络的理论峰值传输速度可达 10 Gb/s,比 4G 网络的传输速度快数百倍。现在在手机上网已经成了大多数人上网的首选,在 4G、5G 环境下,多媒体数据在网上的传输会变得非常流畅,诸如视频通话、视频会议、视频在线观看、音频在线收听、网络游戏、网络购物、电子支付等应用都会在手机上普及,手机的功能不断发展,手机上的应用(App)不断丰富,人们的生活方式和社会的运行方式将发生深刻的变化。

　　在移动电话通信系统中,把通信覆盖的地理区域划分为多个单元,每个单元设置一个传送站,也称为基站。在网络交换中心用一台计算机控制所有的单元,并将它们连接到电话系统。由于这种单元的划分类似于蜂窝形状,故称之为蜂窝电话系统(如图 3-1-7 所示)。

　　移动电话或其他移动站(Move Station,MS)是一个能够和基站(Base Station,BS)点进行通信的双向无线电设备。单元之间的分界线在边界处的定义并不十分明确,当靠近单元的边界线时,移动电话潜在地位于多

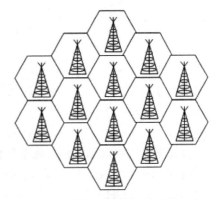

图 3-1-7　蜂窝电话系统

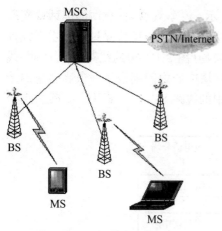

图 3-1-8　移动电话通信原理

个基站点的范围内。每个基站点都会持续地发送信号，因此移动电话可以通过检测哪一个信号最强来确定最近的基站点。当移动电话打出一个电话时，它与最近的基站点进行通信，接着该基站点与移动服务控制中心（Move Service Center，MSC）联系，后者能够与常规的电话系统或因特网（PSTN/Internet）交换数据（如图 3-1-8 所示）。移动电话接收电话时，由于每个移动电话都有一个唯一的标识号码，当某个移动电话被呼叫时，MSC 向控制下的所有单元基站点传送它的标识号码，接着每个基站点广播该号码，由于移动电话总是不断地监听广播，所以它将听到自己的 ID 广播，并作出响应。基站点收到回答后，把回答传给 MSC，由 MSC 完成整个连接。

3. 卫星通信系统

1957 年苏联发射第一颗人造地球卫星以后，1965 年第一颗商用国际通信卫星被送入大西洋上空同步轨道。卫星通信系统广泛应用于电话、电报、数据、电视、无线电广播、视频会议、应急通信、军事国防等领域。

卫星通信系统由卫星和地球站两部分组成。卫星在空中起中继站的作用，即把地球站发上来的电磁波放大后再返送回另一地球站。地球站是卫星系统与地面公众网的接口，地面用户通过地球站出入卫星系统形成链路。由于地球同步卫星在赤道上空约 3600 公里的地球同步轨道上，它绕地球一周的时间恰好与地球自转一周的时间（23 小时 56 分 04 秒）一致，从地面看上去如同静止一般。只要三颗相距 120 度的地球同步卫星就能覆盖整个赤道圆周（如图 3-1-9 所示）。

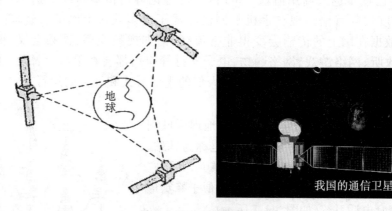

图 3-1-9　卫星通信系统

使用卫星通信很容易实现越洋和洲际的全球通信。适合卫星通信的频率范围一般为微波频段，即 1—10 GHz 频段。随着应用的深入，也开始使用一些新的频段，如 12 GHz、14 GHz、20 GHz 和 30 GHz 等。

卫星通信具有许多优点：通信范围大，在卫星发射的波束覆盖的范围均可进行通信；受自然灾害影响较小；可以方便地实现广播和多址通信；电路和话务量可灵活调整。

　　卫星通信也有一些缺点：信号到达有延迟（由于两地球站之间电磁波的传播距离有 72 000 多公里）；10 GHz 以上频带易受雨雪的影响；天线易受太阳噪声的影响。

　　近年来，卫星通信新技术不断发展，如中低轨道的移动卫星通信系统获得了广泛的关注和应用。卫星通信已成为全球信息高速公路的重要组成部分。

习题与实践

简答题

（1）请简述红外传输的主要特点和用途。

（2）假如你的 U 盘正在传输大小为 500M 的文件，你用 10 秒从房间一端走到另一端，文件刚好传输完，请问上述过程中的传输速率是多少（b/s）？

（3）相较于 4G，你认为 5G 移动通信网络具有哪些优势？

（4）请简述调制解调器的主要作用。

3.2 计算机网络基础

计算机技术和现代通信技术相结合形成了计算机网络。在现代社会,计算机网络已经渗透到社会的各个领域。从功能结构上,计算机网络可以划分为两层结构:外层为由主机构成的资源子网,资源子网主要提供共享资源和相应的服务;内层为由通信设备和通信线路构成的通信子网,通信子网主要提供网络的数据传输和交换。本节介绍有关计算机网络的一些基本知识。

3.2.1 计算机网络的分类

计算机网络的分类标准有很多,可以按网络的覆盖范围、使用范围、传输介质、拓扑结构、传播方式、交换功能和用途等进行分类。

1. 按网络的覆盖范围分类

按网络的覆盖范围分类,实际上是按网络传输的距离进行分类。传输技术随信息传输距离的不同而不同。按网络覆盖的范围可把网络分成局域网、城域网、广域网和因特网。

① 局域网(Local Area Network,LAN)。局域网的地理分布范围在几千米以内,作用范围小,通常分布在一个房间、一个建筑物或一个企事业单位。局域网是当前计算机网络发展中最活跃的分支,可把单位组织内的计算机和共享设备连接在一起,实现组织内的资源共享。局域网的特点为:覆盖范围窄,通常由一个部门或单位组建,数据传输率高(10—1000 Mb/s),信息传输的过程中延迟小、差错率低;易于安装、便于维护,局域网可以实现文件管理、应用软件共享、打印机共享、扫描仪共享等功能。局域网是封闭型的,可以由一个办公室内的几台计算机组成,也可以由一个公司内的上千台计算机组成。

② 城域网(Metropolitan Area Network,MAN)。城域网采用类似于 LAN 的技术,但规模比 LAN 大,地理分布范围在 10—100 千米,一般覆盖一个城市或地区。一个 MAN 网络通常连接着多个 LAN 网,如连接政府机构的 LAN、医院的 LAN、电信的 LAN、公司企业的 LAN 等。城域网多采用 ATM 技术做骨干网,实现数据、语音图像、视频等多媒体信息的传输,也可作为公共设施来运作。能够满足政府机构、金融保险、大中小学校、公司企业等单位对高速率、高质量数据通信业务日益旺盛的需求,特别是快速发展起来的互联网用户群对宽带高速上网的需求。

③ 广域网(Wide Area Network,WAN)。广域网的覆盖范围很大,它能连接多个城市或国家,或横跨几个洲并能提供远距离通信,形成国际性的远程网络,规模庞大而复杂。在我国,广域网通信的线路和设备是由电信部门提供的,它可以把多个局域网和城域网连接起来,也可以把世界各地的局域网连接起来,实现远距离资源共享和低价的数据通信。

④ 因特网(Internet)。因其英文单词"Internet"的谐音,又称为"英特网"。Internet 本身就是一个特殊的广域网,是利用高速的光纤主干网把现有的多个广域网互连起来,形成了今天

的互联网。主干网分为三部分:传输网、交换网、接入网。因特网由数量极大的各种计算机网络互连起来,连接着所有的计算机,人们可以通过搜索技术从网上找到各自所需的信息。在互联网应用飞速发展的今天,它已是人们每天都要打交道的一种网络,无论从地理范围还是从网络规模来讲,它都是最大的一种网络。

2. 按网络的使用范围分类

网络按使用范围可分为公用网和专用网。

① 公用网,又称公众网。该网络是向公众开放、为社会提供服务的网络。一般由电信部门组建、管理和控制,网络内的传输和交换装置可以租赁给任何部门和单位使用,只要符合用户的要求就能使用。

② 专用网。为一个或几个部门所拥有,它只为拥有者提供服务。由某个组织(企业、政府部门或联合体)建设、管理和拥有,具有内部资源的安全性和保密性效应。

3. 按网络的传输介质分类

网络按传输介质(媒体)的不同可分为有线网与无线网。

① 有线网。有线网是采用如双绞线、同轴电缆或光纤等物理介质传输数据的网络。

② 无线网。无线网是采用无线电波、微波、红外线、卫星或激光等形式来传输数据的网络。

4. 按网络的拓扑结构分类

计算机网络的拓扑结构是把网络中的计算机和通信设备抽象为一个点,把传输介质抽象为一条线,由点和线组成的几何图形。计算机网络按拓扑结构可分为:总线型网、环型网、星型网、树型网和网状型网等。计算机网络的拓扑结构不同,所采用的传输方式和通信控制协议也不同。

① 总线型网。在一条单线上连接着所有的工作站(网络上的计算机常称为工作站)和共享设备(文件服务器、打印机等),采用广播式的数据传输方式,其特点是结构简单、便于扩充,如图 3-2-1 所示。

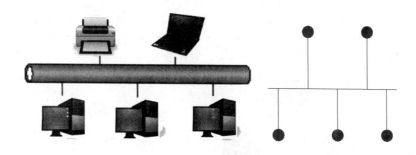

图 3-2-1　总线型网的示意图和拓扑图

② 环型网。通过传输介质将工作站、共享设备连接成一个闭合的环,采用点对点的数据传输方式,如图 3-2-2 所示。其特点是信息在网络中沿固定方向流动,两个节点间有唯一的通路,可靠性高。它安装容易,费用较低,电缆故障容易查找和排除,在局域网中常被采用。由于

整个网络构成闭合的环，当节点发生故障时，整个网络就不能正常工作，故网络扩充起来不太方便。

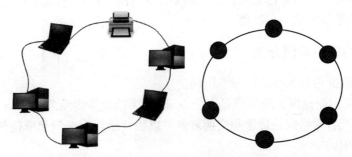

图 3-2-2　环型网的示意图和拓扑图

③ 星型网。以中央节点为中心与各节点连接，采用点对点的数据传输方式。其特点是系统稳定性好，故障率低。由于任意两个节点间的通信都要经过中央节点，中央节点一旦出现故障会导致全网瘫痪，所以要求中央节点具有很高的可靠性。目前的局域网大多数采用星型结构，中央节点大多采用可靠性很高的交换机（Switch），节点间则以廉价的双绞线相连，如图 3-2-3 所示。

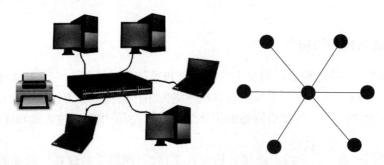

图 3-2-3　星型网的示意图和拓扑图

④ 树型网。树型结构是从星型结构变化而来的，各节点按一定层次连接起来，形状像一棵"根"朝上的树，最顶端只有一个节点。在树型结构的网络中有多个中心节点，形成一种分层级管理的集中式网络。树型结构网络的传输介质一般采用同轴电缆，用于军事单位、政府部门等上、下界限相当严格和层次分明的单位或部门，如图 3-2-4 所示。树型拓扑结构容易扩展、

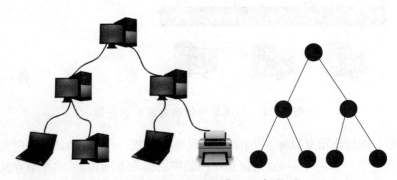

图 3-2-4　树型网的示意图和拓扑图

故障也容易分离处理,但是整个网络对根的依赖性很大,一旦网络的根发生故障,整个系统将不能正常工作。

⑤ 网状型网。网状结构的网络是由分布在不同地理位置的计算机经传输介质和通信设备连接而成的,每两个节点之间的通信链路可能有多条。网状结构的优点是系统可靠性高,缺点是结构复杂,联网成本较高,如图 3-2-5 所示。

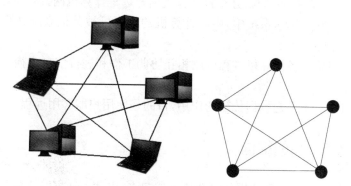

图 3-2-5　网状型网的示意图和拓扑图

5. 按通信的传播方式分类

网络按通信的传播方式可分为点对点式网络与广播式网络。

① 点对点式网络。它是以点对点的连接方式,把各个计算机连接起来的。这种传播方式的网主要用于局域网中,其主要结构有环型、星型、树型和网状型。信息沿着经过的每台计算机或通信设备进行传输。

② 广播式网络。它是用一个共同的传输介质把各个计算机连接起来的。主要有通过同轴电缆连接起来的总线型网络;以微波、卫星方式传播的广播式网,适用于远程网。在广播式网络中,仅有一个公共通信信道供网络上所有用户共享。任一时间内某用户计算机利用通信信道发送数据时,其他网络节点只能接收而不能发送,且仅为指定的用户计算机才能接收信息。

6. 按网络的交换功能分类

网络按交换功能可分为电路交换网、报文交换网、报文分组交换网和混合交换网。

① 电路交换网。电路交换网在通信期间始终使用该信道,并且不允许其他用户使用。通信结束后方才释放所建立的信道。电路交换的通信过程分为三个阶段:信道建立阶段、数据通信阶段和信道释放阶段。

② 报文交换网。报文交换网基于存储转发机制,当源主机和目的主机通信时,不管目的主机是否接通,都让源主机发送信息。网络中的中继节点(交换器)只起传递信息的作用,即先将源主机发来的一份完整信息作适当处理,报文存储在交换器的缓冲区中,然后再根据报头中的目的地址,选择一条相应的输出链路。若该链路空闲,便将报文按报头中的目的地址发送至目的主机。若输出链路忙,则将信息在缓冲区中暂存,待链路有空即行发送。

③ 报文分组交换网。报文分组交换网与报文交换网一样,采用存储转发的方式。为避免报文过长导致发送时的线路交换延迟效应,它先将一份长的报文划分成若干定长的报文分组,以报文分组作为传输的基本单位进行传输,每个分组自行寻找路由,在目的节点再组装成

报文。

④ 混合交换网。混合交换网在一个数据网中同时采用电路交换和报文分组交换两种方式进行数据交换。既有实时效应，又融合存储转发机制。

7. 按网络的用途分类

网络按用途可分为资源共享网、分布式计算机网与远程计算机网。

① 资源共享网。在该网络系统中，中心计算机的资源可被其他系统共享，使得用户可以共享网络中的各种资源。

② 分布式计算机网。各计算机进程可以相互协调工作和进行信息交换，以此共同完成一个大的、复杂的任务。

③ 远程计算机网。主要起数据传输的作用，目的是使用户能够用远程主机。

3.2.2 计算机网络体系的结构

计算机网络将多个计算机系统用传输介质互连起来，以达到数据共享的目的，其中贯穿着数据通信的实现、各通信节点间数据信息和控制信息的流动、各通信数据交换的规则与层次化运作机制等相关内容。网络体系结构也就是构成计算机网络的软硬件产品的标准。

1. 网络协议

网络协议（Network Protocol）是计算机网络中相互通信的对等实体间为进行数据通信而建立的规则、标准或约定。它是一组使网络中的不同设备能进行数据通信，而预先制定的一整套通信双方相互了解和共同遵守的格式和约定。

网络协议是网络通信的语言，是通信的规则和约定。网络协议由语义、语法、时序三个要素构成。

① 语义：指构成协议元素的含义，包括需要发出何种控制信息，完成何种动作及做出何种应答。

② 语法：指数据或控制信息的格式或结构形式。

③ 时序：指事件执行的顺序及其详细说明。

也就是说，语义规定通信双方准备"讲什么"，确定协议元素的种类；语法规定通信双方"如何讲"，确定数据的格式、信号电平；时序说明了事件出现与执行的先后顺序。

2. 开放系统互连参考模型（OSI/RM）

由于不同的网络体系结构有不同的网络分层和协议，使得不同网络间难以进行通信，因此迫切需要有一个公认的标准。因此，国际标准化组织 ISO 通过研究异种计算机网络间的通信标准，提出了"开放系统互连参考模型"（Open System Interconnection Reference Model, OSI/RM）的国际标准，即 OSI/RM 参考模型。

OSI/RM 参考模型提供了一个在概念上和功能上实现开放系统互连的体系结构，规定了开放系统中各层间提供的服务和通信时需要遵守的协议。若各种计算机和信息处理系统符合OSI/RM 标准，则无论系统采用何种硬件构架，使用什么操作系统，都可互连和交换信息。遵循这组规范，可以很方便地实现计算机之间的通信。

OSI/RM 参考模型将计算机网络体系结构分为七层,从低到高依次为物理层、数据链路层、网络层、传输层、会话层、表示层和应用层。在 OSI/RM 中,每个层都有相对独立的明确功能,而每一层的功能都依赖于下一层提供的服务,并为上一层提供必要的服务,相邻两层间通过界面接口进行通信。模型的一到四层是面向数据传输的,而五到七层则是面向应用的。物理层直接负责物理线路的传输,最上面的应用层直接面向用户。OSI/RM 参考模型的七层协议结构如图 3-2-6 所示,其中数据通信交换节点只有最低三层,称为中继开放系统。图中也可看出网络中任意两个系统端点间的通信过程。

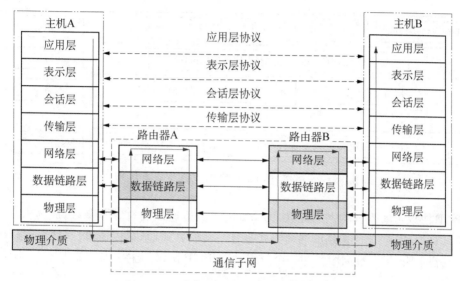

图 3-2-6　OSI/RM 参考模型结构及协议

计算机网络通常被划分为通信子网和资源子网。通信子网(Communication Subnet)是指网络中实现网络通信功能的设备及其软件的集合,通信设备、网络通信协议、通信控制软件等属于通信子网,是网络的内层,负责信息的传输。资源子网(Resources Subnet)是指用户端系统(局内调度自动化网、MIS 网和变电站的局域网),包括用户的应用资源,如服务器、故障收集计算机、外设、系统软件和应用软件。从计算机网络各组成部件的功能来看,各部件主要完成两种功能,即网络通信和资源共享。把计算机网络中实现网络通信功能的设备及其软件的集合称为网络的通信子网,而把网络中实现资源共享功能的设备及其软件的集合称为资源子网。通信子网提供信息传输服务,资源子网提供共享资源。通信子网的设备工作在 OSI/RM 协议的物理层、数据链路层、网络层和传输层,资源子网的设备工作在 OSI/RM 协议的应用层。

3. 互联网体系结构(TCP/IP)

在互联网所使用的各种协议中,最重要和最著名的是 TCP(Transmission Control Protocol)和 IP(Internet Protocol)两个协议。TCP/IP 并不一定单指这两个具体协议,而是表示互联网所使用的整个协议族,称为 TCP/IP 协议族(Protocol Suite)。

所有连接到互联网上的计算机都依据共同遵守的通讯协议传递信息,称为 TCP/IP 协议。由于 ISO OSI/RM 标准的制定与开发速度跟不上互联网的迅速发展,从而导致由厂商和市场推动的比较简单的 TCP/IP 体系结构成为互联网事实上的标准,使用 TCP/IP 协议的硬件和软件产品大量出现，几乎所有联网的个人计算机都配有 TCP/IP 协议。TCP/IP 协议族成为互联网上广泛使用的标准网络通信协议。

　　互联网体系结构以 TCP/IP 协议为核心。其中 IP 协议用来给各种不同的通信子网或局域网提供一个统一的互联平台，TCP 协议则用来为应用程序提供端到端的通信和控制功能。应该指出，技术的发展并不是遵循严格的 OSI 分层概念，实际上现在互联网使用的 TCP/IP 协议网络体系结构已经演变成如图 3-2-7 所示的结构。TCP/IP 协议分为 4 层，即网络接口层、网络层（或网际层）、传输层和应用层。

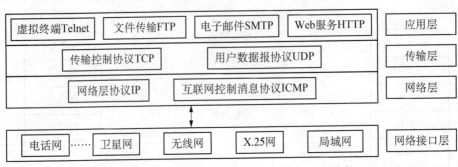

图 3-2-7　基于 TCP/IP 协议的网络体系结构

　　TCP/IP 协议可实现异构网络互联，为 Internet 的迅速发展打下了基础，成为 Internet 的基本协议。TCP/IP 协议所采用的通信方式是分组交换方式，基本传输单位是数据报，数据在传输时分成若干段，每个数据段称为一个分组。TCP/IP 协议的主要内容如表 3-2-1 所示。

表 3-2-1　TCP/IP 各层协议

层次	主 要 协 议
应用层	TELNET、HTTP、SMTP、FTP、DNS、DSP……
传输层	TCP、UDP……
网络层	IP、ICMP、ARP、PARP、UUCP……
网络接口层	ETHERNET、ARPANET、PDN……

3.2.3　计算机网络的常用设备

1. 网络互联设备

　　网络互联的目的是为了实现网络间的通信和更大范围的资源共享。常用的网络互联设备有中继器、集线器、网桥、交换机、路由器和网关。

(1) 中继器和集线器

　　中继器（Repeater）是用来放大或再生接收到的信号的。中继器主要用于扩展传输距离，不具备自动寻址能力，通过中继器互联的网段属于同一个竞争域。中继器因为其端口数量少，目前已经很少使用,集线器(HUB)就是一个多端口的中继器。中继器如图 3-2-8 所示,集线器如图 3-2-9 所示。

图 3-2-8　中继器

图 3-2-9　集线器

集线器的功能与中继器相同,其实质就是一个中继器,但它是一个可以多台设备共享的设备。所有传输到 HUB 的数据均被广播到与之相连的各个端口,通过 HUB 互联的网段属于同一个竞争域。

根据总线带宽的不同,HUB 分为 10M、100M 和 10/100M 自适应三种;若按配置形式的不同可分为独立型 HUB、模块化 HUB 和堆叠式 HUB 三种;根据管理方式的不同可分为智能型 HUB 和非智能型 HUB 两种。HUB 端口数目主要有 8 口、16 口和 24 口等。

在通过增加网段来延长网络距离的情况中,需要使用中继器或者集线器。

(2) 网桥和交换机

网桥(Bridge)和交换机(Switch)是工作在数据链路层的设备,更具体地说是工作在局域网中数据链路层的介质访问控制子层(MAC)的互联设备。网桥负责在数据链路层将信息进行存储转发,一般不对转发帧进行修改。交换机是更先进的网桥,除了具备网桥的基本功能外,还能在节点之间建立逻辑连接,为连续传输大量数据提供有效的速度保证。网桥如图 3-2-10 所示,交换机如图 3-2-11 所示。

图 3-2-10　网桥

图 3-2-11　交换机

交换机工作在数据链路层,能够在任意端口提供全部的带宽;交换机能够构造一张 MAC 地址与端口的对照表(俗称“转发表”)来进行转发,根据数据帧中 MAC 地址转发到目的网络。交换机支持并发连接,多路转发,从而使带宽加倍。

(3) 路由器

路由器(Router)是计算机网络互联的桥梁,是连接计算机网络的核心设备。

路由器工作在网络层,其作用:一是连通不同的网络,二是选择信息传送的线路。路由器的操作对象是数据包,利用路由表比较进行寻址,选择通畅快捷的近路,这能大大提高通信速度,减轻网络系统通信负荷,节约网络系统资源,提高网络系统畅通率,从而让网络系统发挥出更大的效益来,如图 3-2-12 所示。

图 3-2-12　路由器

在进行计算机网络互联时,一般采用"交换机＋路由器"的连接方式。当只需要在数据链路层互联时,大部分情况是以太网的互联,尽量采用交换机;而当需要在网络层互联时,一般是局域网与因特网的互联,可采用路由器。

(4) 网关

网关(Gateway)是让两个不同类型的网络能够相互通信的硬件或软件。网关工作在OSI/RM 参考模型的传输层、会话层、表示层和应用层,即传输层到应用层。网关是实现应用系统级网络互联的设备,如图 3-2-13 所示。

图 3-2-13　网关

网关的主要功能是完成传输层以上的协议转换,一般有传输网关和应用程序网关两种。传输网关是在传输层连接两个网络的网关,应用程序网关是在应用层连接两部分应用程序的网关。网关既可以是一个专用设备,也可以用计算机作为硬件平台,由软件实现其功能。

2. 网络接入设备

在因特网飞速发展的今天,几乎所有的个人计算机和网络都会与因特网连接,以实现数据通信、资源共享的目的。因特网接入是指一台计算机或者一个局域网与因特网相互连接。网络接入设备主要有调制解调器、无线路由器等。

(1) 调制解调器

调制解调器(modem)是一种将数字信号调制成模拟信号,又能将模拟信号解调成数字信号的装置。个人计算机(PC 机)若要通过电话线接入因特网,就必须使用调制解调器来转换这两种不同的信号。当 PC 机向因特网发送信息时,由于电话线传输的是模拟信号,所以必须用调制解调器把数字信号转换成模拟信号后才能传送到因特网上,这个过程叫作"调制"。当 PC机从因特网上获取信息时,由于通过电话线从因特网传来的信息都是模拟信号,所以 PC 机想要能看懂它们,还必须借助调制解调器将模拟信号转换成数字信号,这个过程叫作"解调"。调制解调器就是由调制器和解调器这两个名词合并而成的。
如果没有特别的说明，调制解调器是指在一条标准的电话
线上提供双向同时的数字通信的设备，如图 3-2-14 所示。

ADSL 调制解调器（ADSL Modem）是为非对称用户
数字线路（Asymmetric Digital Subscriber Line，ADSL）提
供调制信号和解调信号的设备，最高支持 8 Mb/s 的下行速
率和 1 Mb/s 的上行速率，抗干扰能力强，适用于普通家庭
用户。

图 3-2-14　调制解调器

线缆调制解调器（Cable Modem）用于将计算机接入有线电视网络，实现网络操作。

(2) 无线路由器

无线路由器是带有无线覆盖功能的路由器，主要应用于用户
上网和无线覆盖。无线路由器可以与以太网间的 ADSL Modem 或
Cable Modem 直接相连，也可以通过交换机/集线器、宽带路由器等
接入局域网。其内置有简单的虚拟拨号软件，可以存储用户名和
密码拨号上网，可以为 ADSL Modem、Cable Modem 等提供自动
拨号功能，而无须手动拨号或占用一台电脑作为服务器使用，如
图 3-2-15 所示。此外，无线路由器一般还具备一定的安全防护
功能。

图 3-2-15　无线路由器

3.2.4　计算机网络的发展

1. 宽带网络

宽带网络一般指的是带宽超过 155 Kb/s 以上的网络。和宽带网对应的是窄带网络。宽
带网络可分为宽带骨干网和宽带接入网两个部分。

① 宽带骨干网。骨干网又称为核心交换网，基于光纤通信系统，能实现大范围（在城市之
间和国家之间）的数据流传送，通常采用高速传输网络、高速交换设备（如大型 ATM 交换机和
交换路由器）。电信业一般将传输速率达到 2 Gb/s 的骨干网称作宽带网。

② 宽带接入网。接入网技术可根据所使用的传输介质的不同分为光纤接入、铜线接入、
混合光纤同轴接入和无线接入等多种类型。

我国已建成了全球规模最大的固定宽带网络，全国地级以上城市均已实现光纤网络全面
覆盖。随着网络性能、网络速率的提升以及资费的下降，在很大程度上支撑了我国经济的转型
升级，从信息消费来看，宽带网络创造了更加丰富的信息服务内容，有效带动了抖音、快手等短
视频以及网络直播等大流量应用的发展。

2. 全光网络

全光网络以光节点取代现有网络的电节点，并用光纤将光节点互连成网，采用光波完成信
号的传输、交换功能。与传统通信网和现行的光通信系统相比，全光网络具有六大优势：

① 全光网络能够提供巨大的带宽。全光网络对信号的交换都在光域内进行，可最大限度

地利用光纤的传输容量。

② 全光网络具有传输透明性。全光网络采用光路交换，以波长来选择路由，对传输码率、数据格式以及调制方式具有透明性。

③ 全光网络具有良好的兼容性。它不仅可以与现有的网络兼容，还可以支持未来的宽带综合业务数据网以及网络的升级。

④ 全光网络具备可扩展性。新节点的加入并不会影响原来网络结构和原有各节点设备。

⑤ 全光网络具有可重构性。可以根据通信容量的需求，动态地改变网络结构，并可对光波长的连接进行恢复、建立、拆除。

⑥ 全光网络中采用较多的无源器件，省去了庞大的电光、光电转换设备，不仅便于维护，还大幅度提升了网络整体的交换速度，提高了可靠性。

全光网是 5G 最理想的承载技术，中国电信在"全光网 1.0"实践成功的基础上为应对 5G 业务挑战已全面开启"全光网 2.0"，以打造具有中国电信特色的信息基础设施，形成新一代云化全光化的智能网络。

3. 多媒体网络

多媒体网络是指能够传输多媒体数据的通信工程网络系统，是网络技术和多媒体技术结合的产物。多媒体网络需要满足多媒体信息传输的交互性和实时性要求。主要有：

① 高传输带宽要求。以分辨率为 640×480（像素分辨率为 24 b）真彩色图像为例，如以每秒 25 帧动态显示，则需要通信带宽为 184 Mb/s（640×480×24×25），这样的带宽要求是很难实现的，一般采用压缩技术来减少对带宽的要求，常用的压缩标准有 ITU-T 的 H.261、H.263 和 ISO 的 MPEC 等。

② 对多媒体传输有连续性、实时性和通信带宽的要求。不同类型的数据对传输的要求不同。如语音数据的传输对实时性要求较强，对通信带宽的要求则不高；高质量的视频通信对实时性和通信带宽的要求都很高。

③ 对多媒体传输有同步的要求。即要在传输过程中必须保持多媒体数据之间在时序上的同步约束关系。

④ 具有多方参与通信的特点。如视频会议要求任何成员之间可以通信，视频点播要求视频服务器可以同时将视频数据发向多个用户。

典型的网络多媒体系统有：网络视频会议系统、分布式多媒体交互仿真系统、远程教学系统与远程医疗系统等。随着网络技术和多媒体技术的不断发展，多媒体网络的应用将更加普及和完善。

4. 移动网络

移动计算是将计算机网络和移动通信技术结合起来，为用户提供移动的计算环境。其作用是可以在任何时间都能够及时、准确地将有用信息提供给在任何地理位置的用户。如用户在汽车、飞机或火车里可随时随地办公，从事远程事务处理、现场数据采集、股市行情分析、战场指挥、异地实时控制等。主要技术有：

① 蜂窝式数字分组数据（CDPD）通信平台。其特点是可移动和无线。

② 无线局域网（WLAN）。以微波、激光、红外线等无线电波来部分或全部替代有线局域网中的同轴电缆、双绞线、光纤，以实现移动计算网络中移动节点的物理层和数据链路层的各

功能,构成无线局域网。

③ Ad hoc 网络。Ad hoc 网络是一种由一组用户群构成,不需要基站,没有固定路由器的移动通信模式。所有用户都可能移动,并且系统支持动态配置和动态流控制,每个系统都具备动态搜索、定位和恢复连接的能力。

④ 无线应用协议 WAP。WAP 是移动通信设备与 Internet 或其他业务之间进行通信的开放性、全球性的标准。它能让用户使用内置浏览器在移动通信设备的屏幕上访问 Internet,可以使具备 WAP 功能的移动通信设备直接上网。

随着我国经济形式的多样化发展,移动网络技术将进一步发展,同时,先进技术也支撑着移动网络产业发展。目前,移动网络的应用已经深入我国的方方面面,未来,移动网络的发展将进一步推动我国智能化水平的不断提高。

习题与实践

简答题

(1) 请简述 OSI/RM 模型与 TCP/IP 模型的异同。

(2) 请简述集线器和交换机的异同。

(3) 请简述无线路由器的主要功能。

3.3 互联网基础及应用

互联网（Internet）又称网际网络，也称因特网，始于 1969 年美国的阿帕网（Advanced Research Project Agency Network，ARPANet）。它是网络与网络之间所串连成的庞大网络，这些网络以一组通用的协议（protocol）相连，形成逻辑上的单一巨大的国际网络。这种将计算机网络互相联接在一起的方法可称作"网络互联"，在这基础上发展出覆盖全世界的全球性互联网络称互联网。

3.3.1 互联网的基础

20 世纪 70 年代初，阿帕网的研制成功，标志着计算机通信网络的问世。互联网上的用户可以共享整个网络上所有的软件、硬件资源。这种通信网络的功能是让计算机进行相互之间的信息交换和传输，这也是互联网的雏形。

互联网是利用通信设备和线路将分布在不同地理位置的具有独立功能的多台计算机网络互联，遵照网络协议及网络操作系统进行数据通信，实现资源共享和信息传递的系统。互联网是计算机终端、客户端、服务端、网络设备按照一定的通信协议组成的国际计算机网络，它是无数个信息网络的集合。互联网具有四层内涵：

第一，互连计算机系统是一个完整、独立的系统，拥有自己的软、硬件，能够单独对信息进行加工处理。自主的计算机间不存在制约与被制约的关系。

第二，计算机间互连是在一定的计算机通信设备和连接媒体基础上实现的，包括网卡、线缆、集线器、交换机和路由器等。

第三，不同计算机系统间进行互连必须有共同的语言、遵循相同的通信规则，即事先要约定一套通信协议。

第四，计算机互连而构成网络的最主要功能和目的是实现资源共享和数据通信。当今的 Internet 网络上就包括了众多网络系统的互联，其中涵盖了海量的信息资源供人们共享，并通过通信传输方式来实现。

1. IP 地址

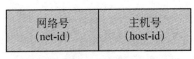

图 3-3-1　IP 地址结构

互联网上的主机要完成通信，就需要彼此识别身份，也就是说每台主机都必须有一个唯一的地址来标识。互联网采用 IP 地址表示该主机在网上的位置，也叫主机网际协议地址，犹如电话系统中每台接入电话网络的具有标识效用的电话号码。IP 地址由两部分组成：网络号和主机号，其结构如图 3-3-1 所示。网络号（net-id）标识互联网中一个特定网络；主机号（host-id）标识网络中主机的一个特定连接。目前，IP 地址使用 32 位二进制地址格式，并且在整个互联网中是唯一的。为了避免地址冲突，互联网中的所有 IP 地址都是由一个中央权威机构 SRI 的网络信息中心 NIC(Network Information Center)分配的。

IP 地址采用点分十进制记法来提高可读性,通常用带点的十进制标记法来书写。IP 地址被划分为 4 段,分别写成 4 个十进制数,段间用圆点隔开,每个十进制数(从 0 到 255)表示 IP 地址的一个字节。例如:192.168.16.129(对应的二进制数为:11000000、10101000、00010000、10000001)。

IP 地址具有如下两个重要性质:

① 每台主机的 IP 地址在整个互联网中是唯一的。

② 网络地址在互联网范围内统一分配,主机地址则由该网络本地分配,即当一个网络获得一个网络地址后,可以自行对本网络中的每台主机分配主机地址,主机地址部分只需在本网络中唯一即可。

2. IP 地址的分类

为适应不同规模网络的需要,Internet 委员会将 IP 地址分为 5 类:A 类、B 类、C 类、D 类和 E 类,适合不同容量的网络,如图 3-3-2 所示。其中 A 类、B 类和 C 类地址是基本的互联网地址,是供用户使用的地址,所规定的网络地址与主机地址的空间分别与它们相应的长度相关。D 类地址被称为多播地址,E 类地址尚未使用(保留给将来的特殊用途)。我们可以根据网络地址的前面几位确定地址的类型。

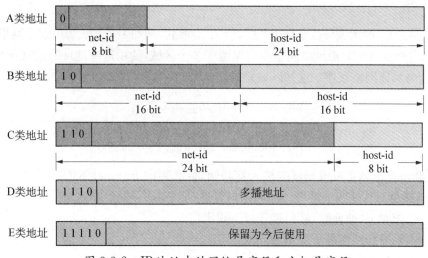

图 3-3-2　IP 地址中的网络号字段和主机号字段

A 类地址以"0"开头,适用于一个网络中主机数超过 65534 的超大型网络,总共有 126 个 A 类地址,每个 A 类地址内最多可以有 $2^{24}-2=16777214$ 台主机。B 类地址以"10"开头,适用于一个主机数超过 254 而小于 65535 的大、中型网络,总共有 16382 个 B 类地址,每个 B 类地址最多有 $2^{16}-2=65534$ 台主机。C 类地址以"110"开头,用于主机数量不多的小型网络,每个 C 类地址最多有 $2^{8}-2=254$ 台主机,总共有 200 多万个 C 类地址。D 类地址以"1110"开头,用于多点广播。E 类地址以"11110"开头,被保留供将来使用。NIC 在分配 IP 地址时,只指定地址类型(A,B,C)和网络号,而网络上各台主机的地址由申请者自己分配。其中,A、B、C 类为基本类,表 3-3-1 给出了基本类 IP 地址空间列表。

表 3-3-1 基本类 IP 地址空间列表

类别	第一字节	网络号位数	最多网络数	主机号位数	网络中最多主机数	地址范围
A	0～127	7 位	126	24 位	16777214	0.0.0.0—127.255.255.255
B	128～191	14 位	16382	16 位	65534	128.0.0.0—191.255.255.255
C	192～223	21 位	2097150	8 位	254	192.0.0.0—223.255.255.255

3. 特殊 IP 地址

在 A、B、C 类中，有少量 IP 地址不可分配给主机，仅用于特殊用途，即特殊 IP 地址。包含特殊意义的地址有以下几种：

① 自测试地址：127.X.X.X，用来访问本机，一般使用 127.0.0.1。

② 全 0 地址：0.0.0.0，表示"本网络中的本主机"，用于机器启动时与其他机器之间的通信，机器一旦知道自己的 IP 地址后就不再使用。

③ 广播地址：网内编号位全部为 1 时，表示在本网络内进行广播。例如 168.126.255.255，表示将数据广播到网络 168.126 中的所有主机上。

④ 有限广播地址：255.255.255.255，在不知道本网网络编号时，可以用这个地址来实现本网内的广播。

⑤ 网络地址：网内编号位全部为 0 时，表示本网络。例如 168.126.0.0，表示网络 168.126。

⑥ 私有地址：在 IP 地址空间中专门保留了 3 个区域，使用这些地址只能在网络内部进行通信，不能与其他网络互连。这些区域是：

$$10.0.0.0—10.255.255.255$$
$$172.16.0.0—172.31.255.255$$
$$192.168.0.0—192.168.255.255$$

用户要将自己的主机或局域网接入互联网，就必须向 Internet NIC（网络信息中心）申请 IP 地址，以避免与其他网络冲突。国内用户可通过 CNNIC 申请 IP 地址。

因此，在配置 IP 地址时，必须遵守以下规则：

第一，主机号和网络号不能全为 0 或 255。

第二，网络号不能为 127。

第三，一个网络中的主机的 IP 地址是唯一的。

4. IPv4 与 IPv6

IPv4 是 Internet Protocol version 4（网络协议版本 4），简称为"网协版 4"。IPv4 中规定的 IP 地址长度为 32，目前互联网的 IP 协议的版本是 IPv4。

IPv6 是 Internet Protocol version 6（网络协议版本 6），简称为"网协版 6"。IPv6 中规定的 IP 地址长度为 128，目的是取代现有的 IPv4。IPv4 的设计思想成功地造就了目前的国际互联网。但随着新应用的不断涌现，传统的 IPv4 协议已经难以支持互联网的进一步扩张和新业务的特性，比如实时应用和服务质量保证等。IPv6 彻底解决了 IPv4 地址不足的难题，它正处在不断发展、完善和商用的过程中,在不久的将来将取代目前被广泛使用的 IPv4。

IPv6 与 IPv4 相比有以下特点和优势:

① 更大的地址空间。IPv4 中规定的 IP 地址长度为 32,即有 $2^{32}-1$ 个地址;而 IPv6 中 IP 地址的长度为 128,即有 $2^{128}-1$ 个地址。

② 更小的路由表。IPv6 的地址分配一开始就遵循聚类(Aggregation)的原则,这使得路由器能在路由表中用一条记录(Entry)表示一片子网,大大减小了路由器中路由表的长度,提高了路由器转发数据包的速度。

③ 增强的组播(Multicast)支持以及对流控的支持(Flow-control),使得网络上的多媒体应用有了长足发展的机会,为服务质量(QoS)控制提供了良好的网络平台。

④ 加入了对自动配置(Auto-configuration)的支持。这是对 DHCP 协议的改进和扩展,使得网络(尤其是局域网)的管理更加方便和快捷。

⑤ 更高的安全性。在使用 IPv6 的网络中,用户可以对网络层的数据进行加密并对 IP 报文进行校验,这极大地增强了网络的安全性。

5. 域名系统

采用 IP 地址来标识互联网是十分有效的,但作为数字的 IP 地址既难记忆也不便于从键盘输入,相比数字,人们更擅长对名字的记忆,因此互联网引进了方便记忆的、富有含义的字符形 IP 地址,即域名。互联网设立专门的机构管理名字,采用分级管理名字的方法来管理域名,并且每一级的名字都是各不相同的。

(1) 域名

域名其实就是入网计算机或计算机组的名字,它的作用就像寄信需要写明人们的名字、地址一样重要,一一对应地标识计算机的 IP 地址,故域名在互联网上是唯一的。为此互联网规定了一套命名机制,称为域名系统(Domain Name System,DNS)。在互联网上,按域名系统定义的、作为服务器的计算机的名字称为域名(domain name)。

域名其实就是名字,由于使用分级管理,互联网使用多级的域,因此就出现了"域名"这个名词。加入互联网的各级网络依照 DNS 的命名规则对本网内的计算机命名,并负责完成通信时域名到 IP 地址的转换。域名的一般形式为:

主机名. 网络名. 机构名. 顶级域名

比如:清华大学向互联网提供网站服务的计算机的域名是:www. tsinghua. edu. cn。其顶级域名是 cn,表示这台主机在中国这个域;edu 表示该主机为教育领域的;tsinghua 表示清华大学的网络名;最左边的子域是 www(通常为 Web 服务器的子域名),表示该主机的名字。若要登录清华大学网的 Web 服务器,人们可以利用它的域名或 IP 地址,但域名显得更直观,便于记忆。这就是使用域名的方便所在。

(2) 顶级域名

不同的子域由不同层次的机构分别进行命名和管理。互联网有关机构对顶级域名(最高层域名)进行命名和管理,这些顶级域名可分成两大类。一类是基于机构的性质(如表 3-3-2 所示),另一类按照地理位置名称来表征(如表 3-3-3 所示)。当然机构名(二级域名)也可基于此法分类。

表 3-3-2　基于机构性质的顶级域名表

域名	组织	域名	组织	域名	组织	域名	组织
com	商业机构	edu	教育部门	gov	政府部门	mil	军事部门
int	国际组织	net	网络组织	org	非营利组织		

表 3-3-3　基于地理区域的顶级域名表

域名	国家/地区	域名	国家/地区	域名	国家/地区
CN	中国	UK	英国	FR	法国
RU	俄罗斯	DE	德国	IT	意大利
US	美国	HK	香港	SE	瑞典
JP	日本	CH	瑞士	NL	荷兰
CA	加拿大	TW	台湾	KR	韩国

域名的命名规则如下：

① 域名无大小写之分。

② 域名最长为 255 个字符，每一段最长为 63 个字符。

③ 域名只包含 26 个英文字母、数字和连词号"-"。

(3) 域名解析

互联网上的计算机是通过 IP 地址来定位的，给出一个 IP 地址就可以找到互联网上的某台主机。而因为 IP 地址难于记忆，又有了域名，以此来代替 IP 地址。但通过域名并不能直接找到要访问的主机，需要将域名转换为 IP 地址，这个过程就是域名解析，其中负责将域名解析成为 IP 地址的服务器就叫作域名解析服务器。总之，要访问一台互联网上的服务器，最终还是必须通过 IP 地址来实现，域名解析就是将域名重新转换为 IP 地址的过程。一个域名只能对应一个 IP 地址，而多个域名可以同时被解析到一个 IP 地址。域名解析需要由专门的域名解析服务器来完成。

3.3.2　构建无线网络的工作环境

无线局域网作为传统有线网络的补充，具有组网灵活、易于扩展、高效便捷、无须铺设电缆等优势，已成为当前非常流行的一种局域网组网方式。

IEEE 802 委员会于 1997 年制定了无线局域网的第一个标准版本 802.11，其中定义了媒体访问控制层（MAC 层）和物理层。在随后，该标准不断完善，形成了一系列标准。例如，IEEE 802.11g 于 2003 年被提出，其工作在 2.4GHz 信道上，传输速率为 54Mb/s。随后，IEEE 802.11n 被提出，增加了对于多天线传输的支持，使用多个发射和接收天线提高数据传输速率，增强传输距离。近年来，IEEE 802.11ac 被提出，通过 5GHz 频段提供高通量的无线局域网，理论上能够提供高达每秒数 Gb 的传输速率。此外，IEEE 802.11ax 标准已在制定中,其支持 2.4GHz 和 5GHz 频段,向下兼容 802.11a/b/g/n/ac,可以提供更高和更稳定的传输速度。

值得一提的是,Wi-Fi 是一个无线网络通信技术的品牌,由 Wi-Fi 联盟(Wi-Fi Alliance)所持有,其目的是改善基于 IEEE 802.11 标准的无线网络产品之间的互通性。有时人们会把 Wi-Fi 及 IEEE 802.11 混为一谈,甚至把 Wi-Fi 等同于无线网络,其实两者并不完全等同。

无线局域网支持两种工作模式:有基站模式和无基站模式。在有基站模式下,所有通信都经过基站。基站也称为访问点(Access Point,AP)。在无基站模式下,移动站相互之间直接通信,这种模式有时也称为自组网络(ad hoc 网络)。本节着重介绍有基站模式下无线局域网的搭建。

1. WLAN 的硬件组成

无线局域网所需硬件设备与以太网相似,除计算机外,还包括无线网卡、无线访问点、无线中继器、无线网关、无线路由器、无线天线等。局域网中无线网卡的作用和以太网中网卡的作用基本相同,它作为无线局域网的接口,能够实现无线局域网各客户机间的连接与通信。无线访问点就是无线局域网的接入点。无线网关的作用类似于有线网络中的集线器。无线路由器可以看作一个转发器,将家中墙上接出的宽带网络信号通过天线转发给附近的无线网络设备(如笔记本电脑、支持 Wi-Fi 的手机、平板电脑以及所有带有 Wi-Fi 功能的设备)。

IEEE 802.11 标准规定了无线局域网的最小组成部分是基本服务集(Basic Service Set,BSS)。在有基站模式下,一个基本服务集包括一个基站和若干个移动站,基站作为主控管理这些移动站。一个基本服务集可以是孤立的,也可以通过基站连接到一个主干分配系统(Distribution System,DS),与其他连接到该分配系统的基本服务集一起构成一个扩展服务集(Extended Service Set,ESS)。通常,主干分配系统是一个有线的主干局域网。

图 3-3-3 就是一个有基站模式下的基本服务集示例。在该基本服务集中,所有移动站以基站为中心,所有通信都经过基站。基站设备可以是无线 AP 或具备了访问点功能的无线设备,如无线路由器等。

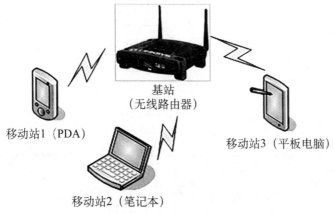

图 3-3-3　有基站模式 WLAN 的一个基本服务集(BSS)

2. Cisco Packet Tracer 的基本用法

为了能够快速方便地构建无线网络的工作环境，可以通过学习 Cisco Packet Tracer 仿真软件的基本用法，并学习使用 ping 命令和 ipconfig 命令等，来达到掌握无线局域网的搭建的目的。

Cisco Packet Tracer 是 Cisco 公司开发的一款用来设计和配置网络的仿真软件。使用者可以在其中创建网络拓扑，并通过图形接口配置该拓扑中的设备。软件还提供分组传输模拟功能，供使用者观察分组在网络中的传输过程。（"配套资源\第 3 章\PacketTracer53_setup.exe"为 Cisco Packet Tracer 仿真软件的安装程序）

例 3-1   Cisco Packet Tracer 的基本用法

(1) 配置无线路由器

① 选择"开始/Cisco Packet Tracer/Cisco Packet Tracer"命令，打开"Cisco Packet Tracer"软件的窗口，如图 3-3-4 所示。

② 在设备类型选择区域找到"Wireless Devices"并单击，在设备型号选择区域拖曳型号为"Linksys‐WRT300N"的无线路由器到网络拓扑设计区域，默认名为"Wireless Router0"。

③ 在网络拓扑设计区域单击"Wireless Router0"无线路由器，打开"Wireless Router0"配置窗口，如图 3-3-5 所示。

④ 单击"Config"选项卡，单击左侧"Wireless"按钮，进入无线网络配置界面，如图 3-3-6 所示。在右侧的"Wireless Settings"区域中，在 SSID 文本框中输入该无线路由器的热点名称，如"redianming"；单击"WPA2‐PSK"单选框，并在"PassPhrase"文本框中输入无线连接密码，如"00000000"。单击"关闭"窗口按钮，关闭"Wireless Router0"配置窗口。

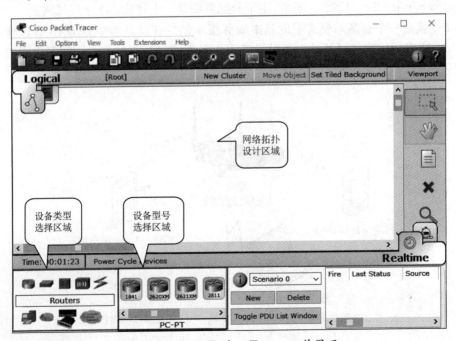

图 3-3-4   Cisco Packet Tracer 工作界面

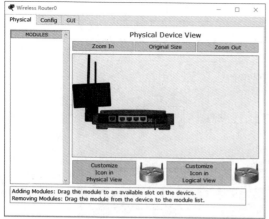

图 3-3-5 选择设备

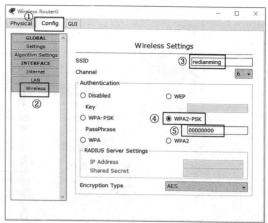

图 3-3-6 配置界面

(2) 配置主机

① 在设备类型选择区域找到"End Devices"并单击,在设备型号选择区域拖曳型号为"PC-PT"的"Generic"主机到网络拓扑设计区域,默认名为"PC0"。

② 在网络拓扑设计区域单击"PC0"主机,打开"PC0"配置窗口,如图 3-3-7 所示。单击红色圆形电源按钮(实心箭头指向处),关闭主机。主机关机后,关机按钮上方的电源指示灯也将熄灭。

③ 向下拖曳滚动条,显示出主机的网络接口,如图 3-3-8 中的实心箭头指向处。按虚线箭头方向拖曳默认已安装的网卡设备,释放后删除该设备。从左侧"MODULES"列表中,拖曳"Linksys-WMP300N"无线网卡至原网卡位置,释放后安装该设备。再次单击主机电源按钮,开启主机。

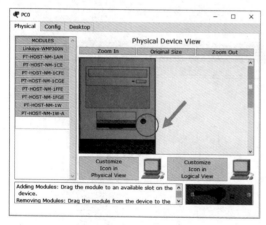

图 3-3-7 关闭主机

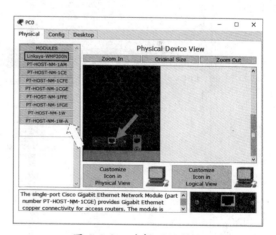

图 3-3-8 选择网络接口

④ 单击"Config"选项卡,单击左侧"Wireless"按钮,进入无线网络设置界面,如图 3-3-9 所示。在右侧"Wireless"区域中,在 SSID 文本框中输入与之前无线路由器中一致的热点名称,如"redianming"。单击"WPA2-PSK"单选框,并在"PassPhrase"文本框中输入与之前无线路由器中一致的无线连接密码,如"00000000"。单击"关闭"窗口按钮,关闭"PC0"配置窗口。

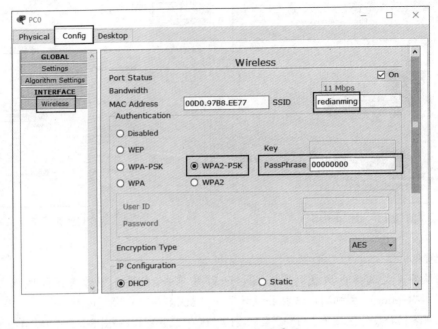

图 3-3-9　无线网络设置界面

⑤ 完成无线路由器和计算机的配置后，网络拓扑设计如图 3-3-10 所示。选择"File/SaveAs"命令，以文件名"LJG3-3-1. pkt"保存。单击"File/Exit"命令，退出 Cisco Packet Tracer。

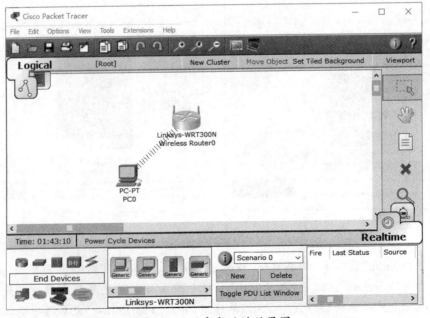

图 3-3-10　完成后的效果图

3. 构建无线局域网

例 3-2 使用 Cisco Packet Tracer 仿真构建无线局域网

打开"配套资源\第 3 章\L3-3-2.pkt"文件。由于仿真设备启动需要时间,因此可能需要在稍等片刻后,网线两端才会变为绿色(连通状态)。原始网络拓扑如图 3-3-11 所示。广域网内包含了一台"ISP"路由器、一台"WAN PC"计算机,已配置完成。广域网与局域网的边界处放置了一台"Wireless Router0"无线路由器,待配置。按下列要求进行操作,为局域网添加一台具有无线网卡的计算机和一台具有有线网卡的计算机,并配置这些计算机和无线路由器,使计算机能够访问广域网。完成后的网络拓扑如图 3-3-12 所示,网络配置参数如表 3-3-4 所示。

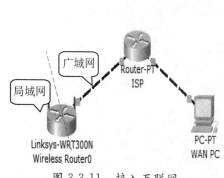

图 3-3-11　接入互联网

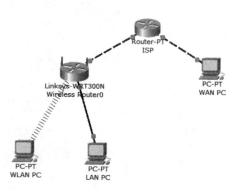

图 3-3-12　增加客户端

表 3-3-4　网络配置参数

路由器/计算机	IP 地址	子网掩码	默认网关	网络类型
WAN PC	10.10.10.2	255.255.255.0	10.10.10.1	广域网 (10.10.10.0 网络)
ISP 路由器与 WAN PC 的接口 (FastEthernet0/0)	10.10.10.1	255.255.255.0	无	广域网 (10.10.10.0 网络)
ISP 路由器与 Wireless Router0 的接口 (FastEthernet1/0)	10.10.20.1	255.255.255.0	无	广域网 (10.10.20.0 网络)
Wireless Router0 的 Internet 接口	10.10.20.2	255.255.255.0	10.10.20.1	广域网 (10.10.20.0 网络)
Wireless Router0 的局域网接口	192.168.0.1	255.255.255.0	无	局域网
LAN PC	DHCP	DHCP	DHCP	局域网
WLAN PC	DHCP	DHCP	DHCP	局域网

(1) 添加"LAN PC"主机

① 在设备类型选择区域找到"End Devices"并单击,在设备型号选择区域拖曳型号为"PC‑PT"的"Generic"主机到网络拓扑设计区域,默认名为"PC0"。单击主机图标下部的"PC0"名称,进入文字编辑状态,将其名称修改为"LAN PC"。

② 在设备类型选择区域找到"Connections"并单击,在设备型号选择区域选中型号为"Copper Straight‑Through"的网线。在网络拓扑设计区域中,单击"LAN PC"主机,在弹出的

菜单中选择"FastEthernet"命令，表示将网线一端接入"LAN PC"的"FastEthernet"接口；单击"Wireless Router0"路由器，在弹出的菜单中选择"Ethernet1"命令，表示将网线另一端接入"Wireless Router0"的"Ethernet1"接口。

③ 在网络拓扑设计区域单击"LAN PC"主机，打开"LAN PC"配置窗口，单击"Config"选项卡，单击左侧列表中的"FastEthernet"按钮，进入有线网络的配置界面。在"IP Configuration"区域，单击"DHCP"单选框，表示该接口从无线路由器自动获得 IP 地址等网络配置信息，如图 3-3-13 所示。

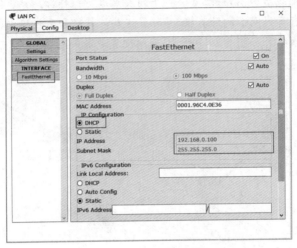

图 3-3-13　配置界面

(2) 配置无线路由器

在真实网络环境中，由于无法直接管理无线路由器，因此需要通过计算机来管理无线路由器。一般家用无线路由器都是以网页方式进行管理的。在本例中，我们通过"LAN PC"主机，以网页方式管理"Wireless Router0"路由器。

① 在"LAN PC"配置窗口，单击"Desktop"选项卡，单击"Web Browser"按钮，打开"LAN PC"主机中的浏览器，在地址栏输入"Wireless Router0"的 IP 地址（192.168.0.1），并输入管理员的用户名（admin）和密码（admin），如图 3-3-14 所示。注：在家用无线路由器底部，一般会写明路由器默认的 IP 地址，以及初始的管理员账号和密码（如果有）。

② 单击"OK"按钮，打开"Wireless Router0"的管理页面，如图 3-3-15 所示，两级导航链接位于管理页面上部。

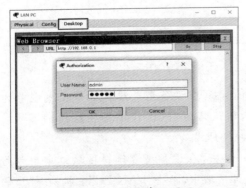

图 3-3-14　登录管理页面

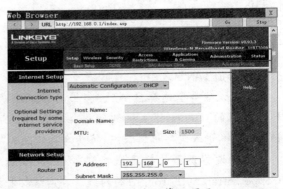

图 3-3-15　进入管理页面

③ 单击"Setup"导航链接,进入"Basic Setup"页面,在"Internet Connection Type"下拉列表中选择接入互联网的方式为"Static IP",按表 3-3-4 填入网络配置信息,如图 3-3-16 所示。注:本节范例不涉及域名访问,因此 DNS 服务器未做设置,但真实网络环境中应正确设置 DNS 服务器。向下拖曳网页,可以看到"Wireless Router0"中默认已启用了 DHCP 服务器功能,可以为局域网终端设备自动分配 IP 地址等网络配置信息,如图 3-3-17 所示。将页面拖曳至底部,单击"Save Settings"按钮,保存设置。单击"Continue"链接,返回设置页面。

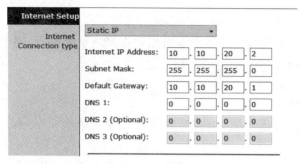

图 3-3-16　配置 IP 地址池

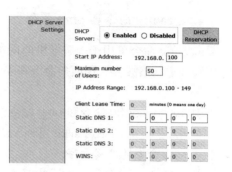

图 3-3-17　配置 DHCP 服务器

④ 单击"Wireless"导航链接,进入"Basic Wireless Settings"页面,在"Network Name (SSID)"文本框中修改热点名称,如"redianming",如图 3-3-18 所示。将页面拖曳至底部,单击"Save Settings"按钮,保存设置。单击"Continue"链接,返回设置页面。

⑤ 单击"Wireless Security"二级导航链接,进入"Wireless Security"页面,在"Security Mode"下拉列表中选择"WPA2 Personal"加密模式,在"Passphrase"文本框中输入密码,如"00000000",如图 3-3-19 所示。注:密码只支持 8—63 位 ASCII 码字符。将页面拖曳至底部,单击"Save Settings"按钮,保存设置。单击"Continue"链接,返回设置页面。

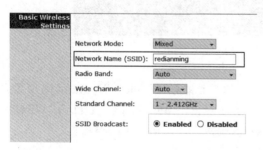

图 3-3-18　修改热点名

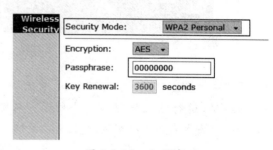

图 3-3-19　配置密码

⑥ 完成无线路由器的配置后,单击"LAN PC"配置窗口右上角的"关闭"按钮,返回 Cisco Packet Tracer 主界面。

(3) 添加"WLAN PC"主机

① 在设备类型选择区域找到"End Devices"并单击,在设备型号选择区域拖曳型号为"PC-PT"的"Generic"主机到网络拓扑设计区域,默认名为"PC1"。单击主机图标下部的"PC1"名称,进入文字编辑状态,修改名称为"WLAN PC"。

② 参考"例 3-1 Cisco Packet Tracer 的基本用法"中的相关步骤,为"WLAN PC"主机更换

无线网卡。

③ 参考"例 3-1 Cisco Packet Tracer 的基本用法"中的相关步骤，将"WLAN PC"主机接入无线局域网：热点名为"redianming"，加密方式为"WPA2 - PSK"，密码为"00000000"。连接成功后，"WLAN PC"主机与"Wireless Router0"路由器之间将出现短条纹状的无线链路。

④ 完成后，网络拓扑设计如图 3-3-12 所示。单击"File/Save As"菜单，以文件名"LJG3-3-2. pkt"保存。单击"File/Exit"菜单，退出 Cisco Packet Tracer。

4. ipconfig 命令和 ping 命令

ipconfig 命令可用于查看本机的网络配置信息。ping 命令可以检查网络是否连通，用于分析和判定网络故障。这两条命令在 Windows 10 中也同样支持。

例 3-3 ipconfig 命令和 ping 命令的使用

在例 3-2 使用 Cisco Packet Tracer 仿真构建无线局域网的基础上，需要继续学习 ipconfig 命令与 ping 命令的使用方法。

① 打开"LJG3-3-2. pkt"，待网线两端变为绿色，且"WLAN PC"主机与"Wireless Router0"路由器之间出现短条纹状的无线链路后再进行操作。

② 单击"WLAN PC"主机，打开"WLAN PC"配置窗口，单击"Desktop"选项卡，单击"Command Prompt"图标，打开"Command Prompt"窗口。

③ 输入"ipconfig"命令，显示"WLAN PC"主机通过 DHCP 从无线路由器自动获得的网络配置信息。如图 3-3-20 所示，获得的 IP 地址为 192. 168. 0. 100，子网掩码为 255. 255. 255. 0，默认网关为 192. 168. 0. 1。

```
Command Prompt                                          X

PC>ipconfig

IP Address.........................: 192.168.0.100
Subnet Mask........................: 255.255.255.0
Default Gateway....................: 192.168.0.1
```

图 3-3-20　查看 IP 地址

④ 输入"ping 192. 168. 0. 1"命令，测试"WLAN PC"主机与"Wireless Router0"路由器之间是否连通，运行结果如图 3-3-21 所示。从图中可以看出，"WLAN PC"主机向"Wireless Router0"路由器发出四次测试请求，并收到四次响应，响应平均时间为 15 毫秒。

```
Command Prompt                                          X

PC>ping 192.168.0.1

Pinging 192.168.0.1 with 32 bytes of data:

Reply from 192.168.0.1: bytes=32 time=13ms TTL=255
Reply from 192.168.0.1: bytes=32 time=15ms TTL=255
Reply from 192.168.0.1: bytes=32 time=23ms TTL=255
Reply from 192.168.0.1: bytes=32 time=10ms TTL=255

Ping statistics for 192.168.0.1:
    Packets: Sent = 4, Received = 4, Lost = 0 (0% loss),
Approximate round trip times in milli-seconds:
    Minimum = 10ms, Maximum = 23ms, Average = 15ms
```

图 3-3-21　测试连通性(1)

⑤ 输入"ping 10.10.10.2"命令,测试局域网"WLAN PC"主机与广域网"WAN PC"主机之间是否连通,运行结果如图 3-3-22 所示。从图中可以看出,"WLAN PC"主机向"WAN PC"主机发出四次测试请求,并收到四次响应,响应平均时间为 21 毫秒。

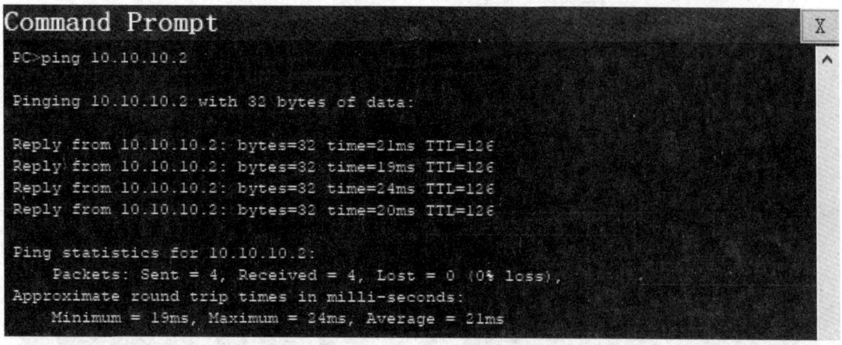

```
Command Prompt                                              X

PC>ping 10.10.10.2

Pinging 10.10.10.2 with 32 bytes of data:

Reply from 10.10.10.2: bytes=32 time=21ms TTL=126
Reply from 10.10.10.2: bytes=32 time=19ms TTL=126
Reply from 10.10.10.2: bytes=32 time=24ms TTL=126
Reply from 10.10.10.2: bytes=32 time=20ms TTL=126

Ping statistics for 10.10.10.2:
    Packets: Sent = 4, Received = 4, Lost = 0 (0% loss),
Approximate round trip times in milli-seconds:
    Minimum = 19ms, Maximum = 24ms, Average = 21ms
```

图 3-3-22　测试连通性(2)

3.3.3　互联网主要应用

1. 万维网

万维网(World Wide Web,WWW)是 Internet 上集文本、声音、动画、视频等多种媒体信息于一身的信息服务系统,整个系统由 Web 服务器、浏览器(Browser)及通信协议三部分组成。WWW 采用的通信协议是超文本传输协议(Hypertext Transfer Protocol,HTTP),它可以传输任意类型的数据对象,是 Internet 发布多媒体信息的主要协议。

万维网允许用户在一台计算机上通过 Internet 存取另一台计算机上的信息。WWW 是 Internet 上那些支持 HTTP 协议的客户机与服务器的集合。通过它可以存取世界各地的超媒体文件,包括文字、图形、声音、动画、资料库及各式各样的内容。

(1) 统一资源定位符 URL

统一资源定位符(Uniform Resource Locator,URL)是对可以从 Internet 上得到的资源的位置和访问方法的一种简洁表示。所谓的"资源"是指在 Internet 上可以被访问的任何对象,以及与 Internet 相连的任何形式的数据。

由于访问不同对象所使用的协议不同,所以 URL 还需要指出读取某个对象时所使用的协议。它的一般形式如图 3-3-23 所示。

协议 :// 主机 : 端口 / 路径

图 3-3-23　URL 的一般形式

如图 3-3-23 所示,左边"协议"最常用的有两种,即 HTTP 和 FTP(文件传送协议)。在"协议"后面的是一个冒号和两个正斜杠,这是规定的格式,正斜杠右边的"主机"是必须有的,而后面的"端口"和"路径"有时可以省略。

HTTP 的默认端口是 80，通常可以省略，如果再省略文件的"路径"项，则 URL 就指向 Internet 上的某个主页。

如果要查询"上海在线"的信息，如图 3-3-24 所示，可以通过浏览器进入主页，其 URL 是：http://www.shzxmh.com/。这里省略了默认端口号 80，同时也省略了默认路径。

图 3-3-24 "上海在线"页面

URL 可提供网页的定位信息。但用户在浏览某一网页时并不需要了解所有的 URL，因为有关的定位信息已经链接到该网页中，在鼠标到达之处变成"手"形时，浏览器就知道了它的 URL，这时单击鼠标就可以浏览。

(2) 超文本传输协议 HTTP

超文本传输协议 HTTP 是基于客户机/服务器工作模式的，也就是说在 WWW 上的可用信息是放在分布于不同地区的服务器上的，而用户可以通过自己计算机上的客户程序发出请求，访问这些信息。

它允许将超文本标记语言（Hypertext Markup Language，HTML）文档从 Web 服务器传送到 Web 浏览器。HTML 是一种用于创建文档的标记语言，这些文档包含相关信息的链接。用户可以单击一个链接来访问其他文档、图像或多媒体对象，并获得关于链接项的附加信息。

HTTP 协议工作在 TCP/IP 协议体系中的 TCP 协议上。客户机和服务器必须都支持 HTTP 才能在万维网上发送和接收 HTML 文档并进行交互。

用户浏览页面有两种方法：一种是在浏览器的地址栏输入所要找的页面的 URL；另一种是在某一个页面中用鼠标单击一个可选部分，这时浏览器自动在 Internet 上找到所要链接的页面。

2. 搜索引擎

搜索引擎(Search Engines)是指根据一定的策略、运用特定的计算机程序搜集互联网上的信息,在对信息进行组织和处理后,将处理后的信息显示给用户,为用户提供检索服务的系统。

搜索引擎为用户查找信息提供了极大的方便,但如果操作不当,搜索引擎返回的会是大量无关的信息,影响搜索效率。这主要取决于搜索条件是否准确。

搜索引擎是网络信息搜索工具的通称。它包括全文索引、目录索引、元搜索引擎、垂直搜索引擎、集合式搜索引擎、门户搜索引擎与免费链接列表等类型。百度等是搜索引擎的代表。另外,它可以是一个独立的门户网站,例如搜狐网和新浪网等,也可以是附在其他类型网站或主页上的一个搜索工具,例如,"上海热线"网站所附的搜索引擎。

(1) 通过关键字搜索获取数据

相信读者都有过使用搜索引擎的经历,也掌握了搜索引擎的部分使用方法,知道如何用网络来获取数据。在中国已有许多搜索引擎,如百度、搜狗、360搜索等,我们可以通过输入关键字从中获取相关数据。下文将以百度搜索引擎为例做详细讲述,另外本节会详细讲解使用相关搜索引擎在学术期刊网站上获取数据集的方法。

现如今,通过浏览器中的网页获取数据是大众常用的方法之一,在这里我们需要借助搜索引擎(在不清楚网址的情况下)来完成数据的查找,但是,如何高效、快速地实现数据的查找及浏览是一门学问,掌握一些搜索引擎语法将有助于提高搜索数据的准确性,常用的搜索语法如下:

AND	逻辑"与",在搜索引擎中默认采用的就是AND(与)逻辑,用空格隔开的多个关键词之间是"与"的关系。
OR	逻辑"或",表示关键词之间是"或者"的关系,可以用"|"代替。
＋	表示包含,指把搜索引擎可能忽略的词列入查询范围,比如www、the等词是经常被搜索引擎忽略的,可以使用如"＋www baidu"这样的关键词进行检索。
－	表示不包含,查询时忽略某个词,减号前必须是空格,减号后紧跟查询时需要排除的词。例如:"新加 -坡"、"搜索 -引擎"。
＊	通配符,可代表多个字母,例如:"上＊天气"。
""	完全匹配检索,实施精确查询,搜索结果包含双引号中的字符串。
inurl	在URL中搜索指定的内容。
intitle	返回所有网页标题中包含关键词的内容。
filetype	搜索指定的文件类型,例如:"机器学习 filetype:pdf"将返回关于"机器学习"的pdf文档。
site	返回与网站有关的URL,例如:"site:demo.com"将返回所有和"demo.com"这个网站有关的URL。

(2) 通过百度搜索引擎进行关键字搜索

例3-4　以查找"上海天气预报详细数据"为例,在网页查找最近7天的天气情况

① 打开浏览器,并打开百度搜索引擎(www.baidu.com),网页中显示的信息如图3-3-25所示。

图 3-3-25　百度搜索界面

②　在搜索框内输入"上海天气预报详细数据"，单击右侧"百度一下"按钮，网页会自动跳转到搜索结果页面，如图 3-3-26 所示。

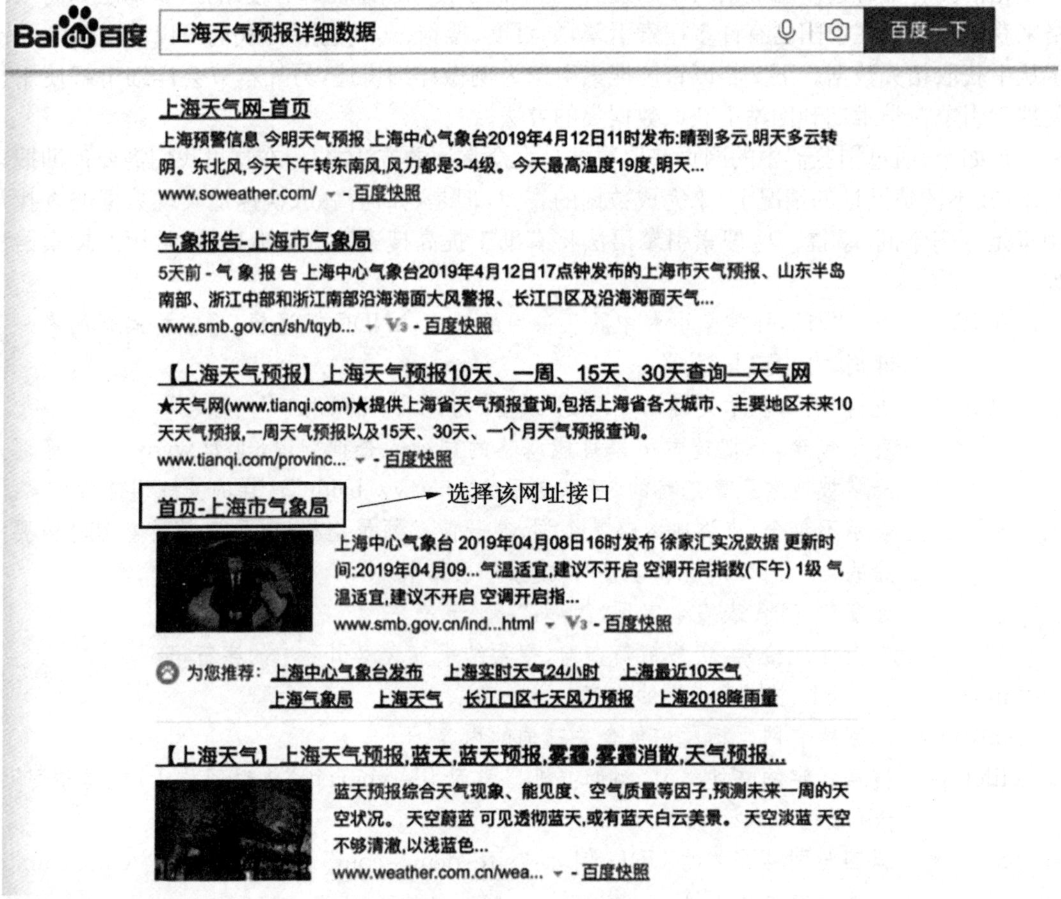

图 3-3-26　数据搜索结果列表目录

③　为了获取准确且有效的数据，我们需要自行斟酌网页数据的可靠性，这里选择有权威性的网站，即选择"首页-上海市气象局"网址接口。鼠标单击进入该网址，在该网页中找到"气象服务"的模块，如图 3-3-27 所示。

④　单击"气象服务"链接，能够进入天气的详细信息页面，如图 3-3-28 所示。

(3) 通过学术期刊网站搜索获取数据

作为新时代的大学生，经常需要撰写学术论文，这就不得不提到中国知网、万方数据、维普资讯等中文学术数据库，以及百度学术（http://xueshu.baidu.com/），还有国外著名的 EI、SCI、ISTP 三大检索数据库。

图 3-3-27　"上海市气象局"页面

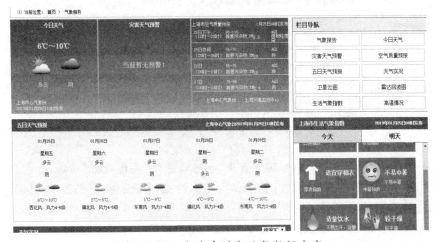

图 3-3-28　上海市近期天气数据内容

例 3-5　以中国知网为例介绍学术期刊网站的搜索

① 打开中国知网网站（http://www.cnki.net/），如图 3-3-29 所示。

图 3-3-29　"中国知网"首页

② 在搜索栏中输入"机器学习"进行默认的以"主题"关键词的检索，得到如图 3-3-30 所示文章列表。单击题名即可浏览文章，或者也可以单击"阅读"列下方的图标进入阅读模式。由于学术数据库大多是收费的，因此如需阅读全部内容或下载文章，则可能需要注册账号并付费，或者可以访问各学术机构已经购买了版权的镜像数据库。

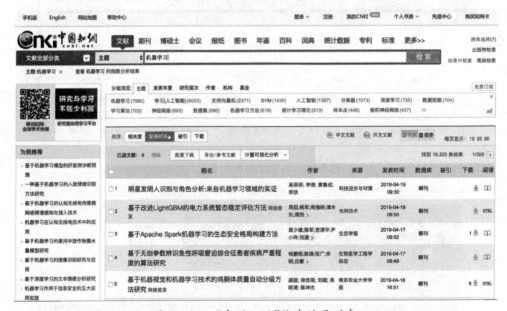

图 3-3-30　"中国知网"检索结果列表

③ 在如图 3-3-29 所示的中国知网首页中，也可以选择"高级检索"功能，如图 3-3-31 所示。在检索时可以选择文献分类目录，可以对主题、关键词、篇名、摘要、全文、发布时间等多个项目进行检索，使检索结果更精确。

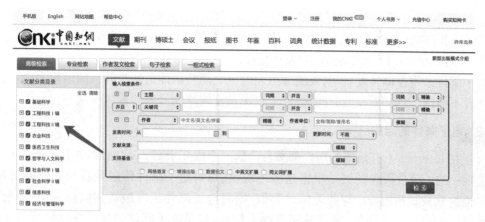

图 3-3-31　"中国知网"高级检索页

3. 电子邮件

电子邮件(Electronic mail,简称 E-mail)是一种用电子手段提供信息交换的通信方式,是 Internet 应用最广的服务。电子邮件以电子的格式通过互联网为世界各地的 Internet 用户提供了一种极为快速、简单和经济的通信和交换信息的方法。通过网络的电子邮件系统,用户可以以非常低廉的价格、非常快速的方式,与世界上任何一个角落的网络用户联系,这些电子邮件可以是文字、图像、声音等各种内容。E-mail 把信息传递时间由几天到十几天减少到几分钟,不受时间和地点的限制,仅受计算机网络和邮件服务器状况的限制。

(1) 电子邮件的特点

数以千万计的 Internet 用户通过电子邮件给世界各地的相识的和不相识的人发送着各种信息。和我们常用的通信手段相比,电子邮件具有的优点为:

① 快速:通邮地域不受距离和自然条件的限制,发送电子邮件后,只需几秒钟就可通过网络传送到邮件接收人的电子邮箱中。

② 方便:书写、收发电子邮件都通过计算机完成,双方接收邮件都无时间和地点的限制。

③ 廉价:平均发送一封电子邮件只需几分钱,比普通信件便宜。

④ 可靠:每个电子邮箱地址都是全球唯一的,可确保邮件按发件人输入的地址准确无误地发送到收件人的邮箱中。

⑤ 内容丰富:电子邮件不仅可以传送文本,还可以传送声音、视频等多种类型的文件。

E-mail 是一种电子式的邮政服务,在有电子邮箱的(即有 E-mail 地址)用户间,可以互相发送和接收电子信件。电子邮件凭借其传递迅速、时效性高、使用方便及费用低廉的特点向传统的邮政系统发起了挑战。迄今为止,在 Internet 上使用频率最高的就是电子邮件服务。

(2) 电子邮件的功能

由于电子邮件数字化的特征,使其功能大大超越了传统意义上的邮件。不但文本文件 (ASCII 文件)可邮寄,而对非文本文件(如:多媒体文件、二进制文件等),均可在发信端用附件方式发出。综观电子邮件及电子邮件软件的使用效果,其功能可归结为如下几点:

① 可同时向多个收信人发送同一函件,传递包括文本、声音、影像和图形在内的多种类型

的信息。

② 可同时自动接收几个邮箱中的信件,伴有转发、编组发送等许多辅助功能。

③ 可向 Internet 以外的网络用户发送信件。

电子邮件采用存储转发机制,其服务可在顷刻之间将函件送到收件人的信箱之中,发送电子邮件者不会因"占线"而浪费时间,收件人也无须在线路的另一端苦苦等候。

(3) 电子邮件的组成

所有在 Internet 上有信箱的用户都有自己的一个或几个 E-mail 地址,并且这些 E-mail 地址都是唯一的。邮件服务器就是根据这些地址,将每封电子邮件传送到各个用户的信箱中,E-mail 地址就是邮箱地址。与普通信件类似:要将电子邮件正确地送到收信人手中,电子邮件中也必须包含收信人地址、发信日期等标志信息,只是电子邮件的格式要比传统信件更严格。一个完整的 Internet 邮件地址由以下三个部分组成,格式如下:

用户名@主机名

其中第一部分"用户名"代表用户信箱的账号,对于同一个邮件接收服务器来说,这个账号必须是唯一的;第二部分"@"是分隔符,是电子邮件的标志;第三部分"主机名"是用户信箱的邮件接收服务器域名,用以标志其所在的位置。

书写邮箱地址的时候需要注意以下三点:

① 不要遗漏域名地址中的圆点分隔符。

② 书写地址的时候不能输入空格。

(4) 电子邮件的传送过程

电子邮件系统主要包括用户代理、邮件传输代理、用户与相关协议。电子邮件系统结构如图 3-3-32 所示。用户代理提供了用户使用电子邮件系统的人机界面,即通过用户代理,用户可方便地组织和收发邮件,用户代理因操作系统不同而各异。电子邮件的实际传递是由邮件传输代理完成的。系统采用存储转发机制,收到邮件以后先保存好,当接收者准备好后再转发。这样当接收邮件的主机出现故障,经修复正常后,那些在故障期间无法投递的邮件可一并发出,且该系统即使接收邮件的主机暂时不可访问,发送者也能使用用户代理进行邮件发送。

常见的电子邮件协议有:SMTP(简单邮件传输协议)、POP3(邮局协议第三版)、IMAP(Internet 邮件访问协议)。这几种协议都是由 TCP/IP 协议族定义的。

① SMTP(Simple Mail Transfer Protocol):用于保证不同操作系统的计算机之间能有效传送邮件,它是 TCP/IP 协议族中制定计算机之间交换邮件的一个标准。主要负责底层的邮件系统如何将邮件从一台机器传至另外一台机器。

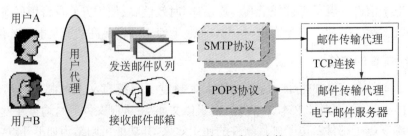

图 3-3-32　电子邮件系统结构

② POP(Post Office Protocol)：目前的版本为POP3,它是把邮件从电子邮箱传输到本地计算机的协议。POP3允许用户通过计算机访问负责接收邮件的主机并取走存放在其上的邮件,通常把这个主机称为POP3服务器。POP3服务器不间断地运行着一个邮件传输代理,负责通过SMTP接收其他主机发来的邮件。通过POP3用户可以完全控制、保存自己的邮件。

③ IMAP(Internet Message Access Protocol)：目前的版本为IMAP4,是POP3的一种替代协议,提供了邮件检索和邮件处理的新功能,用户可以完全不必下载邮件正文就可以看到邮件的标题摘要,可以通过邮件客户端软件对服务器上的邮件和文件夹目录等进行操作。IMAP协议增强了电子邮件的灵活性,同时也减少了垃圾邮件对本地系统的直接危害,同时相对节省了用户查看电子邮件的时间。IMAP协议可以记忆用户在脱机状态下对邮件的操作(如移动邮件、删除邮件等),在下一次打开网络连接的时候会自动执行。

(5) 常用的免费电子邮箱

用户要能收发电子邮件,必须有一台收发邮件的主机为他服务,也就是说用户在该主机上拥有自己的账号:电子邮箱。每一个电子邮箱都有一个与之对应的密码,它和传统信箱的钥匙一样,用于开启用户的信箱。在电子邮件系统中,密码和账号被一起用于该信箱登录的身份验证,为拥有该信箱的用户使用。有许多企业都有推出过邮箱产品,如网易、雅虎、腾讯等,包括学校、政府机构都有特定的邮箱产品,用户可自行到所属企业注册相关邮箱账号。互联网上提供免费电子邮箱服务的网站有很多,常用的有:

网易163邮箱:https://mail.163.com。
网易126邮箱:http://www.126.com。
新浪邮箱:http://mail.sina.com.cn。
搜狐邮箱:https://mail.sohu.com。

例3-6　以网易邮箱为例(xxx@163.com)介绍邮件的接收和查询

① 打开网易邮箱登录界面(https://mail.163.com/),如图3-3-33所示。

图3-3-33　"163"邮箱登录界面

② 输入正确的账号和密码，进入邮箱界面，如图 3-3-34 所示。

图 3-3-34 "163"邮箱的个人主界面

③ 当在"收件箱"中收到一封邮件时，系统会提示我们有一封未读邮件。如图 3-3-35 所示，该邮箱收到了一封来自他人发送的关于"泰坦尼克号人员存活"数据集的邮件。

图 3-3-35 "收件箱"中的未读邮件

④ 单击该封邮件进入阅读模式，即可看到邮件的数据集是以附件的形式发送的，如图 3-3-36 所示。

⑤ 可将该邮件的附件下载到本地文档中查看。

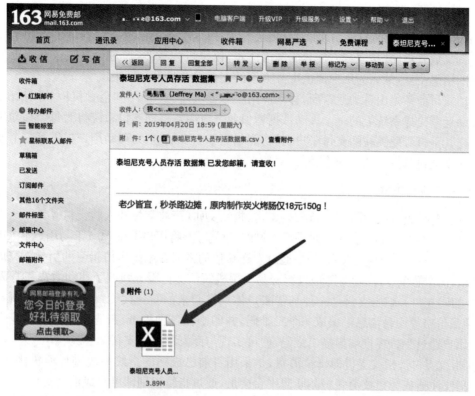

图 3-3-36　邮件的附件详情页面

4. 移动支付

移动支付（Mobile Payment）也称为手机支付，是指交易双方为了某种货物或者服务，以移动终端设备为载体，通过移动通信网络实现的商业交易。移动支付所使用的移动终端可以是手机、PAD、移动 PC 等。单位或个人通过移动设备、互联网或者近距离传感直接或间接向银行金融机构发送支付指令产生货币支付与资金转移行为，从而实现移动支付功能。移动支付将终端设备、互联网、应用提供商以及金融机构相融合，为用户提供货币支付、缴费等金融业务。

移动支付主要分为近场支付和远程支付两种，所谓近场支付，就是用手机刷卡的方式坐车、买东西等。远程支付指的是通过发送支付指令（如网银、电话银行、手机支付等）或借助支付工具（如通过邮寄、汇款）进行的支付方式。

(1) 移动支付的特点

移动支付属于电子支付方式的一种，因而具有电子支付的特征，但因其与移动通信技术、无线射频技术、互联网技术相互融合，又具有自己的特征。

① 移动性。随身携带的移动性，消除了距离和地域的限制；结合了先进的移动通信技术的移动性，能使人们随时随地获取所需要的服务、应用、信息和娱乐。

② 及时性。不受时间地点的限制，信息获取更为及时，用户可随时对账户进行查询、转账或进行购物消费。

③ 定制化。基于先进的移动通信技术和简易的手机操作界面，用户可定制自己的消费方

式和个性化服务,账户交易更加简单方便。

④ 集成性。运营商将移动通信卡、交通卡、银行卡等各类信息整合到以手机为平台的载体中进行集成管理,并搭建与之配套的网络体系,以手机为载体,通过与终端读写器近距离识别进行的信息交互,从而为用户提供十分方便的支付以及身份认证渠道。

移动支付业务是由移动运营商、移动应用服务提供商(MASP)和金融机构共同推出的、构建在移动运营支撑系统上的一个移动数据增值业务应用。移动支付系统将为每个移动用户建立一个与其手机号码关联的支付账户,其功能相当于电子钱包,为移动用户提供了一个通过手机进行交易支付和身份认证的途径。

(2) 移动支付方式

移动支付的方式有:短信支付、扫码支付、指纹支付、声波支付和人脸支付等。

① 短信支付。手机短信支付是手机支付的最早应用,将用户手机 SIM 卡与用户本人的银行卡账号建立一种一一对应的关系,用户通过发送短信的方式在系统短信指令的引导下完成交易支付请求,操作简单,可以随时随地进行交易。手机短信支付服务强调了移动缴费和消费。

② 扫码支付。扫码支付是一种基于账户体系搭起来的新一代无线支付方案。商家可把账号、商品价格等交易信息汇编成一个二维码,并印刷在各种报纸、杂志、广告、图书等载体上发布。用户通过手机客户端扫描二维码,便可实现与商家账户的支付结算。

③ 指纹支付。指纹支付即指纹消费,是采用目前已成熟的指纹系统进行消费认证,即顾客使用指纹注册成为指纹消费折扣联盟平台会员,通过指纹识别即可完成消费支付。

④ 声波支付。声波支付是利用声波的传输,完成两个设备的近场识别。在第三方支付产品的手机客户端里,内置有"声波支付"功能,用户打开此功能后,用手机麦克风对准收款方的麦克风,手机会播放一段"咻咻咻"的声音,从而完成支付。

⑤ 人脸支付。又称刷脸支付,是支付宝推出的一项新功能。人脸照片由用户上传到支付宝系统,经过系统分析认证,然后"绑定"自己的支付账户。用户只要在下单购买后,让支付系统扫描自己的脸部并确认身份,即可完成支付。

5. 其他移动互联网的应用

① 移动电子商务。它是利用手机、PDA 及平板电脑等移动终端进行的 B2B、B2C 或 C2C 的电子商务。它将因特网、移动通信技术、短距离通信技术及其他信息处理技术结合,使人们可以在任何时间、任何地点进行各种商贸活动,实现随时随地、线上线下的购物与交易、在线电子支付以及各种交易活动、商务活动、金融活动和相关的综合服务活动。

② 微信业务。用户通过手机、平板电脑等可以快速获取语音、视频、图片和文字等信息。用户可以通过语音聊天室和一群人进行语音对讲,从而实现数据交互。微信还提供了微信小程序、微信支付、微信公众平台等服务插件。

③ 手机游戏。手机游戏作为移动互联网的有效盈利模式,掀起了移动互联网商业模式的全新变革,成为娱乐化先锋。目前多用 Java 语言来编写手机程序。

④ 手机电视。手机电视能在移动终端上在线播放音视频,为用户提供电视频道和音频广播的直播。此外,用户还可以把精彩的视频片段通过微博、微信等方式进行分享交流,体验掌上观看视频的乐趣。

⑤ 移动电子阅读。它包括两种类型:一种是在移动终端(如手机、PSP 等)上安装阅读

软件,如熊猫看书、QQ 阅读;另一种是使用专用的电子书阅读器(如 Kindle、iReader 等),这种阅读方式的好处是贴近真纸阅读、不伤眼、无辐射。移动阅读的兴起从一个侧面反映了人们对于精神富足的追求,因此也就需要有高质量的电子读物去满足这种需求。在电子读物的创作与出版方面,一种做法是将古今中外的经典书籍转换为电子资源,另一种做法就是创作新的网络书籍。

⑥ 移动定位服务。移动定位是指通过特定的定位技术来获取移动手机或终端用户的位置信息(经纬度坐标),在电子地图上标出被定位对象的位置的技术或服务。定位技术有两种,一种是基于 GPS 的定位,另一种是基于移动运营网的 LBS 基站定位。基于 GPS 的定位方式是利用手机上的 GPS 定位模块将自己的位置信号发送到定位后台来实现移动手机定位的。基站定位则是利用基站对手机距离的测算来确定手机位置的。常用的移动定位程序有高德导航、百度导航等。

习题与实践

1. 简答题

(1) 请简述与 IPv4 相比,IPv6 具有哪些特点。

(2) 请简述无线网络组建所需要的设备及其功能。

(3) 请简述在使用搜索引擎过程中可以优化搜索结果的常见的搜索运算符及其功能。

(4) 在因特网电子邮件系统中,电子邮件的收发主要采用什么协议?

(5) 编写邮件时,抄送和密送功能有什么作用? 与收件人功能有什么不同?

(6) 如何给几十甚至上百个人群发邮件?

2. 实践题

(1) 在 Cisco Packet Tracer 中仿真搭建一个无线局域网。无线局域网包括一台无线路由器、一台服务器和一台主机,拓扑结构如图 3-3-37 所示,网络参数如表 3-3-5 所示。在"Server0"

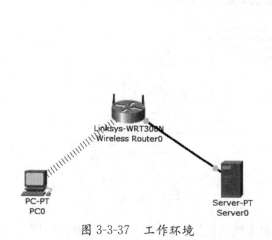

图 3-3-37　工作环境

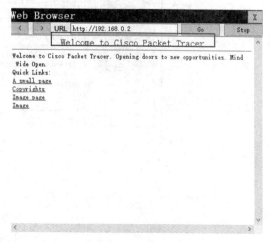

图 3-3-38　管理页面

服务器中,关闭 DHCP 服务(手动分配 Server0 IP 地址);启用 HTTP 服务,并将"index. html"网页的第一行文字"Cisco Packet Tracer"修改为"Welcome to Cisco Packet Tracer"。在"PC0"主机中,使用 ipconfig 命令查看本机的网络配置信息;使用 ping 命令测试与"Server0"服务器的连通情况;使用"Web Browser"访问"Server0"服务器,访问结果如图 3-3-38 所示。最后将实验结果保存为"SYJG3-3-1. pkt"。

表 3-3-5　网络参数

主机	IP 地址	子网掩码	默认网关	DNS 服务器
Wireless Router0	192. 168. 0. 1(默认)	255. 255. 255. 0(默认)	无(默认)	无
Server0	192. 168. 0. 2	255. 255. 255. 0	192. 168. 0. 1	无
PC0	DHCP	DHCP	DHCP	无

提示: 参考本书中的范例创建该无线局域网,配置主机和服务器。在"Server0"配置窗口的"Config"选项卡中,关闭 DHCP 服务,启用 HTTP 服务,并修改"index. html"网页的第一行文字,如图 3-3-39 所示。在"PC0"配置窗口的"Desktop"选项卡中,单击"Web Browser"图标,打开网页浏览器,在 URL 地址栏中输入"Server0"服务器的 IP 地址,单击"转到"按钮即可访问。

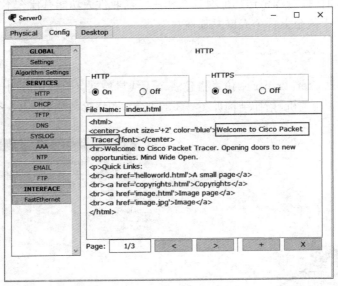

图 3-3-39　Web 页面

(2) 在 Windows 10 中使用 ipconfig 命令,查看本机的物理地址、IP 地址、子网掩码、默认网关、DNS 服务器等网络信息,并记录结果。

提示：按"〈███〉＋〈R〉"快捷键，打开"运行"对话框，输入"cmd"命令，打开命令提示符窗口。由于要查看完整的网络信息，因此 ipconfig 命令需要增加"/all"参数，即"ipconfig/all"。结果的记录方法为：在命令提示符窗口内部拖曳选中要复制的内容，这些内容将呈现白底黑字效果，右击鼠标后白底黑字效果消失，然后粘贴到记事本或 Word 文件中即可。

（3）在 Windows 10 中使用 ping 命令，持续测试本机与默认网关的连通情况，直到手动结束为止，并记录测试结果。

提示：由于要求持续测试连通情况，因此 ping 命令需要增加"－ t"参数，即"ping-t 默认网关 IP 地址"。在输入 ping 命令测试的过程中，按快捷键"〈Ctrl〉＋〈C〉"结束测试。

（4）访问中国高等教育学生信息网（学信网）。

① 单击"开始/应用列表/Microsoft Edge"命令，打开 Windows 10 自带的 Edge 浏览器。

② 在地址栏中输入学信网的域名：www. chsi. com. cn，按回车键确认访问，打开"学信网"首页，如图 3-3-40 所示。

图 3-3-40 学信网首页

（5）注册"学信网"用户账户。

① 在资源平台首页右侧"学信档案"区域，单击"注册"链接，打开"实名注册"页面。

② 按页面要求，分别输入注册的手机号、短信验证码、密码、确认密码、证件类型、证件号码、密保问题、答案等信息，勾选"我已阅读并同意'服务条款'"前的复选框。

③ 单击"立即注册"按钮，按提示完成注册。如果出错，请按提示要求修改注册信息。注册成功后，将自动返回"学信档案"栏目，在右上角的"个人中心\账号"中可以看到当前的用户信息。

（6）"学信网"的基本用法。

① 单击左上角"学信网"图标返回"学信网"首页。在顶部导航栏中单击"学籍查询"链接，进入"学信档案"页面。单击"进入学信档案"按钮进入"学信档案"栏目，单击左侧"高等教育信息"区域的"学籍"链接，查看本人的学籍情况。

② 将本人学籍情况网页用系统自带的"截图工具"软件截图，并在"截图工具"软件中用红色"笔"涂抹"证件号码"（如图 3-3-41 所示），保存截图为图片文件"SYJG3-3-2.jpg"。

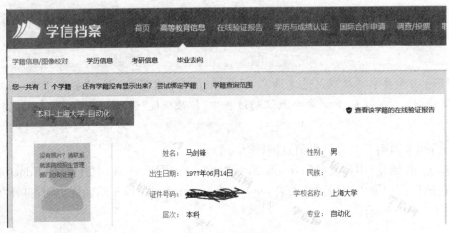

图 3-3-41　个人学籍信息

③ 如果看到学籍信息为空，也可以单击"尝试绑定学籍"链接，输入学号、学校名称、入学年份、层次等信息，然后单击"确定"按钮绑定自己的学籍。

④ "学信网"还提供其他各种查询或验证的功能，如学历查询、在线验证、考研报名、大学英语四/六级成绩查询等，大家可选择使用。

（7）百度搜索引擎的使用。

① 打开百度搜索引擎（http://www.baidu.com/），在搜索栏中输入"颈椎病　头晕　-感冒"作为关键词搜索，找到百度百科中关于"颈性眩晕"的症状，复制文本到记事本中并以文件名"SYJG3-3-3.txt"保存。

② 继续在搜索栏中添加关键字"filetype：pdf"，以关键字"颈椎病　头晕　-感冒 filetype：pdf"为新关键词进行搜索，找到"颈椎病头晕怎么缓解"这篇 pdf 文章，截图保存该文档第一页，并以"SYJG3-3-4.jpg"为文件名保存。

（8）"中国知网"的基本用法。

① 打开中国知网（http://www.cnki.net/）首页，以关键词"连花清瘟　病毒性感冒"为主题进行检索，检索结果按"被引"量降序排列，找到第一篇被引用量最高的文章，点击文章题名查看文章摘要，并把整个浏览器窗口截图保存为"SYJG3-3-5.jpg"。

② 在上一步骤的检索结果窗口中，修改检索关键词为"清开灵"，点击"检索"按钮边上的"结果中检索"，得到新的检索结果，找到发布时间最新的那篇文章，点击该文章题名查看文章摘要，并把整个浏览器窗口截图保存为"SYJG3-3-6.jpg"。

③ 回到中国知网首页，点击搜索栏右侧的"高级检索"，并按图 3-3-42 所示搜索条件，检索主题词为"识别"并包含"人脸"，且关键词为"公共安全"，发表时间为 2000 年 1 月 1 日到 2018 年 12 月 31 日之间的文章。

图 3-3-42　中国知网的高级检索示例

④ 单击"被引",使检索结果按"被引"量降序排列,找到被引用量最高的文章,点击文章题名查看摘要,并把整个浏览器窗口截图保存为"SYJG3-3-7.jpg"。

(9) 访问网易邮箱网站并注册网易邮箱账号。

① 点击"开始/应用列表/Microsoft Edge"命令,打开 Windows 10 自带的 Edge 浏览器。

② 在地址栏中输入网易邮箱域名:mail.163.com,按回车键确认访问,打开网易邮箱首页。

③ 单击"注册新账号"按钮,打开"注册"页面。单击"注册免费邮箱"链接,按要求输入邮箱地址、密码、确认密码、验证码、手机号码、短信验证码,单击"立即注册"按钮。如果提示错误,按提示信息修改输入内容即可。

④ 注册成功后,单击"进入邮箱"链接进入邮箱。

(10) 使用网易邮箱收发邮件。

① 登录网易邮箱后,可以进行收发邮件的操作。单击左侧的"收件箱"链接,可以查看已收到的邮件列表,查阅邮件。

② 单击"写信"按钮,可编写和发送邮件。填入收件人邮箱、邮件主题和正文内容,还可单击"添加附件"链接给对方发送附件,单击"发送"按钮即可发送邮件,如图 3-3-43 所示。

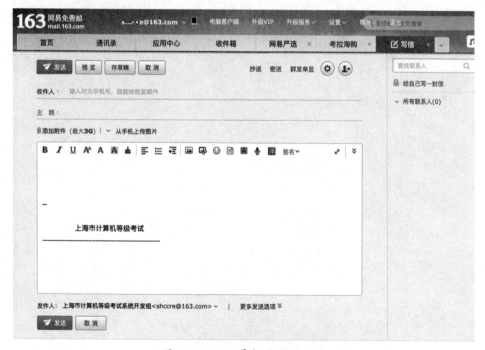

图 3-3-43　网易邮件编写页面

注：当发送大小超过 50M（在标准模式下）的附件时，为防止对方邮件系统不支持大附件功能，网易系统会自动以"云附件"方式进行发送。"云附件"是指网易会将文件暂存在"云端服务器"，收件方可以在 15 天内下载，收件方收到的邮件内容包含该附件的下载链接，不受对方邮箱容量大小的限制。

③ 填入同学的邮箱地址、邮件主题和正文内容任意，任意添加一个较小的附件，单击"发送"按钮，给同学发送邮件。

④ 和同学互相发送邮件后，各自在邮箱中查看对方发送的邮件，并给同学回信。接收到同学回信后，把收件箱打开，截图并保存整个浏览器窗口为"SYJG3-3-8.jpg"。

3.4 物联网基础及应用

物联网(Internet of Things,IoT)即万物互联,是指通过各种信息传感设备,实时采集任何需要监控、连接、互动的物体或过程等各种需要的信息,与互联网结合形成的一个巨大网络。物联网是一个基于互联网、传统电信网等信息承载体,让所有能够被独立寻址的普通物理对象实现互联互通的网络,具有智能、通信与识别、互联的三个重要特征,其目的是实现物与物、物与人,所有的物品与网络的连接,方便识别、管理和控制。

在物联网应用中有三项关键技术:传感器技术、电子标签(又称 RFID 标签)和嵌入式系统技术。如果把物联网用人体做一个简单比喻,传感器相当于人的眼睛、鼻子、皮肤等感官;网络就是神经系统用来传递信息;嵌入式系统则是人的大脑,在接收到信息后要进行分类处理。这个例子很形象地描述了传感器、嵌入式系统在物联网中的位置与作用。物联网的推广将会成为推进经济发展的又一个驱动器,为产业开拓了又一个潜力无穷的发展机会。按照对物联网的需求,需要按亿计的传感器和电子标签,这将大大推进信息技术元器件的生产,同时增加大量的就业机会。

如图 3-4-1 所示,物联网的体系框架包括感知层、网络层和应用层。

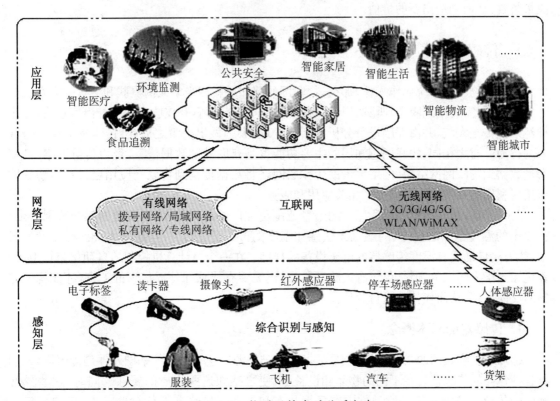

图 3-4-1 物联网技术的体系框架

① 感知层：主要用于采集物理世界中发生的物理事件和数据，包括各类物理量、标识、音频、视频数据。物联网的数据采集涉及传感器、RFID、多媒体信息采集、二维码和实时定位等技术。传感器网络组网和协同信息处理技术实现传感器、RFID 等数据采集技术所获取数据的短距离传输、自组织组网以及多个传感器对数据的协同信息处理过程。

② 网络层：实现更加广泛的互联功能，能够把感知到的信息无障碍、高可靠性、高安全性地进行传送，需要传感器网络与移动通信技术、互联网技术相融合。经过十余年的快速发展，移动通信、互联网等技术已比较成熟，基本能够满足物联网数据传输的需要。

③ 应用层：应用层主要包含应用支撑平台子层和应用服务子层。其中应用支撑平台子层用于支撑跨行业、跨应用、跨系统之间的信息协同、共享、互通的功能。应用服务子层包括智能交通、智能医疗、智能家居、智能物流、智能电力等行业的应用。

物联网用途广泛，遍及智能交通、环境保护、政府工作、公共安全、平安家居、智能消防、工业监测、环境监测、路灯照明管控、景观照明管控、楼宇照明管控、广场照明管控、老人护理、个人健康、花卉栽培、水系监测、食品溯源、敌情侦查和情报搜集等多个领域。

物联网数据可以分为静态数据和动态数据。静态数据多为标签类、地质类数据，RFID 产生的数据多为静态数据。静态数据多以结构性、关系型数据库存储；动态数据是以时间为序列的数据，物联网动态数据的特点是每个数据都与时间有一一对应关系，并且这种关系在数据处理中尤其重要，这类数据通常采用时序数据库方式存储。

在物联网的世界里，现实社会中的所有现象与行为都可以通过数据的形式获取。物联网基于数据的收集和复杂的算法，将从信息中获取有价值的内容，并通过与个人和企业的经验及决策整合，从而创造出新的价值。

3.4.1　传感器技术

如果将物联网系统比作人体，那么，物联网的感知层就相当于人的皮肤和五官。人在感知外界信息时，需要用到嗅觉、听觉、视觉、触觉等感觉系统，感官和皮肤在获取外界信息后，经由神经系统传至大脑，并由大脑进行分析判断和处理，大脑做出决策之后，会传达反馈命令指导人的行为。与之相同，物联网感知层的主要功能也是获取外部数据信息，经由传感网络，汇集海量数据到物联网网络层，网络层借助传输层网络将数据传输到物联网应用层，最后，物联网应用层利用感知数据为人们提供相关应用和服务。

与人相比，物联网感知层所感知的信息范围更加广阔。例如，人对温度的感知范围有限，在较小的温度范围之内，人的触觉无法感知温度的微小变化，而一旦超过人类忍受温度的极限，就需要借助具有温度传感器的电子设备的帮助。在一个由计算机控制的自动化装置中，计算机相当于人的大脑，但是仅仅有大脑还不够，还需要有能感知外界信息的五官，才能构成完整的反馈系统，从而代替人进行劳作。

1. 传感器的基本概念

感知层是物联网的初始层级，也是数据的基础来源。这一层级的基础元件是传感器，人们将各种各样的传感器装在不同的物品和设备上，使之感知这些物质的属性。同时，这些异常敏感的传感器还能对物品所处的内在环境状态和外在环境状态进行数据采集，比如采集环境的空气湿度、温度、污染度等信息。实现物物信息相连的庞大物联网，就需要这些传感器的分布密集度更高、覆盖范围更广以及更加灵敏和高效。这样,传感器对物质信息获取的规模才能更大,对物质状态的辨识度才能更加精密,当网络形成后,其数据流才更具参考价值。

传感器可以感知外界环境信息,是一种检测信息的电子装置。在物联网感知层中,传感器得到了广泛的应用,它们就相当于人的皮肤和五官,可以为物联网提供海量的数据信息。在检测到物体信息之后,各种形式的传感器会将所获得的数据转换成电信号的形式,统一发送到物联网络中,实现信息的传输、处理、存储、控制以及决策。物联网最终是要实现对物品的自动检测和自动控制,而感知层的传感器就是实现这一目标的首要装置。在物联网系统中,传感器被统一称为物联网传感器,它们不仅可以进行物品信息的采集,还能对获取的数据进行简单的处理和加工。物联网传感器既可以单独存在,也可以与其他设备连接,它在感知层中具有两方面的作用,一个是信息的采集,另一个是数据的输入。

一般来说,对于不同的感知任务,传感器会根据具体情况协同作战。比如要获取一台机器设备的内部工作动态视频,就需要感光传感器、声音传感器、压力传感器等协同工作,形成一幅有声音、有画面、有动感的机械内部工作动态视频。感知层的传感器能全方位、多角度地获取数据信息,为物联网提供充足的数据资源,从而实现各种物质信息的在线计算和统一控制。

未来的物联网系统是由一个个传感器构建而成的网络系统,各种功能和形式的传感器将共同成为传感网络的组成部分,在物联网的前端进行信息采集工作。

传感器的种类十分丰富,但总体来说,可分为三大类,即根据物理量、输出信号和工作原理的性质进行具体划分。例如,根据物理量进行划分,可以分为压力传感器、温度传感器、湿度传感器、速度传感器、加速度传感器等。

随着物联网的发展,传感器也越来越智能化。传感器不仅可以采集或捕获信息,还具备了一定的信息处理能力,其称呼也随之改变,被叫作"智能传感器"。这种传感器携带有微处理机,功能也远非传统传感器可比。

相比于传统传感器,智能传感器具有以下三个优点:

① 精度大幅提高,成本却普遍降低。

② 具有可编程性和自动处理的能力。

③ 功能多样化。

未来,物联网传感器将向着以下六个方向发展:

① 精度越来越高,可测量物体的极微小变化。

② 可靠性越来越强,测量范围大幅提高。

③ 更加微型、小巧,甚至可以进入生物体内或融入生物细胞。

④ 向着微功耗方向发展,在没有电源的情况下,可以自身获取能源持续工作。

⑤ 数字化程度变得更高,智能化明显。

⑥ 构成物联网络,网络化发展不可阻挡。

2. 传感器的应用

物联网的感知层可以覆盖到与人们生活息息相关的各种物品上,比如商品货物、机械设备、物流部件、仓储物品等。通过物联网感知层,一方面可以检测到这些物品,并对这些物品的状态和所处环境的信息进行实时监控;另一方面又能将这些物品相互连接,形成一个可以交互数据信息的整体，实现对这些物品的自动管理。

人们可在物品上安装或嵌入无线感知设备，这种设备相当于一种监控设备，但却比监控设备的功能更强。每一个物品上都张贴着一个独一无二的标签，它是物体的身份证明，与物品形影相随、永不分离，通过无线传感网络（WSN）及 GPS 等定位系统，就能确定这个物品的位置信息、实时状态信息以及外部环境信息等。在这个监测的过程中，需要用大量的传感器节点、无线通信方式等形成一个传感网络系统，这个传感网络系统具有多跳性、自组织性、全面性、自发性等多种优良特性。当无线传感网络在世界范围内建立完成后，人类将可能实现对世界万物的完全掌控。感知层可以帮助人们自动感知物体，自动采集物体信息，自动处理物体相关数据，让众多的数据量化、统一化、大数据化，既能实现数据的融合处理，又能实现数据的高效传输和应用。

例3-7　使用 Arduino 控制板来获得由温湿度传感器 DHT11 获取的外界温度和湿度值

① 图 3-4-2 为 DHT11 温湿度传感器，图 3-4-3 为 Arduino uno 控制板，将温湿度传感器与 Arduino 控制板相连接，如图 3-4-4 所示。

图 3-4-2　DHT11 温湿度传感器　　　　图 3-4-3　Arduino uno 控制板

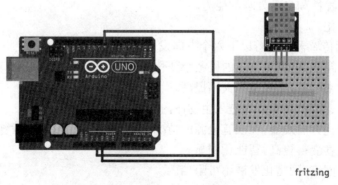

图 3-4-4　控制板与传感器连接

② 打开 Arduino IDE，如图 3-4-5 所示，编写程序后进行验证和上传。

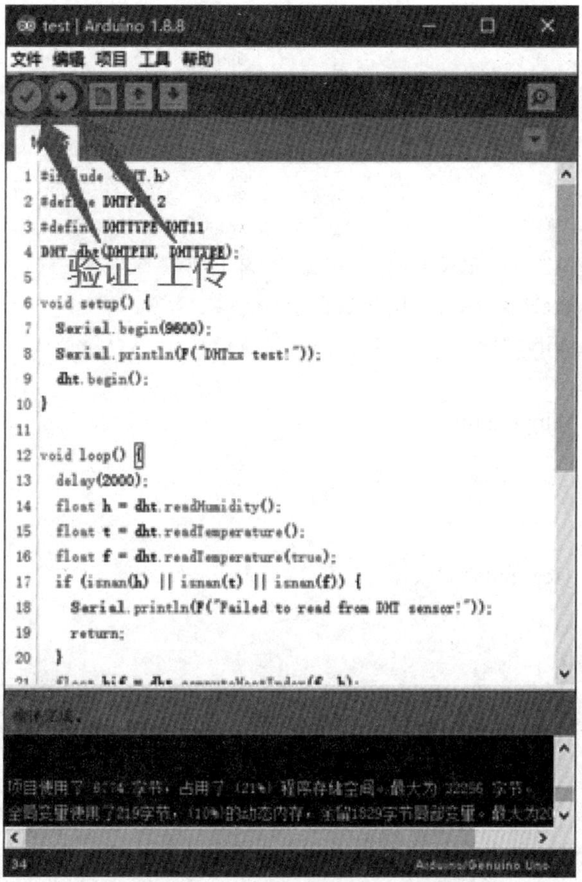

图 3-4-5　Arduino IDE 界面

程序清单如下：

```
#include <DHT.h>
#define DHTPIN 2
#define DHTTYPE DHT11
DHT dht(DHTPIN, DHTTYPE);

void setup() {
  Serial.begin(9600);
  Serial.println(F("DHTxx test!"));
  dht.begin();
}

void loop() {
  delay(2000);
  float h = dht.readHumidity();
  float t = dht.readTemperature();
  float f = dht.readTemperature(true);
```

```
if (isnan(h) || isnan(t) || isnan(f)) {
    Serial.println(F("Failed to read from DHT sensor!"));
    return;
}

float hif = dht.computeHeatIndex(f, h);
float hic = dht.computeHeatIndex(t, h, false);
Serial.print(F("Humidity: "));
Serial.print(h);
Serial.print(F("%    Temperature: "));
Serial.print(t);
Serial.print(F("°C "));
Serial.print(f);
Serial.print(F("°F    Heat index: "));
Serial.print(hic);
Serial.print(F("°C "));
Serial.print(hif);
Serial.println(F("°F"));
}
```

③ 打开串口监视器，查看返回的温湿度值，如图 3-4-6 所示。

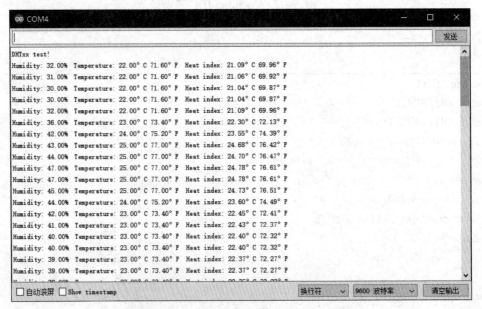

图 3-4-6　串口监视器返回的温湿度值

3.4.2　RFID 技术

1. RFID 的基本概念

世界公认的物联网层次结构分为感知层、网络层和应用层,其中感知层是基础层,也是物联网数据信息的重要来源层。作为物联网的核心层级,感知层始终围绕"感知"二字,即通过各种传感器遍布各个物体,形成感知节点群,利用 RFID 系统(Radio Frequency Identification,射频识别系统)获取物体的状态信息和外部环境信息,并通过传感网络实现数据信息的初步处理和交互传输。

射频识别技术能够给每一件物品贴上标签,使它们拥有自己的"身份证",这样一来,它们就可以更容易被识别。除了能让物体更容易被识别外,该种技术还可以让物品"开口说话",因为利用这种技术可以采集和存储物品的互用性信息,之后便可以通过无线数据通信技术传输到计算机互联网上,然后,再经由中央信息处理系统将这些采集来的信息进行统一识别、归类、存储、调配和管理。

高效、可靠地获取物品数据信息,需要以感知层为基础,全面优化 RFID 网络的拓扑结构。感知层的大量数据主要来源于射频识别系统(RFID),目前,射频识别系统在商品生产、商品运输、公共交通、公共基础设施等领域的应用比较广泛。在商品生产方面,利用该技术可以完善生产链;在商品运输方面,人们利用该技术可以跟踪和追查商品的去向;在公共交通方面,利用该技术可以实时监控来往车辆;在公共基础设施方面,利用该技术可以确保公共设施安全,一旦损坏,就可以及时报警。

RFID 系统由 RFID 标签、RFID 阅读器、天线三部分组成。

(1) RFID 标签

RFID 标签又称电子标签、射频卡或应答器,功能类似货物包装上的条形码,能记载货物的信息,是 RFID 系统真正的数据载体,能用以标识目标对象。当给移动或非移动物体附上 RFID 标签后,就意味着把"物"变为了"智能物",就可以实现对不同物体的跟踪与管理。

RFID 标签含有内置天线,用于发送和接收射频信号,实现和射频天线间的通信。RFID 标签采用三种数据存储方式:电可擦可编程只读存储器(E2PROM)、铁电随机存取存储器(FRAM)和静态随机存取存储器(SRAM)。

在自动识别管理系统中,每个 RFID 标签保存着一个物体的属性、状态、编号等信息,具有全球唯一的识别号(ID),在加工芯片时写入,无法修改和伪造,从而保证其安全性。RFID 标签通常安装在物体表面,具有一定的无金属遮挡的视角。

(2) RFID 阅读器

RFID 阅读器的主要功能是控制射频模块向 RFID 标签发射的读取信号,并接受 RFID 标签的应答,对 RFID 标签的识别信息进行处理。具体功能如下:

① 查阅 RFID 标签中当前储存的数据信息。

② 控制射频模块向 RFID 标签发射读取信号。

③ 接受标签的应答,对标签的识别信息进行处理。

④ 向空白 RFID 标签中写入欲储存的数据信息。

⑤ 修改(重新输入)RFID 标签中的数据信息。

⑥ 与后台管理计算机进行信息交互。

RFID 阅读器有专用阅读器和通用阅读器两种。专用阅读器是专门为某种用途设计的，是不具备再开发功能的专用独立装置，它本身已具备某种完整的固定用途，使用方式和功能在出厂前已由厂家设置，用户可以根据应用情况做小范围设定。通用阅读器本身并不限于某种固定用途，主要针对标签的读写操作，可以进行二次开发。

(3) 天线

天线(antenna)可在 RFID 标签和阅读器之间传递射频信号，即 RFID 标签的数据信息。RFID 天线可分为标签天线和阅读器天线两种类型。这两种天线因工作特性不同，在设计上关注的重点也有所不同。对于标签天线，着重考虑天线的全向性、阻抗匹配、尺寸、极化、造价，以及能否提供足够能量驱动 RFID 芯片等方面；对于阅读器天线，考虑更多的是天线的方向性、天线频带等因素。

2. RFID 的应用

随着 RFID 技术的飞速发展，RFID 技术作为一种具有多种优点的自动识别技术，已经逐渐应用到各个领域。

(1) 物流

物流仓储是 RFID 最有潜力的应用领域之一，通过应用 RFID 技术，来提高物流能力。适用流程包括货物跟踪、自动信息采集、仓储管理应用、港口应用、邮包、快递等。

(2) 交通

交通是 RFID 成功应用案例最多、应用模式最可靠、技术最成熟的领域，如高速不停车收费、出租车管理、公交车枢纽管理、铁路机车识别等。

(3) 食品安全

RFID 技术在食品溯源领域贡献非常大，RFID 电子标签的唯一编码是安全防伪一大特色。将 RFID 技术应用于食品溯源，确保食品生产、加工、仓储、运输和销售等各个环节安全可靠，打造绿色健康生活。

(4) 身份识别

RFID 技术以其读取速度快、高性能防伪、伪造难度大等优点在个人身份证件中得到了广泛的应用，如电子护照、二代身份证、学生证等。

(5) 资产管理

RFID 技术的应用实现资产管理中"人、地、时、物的同步管理"，减轻了资产管理的压力，节约了大量的人力和时间成本，提高了企业管理效益。

(6) 制造业

RFID 技术在制造业中的影响是广泛的，包括信息管理、制造执行、质量控制、标准符合性、跟踪和追溯、资产管理、仓储量可视化以及生产率等。RFID 技术通过赋予物质形态的电子标签,将各个生产环节融入网络系统,大大提高了工业制造的自动化水平。

3.4.3　NFC 技术

1. NFC 的基本概念

NFC(Near Field Communication)是近距离无线通信技术,也称为近场通信。NFC 卡也就是近场卡,属于近距离卡,作用距离一般情况下只有几厘米,主要工作频段是 13.56MHz。

NFC 芯片装在手机上,手机就可以实现小额电子支付和读取其他 NFC 设备或标签信息的功能。NFC 的短距离交互大大简化了整个认证识别过程,使电子设备间的互相访问能更直接、更安全和更清楚。通过 NFC,电脑、数码相机、手机、平板电脑等多个设备之间可以方便、快捷地进行无线连接,进而实现数据交换。

(1) 卡模式(Card emulation)

这个模式其实就是相当于一张采用 RFID 技术的 IC 卡。它可以替代大量的 IC 卡使用(包括信用卡)场合,如商场刷卡、公交卡、门禁管制、车票、门票等。这种方法的优点是卡片通过非接触读卡器的 RF 域来供电,即便是寄主设备(如手机)没电也可以工作。

(2) 点对点模式(P2P mode)

这个模式和红外线差不多,可用于数据交换,其传输创建速度较快且功耗低,只是传输距离较短。将两个具备 NFC 功能的设备连接,能实现数据点对点传输,如下载音乐、交换图片或者同步设备地址簿。因此通过 NFC,多个设备如数码相机、平板电脑、计算机和手机之间都可以交换资料或者服务。

2. NFC 的应用

NFC 主要应用于手机支付、门禁卡、交通一卡通、信用卡、支付卡等。

(1) 无接触支付

随着 NFC 技术的逐步完善,它已成为移动运营商寻求业务发展的一个突破口,现在 NFC 技术已经确定成为 4G 手机的标准配置,拥有私人定制的"手机钱包"已不是梦想。手机钱包既可以作为银行卡实现 POS 机刷卡,也可以作为公交卡充值、缴费、查询余额,还可以用作商家的会员卡。这一切都是 NFC 技术通过与 SIM 卡绑定实现的,不会耗费手机流量,而且安全有保证。

(2) 交通运输

NFC 技术能够适用于绝大多数无接触智能卡和阅读器,这意味着 NFC 技术能够轻松整合到各大城市的公共运输支付系统当中。

(3) 医疗健康

在医疗健康领域,利用 NFC 标签,主治医生不但可查询与病人相关的病例,而且可了解病人此前已接受的治疗情况。主治医生在进行此类扫描的过程中，该医生的相关信息也被存储到相应数据库当中。通过这种方式，不但可加强对单个病人的数据管理，而且还可建立起强大的医疗信息数据库。

（4）手机传输

基于 NFC 技术的智能手机日益流行，两名消费者只需将各自手机接触一下，就可玩两人角色游戏。消费者只需将手机与打印设备接触一下，就可打印自己手机所拍摄的照片。如果用户记不住其他人的姓名，还可为这些人加上相应的图片标签。

（5）智能目标

NFC 标签中可存储大量信息，如公共汽车线路和站点、戏院、宾馆和酒吧等各类信息。商家在 NFC 标签中存储各自信息后，消费者只需扫描一下该 NFC 标签，就可了解到商家的打折和促销信息。

（6）社交媒体

在美国的手机地理位置服务 Foursquare 受到外界关注的同时，德国一家名为 Servtag 的公司也在推出类似服务。这项名为"Friendticker"的服务，在德国柏林市的不同处所投放了 250 多个 NFC 标签，消费者只需使用 NFC 手机扫描一下这些标签，就等于向其他好友发布信息：自己已经来过该 NFC 标签所在位置。

习题与实践

简答题

（1）通过物联网获取的数据类型有哪两种？
（2）请简述物联网的层次结构及其每层的功能。
（3）RFID 系统由哪几部分组成，请简述其功能。
（4）请简述 NFC 的主要应用。

3.5 信息时代的安全技术

3.5.1 防火墙技术

1. 什么是防火墙

防火墙(Firewall)是一种将内部网络和外部网络分开的方法,是提供信息安全服务,实现网络和信息系统安全的重要基础设备,主要用于限制被保护的内部网络与外部网络直接进行的信息存取及信息传递等操作。防火墙可以有效地监控内部网络(Intranet)和外部网络(Internet)之间、专用网络与公共网络之间的所有行为活动,以保证内部网络的安全。

防火墙是不同网络之间信息的唯一出口,能根据企业网络安全策略控制出入网络的信息流且本身具有较强的抗攻击能力。防火墙通过检测、限制、更改跨越防火墙的数据流,尽可能地对外部屏蔽内部的信息、结构和运行状况,来实现网络的安全。防火墙对两个网络之间的通信进行控制,通过强制实施统一的安全策略,限制外界用户对内部网络的访问以及管理内部用户访问外部网络的权限,防止对重要信息资源的非法存取和访问,以达到保护网络系统安全的目的。如图 3-5-1 所示,反映了防火墙所处的位置及作用。

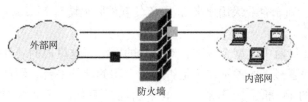

图 3-5-1 防火墙示意图

2. 防火墙的功能

防火墙一方面对流经它的网络通信进行扫描,过滤掉一些可能攻击内部网络的数据,另一方面还能关闭不使用的端口,能禁止特定端口的通信。另外,它还可以禁止来自特殊站点的访问,从而防止外来入侵。目前防火墙的种类繁多,功能也不尽相同,但一般的防火墙产品都具有以下功能。

(1) 防火墙是安全策略的检查站

所有进出网络的信息都必须经过防火墙,只有满足访问策略的请求才能通过,防火墙犹如一个安全的检查站。通过以防火墙为中心的安全方案配置,能将所有安全软件(如口令、加密、身份认证、审计等)配置在防火墙上。

（2）防火墙能有效防止内部网络相互影响

管理员可以利用防火墙将局域网分割成几个不同的网段，从而能有效防止不同网段之间的相互影响。

（3）防火墙是网络安全的屏障

防火墙通过过滤外部不安全的服务来极大地提高内部网络的安全性。隐私是内部网络非常关心的问题，一个内部网络中不引人注意的细节，可能包含了有关安全的线索而引起外部攻击者的兴趣，甚至因此而暴露了内部网络的某些安全漏洞。使用防火墙就可以屏蔽内部网络的所有细节，有效防止外部入侵者的扫描和嗅探。

（4）对网络存取和访问进行监控审计

如果所有的访问都经过防火墙，防火墙就能记录下所有的访问并作出日志记录，同时也能提供网络使用审计和用户上网行为情况的统计数据。当发生可疑动作时，防火墙能进行实时报警，并提供网络是否受到攻击的详细报告信息。另外，收集一个网络的使用和误用情况也是非常重要的。因为这可以清楚防火墙是否能够抵挡攻击者的探测和攻击，并且清楚防火墙的控制是否充足。此外，网络使用统计对网络需求分析、网络负载和安全威胁分析等而言也是非常重要的。

3. 防火墙的分类

目前防火墙产品非常之多，划分的标准也比较复杂。主要分类如下：

（1）按软、硬件形式可分为软件防火墙、硬件防火墙和芯片级防火墙

① 软件防火墙。

软件防火墙主要针对个人和小型企业。软件防火墙就像其他的软件产品一样需要先在计算机上安装配置好才可以使用。对于个人用户来说，主流的软件防火墙有天网防火墙、金山防火墙等，它们只保护本机。对于企业级用户来说，主流的软件防火墙有 Microsoft ISA Server 等。

② 硬件防火墙。

硬件防火墙主要针对中小型企业和相对简单的网络。这里说的硬件防火墙是相对于芯片级防火墙而言的。两者最大的差别在于是否基于专用的硬件平台。硬件防火墙的硬件设施采用普通的或改良过的 PC 机。操作系统一般采用经过简化的安全性能相对较高的 Unix 或 Linux 操作系统。由于硬件防火墙采用的依然是通用的操作系统，其安全性能会受到操作系统本身的安全性能的影响。

防火墙的管理相对比较简单，一般采用"http（https）://防火墙 IP 地址:端口"的 Web 管理方式，在登录窗口中输入管理员账号和密码便可进入管理。

③ 芯片级防火墙。

芯片级防火墙主要针对大中型企业、机构和应用复杂的网络。它是基于如 ASIC（专用集成电路）、NP（网络处理器）等专门的硬件平台架构的，从而使它比其他种类的防火墙速度更快、处理能力更强、性能更高。芯片级防火墙一般有专用操作系统或者没有操作系统，因此自身的漏洞比较少，是目前在结构设计上最安全的防火墙。

芯片级防火墙著名的厂商有 Cisco、NetScreen 以及国内的天融信、联想等。芯片级防火墙因其卓越的性能，一般被用于大型或比较复杂的网络中，但是价格也相对比较昂贵。其管理

方式比较复杂，一般采用命令行的配置方式或使用厂商的专用管理工具。

(2) 按防火墙技术可分为包过滤型防火墙、应用代理型防火墙和混合型防火墙

① 包过滤型防火墙（Packet filtering）。

包过滤型防火墙工作在 OSI/RM 网络参考模型的网络层和传输层，它根据数据包头源地址、目的地址、端口号和协议类型等标志确定是否允许数据包通过。只有满足过滤条件的数据包才被转发到相应的目的地，其余数据包则在数据流中被丢弃。

包过滤方式是一种通用、廉价和有效的安全手段。之所以通用，是因为它不是针对各个具体的网络服务采取特殊的处理方式，它适用于所有网络服务；之所以廉价，是因为大多数路由器都提供数据包过滤功能，所以这类防火墙多数是由路由器集成的；之所以有效，是因为它能在很大程度上满足绝大多数企业的安全要求。

② 应用代理型防火墙（Application Proxy）。

应用代理型防火墙工作在 OSI/RM 的最高层，即应用层。其特点是它完全"阻隔"了网络通信流，它通过对每种应用服务编制专门的代理程序，实现监视和控制应用层通信流的作用。

应用代理型防火墙的优点是安全。由于它工作于最高层，所以它可以对网络中的任何一层数据通信进行筛选和保护，而不是像包过滤方式那样，只是对网络层的数据进行过滤。但速度相对比较慢，当用户对网络网关的吞吐量要求比较高时，应用代理型防火墙就会成为内网和外网之间数据传输的瓶颈。

③ 混合型防火墙。

为了让防火墙在功能和处理上能进行融合，较好地抵御来自内外部的威胁，保证网络的安全和使用效率，许多厂商提出了混合型防火墙的概念。混合型防火墙结合了包过滤型防火墙的高效率和应用代理型防火墙的高性能。

(3) 按防火墙的应用部署位置可分为边界防火墙和个人防火墙

① 边界防火墙。

边界防火墙是连接内网与外网的桥梁。边界防火墙是最为传统的一种防火墙，位于内部网络和外部网络的边界，所起的作用是对内部网络和外部网络实施隔离，保护边界内部网络。这类防火墙一般都是硬件类型的，价格较贵，但性能较好。

② 个人防火墙。

个人防火墙顾名思义是一种个人行为的防范措施，只要在用户所使用的 PC 上安装软件即可。个人防火墙是防止个人电脑中的信息被外部侵袭的一项技术，它能在个人电脑系统中监控、阻止任何未经授权允许的数据进入或发出到互联网及其他网络系统。由于网络管理者可以远距离地对其进行设置和管理，因此终端用户在使用时不必特别在意防火墙的存在，适合小企业和个人使用。

个人防火墙把用户的计算机和公共网络分隔开，它检查到达防火墙两端的所有数据包，无论是进入的还是发出的，从而决定应该拦截这个包还是将其放行，是保护个人计算机接入互联网的安全有效的措施。

常见的个人防火墙有：Windows 个人防火墙、天网防火墙个人版、瑞星个人防火墙、360 木马防火墙等。

(4) 按防火墙结构可分为单一主机防火墙、路由器集成式防火墙和分布式防火墙

① 单一主机防火墙。

单一主机防火墙是基于主机的最传统的防火墙，独立于其他的网络设备，位于网络边界。

这种防火墙与一台计算机的结构差不多，硬盘用来存储防火墙所用的基本程序，如包过滤程序、代理服务器程序及日志记录等，用来对通过它的数据包进行过滤。但在稳定性、实用性和系统的吞吐性能上胜于普通计算机。

② 路由器集成式防火墙。

路由器集成式防火墙是一种具有安全策略的路由器。它在路由器上通过配置访问控制列表等安全策略来对数据包进行有效的过滤。

③ 分布式防火墙。

分布式防火墙是目前防火墙发展的一个热点，它是针对边界防火墙存在的缺陷而提出的。堵住内网漏洞是分布式防火墙的专长。

分布式防火墙有狭义和广义之分。狭义分布式防火墙是指驻留在网络主机（如服务器或桌面机）并对主机系统提供安全防护的软件产品，将驻留主机以外的其他网络都认作是不可信任的，并对驻留主机运行的应用和对外提供的服务设定针对性很强的安全策略。广义分布式防火墙是一种全新的防火墙体系结构，包括网络防火墙、主机防火墙和中心管理三部分。对于广义分布式防火墙来说，每个防火墙作为安全监测机制的组成部分，必须根据不同的安全要求被布置在网络中。对广义分布式防火墙的管理必须统一进行，中心管理是分布式防火墙系统的核心，安全策略的分发及日志的汇总都是中心管理具备的功能。

4. Windows Defender 防火墙的基本设置

例 3-8　查看 Windows Defender 防火墙规则

（1）启用 Windows Defender 防火墙

注：如果本机已启用 Windows Defender 防火墙，可以跳过本步骤。

① 选择"开始/Windows 系统/控制面板/系统和安全/Windows Defender 防火墙"命令，打开"Windows Defender 防火墙"窗口，如图 3-5-2 所示。

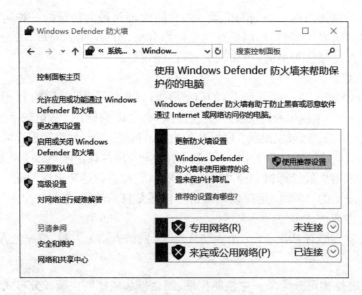

图 3-5-2　"Windows Defender 防火墙"窗口

② 单击左侧列表中的"启用或关闭 Windows Defender 防火墙"链接,进入"自定义设置"窗口(如图 3-5-3 所示),分别对"专用网络设置"和"公用网络设置"启用 Windows Defender 防火墙,并选择"Windows Defender 防火墙阻止新应用时通知我",单击"确定"按钮,启用 Windows Defender 防火墙。

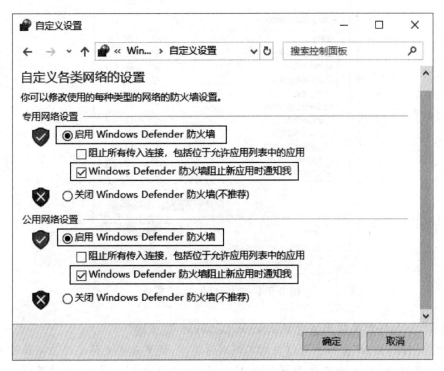

图 3-5-3　"自定义设置"窗口

在 Windows 10 中,网络类型分为"专用网络"和"公用网络"。Windows Defender 防火墙支持针对不同网络类型进行独立配置,各种网络配置之间不会互相影响。

启用 Windows Defender 防火墙后,当本机为网络其他用户提供各种网络服务时(如文件和打印机共享、远程桌面、回显请求等),建议先检查一下本机的防火墙设置,确认是否允许这些服务,否则有可能无法被用户访问。

(2) 查看"远程桌面"的防火墙规则

① 在"Windows Defender 防火墙"窗口中,单击左侧"允许应用或功能通过 Windows Defender 防火墙"链接,进入"允许的应用"窗口,如图 3-5-4 所示。

② 拖曳滚动条,查看"远程桌面"的防火墙规则。启用远程桌面服务后,这条防火墙规则将自动启用,允许远程桌面服务在专用和公用两种类型网络都能通过 Windows Defender 防火墙。注:本条规则是由 Windows 自动添加的,仅支持监听在默认端口的远程桌面服务通过 Windows Defender 防火墙。

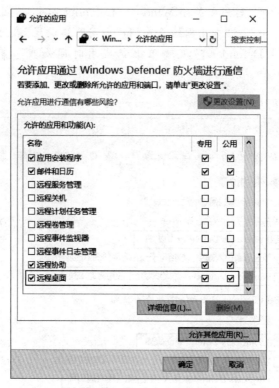

图 3-5-4 "允许的应用"窗口

例 3-9 添加计算器应用通过 Windows Defender 防火墙

① 在"允许的应用"窗口中可以针对不同网络类型，设置是否允许某个应用通过 Windows Defender 防火墙通信，本步骤以 Windows Calculator 应用为例。单击"允许其他应用"按钮，打开"添加应用"对话框，如图 3-5-5 所示。单击"浏览"按钮，在"浏览"对话框中选择"C：\Windows\System32\calc.exe"应用，单击"打开"按钮，返回"添加应用"对话框。

② 单击"网络类型"按钮，打开"选择网络类型"对话框（如图 3-5-6 所示），同时选择"专用"

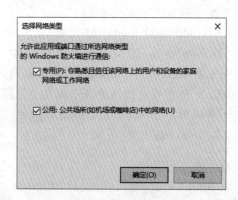

图 3-5-5 "添加应用"对话框　　　　图 3-5-6 "选择网络类型"对话框

和"公用",为 Windows Calculator 应用选择允许通过的网络类型,单击"确定"按钮,返回"添加应用"对话框。

③ 单击"添加"按钮,返回"允许的应用"窗口,拖曳滚动条,可查看到 Windows Calculator 应用的防火墙规则,单击"确定"按钮完成设置。

5. Windows Defender 防火墙的高级设置

高级设置可以对 Windows 防火墙进行更详细、更复杂的设置。因此,在"允许的应用"窗口中设置的防火墙规则,在高级设置中也都能查看到。

例 3-10　在防火墙的高级设置中查看已添加的 Windows Calculator 规则

① 单击"Windows Defender 防火墙"窗口左侧的"高级设置"链接,打开"高级安全 Windows Defender 防火墙"窗口,如图 3-5-7 所示。

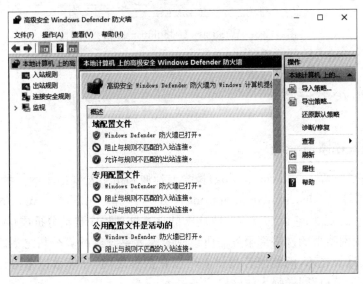

图 3-5-7　"高级安全 Windows Defender 防火墙"窗口

在"高级安全 Windows Defender 防火墙"窗口中,可以设置入站规则和出站规则。简单来说,入站就是外网访问本机,出站就是本机访问外网。用户可根据程序和服务、计算机、协议和端口、作用域、网络类型、网络接口类型、用户等条件设置 Windows Defender 防火墙规则。一般来说,入站规则是设置的重点。

② 单击左侧"入站规则"链接,在右侧"入站规则"列表中可以查看到所有的入站规则。拖曳滚动条,可以找到 Windows Calculator 的相关规则,如图 3-5-8 所示。Windows Calculator 的相关规则有四条:

● 配置文件针对专用、公用网络,使用 TCP 协议的规则,该规则已启用。

● 配置文件针对域网络,使用 UDP 协议的规则,该规则未启用。网络类型"域"主要是面向企业域连接使用的,普通用户一般不使用。

● 配置文件针对域网络,使用 TCP 协议的规则,该规则未启用。

● 配置文件针对专用、公用网络，使用 UDP 协议的规则，该规则已启用。

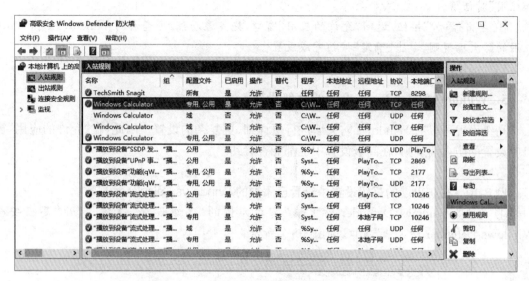

图 3-5-8　Windows Calculator 的相关规则

3.5.2　OneDrive 云存储

1. 什么是云存储

　　云存储是在云计算（cloud computing）概念上延伸和衍生发展出来的一种网络存储技术。云计算是分布式计算（distributed computing）、并行计算（parallel computing）和网格计算（grid computing）的发展，它能透过网络将庞大的计算处理程序自动分拆成很多较小的子程序（子任务），再交由网络上的许多部服务器所组成的庞大系统经计算分析之后将处理结果回传给用户。通过云计算技术，网络服务提供者可以在数秒之内，处理数以千万计甚至亿计的信息，达到和"超级计算机"同样强大的网络服务。

　　云存储总体上来说就是依托于数据存储和管理的云计算系统，云存储可以将存储的资源统一到云存储空间中进行处理，让用户可以随时随地地进行调用和操作。只要是有互联网设备的用户都可以对云存储空间中的数据进行实时处理，这也是目前互联网的一种新兴的存储手段，具有很强的空间优势。

　　云存储的概念与云计算类似，它是指通过高可用（High Available，HA）集群应用、网格技术或分布式文件系统等功能，将互联网数据中心（Internet Data Center，IDC）的超大容量存储设备通过应用软件集合起来协同工作，共同对外提供数据存储和业务访问功能的系统。它提供数据的安全性保障和可伸缩的远程存储空间服务。

2. 云存储的特点

　　云存储已成为当今商业模型的一个重要部分。虽然有许多不同类型的云计算选择，但是提供在线文件存储的协作应用程序是最热门的选择之一，它可以帮助简化员工或团队之间的文件、消息、数据、附件、笔记等内容的在线访问、传输、分享等操作,如图 3-5-9 所示。在线云存储不仅可以降低管理和存储成本,同时还能促进员工协作、增加访问灵活性和提升效率。云存储具有以下优点:

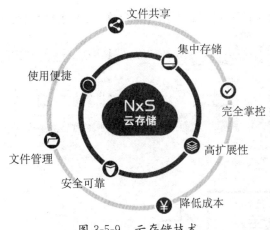

图 3-5-9　云存储技术

① 管理和共享文档:可以在任意时间、从 Web 任意位置访问文件,轻松管理、上传和共享文件,并能将文件同步到本地电脑或其他移动设备中。

② 实时协作:与同事、客户和外部合伙人轻松共享文档,并能够使用熟悉的应用协同办公,避免文件版本冲突。

③ 提供更大更强的数据访问性能:云存储是一种线上数据存储技术,可以给在线会议视频系统提供文件分享等支持,辅助主持高效的在线会议。在计算机上向与会人员显示各种信息(从视频到高层主管演讲),犹如所有人都在同一会议室,而且大多数人还可访问整场会议的完整记录。

3. OneDrive 云存储

OneDrive 是微软新一代网络存储工具,由 SkyDrive 改名而来。OneDrive 是微软针对 PC 和手机等设备推出的一项云存储服务。目前市面上大部分操作系统中都内置了 OneDrive 服务,用户可以将一些重要的文件数据上传到 OneDrive 上,同步备份数据,以防止数据丢失。OneDrive 提供的功能包括:

① 相册的自动备份功能,即无须人工干预,OneDrive 自动将设备中的图片上传到云端保存,这样的话即使设备出现故障,用户仍然可以从云端获取和查看图片。

② 在线 Office 功能,微软将万千用户使用的办公软件 Office 与 OneDrive 结合,用户可以在线创建、编辑和共享文档,而且可以和本地的文档编辑进行任意的切换,实现本地编辑在线保存或在线编辑本地保存。在线编辑的文件是实时保存的,可以避免因本地编辑时宕机(非正常停机或死机)而造成的文件内容丢失的情况,提高了文件的安全性。

③ 分享指定的文件、照片或者整个文件夹的功能。用户只需提供一个共享内容的访问链接给其他用户,其他用户就可以且只能访问这些共享内容,无法访问非共享内容。

Windows 10 操作系统一般会附带 OneDrive,如果没有的话可以通过网络搜索下载安装。使用 OneDrive 前必须先注册 Microsoft 账户,它是微软各种产品的统一账户。

若要将正在处理的文档保存到 OneDrive 中，可从保存位置列表中选择 OneDrive 文件夹。若要将文件移动到 OneDrive 中，可使用组合键"〈 〉＋〈E〉"打开文件资源管理器，在左侧的目录文件夹下面就可以找到 OneDrive，然后将文件或文件夹拖动到 OneDrive 文件夹中，如图 3-5-10 所示。

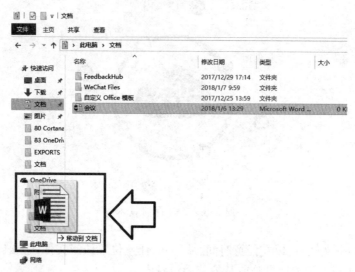

图 3-5-10　通过文件资源管理器将文件移动到 OneDrive 中

　　如果想把正在操作的文档直接保存到 OneDrive 中，可以直接单击"另存为"命令，然后选择 OneDrive 即可，如图 3-5-11 所示。

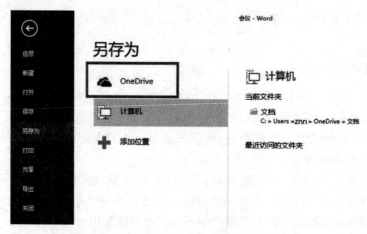

图 3-5-11　将文档直接保存到 OneDrive 中

　　如果自己的电脑没有在身边却要处理电脑中的文件，可以使用任何计算机或者平板电脑，然后登录到 OneDrive 网站中进行在线编辑；也可以通过 OneDrive 网站上传本地的文件，这样就加快了办事效率，如图 3-5-12 所示。

　　当再次使用自己的计算机进行办公的时候，文件和文件夹上的绿色图标（左下角带钩的图标）表示之前处理的文件已经进行更新，如图 3-5-13 所示。

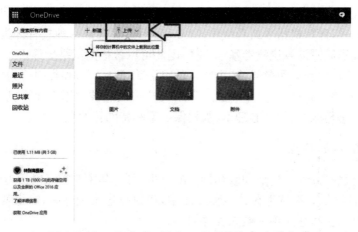

图 3-5-12　通过 OneDrive 网站上传本地的文件

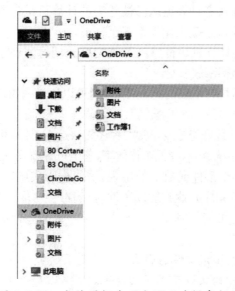

图 3-5-13　文件图标左下方显示为绿色标记

当没有联网的时候,也可以随时在脱机的状态下将文件保存在电脑中,当再次联网的时候,只需要将脱机时做处理的文件进行更新即可。

OneDrive 既可以作为单独产品提供给用户使用,又可以组合到各种各样的应用中。例如:Web 应用 EasyBib 可以将用户的 Internet 引文和书目直接保存到 OneDrive 中;iOS 应用 Cooliris 为用户提供 OneDrive 中图片浏览的 3D 效果;手机应用 Genius Scan+将手机作为扫描仪,将扫描后的文件直接保存到 OneDrive 中。

3.5.3　防病毒技术

1. 什么是计算机病毒

计算机病毒(computer virus)在《中华人民共和国计算机信息系统安全保护条例》中被明

确定义为：编制或者在计算机程序中插入的破坏计算机功能或者毁坏数据，影响计算机使用，并能自我复制的一组计算机指令或者程序代码。而手机病毒是一种具有传染性、破坏性等特征的手机程序，其实质同计算机病毒基本一样，因此可以统称为网络病毒。

计算机病毒的产生和来源各异，按主要目的可分为个人行为和集团行为两类。有的病毒还曾是为研究或实验而设计的"有用"程序，后来失控扩散或被利用。计算机病毒的产生原因主要有 4 个方面：恶作剧型、报复心理型、版权保护型和特殊目的型。

2. 计算机病毒的特点

根据对计算机病毒产生、传播和破坏行为的分析，可将其主要特点概括为以下 6 点。

① 寄生性：计算机病毒寄生在其他程序之中，当执行这个程序时，病毒就起破坏作用，而在未启动这个程序之前，它是不易被人发觉的。

② 传染性：计算机病毒具有传染性，一旦病毒被复制或产生变种，其传染速度之快令人难以预防。计算机病毒也会通过各种渠道从已被感染的计算机扩散到未被感染的计算机，在一定条件下造成被感染的计算机系统工作失常甚至瘫痪。

③ 潜伏性：绝大部分的计算机病毒感染系统之后长期隐藏在系统中，只有当满足特定条件时才启动其破坏代码，破坏系统。

④ 隐蔽性：计算机病毒具有很强的隐蔽性，有的可以通过病毒软件检查出来，有的查不出来，时隐时现、变化无常。

⑤ 破坏性：计算机中毒后，可能导致正常的程序无法运行，计算机内的文件被删除或受到不同程度的损坏；也可能占用系统资源，降低工作效率，甚至可导致系统崩溃，其破坏性多种多样。

⑥ 可触发性：病毒因某个事件或数值的出现，诱使病毒实施感染或进行攻击的特性称为可触发性。当用户调用正常程序并达到触发条件时，病毒会窃取系统的控制权，并抢先于正常程序执行。预定的触发条件可能是时间、日期、文件类型或某些特定数据等。

例 3-11 处理隐藏 U 盘正常文件的病毒

用户可能会遇到 U 盘中的文件不见了的情况，这是因为 U 盘感染了"隐藏 U 盘正常文件"的病毒。该病毒将 U 盘或移动硬盘中的正常文件或文件夹隐藏，然后将自己改名为和被隐藏的文件或文件夹同名，并隐藏自己的文件扩展名。同时，病毒会将自己的图标改为文件夹图标或常见的软件图标(如图片、视频等)。用户如未察觉，双击了病毒文件后，病毒即会执行并感染计算机。

如果要查看被隐藏的文件扩展名，可通过如下步骤进行设置：

① 在 Windows 文件资源管理器中，选择"查看"选项卡中的"选项"。

② 在弹出的"文件夹选项"对话框中选择"查看"选项卡，在"高级设置"中的"隐藏文件和文件夹"中选"显示隐藏的文件、文件夹和驱动器"。

图 3-5-14 文件和文件夹的显示与隐藏设置

③ 取消"隐藏已知文件类型的扩展名",如图 3-5-14 所示。

④ 设置完后便可看到移动硬盘或 U 盘中的所有文件。

⑤ 删除那些和自己的文件同名的程序文件即可(其文件扩展名一般为 exe、com、bat 等)。

3. 计算机病毒的危害

病毒历来是信息系统安全的主要问题之一。由于网络的广泛互联,病毒的传播途径和速度大大加快。病毒的主要危害包括:破坏系统、文件和数据;窃取机密文件和信息;造成网络堵塞或瘫痪;消耗内存、磁盘空间和系统资源;电脑运行缓慢;对用户造成心理压力等。

病毒传播的途径可分为:通过 FTP、电子邮件传播;通过光盘、U 盘等传播;通过 Web 浏览传播,主要是恶意的 Java 控件网站;通过聊天通信工具和移动通信终端传播。

4. 计算机病毒的防护

对计算机病毒的防范,应该采取预防为主的策略,对于计算机病毒的预防措施主要有以下几条:

① 给计算机安装防病毒软件,并及时更新杀毒软件病毒数据库。

② 及时更新操作系统/应用软件厂商发布的补丁,减少系统或软件漏洞。

③ 定期备份重要文件,以防病毒在破坏系统数据之后丢失文件。

④ 不轻易打开外来文件。对于外来的文件,无论是从网络上接收的,还是从移动介质中拷贝的文件,在执行或打开之前,须在使用杀毒软件进行全面查杀之后再使用,以减少病毒入侵计算机的机会。

⑤ 留意计算机出现的异常情况,如操作突然中止、系统无法启动、文件消失、计算机发出不明声音、出现异常界面等,在出现此类情况时,应该更新计算机杀毒软件,尽快对计算机系统进行全面杀毒。

⑥ 阻止病毒的传播。在防火墙、代理服务器、SMTP 服务器、网络服务器、群件服务器上安装病毒过滤软件;在桌面 PC 安装病毒监控软件。

⑦ 建全网络安全管理制度。提升计算机使用人员的安全意识,规范计算机使用人员的操作。

近年网络新兴病毒频发,反病毒领域已经认识到必须由被动使用杀毒软件向主动防御新型病毒转变。所以,云概念、云计算、云安全、云杀毒等新技术应运而生。

云安全(cloud security)是网络安全的最新体现,融合了并行处理、网格计算、未知病毒特征辨识等新技术,通过网状的大量客户端对网络中软件的异常行为进行监测,以获取互联网中病毒的新信息,并将其传送到 Server 端自动分析和处理,再把解决方案发到各客户端。

5. 杀毒软件

杀毒软件也称反病毒软件或防毒软件,是用于对电脑病毒、特洛伊木马和恶意软件等一切已知的对计算机有危害的程序代码进行清除的程序工具。杀毒软件通常集成监控识别、病毒扫描和清除等功能,有的杀毒软件还带有数据恢复、防范黑客入侵和网络流量控制等功能,是计算机防御系统的重要组成部分。

（1）杀毒软件的选择

安装防杀病毒软件是病毒防范的主要措施。目前市面上杀毒软件的种类很多，国内产品有 360 安全卫士、腾讯电脑管家、瑞星和金山毒霸等；国外产品有 Norton、ESET Nod32、McAfee 和 Kaspersky 等。在选择防杀病毒软件时应考虑如下几个要素：

① 大的病毒代码库。具有数量巨大的病毒特征代码库，能够查杀已知的所有病毒。著名的杀毒软件一般能够承诺查杀 2 万种以上的病毒。

② 查、杀变体及未知病毒。运用虚拟机技术和启发式扫描技术，对各种变体代码机和病毒制造机自动分析和识别，查杀它们制造的各种变体或未知病毒。

③ 版本更新方便快捷。拥有跟踪新病毒的情报网，具有对付新病毒的快速反应能力，提供快速及时的在线升级保障。杀毒软件一般 1 周至 2 周左右更新自己的版本，并具有自动更新的功能（只要用户在线，无须任何操作，在后台自动更新）。再好的杀毒软件，都要注意及时升级，以对付新产生的病毒。

④ 自身防毒。安装前能对系统查毒，自身能防病毒感染或在自身被感染时发出警告信息。

⑤ 在线实时监控。能对系统进行实时监测，把从软盘或网络上检测出的病毒当即消除，并警示光盘中的病毒以及提供实时查杀网络病毒、邮件病毒和 Internet 保护的功能。

⑥ 全方位杀毒。能够检测和杀灭引导型病毒、驻留内存的病毒、压缩打包软件中的寄生病毒、隐藏在光盘或 Internet 下载文件中的病毒，以及能够在网上检测和杀灭 JAVA 病毒、宏病毒。此外，能够在局域网范围内跟踪病毒源，以帮助管理员迅速找到病毒源所在的网站。

⑦ 抢救性恢复。提供系统文件备份和对硬盘关键数据的保护功能，能在因病毒或事故导致文件损坏或系统无法启动时，用应急盘实现抢救性恢复。

（2）杀毒软件实例——360 安全卫士

360 安全卫士是 360 安全中心出品的一款免费的云安全杀毒软件。它拥有修复系统漏洞、清理恶评及系统插件、管理应用软件、实时保护系统、查杀流行木马等强劲功能，同时还提供系统全面诊断、弹出插件免疫、清理使用痕迹以及系统还原等特定辅助功能。下面列举其中的几项主要功能：

① 修复系统漏洞。

绝大多数的病毒、木马都是通过系统漏洞进行传播的。当使用 IE 浏览器在网上冲浪时，各种钓鱼网站正在等待着我们上钩，如果系统有相关漏洞没有修补，那么在几秒钟的时间内，系统就会被钓鱼网站的病毒、木马控制。360 安全卫士的主要特色之一就是能查找并修复系统存在的漏洞。在 360 安全卫士软件中，单击"常用"选项卡中的"修复漏洞"命令，程序就会自动对系统进行漏洞的扫描。当扫描出系统存在的漏洞后，只需单击"立即修复"按钮就可以修补漏洞。

② 清理恶评及系统插件。

当系统中无意或有意地安装了恶评插件后，随之而来的问题也就多起来了，如莫名其妙地弹出广告窗口、未经允许获取用户信息等。而且，这类软件往往没有卸载程序。有些时候为了达到长期占据用户系统的目的，这类软件还使用了一些比较恶劣的编程技术，而这些技术的使用会使系统的稳定性及安全性大大降低。所以，将恶评插件清扫出系统是一件很重要的事情。

360 安全卫士的主要特色之一就是能清除很多恶评插件。在 360 安全卫士软件中,单击"常用/清理插件/开始扫描"命令后,程序将会自动扫描系统中存在的恶评插件。当程序扫描出有恶评插件的时候,只需点下"全选",再单击"立即清理"按钮就可以将这些危害系统安全的插件清理出系统。

③ 查杀流行木马。

木马的危害越来越大,几乎每天都有几万的变种。360 安全卫士的主要特色之一就是能查杀木马。单击"常用"选项卡中的"查杀木马"命令,会出现三个扫描的方案。通常情况下只要选择其中的"快速扫描",程序就会自动扫描系统存在的木马。

当程序扫描出系统中存在的木马后,单击"全选",再单击"立即查杀"按钮,查杀完后重启电脑,木马就被清除了。也有些木马比较顽固,需要用 360 安全卫士的专杀工具来查杀。360 安全卫士扫描完成后显示的恶意软件名称及其含义如表 3-5-1 所示。

表 3-5-1　恶意软件名称及其含义

名　称	说　明
病毒程序	病毒是指通过复制自身感染其他正常文件的恶意程序,被感染的文件可以通过清除病毒后恢复正常,也有部分被感染的文件无法进行清除,此时建议删除该文件,重新安装应用程序
木马程序	木马是一种伪装成正常文件的恶意软件,通常通过隐蔽的手段获得运行权限,然后盗窃用户的隐私信息,或进行其他恶意行为
盗号木马	这是一种以盗取在线游戏、银行、信用卡等账号为主要目的的木马程序
广告软件	广告软件通常会通过弹窗或打开浏览器页面向用户显示广告,此外,它还会监测用户的广告浏览行为,从而弹出更"相关"的广告。广告软件通常捆绑在免费软件中,在安装免费软件时被一起安装
蠕虫病毒	蠕虫病毒是指通过网络将自身复制到网络中其他计算机上的恶意程序。有别于普通病毒,蠕虫病毒通常并不感染计算机上的其他程序,而是窃取其他计算机上的机密信息
后门程序	后门程序是指在用户不知情的情况下远程连接到用户计算机,并获取操作权限的程序
可疑程序	可疑程序是指由第三方安装并具有潜在风险的程序。虽然程序本身无害,但是经验表明,此类程序比正常程序具有更高的可能性被用作恶意目的,常见的有 HTTP 及 SOCKS 代理、远程管理程序等。此类程序通常可在用户不知情的情况下被安装,并且在安装后会完全对用户隐藏
测试代码	被检测出的文件是用于测试安全软件是否正常工作的测试代码,本身无害
恶意程序	其他不宜归类为以上类别的恶意软件,会被归类到"恶意程序"类别

(3) 杀毒软件实例——Windows Defender

为了防止用户受到间谍软件、流氓工具的侵害,Windows 中集成了免费的反间谍工具——Windows Defender。Windows 10 中的 Windows Defender 已加入了右键扫描和离线杀毒功能。Windows Defender 安全中心提供了最新的病毒防护,该中心包含了 Windows Defender 防病毒软件。Windows Defender 防病毒软件可以对计算机提供扫描和实时保护,可以扫描恶意软件、病毒和安全威胁。

例 3-12　查看 Windows Defender

① 选择"开始"菜单，单击"设置"按钮，打开"设置"窗口，如图 3-5-15 所示。

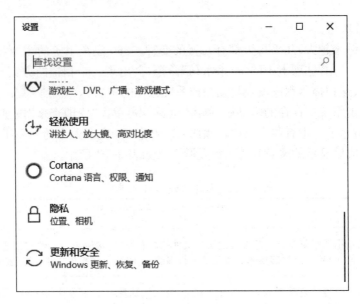

图 3-5-15　"设置"窗口

② 单击"更新和安全"链接，单击左侧的"Windows 安全中心"按钮，再单击右侧的"打开 Windows Defender 安全中心"按钮，打开"Windows Defender 安全中心"窗口，如图 3-5-16 所示。

③ 单击左侧"病毒和威胁防护"按钮，进入"病毒和威胁防护"界面，如图 3-5-17 所示。

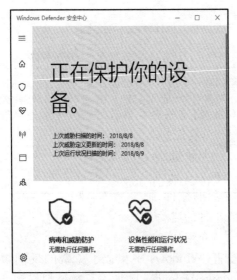

图 3-5-16　Windows Defender 安全中心

图 3-5-17　"病毒和威胁防护"界面

例 3-13　全盘扫描

① 单击"高级扫描"链接,进入"高级扫描"界面,如图 3-5-18 所示。

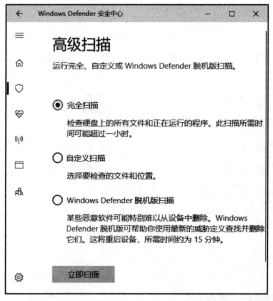

图 3-5-18　"高级扫描"界面

② 单击"完全扫描"单选框,再单击"立即扫描"按钮,开始对计算机进行全盘扫描。

③ 为节省实验时间,可单击"取消"按钮提前结束全盘扫描。

3.5.4　远程控制

计算机中的远程控制是通过远程控制软件实现的,主要是由控制端和服务端组成。位于本地的计算机是操纵指令的发出端,称为控制端,非本地的被控计算机叫作服务端。通过信息的反馈与处理,实现远程监控功能,控制端和服务端均须安装相关的软件。服务端的计算机主要用来收集客户信息,并对数据进行加工和处理,之后将这些处理后的信息数据上传至控制端,控制端经过信息识别后再做出响应动作,继而发出远程控制指令。

远程控制通常通过网络才能进行。远"程"不等同于远"距离",控制端和服务端可以是位于同一局域网的同一房间中,也可以是连入 Internet 的处在任何位置的两台或多台计算机。

微软从 Windows 2000 Server 开始提供远程控制的控件,但是并不是默认安装的。在 Windows XP 和 Windows Server 2003 中,微软将此组件的启动方法进行了改革,用户只需要通过简单的设置就可以开启远程桌面连接功能。本节介绍如何使用 Windows 远程桌面功能来管理远程计算机。

本节需要使用到两台计算机:提供远程桌面服务的 Server 计算机和访问远程桌面服务的 Client 计算机。实验中约定,本人计算机为 Server 计算机且当前登录用户已具有管理员权限,另外一台计算机为 Client 计算机。

1. 配置本机的远程桌面服务

例 3-14 配置本机的远程桌面服务，等待 Client 计算机访问

(1) 修改本机当前登录用户的密码

在 Client 计算机上访问远程桌面服务时，需要输入 Server 计算机上具有访问权的用户名和密码。通过本步骤可提前确定当前登录本机的用户的用户名和密码。如果已知上述信息，可以跳过本步骤。

① 在本机，单击"开始"菜单，鼠标移至用户头像 处略作停留，弹出当前登录用户的用户名，如"stu"。

② 右击"开始"菜单，在如图 3-5-19 所示的弹出菜单中，选择"计算机管理"命令，打开如图 3-5-20 所示的"计算机管理"窗口。在左侧列表中依次展开"系统工具/本地用户和组/用户"，右击当前登录用户名，如"stu"，选择"设置密码/继续"命令，在打开的"设置密码"对话框中设置新的密码，并记录下用户名和密码。

图 3-5-19 "开始"快捷菜单

图 3-5-20 "计算机管理"窗口

(2) 启用本机的远程桌面服务

① 执行"开始/Windows 系统/控制面板/系统和安全/系统/允许远程访问"命令，如图 3-5-21 所示。打开"系统属性"对话框的"远程"选项卡，如图 3-5-22 所示。

② 单击"允许远程连接到此计算机"单选框，默认已选中"仅允许运行使用网络级别身份验证的远程桌面的计算机连接(建议)"。

● 仅允许运行使用网络级别身份验证的远程桌面的计算机连接(建议)：允许 Client 计算机上运行使用带网络级别身份验证的远程桌面或 RemoteApp 连接到 Server 计算机。适合对方使用 Windows 7 及以上操作系统的情况，较安全。

● 否则：允许 Client 计算机上使用任意版本的远程桌面或 RemoteApp 连接到 Server 计

算机。如果不知道对方正在使用的远程桌面连接的版本，这是一个很好的选择，但安全性较低。适合对方使用 Windows XP 等操作系统的情况。

图 3-5-21　系统和安全

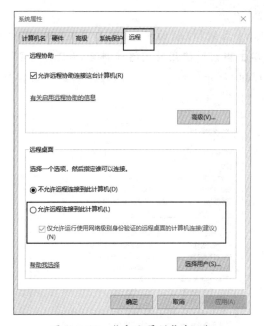

图 3-5-22　"系统属性"对话框

③ 单击"选择用户"按钮，打开"远程桌面用户"对话框，如图 3-5-23 所示。从图中方框处可看出，当前登录用户（如"stu"）已经具有访问权。

● 如果要添加其他用户具有访问权，可单击"添加"按钮，打开"选择用户"对话框，输入要添加的用户名点击"确定"即可，如图 3-5-24 所示。

● 如果需要选择用户，可以单击"高级"按钮，打开高级的"选择用户"对话框，单击"立即查找"按钮，查找出本机所有用户和组，在"搜索结果"列表中，选中要添加访问权的用户，单击"确定"按钮，返回"远程桌面用户"对话框，单击"确定"按钮完成添加，返回"远程"选项卡。

图 3-5-23　"远程桌面用户"对话框

图 3-5-24　"选择用户"对话框

④ 单击"确定"按钮，启用本机的远程桌面服务。启用后，已自动修改本机的 Windows 防火墙规则，允许远程桌面请求通过本机防火墙。

(3) 查看本机的 IP 地址

① 执行"开始/Windows 系统/控制面板/网络和 Internet/网络和共享中心"命令，打开"网络和共享中心"窗口，单击当前所使用的网络连接名，如"以太网"，打开网络"连接"对话框。

② 单击"详细信息"按钮，打开如图 3-5-25 所示的"网络连接详细信息"对话框，查看本机 IPv4 地址，并记录下来，如"172.24.44.106"。

图 3-5-25　"网络连接详细信息"对话框

2. 访问远程桌面服务

例 3-15 Client 计算机访问 Server 计算机

(1) 运行远程桌面连接

在局域网其他计算机上,执行"开始/Windows 附件/远程桌面连接"命令,打开"远程桌面连接"窗口,输入前一步记录下的 IP 地址(如"172.24.44.106"),如图 3-5-26 所示。

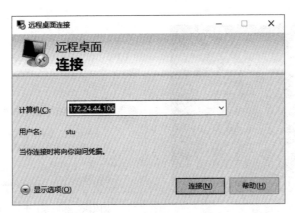

图 3-5-26 "远程桌面连接"窗口

(2) 连接 Server 计算机

① 单击"连接"按钮,如果弹出远程桌面"是否信任此连接"对话框,可选中"不再询问我是否连接到此计算机"复选框,下次访问该远程计算机时将不会再出现该对话框。

② 单击"连接"按钮,弹出如图 3-5-27 所示"Windows 安全性"对话框,输入用户名和密码。如果选中"记住我的凭据"复选框,下次访问该远程计算机时将直接按前一次输入的用户名和密码进行验证。

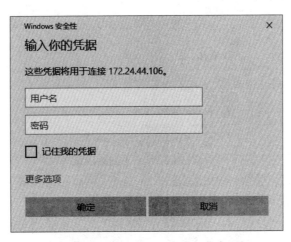

图 3-5-27 "Windows 安全性"对话框

③ 单击"确定"按钮,打开如图 3-5-28 所示的"远程桌面连接"桌面窗口。该窗口默认全屏显示,在该窗口中,可以像在本地操作一样,远程使用计算机。

注：由于在 Client 计算机上打开的"远程桌面连接"桌面窗口，与 Client 计算机自身的桌面界面相似，因此在使用过程中要注意区分。

(3) 关闭连接

完成远程访问后，将鼠标移动到桌面顶部中间位置，在自动弹出的浮动连接栏中单击"关闭"按钮，弹出"远程桌面连接"确认对话框（如图 3-5-29 所示），单击"确定"按钮，断开远程桌面连接，结束本次远程访问。

图 3-5-28　远程桌面

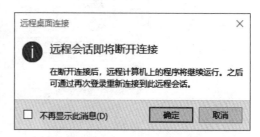

图 3-5-29　断开远程桌面连接

3. 通过远程桌面实现剪贴板共享

例 3-16　通过远程桌面实现 Client 和 Server 计算机间剪贴板共享

(1) 显示"远程桌面连接"完整窗口

① 在局域网内远程连接到其他计算机。执行"开始/Windows 附件/远程桌面连接"命令，打开"远程桌面连接"窗口，默认已保存上次输入的 IP 地址。单击"显示选项"按钮，打开包含选项设置的完整"远程桌面连接"窗口，如图 3-5-30 所示。

图 3-5-30　完整的"远程桌面连接"窗口

②单击"本地资源"选项卡(如图 3-5-31 所示),确认"剪贴板"复选框已经选中。该选项表示,当远程连接建立后,当前计算机(Client 计算机)与远程计算机(Server 计算机)之间可以共享剪贴板,从而实现选中内容的复制和粘贴。

图 3-5-31　"本地资源"选项卡

(2) 两台计算机的文件复制

①单击"连接"按钮,进行远程桌面连接,打开远程桌面窗口。

②在远程桌面窗口中,打开文件夹"C:\Windows",右击"bootstat. dat"文件,在弹出的菜单中选择"复制"命令。

③将鼠标移动到桌面顶部中间位置,在自动弹出的浮动连接栏中单击"最小化"按钮,返回当前计算机(Client 计算机)的桌面。右击桌面空白处,在弹出菜单中选择"粘贴"命令,实现两台计算机之间"bootstat. dat"文件的拷贝。

④完成远程访问后,断开远程桌面连接,结束本次远程访问。

4. 修改远程桌面默认端口

例 3-17　修改 Server 计算机的远程桌面端口，并通过 Client 计算机进行远程访问

(1) 修改本机远程桌面端口号

① 按下快捷键"〈⊞〉＋〈R〉"，打开"运行"对话框，输入"regedit"命令，如图 3-5-32 所示。如果出现"用户账户控制"对话框，单击"是"按钮，允许注册表编辑器运行。

图 3-5-32　"运行"对话框

② 打开"注册表编辑器"窗口，如图 3-5-33 所示。在左侧树状列表中逐级展开至"HKEY_LOCAL_MACHINE\SYSTEM\CurrentControlSet\Control\Terminal Server\WinStations\RDP-Tcp"，在右侧列表中双击"PortNumber"项。

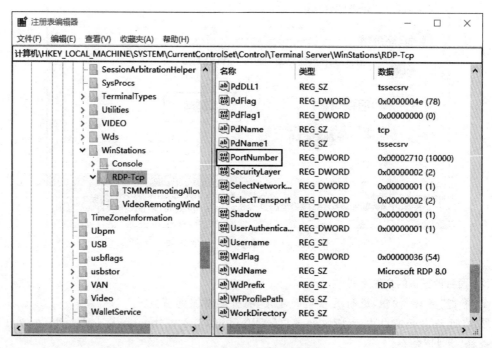

图 3-5-33　注册表编辑器

③ 打开"编辑 DWORD（32 位）值"对话框，单击"十进制"单选框，在"数值数据"文本框中，将默认端口号"3389"修改为新端口号，如"10000"，如图 3-5-34 所示。注：端口号取值范围

为 0—65535,且存在端口号已被占用的可能。

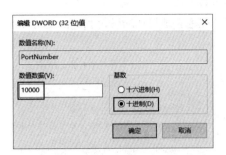

图 3-5-34　修改端口号

④ 与上述的步骤相同,在"注册表编辑器"窗口的左侧树状列表中逐级展开至"HKEY_LOCAL_MACHINE\SYSTEM\CurrentControlSet\Control\TerminalServer\Wds\rdpwd\Tds\tcp",修改 PortNumber 项为新端口号,如十进制的"10000"。

(2) 重启本机远程桌面服务

修改注册表后,一般需要重启计算机以更新该修改。但大多数机房已安装硬盘恢复功能,重启计算机后硬盘将还原至初始状态,前一次开机在操作系统内所做的修改无法保存。因此,本步骤将在避免重启计算机的情况下,直接重启远程桌面服务。

① 右击"开始"菜单,在弹出的菜单中选择"计算机管理"命令,打开"计算机管理"窗口,在左侧列表中依次展开"服务和应用程序/服务",如图 3-5-35 所示。

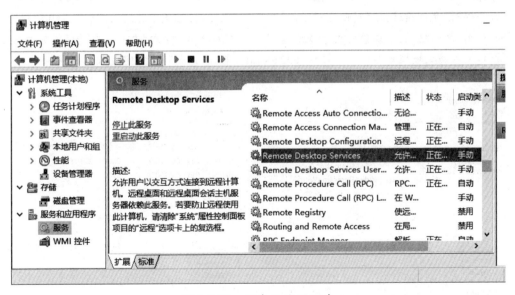

图 3-5-35　服务和应用程序

② 在右侧列表中找到名称为"Remote Desktop Services"的服务,右击该服务,在弹出菜单中选中"重新启动"命令。由于服务之间存在依赖关系,在随后弹出的"重新启动其他服务"对话框中单击"是"按钮。

③ 短暂等待后,完成远程桌面服务的重新启动。

(3) 为修改端口号的远程桌面服务添加入站规则

① 在"高级安全 Windows Defender 防火墙"窗口左侧，右击"入站规则"链接，在弹出的菜单中单击"新建规则"命令，打开"新建入站规则向导"对话框，选中"端口"单选框，如图 3-5-36 所示。

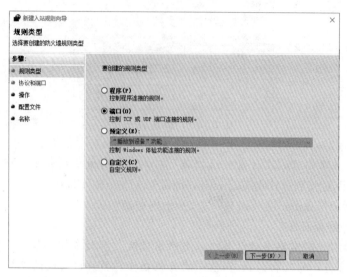

图 3-5-36　新建入站规则向导

② 单击"下一步"按钮，如图 3-5-37(a)所示，选中"TCP"单选框，输入修改后的远程桌面服务端口号，如"10000"；单击"下一步"按钮，如图 3-5-37(b)所示，选中"允许连接"单选框，表示当某连接符合条件时，允许该连接通过防火墙；单击"下一步"按钮，如图 3-5-37(c)所示，选中"域"、"专用"和"公用"复选框，表示该条防火墙规则适用于所有网络类型；单击"下一步"按钮，如图 3-5-37(d)所示，输入防火墙规则名称，如"RemoteDesktop"；单击"完成"按钮，完成入站规则的创建。

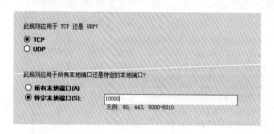

（a）规则应用于 TCP

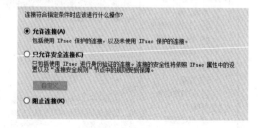

（b）允许连接

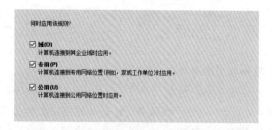

（c）规则适用于所有网络类型

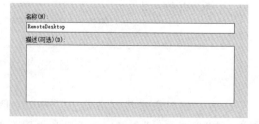

（d）输入防火墙规则名称

图 3-5-37　入站规则创建

(4) 访问远程桌面服务

① 在局域网的其他计算机上,执行"开始/Windows 附件/远程桌面连接"命令,打开"远程桌面连接"窗口,输入计算机地址"IP 地址:新端口号"(如"172.24.44.106:10000"),如图 3-5-38 所示。注意:中间分隔符为英文冒号。

图 3-5-38　远程桌面连接

② 单击"连接"按钮,进行远程桌面连接,打开远程桌面窗口。

③ 如果无法连接到远程计算机,出现如图 3-5-39 所示的错误提示对话框,可能的原因包括但不限于:

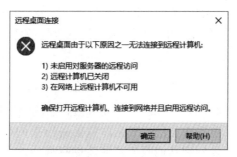

图 3-5-39　远程桌面连接失败

- 本人计算机上,是否已经启用远程桌面服务。
- 本人计算机上,远程桌面服务的端口号是否已经正确修改。
- 本人计算机上,远程桌面服务是否已经重新启动。
- 本人计算机上,是否正确添加了防火墙入站规则。
- 其他同学计算机上,远程桌面连接地址是否正确,是否加上端口号。

远程控制技术是把双刃剑,可以充当黑客攻击的手段,也可以运用在网络管理、远程协作、远程办公等场合,以提高工作效率。

3.5.5　备份与还原

攻击者最终的目标是系统中的关键数据信息。如要有效保证数据的完整性、保密性，防止数据被破坏、被窃取，常常采用的技术有备份、归档、分级存储、镜像和远程容灾等，以保障数据的安全。

备份还原是计算机的术语，是为了防止因计算机故障而造成的系统或数据的丢失及损坏，从而在原系统中独立出来单独贮存的程序或文件副本，并在需要时将已经备份的文件还原到损坏的计算机中。

1.　备份与还原技术

备份技术是指为防止计算机系统出现故障或者人为操作失误导致数据丢失，而将数据从主机硬盘复制到其他的存储介质的过程。还原技术是指将丢失或者损坏的数据恢复到正常使用的状态。

备份对象主要是系统备份和数据备份。系统备份是针对整个操作系统进行备份，当操作系统损坏或者无法启动时，能通过备份快速恢复。数据备份是针对用户的数据文件、应用软件、数据库进行备份，当这些数据丢失或损坏时，也能通过备份软件安全恢复。

数据备份不等于简单的文件复制，也不等于文件的永久性归档，它要求一种高速、大容量的存储介质将所配置或指定的文件（网络系统、应用软件、用户数据）按某种方式打包压缩，在备份过程中需要指定合适的备份方式和选择合适的存储设备。下面介绍常见的备份方式：

(1)　文件数据备份

作为传统的数据备份方式，文件数据备份是指将数据完整、直接地复制到内置或外置的硬件存储设备中。这类备份需要对文件中的所有数据信息进行备份，数据占据的空间相对较大，花费时间较长，恢复时间会很长。

(2)　数据库数据备份

随着办公自动化和电子商务的飞速发展，企业对信息系统的依赖性越来越高，数据库作为信息系统的核心，担当着极其重要的角色。数据库数据备份指的是对于存储于数据库中的信息或者数据，利用一定的方式复制到其他服务器或者储存介质之上。当原始的服务器出现故障或者数据库出现问题时，通过之前备份到其他服务器或存储介质上的数据文件向用户提供服务，或者利用备份的数据对原始的数据信息进行还原。其中，数据库通过指令对日志进行增加、删减、修改和查找，对事务性日志进行备份，里面包含了各类信息和数据的操作。当发生数据丢失时，可通过查找日志文件完成数据的恢复。

(3)　操作系统备份

操作系统备份就是对操作系统中的核心数据库进行数据备份，通过设置还原点信息或制作系统镜像文件，在数据丢失或者系统崩溃后及时恢复操作系统或恢复系统数据。

随着网络技术的不断发展、数据的海量增加，从扩容性和便捷性的角度，企业和个人开始采用网络备份。具体方法为：将数据传至网盘或者云盘中，可以实现数据的随时下载和使用；也可以通过专业的数据存储管理软件，结合相应的硬件和存储设备来实现网络备份。

2. 数据备份与还原的方法

我们需要对存储在计算机里的重要数据、档案或资料及时做好备份,定期进行备份,以便能在数据丢失或者系统崩溃不能进入操作系统时,通过还原之前备份的数据,尽快地恢复系统和数据,避免给生活或生产造成巨大损失。计算机数据的备份方法主要包括文件数据、数据库数据和操作系统数据的备份,根据数据类型的不同,采取的备份与还原的方法也不同。

(1) 对于文件数据的备份

最直接的方式是通过硬件或网络存储设备(如硬盘、移动硬盘、U 盘、光盘或者网盘/云盘)等进行备份。云盘是互联网存储工具,它是互联网云技术的产物,通过互联网为企业和个人提供信息的储存、读取、下载等服务。相对于传统的磁盘,云盘更方便,用户可以通过互联网,从云端读取自己所存储的信息,不需要把储存重要资料的磁盘随身携带。

(2) 对数据库数据的备份

对于数据库数据的备份方法,一般因所使用的 DBMS(数据管理系统)不同而不同,也可根据使用数据库的客户对数据可靠性要求的不同而采取有差异的备份策略(如数据安全性要求很高的银行、证券、电信等行业对数据备份的要求就非常严格)。一般数据库系统管理员(DBA)应针对具体的业务要求,通过完全备份、事务日志备份、差异备份、增量备份或者文件备份等不同方案要求,制定详细的数据库备份与恢复策略,以保证数据的高可用性。

(3) 对操作系统数据的备份

操作系统数据的备份方法包括注册表工具备份、设置系统还原点和使用 Norton Ghost软件。

① 注册表工具备份。注册表是 Windows 操作系统中的一个核心数据库,存放了各种系统软件的参数,控制着操作系统的启动、各种硬件驱动程序的装载和系统应用程序的运行,在系统中发挥了核心作用。通过备份注册表数据,在系统出现故障时,可及时通过还原以解决相应问题。单击 Windows 系统开始菜单中的"运行",然后输入"regedit"或"regedit. exe",打开Windows 操作系统自带的注册表编辑器,然后导出并且单击"保存"注册表。当注册表被破坏时,可以通过备份的注册表来进行还原。还原注册表的方法为:双击备份注册表文件,在弹出的对话框中单击"是"按钮,确认导入注册表文件即可。

② 设置系统还原点。Windows 操作系统可以通过建立系统还原点,对系统进行备份与还原。在系统出现错误设置或遭到损坏时,通过还原点的恢复设置,可将系统还原到损坏前的状态,完成对操作系统的保护。具体方法为:打开计算机"属性"里的"系统保护","创建"选项可以为"启动系统保护的驱动器"创建还原点,"配置"选项可以配置还原设置、管理磁盘空间、删除还原点。在"系统工具"中打开"系统还原"命令,即可看到"还原系统文件和设置"窗口,如若使用系统还原,则单击"启用系统还原"。

Windows 操作系统提供的"系统还原"并不会导致操作者已保存文档的损坏或丢失。系统还原的设置是对注册表的备份与恢复,可能会导致创建还原点之后的时间里所安装的软件不能正常工作。如果操作者不希望使用"系统还原"功能,可在"控制面板"进入"系统"中的"系统还原"选项卡,通过 Windows 帮助和文件选项,关闭"系统还原"功能。

③ 使用 Norton Ghost 软件。Norton Ghost(诺顿克隆精灵)是美国赛门铁克公司旗下的

一款出色的硬盘备份还原工具。通过该软件，可以实现多种不同类型的硬盘分区格式的备份及还原。它既可以把磁盘上的全部数据进行备份、复制，也能将操作系统的数据备份成镜像文件，利用镜像文件重新恢复操作系统，从而节约安装系统的时间。

3. Windows 10 操作系统文件的备份与还原

常见的系统备份工具大都是基于赛门铁克公司的 Ghost 克隆技术实现的，如 U 深度一键还原精灵、一键还原 Onekey、一键 ghost 等。U 深度一键还原精灵和一键还原 Onekey 是在现有的 Windows 10 环境中运行的，以图形操作为主。一键 ghost 分硬盘版和 U 盘版，硬盘版为 Windows 添加启动项，可支持独立运行环境，U 盘版通过提前制作好的独立 U 盘启动。

下面以 Windows 10 中的备份与还原为例，分别介绍如何进行系统和数据的备份与还原。

在制作 Windows 10 备份镜像的过程中，会执行压缩处理，用户根据提示选择备份位置，备份文件的大小远小于系统盘的数据大小。当需要恢复 Windows 10 系统时，即可一键完成恢复。

(1) Windows 10 文件备份

① 执行"开始/设置/更新和安全/备份"命令，转到"备份和还原（Windows 7）"窗口。

② 在"备份和还原（Windows 7）"窗口中设置备份，如图 3-5-40 所示。

图 3-5-40　设置备份

③ 指定保存的位置、需要备份的内容，选择"立即备份"。

④ 检查、保存设置并运行备份。

⑤ 等待备份完成，如图 3-5-41 所示。

(2) 文件备份还原

① 执行"开始/设置/更新和安全/备份"命令，转到"备份和还原"，打开"备份和还原"窗口，选择"还原我的文件"。

② 打开"还原文件"对话框，单击"浏览文件夹"，找到此前的备份文件夹，将其添加到还原位置。

图 3-5-41 等待备份完成

③ 单击"下一步",选择还原的位置(原始位置或其他位置),如图 3-5-42 所示。

图 3-5-42 还原备份文件

④ 执行还原操作。

(3) 专用数据恢复

使用第三方的专用数据恢复软件,能针对删除、格式化、重分区等深度损坏情况执行恢复操作,该类型的软件有 Easy Recovery(易恢复)、Final Date(超级恢复)、360 文件恢复器、金山数据恢复等。

计算机中数据丢失是一种"灾难",做好计算机数据备份工作,保证数据的安全是非常必要的。因此,要充分认识数据备份的重要性,养成数据备份的习惯,在备份时对各方面的因素进行综合考虑,按照实际情况选择适合的备份方式,这样才能有效避免数据丢失情况的出现。通过掌握使用计算机数据还原技术,在数据丢失之后,应及时将数据还原,以减少对工作、生活和学习造成的不良影响,同时避免造成更大的经济损失。

习题与实践

1. 简答题

（1）简述防火墙的定义和分类。
（2）简述云存储的优点。
（3）简述计算机病毒的定义和特点。
（4）简述计算机病毒防护的主要技术。
（5）简述常见的数据备份方式。

2. 实践题

（1）设置允许 Adobe Photoshop 程序通过专用和公用网络位置的防火墙通信。

> 提示: 在防火墙的"允许的程序"中进行设置。

（2）新建一条 Windows 防火墙规则：TCP 12345 端口,允许连接,针对专用网络,名称为"FireWallTest"的入站规则。

> 提示: 在防火墙的"高级设置"中新建入站规则。

（3）回显请求属于 ICMP 协议,Ping 命令就是使用了该协议。如果希望本机支持其他主机发来的 Ping 命令,需要在防火墙中启用回显请求,否则需要在防火墙中禁用回显请求。首先,在本人计算机（A 计算机）禁用"文件和打印机共享（回显请求- ICMPv4 - In）"规则,在其他同学计算机（B 计算机）上使用 ping 命令测试与本人计算机（A 计算机）能否连通。然后,再启用该规则,在其他同学计算机（B 计算机）上使用 ping 命令测试与本人计算机（A 计算机）能否连通。

> 提示: 在本人计算机上,进入"高级安全 Windows Defender 防火墙"窗口,修改"文件和打印机共享（回显请求- ICMPv4 - In）"入站规则,在规则属性的"常规"选项卡中选中或取消选中"已启用"复选框。在其他同学计算机上,输入"〈Win〉+〈R〉"快捷键,打开"运行"对话框,输入"cmd"命令,打开命令提示符窗口,按"ping+IP 地址"的格式输入命令。

3. 思考题

（1）目前常见的计算机病毒有哪些?
（2）你平时了解过哪些备份和还原技术?

3.6　综合练习

3.6.1　选择题

1. 网络地址转换技术很好地解决了_____问题。
　　A. 网络入侵　　　　　　　　　　　B. 存储空间不足
　　C. IP 地址紧缺　　　　　　　　　　D. 系统安装

2. 防火墙主要实现的是_____之间的隔断。
　　A. 公司和家庭　　　　　　　　　　B. 内网和外网
　　C. 单机和互联网　　　　　　　　　D. 资源子网和通信子网

3. 关于防火墙功能描述错误的是_____。
　　A. 防火墙是安全策略的检查站　　　B. 防火墙不可用于划分 VLAN
　　C. 防火墙能对网络存取和访问进行监控审计 D. 防火墙能防止内部网络相互影响

4. 能够有效地防御未知的新病毒对信息系统造成破坏的安全措施是_____。
　　A. 防火墙隔离　　　　　　　　　　B. 安装安全补丁程序
　　C. 安装专用病毒查杀工具　　　　　D. 部署网络入侵检测系统

5. 网络蠕虫病毒以网络带宽资源为攻击对象,主要破坏网络的_____。
　　A. 可用性　　　　B. 完整性　　　　C. 保密性　　　　D. 可靠性

6. 统计数据表明,网络和信息系统最大的人为安全威胁来自_____。
　　A. 恶意竞争对手　　B. 内部人员　　　C. 互联网黑客　　D. 第三方人员

7. 关于无线网络设置,说法正确的是_____。
　　A. SSID 是无线网卡的名称
　　B. AP 是路由器的简称
　　C. 无线安全设置是为了保护路由器的安全
　　D. 家用无线路由常被认为是 AP 和宽带路由二合一的产品

8. 以关键字搜索引擎服务为主界面的网站是_____。
　　A. 百度　　　　　B. 搜狐　　　　　C. 雅虎　　　　　D. 新浪

9. 在电子邮件服务中,_____协议用于邮件客户端将邮件发送到服务器。
　　A. POP3　　　　　B. IMAP　　　　　C. SMTP　　　　　D. ICMP

10. 利用百度搜索信息时,要将检索范围限制在网页标题中,应该使用的语法是_____。
　　A. site　　　　　　B. intitle　　　　C. inurl　　　　　D. filetype

11. 射频识别技术(RFID)是_____的关键技术。
　　A. 物联网　　　　B. 三网融合　　　C. IPv6　　　　　D. 云计算

12. 在物联网的体系架构中,感知层相当于人的_____。
　　A. 大脑　　　　　B. 皮肤　　　　　C. 社会分工　　　D. 神经中枢

13. 在以下 IP 地址中，正确的是_____。

    A. 202.120.8   B. 172.16.23.6.7   C. 192.168.0.260   D. 222.204.252.10

14. 不属于杀毒软件的是_____。

    A. 腾讯电脑管家   B. 瑞星   C. 360 安全浏览器   D. 金山毒霸

15. 防火墙用于将 Internet 和内部网络隔离，_____。

    A. 是防止 Internet 火灾的硬件设施

    B. 是网络安全和信息安全的软件和硬件设施

    C. 是保护线路不受破坏的软件和硬件设施

    D. 是起抗电磁干扰作用的硬件设施

3.6.2　是非题

1. 无线局域网是利用网络技术实现快速接入以太网的技术。

2. 电子邮箱地址由"用户名@"和主机名组成。

3. 物联网传感器既可以单独存在，也可以与其他设备连接，它在感知层中具有两方面的作用，一个是识别物体，另一个是采集信息。

4. 射频识别网络是物联网海量数据的重要来源之一，而 RFID 标签是读取数据信息的关键器件。

5. 移动计算是将计算机网络和移动通信技术结合起来的技术。

6. 按照防火墙技术，可将防火墙分为包过滤型防火墙、应用代理型防火墙和混合型防火墙。

7. 按照防火墙应用部署位置，可将防火墙分为边界防火墙和中心防火墙。

8. 防火墙主要实现的是专用网络和公共网络之间的隔断。

3.6.3　综合实践

1. 在百度搜索引擎中以"病毒性感冒 −细菌性 咳嗽 治疗 filetype：pdf"为关键词搜索，下载"病毒性感冒后咳嗽该怎么治疗呢"这篇 pdf 格式的文章，并将其保存为"ZHJG3-6-1.pdf"。

2. 打开百度学术搜索，以"清开灵 治疗 病毒性感冒 发烧"为关键词搜索相关学术文章，把默认的"按相关性"搜索结果排序方式改为按"被引用量"方式排序，找到被引用量最高的文章，点击该文章标题打开文章摘要，截图保存为"ZHJG3-6-2.jpg"，截图内容必须包含文章标题、作者、摘要、关键词、DOI、被引量等信息。

3. 在中国知网中检索关键词为"清开灵 治疗 病毒性感冒 发烧"的文章，检索结果按"被引"逆序排列，找到被引用量最高的文章，点击文章"题名"查看摘要，并把整个浏览器窗口截图保存为"ZHJG3-6-3.jpg"。

4. 登录网易邮箱，管理本人的通讯录：新建"同学"联系组（分组），并添加至少两位联系人在该分组中。

> 提示：网易邮箱支持通讯录功能，将常用联系人加入通讯录后，编写邮件时可直接在通讯录中选择收件人。

5. 给同学联系组中的收件人发送一封标题为"这是我的邮件实验-来自×××"的邮件,内容任意。和通讯录里的联系人互相发送几封与学习相关的邮件。

6. 登录网易邮箱,管理本人的邮箱文件夹:新建"学习相关"文件夹,并将收件箱中与学习有关的邮件移动到该文件夹中,把该文件夹截图保存为"Study.jpg"。

7. 登录网易邮箱,启用本人邮箱的自动回复功能。当收到他人发来的邮件时,将会按设置自动回复一封邮件给对方。

> 提示:在网易邮箱页面中,单击顶部的"设置"链接,在弹出页面中单击"邮箱设置"链接,进入邮箱的"基本设置"页面,设置自动回复功能。

8. 把第6题里生成的图片"Study.jpg"作为附件,标题为"我的学习",内容任意,发送一封邮件给同桌,验证邮件内容并查看是否已互相收到自动回复的邮件。

9. 修改远程桌面连接选项,分别以"WLAN"和"调制解调器"连接速度来优化性能,感受它们的区别。

> 提示:打开包含选项设置的完整"远程桌面连接"窗口,进入"体验"选项卡,如图3-6-1所示,在其中选择连接速度。在实际使用中,可根据当前网络速度选择相应的连接速度。

图 3-6-1 "体验"选项卡

10. 设置 Windows Defender 防火墙，添加两条入站规则，规则类型分别为：程序（C:\Windows \System32\notepad. exe）、端口（TCP 20000）。

11. 远程桌面服务默认端口号是多少？请更改默认的远程端口号。

12. 使用 Windows Defender 防病毒软件对 C 盘进行扫描。

本章小结

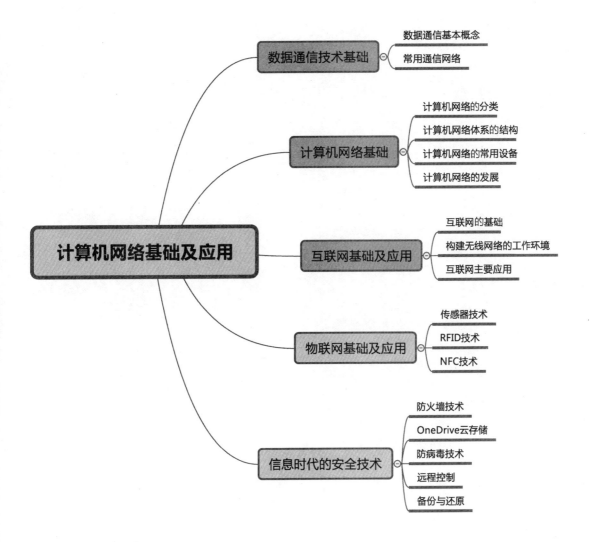

PART 04

第4章 数据处理基础

<本章概要>

随着人类进入信息化时代,人们越来越多地使用计算机获取、处理和利用信息。如用计算机处理工作、生活中的文书、数据等各种信息。使用计算机书写论文、报告,利用数据处理软件对工作相关数据进行管理、统计分析,甚至独立创建一份具有说服力的生动活泼的推介演示文稿,都已成为信息化社会对人们工作技能的基本要求。因此,学习、掌握和应用数字化办公是进入社会工作的必要准备。

本章基于前期学习的基础,淡化对有关名词、概念的要求;强化通用和基础性方法的掌握和理解,加强对实际应用能力的培养,从而提升学习能力和信息素养。

本章包括的主要内容有:文字信息处理、电子表格处理、演示文稿设计。

<学习目标>

当完成本章的学习后,要求:

1. 具有熟练应用文字信息处理技术的能力;
2. 具有熟练应用电子表格处理技术的能力;
3. 具有熟练应用演示文稿设计技术的能力。

4.1 文字信息处理

文字信息处理是数字化办公的首要功能，是做好其他工作的基石。文字处理能力是现代人学习和工作的基础能力，不论撰写论文、制作报告还是总结工作，都离不开足够的文字处理工具的驾驭能力。

信息技术发展到今天，文字信息处理设备已经不再局限于个人电脑，移动办公和网络协同办公也已逐渐成为现代数字化办公的常见方式，但文字处理最主要和本质的工作并没有因为设备和方式的变化而有太大的变化。整洁、美观、规范的文档处理结果，高效、有序、专业的文档处理过程，始终是文字处理工作的核心。

本节首先将对目前在个人电脑上应用较为广泛的多款文字处理工具进行介绍，以便读者在完成某项或大或小的文字处理工作之前，就能恰当地根据实际需求选取合适的主要软件，以及根据特殊需要选择辅助软件；然后介绍科技论文编辑的常用技术，以及文档编辑的规范化和自动化技术等。

4.1.1 常用文字处理软件简介

现代文字处理手段纷繁多样，了解多种处理软件的特点和长处，以及它们之间的异同，才能恰到好处地根据自己所要进行的文字处理工作的需要，有目的地重点学习和熟练掌握一两种文字处理软件，这样才能以最恰当、最高效的方式完成文字处理工作。

目前在 PC 机上使用最为广泛的文字处理软件，大部分是安装在本地客户机上的，也有安装在云端的。这些软件各有千秋，在世界各地都拥有庞大的用户群。

1. WPS

WPS 是金山公司开发的国产软件，在 DOS 时代曾是中国最流行的文字处理软件，最新版本是 WPS Office 2019。它不仅支持 Windows 操作系统，还支持 Mac 和 Linux，以及 Android 和 iOS 等手机操作系统。WPS 速度快、内存占用少、跨平台、高度兼容 Microsoft Office 文件，并在此基础上，还做到了软件体积小，可以拷贝到优盘上随身携带。此外，WPS 具有永久免费的优势，这使它在与国际软件巨鳄的竞争中获得了不小的优势。

(1) 合而为一、自由标签管理方式

WPS 原来互相独立的四个工作套件，即 WPS 文字、WPS 表格、WPS 演示和 WPS HS，在 WPS Office 2019 中被整合在统一的 WPS 应用程序窗口中，如图 4-1-1 所示。WPS 文字、WPS 表格、WPS 演示等功能存在于同一窗口下，以标签形式组织，而不是存在于各自独立的应用程序窗口下，这种布局极大地方便了在不同程序中切换和传递数据。

除了传统的四个工作套件外，WPS Office 2019 还增加了流程图和思维导图模块，并且内置了 PDF 阅读工具，可以方便地将 PDF 文件转为 Word 文件，添加注释，合并、拆分 PDF 文档及签名等。另外，WPS 还通过稻壳商城等形式，为用户提供了大量的专业模板。

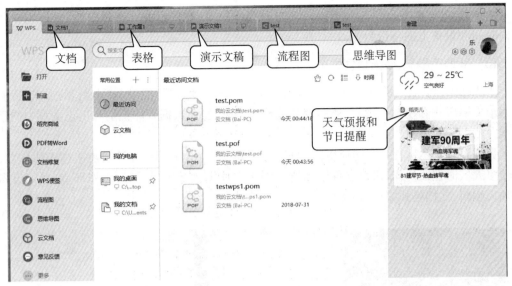

图 4-1-1　WPS 2019 主界面

(2) 入口多元化、云端保证数据安全

　　通过 WPS 云文档服务,利用如图 4-1-2(a)所示的多种登录渠道登录 WPS 账号后,用户可以随时随地跨设备访问自己最近使用的文档和各种工作数据,效果如图 4-1-2(b)所示,并能使

| (a) 登录界面 | (b) 跨设备访问文档 |

(c) 云端备份界面

图 4-1-2　WPS 的多元入口和云端保护

用"WPS便签"、"秀堂H5"、"稻壳模板"等在线办公服务。各账号的数据独立加密存储，保护私密数据。如图4-1-2(c)所示的是WPS的云端备份界面，采用独立备份中心，方便用户找回不同时间和设备上的备份数据。

(3) AI助手参与、多人协同办公

WPS 2019中加入了AI服务功能，如图4-1-3(a)所示，以智能助手"小墨"的形式，智能优化演示文稿版式和视觉呈现，并能实现智能校对，即通过大数据智能识别和更正文章中的字词错误。

另外，WPS还具有一键切换协同编辑模式，如图4-1-3(b)所示，可以快速进入协作状态，方便多人实时在线协作，避免文件来回流转的版本冲突。基于Web的协作环境，任何设备都能加入编辑，文档格式完全兼容。

(a) 智能助手"小墨"　　　　　　　　(b) 协同编辑模式

图 4-1-3　WPS 的 AI 助手和协同办公

2. LibreOffice

LibreOffice是一款免费的、国际化的开源办公套件，由来自全球的社区成员参与，开发过程完全开放透明。早期版本只能基于Linux运行，当前最新版本是LibreOffice 6.0，可以运行于Windows、GNU Linux以及Mac OS X等操作系统，并具有一致的用户体验。它体积小、便携，支持多类文档格式，除了它原生支持的开放文档格式（Open Document Format，ODF）外，还支持许多的非开放格式，比如微软的Microsoft Word、Excel、PowerPoint以及Publisher等。此外，LibreOffice还包含了Writer、Calc、Impress、Draw、Base以及Math等组件，可用于处理文本文档、电子表格、演示文稿、绘图以及公式编辑。

3. Microsoft Office Online 和腾讯文档

Microsoft Office Online由微软发布，是基于云服务的软件，最新版本是Office 365，优点是基本包括了Microsoft Office的全部功能，如Word、Excel、PowerPoint、Outlook、OneNote、OneDrive等，但是需要付费。

腾讯在2018年4月发布的腾讯文档支持Word和Excel，未来会逐步开放PPT等更多文件类型，图4-1-4(a)为腾讯文档欢迎界面，图4-1-4(b)为腾讯文档新建界面。它具有如下优点：

(a) 欢迎界面　　　　　　　　(b) 新建界面

图 4-1-4　腾讯文档登录和新建界面

① 入口方式丰富，包括微信小程序、QQ、腾讯 TIM、Web 官网和专用 App。

② 用户可以创建文档并分享给微信或 QQ 好友，授权对方共同编辑，修改动作将实时同步到全部平台。

③ 在支持多人同时查看和编辑的同时，还可查看历史修订记录。

④ 智能化服务。目前接入了一键中英翻译和实时股票函数。

⑤ 支持 Microsoft Office 的 Word、Excel 本地文档向在线文档的转换。

4. Adobe Acrobat Pro

PDF 是 Portable Document Format 的缩写，意为"可移植文档格式"，是由 Adobe 公司最早开发的跨平台文档格式，其开发目的是建立一种能够在不同的设备、操作系统和通信网络上交换文档的统一方法。

PDF 文件以 PostScript 语言图像模型为基础，可以保证由不同打印机打印和在不同屏幕上有同样的显示效果，也就是所谓保证输出的一致性。这一点上，在不同浏览器上显示的网页文件以及基于不同操作系统的 Word 文档都未能做到。所以，2008 年起 ISO 组织将 PDF 确认为正式的国际标准；2009 年，PDF 经中国国家标准化管理委员会批准成为正式的中国国家标准。PDF 格式逐渐成为一个数字化信息领域事实上的工业标准，是最普及的电子书和电子文档资料格式。日常的 PDF 文件使用，主要包括阅读、编辑和与 Word 格式的转换三方面：

(1) PDF 阅读器

PDF 阅读器可以打开 PDF 文件，并且用户在阅读过程中可添加品种丰富的标注和高亮等阅读标记，达到和在纸介质上阅读同样的效果。PDF 阅读器软件在 Windows、Mac、iOS 和 Android 等平台上都有丰富的品种，而且大多是免费的。

Adobe 公司的 Adobe Acrobat Reader 是应用最广泛的 PDF 阅读器，除此之外 Sumatra PDF、Drawboard PDF、PDF-XChange Viewer、Skim、PDFelement 等 PDF 阅读器也各有千秋。

(2) PDF 编辑器

具有 PDF 编辑功能的软件有很多，但 Adobe Acrobat Pro 毫无疑问是其中功能最全面的。如图 4-1-5(a)所示，最新版本的 Adobe Acrobat Pro 支持触控功能，且完全移动化，新用户界面让所需工具"触手可及"；如图 4-1-5(b)所示，Adobe Acrobat Pro 支持多种设备并且能够跨平台使用。

 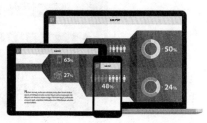

（a）支持触控功能　　　　　　　　　　　　　（b）支持多种设备

图 4-1-5　Adobe Acrobat Pro 功能示意

除了编辑和生成 PDF 格式的文档外，Adobe Acrobat Pro 还有很多其他的文件处理功能：

① 合并文件。将文档、电子表格、电子邮件等合并整理为一个 PDF 文件。

② 扫描为 PDF。将纸质文档转换为可搜索或编辑的 PDF 文件。

③ 放心地共享文件。通过增设密码等方式，防止他人复制和编辑 PDF 中包含的信息。

④ 创建可填写表单。将纸质、Word 或 PDF 表单转换为便于填写和签名的数字表单。

(3) PDF 和 Word 格式的互相转换

Microsoft Office 的 2013 及以上版本以及 WPS 高版本，都能够在保存文件时选择"另存为"PDF 文件格式。Adobe Acrobat Pro 可以将 PDF 文件格式导出为 Microsoft Office 文件格式。有些网站提供免费的在线 PDF 和 Word 格式的互相转换服务。

5. iWork Pages

iWork Pages 是苹果公司开发的办公软件 iWork 三套件中的文字处理工具。iWork 还包括电子表格工具 Numbers 和演示文稿制作工具 Keynote。相比上文介绍过的软件，iWork Pages 具有如下优点：

① 如图 4-1-6(a)所示，针对 Mac、iPad 和 iPhone 等苹果设备，用户可以免费使用。苹果用户可以实时协作，共同编辑文档，PC 用户也能通过 iCloud 版 iWork Pages 一起参与。

② 如图 4-1-6(b)所示，用户可以使用 Apple Pencil 在 iPad 上手动绘制插图和添加标注。

③ 提供丰富的、与苹果公司审美标准相符的模板，简单易学。

④ 和 Microsoft Word 高度兼容，用户可以选择保存成 iWork 格式或 Word 格式。

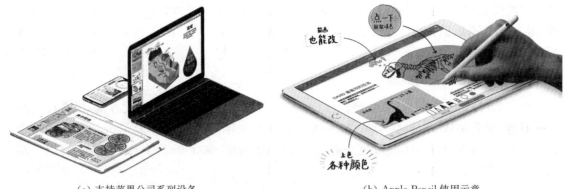

（a）支持苹果公司系列设备	（b）Apple Pencil 使用示意

图 4-1-6　iWork Pages 功能示意

6. Microsoft Office Word

Microsoft Office Word 是由微软公司开发的办公套件 Microsoft Office 中的文字处理软件，最初为 DOS 系统开发，从 Macintosh 和 Windows 版开始获得市场肯定，其后不断升级的 Microsoft Office Word 的文件格式渐渐成为文字处理软件事实上的行业标准。本小节前面介绍过的其他文字处理软件，也都努力做到在一定程度上对 Microsoft Office Word 兼容。

作为 Microsoft Office 的重要一员，Word 的版本不断升级，功能逐渐强大，界面也愈发友好，Word 2016 版本在云存储、协同工作、多平台、跨设备和智能办公方面比以前的版本有了很大的改进和提高。Word 2019 版本新增了夜间模式、增强笔记和轻松访问等功能。

7. LaTeX

LaTeX 是一种基于 TeX 的排版系统。TeX 是美国斯坦福大学教授高纳德·克努特（Donald E. Knuth）开发的排版系统，是世界公认的数学公式排版最优秀的系统。美国数学学会（AMS）鼓励数学家们使用 TeX 系统向它的期刊投稿。许多世界一流的出版社如 Kluwer、Addison-Wesley、牛津大学出版社等，也利用 TeX 系统出版书籍和期刊。

TeX 系统的排版结果 DVI（DeVice Independent）文件与输出设备无关。DVI 文件可以显示、打印、照排，几乎可以在所有的输出设备上输出。TeX 排版源文件及结果在各种计算机系统上互相兼容。克努特教授公开了 TeX 的全部源程序，因此大部分的 TeX 系统是免费的。

TeX 提供了一套功能强大并且十分灵活的排版语言，有多达 900 多条指令，并且有宏功能，用户可以不断地定义自己需要的新命令来扩展 TeX 系统的功能。因此，许多人利用 TeX 提供的宏定义功能对 TeX 进行了二次开发，其中比较著名的有美国数学学会推荐的非常适合于数学家使用的 AMS-TeX，以及适合于一般文章、报告、书籍的 LaTeX 系统。LaTeX 是现在最流行和使用最为广泛的 TeX 宏集，最初由美国计算机学家莱斯利·兰伯特（Leslie Lamport）在 20 世纪 80 年代初开发。

（1）和 Word 相比的优点

与 Word 相比，LaTeX 在公式排版上更具优势，排版结果清新优雅、朴素大方，所以在涉及大量数学公式的科技论文和书刊的撰写中，往往优先采用 LaTeX。不少国外的高水平期刊甚至只提供 LaTeX 模板,只接受 LaTeX 排版的稿件;有些期刊即使也接受 Word 排版的稿件,但 LaTeX 排版稿件往往收费更便宜。更重要的是,Word 是收费软件,而大部分 LaTeX 排版系统完全免费开源。

(2) 和 Word 相比的缺点

由于 LaTeX 不是 Word 那样"所见即所得"的编辑方式,而且是纯英文界面,没有汉化的中文版,因此没有 Word 上手简单。LaTeX 只是在科技界比较普及,不像 Word 那么"平易近人"。但是,如果有国际期刊论文发表需求,经过一定训练,掌握 LaTeX 的基本排版方法也并非难事。

(3) LaTeX 的发行版本

TeX/LaTeX 不是一个单独的应用程序,一个 TeX/LaTeX 的发行版是将引擎、编译脚本、管理界面、格式转换工具、配置文件、支持工具、字体以及数以千计的宏和文档集成在一起,打包发布的软件。不同操作系统上的发行版是不同的,且同一个操作系统也会有好几种 TeX 系统。

以 CTeX 安装过程为例,安装时应勾选如图 4-1-7(a)所示的所有重要组件,安装成功后,开始菜单中将显示如图 4-1-7(b)所示的系列快捷方式,单击"展开"会显示更多组件的快捷方式。

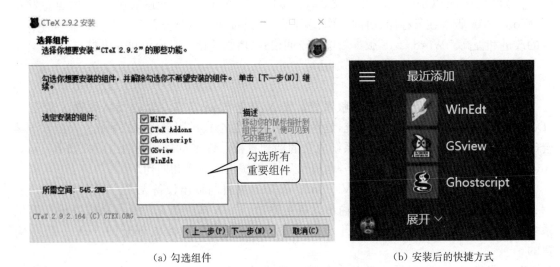

(a) 勾选组件　　　　　　　　　　　(b) 安装后的快捷方式

图 4-1-7　CTeX 的安装过程

4.1.2　排版设计技术

所谓"乱花渐欲迷人眼",通过了解和尝试使用 4.1.1 节介绍的各种文字处理软件后,用户可以根据自己的实际工作需要以及自己的设备和操作系统等工作环境,选择最适合的一两款软件配合使用,以达到事半功倍的效果。但是不管选择哪款软件,都要首先熟悉软件的界面环境,然后掌握最基本的文档编排技术。

限于篇幅,有关文字处理的基本操作,例如熟悉软件的界面环境、新建文档和保存文档、输入基本对象、多文档管理、打印设置和打印预览等,将在本教材的"配套资源\在线补充资源"中介绍,需要学习这部分内容的读者可以自学完成。本节接下来仅介绍科技论文排版所必需的设计技术。

优秀的文字处理软件能够提供操作简便、功能强大的格式编排手段,以及大量的外部对象插入方法。进行文档格式编排通常需要按照字符、段落和页面三个层次进行,而插入对象则分为字处理软件自身产生以及以 OLE(对象连接与嵌入)方式产生。下文的介绍如果不附加特殊说明,一般以目前为止 PC 机上公认的编辑功能最全面的 Microsoft Word 软件为平台。

1. 格式刷、样式和模板

格式刷、样式和模板是快速设置格式的工具,不论对于文字、段落还是全篇文档都可以使用,以提高编辑格式的效率。

(1) 格式刷

利用"格式刷" 工具,可以将选定文本的格式复制给其他选定文本,从而实现重复的文本和段落格式的快速编辑。选定有格式的文本后单击"格式刷"按钮,可以复制格式一次;选定有格式的文本后双击"格式刷"按钮,可以复制格式多次。

(2) 样式

样式指已经命名的字符和段落格式,套用样式可以减少重复操作,以提高文档格式编排的一致性,以及排版的效率和质量。进行科技论文(如毕业论文)写作前,最好是先进行文档的规范化处理,也就是新建一整套论文各级标题、题注和正文所需要的样式。样式也是 4.1.3 节"长文档规范化和自动化技术"中建立目录和大纲的基础。

① 套用样式。Word 本身已经建立了许多样式,选定需要定义样式的文本后,选择"开始"选项卡,鼠标悬停于"样式"组中的快速样式列表框中的某种样式上,可预览所选样式,单击该样式可套用到所选内容上。单击快速样式列表框右边的按钮可以显示全部快速样式,如图 4-1-8 所示。

② 新建样式。用户可以通过下面两种方法创建新样式。

● 根据所选内容创建。

例 4-1 根据所选内容创建样式

① 打开"配套资源\第 4 章\L4-1-1.docx"文档,将文档标题的文字颜色设置为"红色"。

② 选定设置好的标题后,会出现如图 4-1-9(a)所示的浮动工具栏,选择"样式\创建样式",并在弹出的"根据格式设置创建新样式"对话框中修改"名称"属性,将所建样式命名为"样式例 1",单击"确定",所建样式即已保存到快速样式集中。

● 利用"样式"窗格的"新建样式"按钮创建。选择"开始"选项卡,单击"样式"组右下角的对话框启动器,打开包含当前文档所有样式的"样式"窗格。单击"样式"窗格左下角的"新建样式" 按钮,打开"根据格式化创建新样式"对话框,修改"名称"属性为所建样式名,单击"确定"后,新建的样式即出现在样式窗格中,鼠标悬停可以查看效果,如图 4-1-9(b)所示。

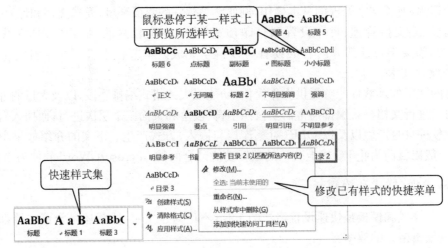

图 4-1-8　套用样式

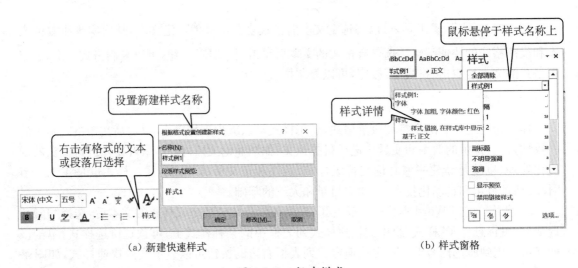

（a）新建快速样式　　　　　　　　　　　　（b）样式窗格

图 4-1-9　新建样式

③ 修改样式。

第一种方法为右击快速样式列表框中的某一样式，选择快捷菜单中的"修改"，打开"修改样式"对话框，单击左下角的"格式"按钮，可以重新为该样式设定具体格式。第二种方法为选择"开始"选项卡，单击"样式"组右下角的对话框启动器，打开"样式"窗格，右击样式窗格中的某一样式，选择"修改"，也会弹出"修改样式"对话框，如图 4-1-10（a）所示。

除了文字和段落的样式外，Word 还提供了包含整个文档的各级标题、正文等格式的样式集。如图 4-1-10（b）所示，单击"设计"选项卡的"文档格式"组的某一样式集，可以套用该样式集。

样式修改后，当前文档中所有该样式的文本都会自动更新格式，这一功能给长篇文档的排版带来很大便利。

(3) 模板

模板为文档提供基本框架和一整套样式组合（如图 4-1-11 所示），可以在创建新文档时选择套用。现在的主流文字处理软件,除了可以套用安装时建立的本地模板外,一般还提供了不断更新和添加的网上模板库。在 Word 中,模板也是一种 Word 文档,扩展名通常为 dotx。

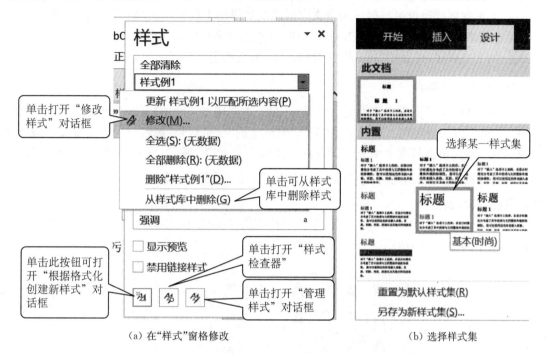

（a）在"样式"窗格修改　　　　　　　　　（b）选择样式集

图 4-1-10　修改样式和样式集

图 4-1-11　模板

2. 字符格式

在对字符进行格式化时,要先通过鼠标拖曳或"〈Shift〉＋键盘方向键",选定需设置格式的文字,然后再设置格式。

(1) 字符格式设置

① 利用"开始"选项卡的"字体"组可完成格式设置,用户可以预览所选字体的效果。单击"清除格式" ![按钮] 按钮将清除所有所选文本的格式。

② 单击"字体"组右下角的对话框启动器，打开"字体"对话框，利用"字体"对话框可以从字体、字符间距和文字效果三个方面进行字符的格式化。

③ 简单的格式设置可以通过选定文字后出现的浮动工具栏完成，移动鼠标指向浮动工具栏后可在清晰的浮动工具栏上单击命令按钮，以实现对字符格式的设置。

④ 如上文所述，可套用"样式"组的现成样式来设置字符格式。

(2) 特殊字符格式

① Word 提供了极为丰富的文字效果，许多原本要用专业绘图软件才能做到的文字效果，在 Word 里可以轻松实现。通过单击"字体"对话框的"文字效果"按钮，打开"设置文本效果格式"对话框，在此可进行文本填充、文本边框、轮廓样式、阴影、映像、发光、柔化边缘和三维格式等效果的设置，也可以利用"开始"选项卡"字体"组中的"文本效果和版式" A· 按钮，进行实时预览和设置，如图 4-1-12(a)所示。

② Word 引入了 OpenType 字体，丰富了传统的 TrueType 字体，可以实现精美的连笔字等效果，如图 4-1-12(b)所示。

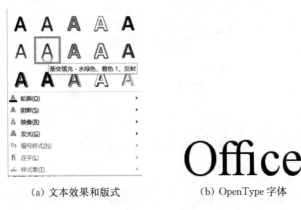

(a) 文本效果和版式　　　　(b) OpenType 字体

图 4-1-12　特殊字符格式

3. 段落格式

段落格式的设置主要包括：缩进和间距、制表位、对齐方式、项目符号和编号、段落底纹和边框等。用户可以通过套用"样式"完成，也可以通过设置段落对话框完成，在 Word 中还可以通过标尺上的控制标记完成，如图 4-1-13 所示。

图 4-1-13　标尺上的控制标记

（1）制表位

制表位是一种类似表格的限制文本格式的工具，图 4-1-14 所示的是添加了制表位后的效果。使用制表位可以灵活多变地制作自定义的目录。

图书清单

书名	出版社	单价
《C 语言程序设计教程》	清华大学出版社	39.50
《洛杉矶雾霾启示录》	上海科学技术出版社	38.00
《大学语文》	华东师范大学出版社	39.80
《上海市地图册》	中国地图出版社	17.00

图 4-1-14　制表位效果

（2）对齐方式

段落对齐方式包括在页面上的左、右、居中、两端、分散等。

（3）项目符号和编号

项目符号和编号是论文撰写中不可或缺的元素。单击"项目符号"按钮，打开"项目符号库"可自定义项目符号；单击"编号"按钮，打开"编号库"可自定义项目编号；还可以利用符号功能自定义新的项目符号。

（4）段落底纹和边框

为进一步美化段落格式，可以利用"底纹"工具给插入点所在段落添加底纹，利用"边框"工具给插入点所在段落添加所需边框。

4. 页面布局

页面布局是指与页面格式有关的主题设置、页面设置、节和分栏、页面背景、稿纸设置、英文断字等。

（1）主题设置

主题和模板类似，包括主题颜色、主题字体（各级标题和正文文本字体）和主题效果（线条和填充效果），不同的主题能呈现不同的整体风格。

（2）页面设置

页面设置的常见需求包括设置文字方向、页边距、纸张方向、纸张大小、分栏和分隔符等内容。其中，文字方向可以设置文字水平、垂直以及 90° 和 270° 旋转；页边距指文档中文字距离页边的留白宽度，可以分别制定上、下、左、右页边距；纸张方向可以设置打印纸纵向或横向放置；纸张大小可以选择常见纸张类型以及自定义大小。

(3) 节和分栏

① 文档可以按"节"为单位分成几个部分，不同的节可以设置不同的页面格式，整个节中的格式化信息存储于分节符中；通过"显示/隐藏编辑标记" 按钮可以看到默认状态下隐藏的分节符。

② 默认状态下整篇文档为一节，可以通过"页面设置"将文档分为多个节，可选择从插入点所在位置插入"分页符"、"分栏符"（如图 4-1-15 所示）、"自动换行符"等分页符，以及"下一页"、"连续"、"偶数页"和"奇数页"等分节符。

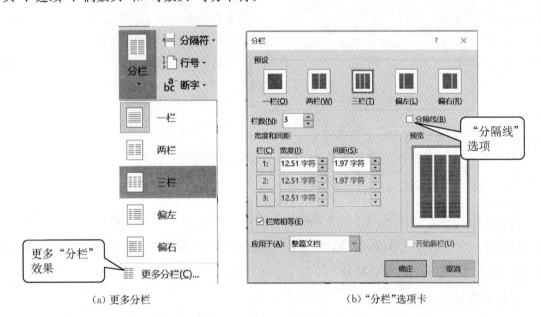

（a）更多分栏　　　　　　　　　　　　　（b）"分栏"选项卡

图 4-1-15　设置分栏

(4) 页面背景

页面背景包括水印、页面颜色和页面边框等内容，还可以设置"艺术型"页面边框。

(5) 稿纸设置

中文文学写作有在稿纸上书写的传统，Word 专为中文用户的需求开发了稿纸设置功能，可将新建文档或当前文档的内容快速转换为稿纸格式。

(6) 英文断字

英文文档排版时，如果不使用断字功能，很多软件只会通过增加单词间的距离来实现自动换行，这样的排版效果不佳，合理利用"布局/页面设置/断字"功能，可以通过设置"断字选项"来实现手动断字和自动断字，断字前后效果对比如图 4-1-16 所示。如某段落不想断字，可以将光标定位于该段落，设置"段落"对话框的"换行和分页"选项，选择"取消断字"。

5. 封面、分页符和空白页

封面、分页符和空白页都是与页面格式有关的对象。

Recently, deep neural networks are widely used in recommender system for individual users, but the research rarely involves the combination of group recommendation and deep neural networks. In this paper, group recommendation based on convolutional neural collaborative filtering (GCNCF) framework is proposed, and the convolution neural network is applied to the group recommendation system.

Recently, deep neural networks are widely used in recommender system for individual users, but the research rarely involves the combination of group recommenda-tion and deep neural networks. In this paper, group recommendation based on convolutional neural collaborative filtering (GCNCF) framework is proposed, and the convolution neural network is applied to the group recommenda-tion system.

图 4-1-16　断字前后对比

(1) 封面

需要给文档添加封面时，可以利用软件提供的封面功能，套用现成的封面模板。

(2) 分页符

在编辑文档时，当一页的内容已经输入满了才会自动另起一页，但在长文档撰写的过程中，经常会出现有一页没写满但换了主题的情况，这时就产生了另起一页的需求。用户可以利用“分页”功能，实现强行分页的效果。

(3) 空白页

选择“插入”选项卡，单击“页面”组的“空白页”命令按钮，可以从插入点所在位置插入一张空白页，效果相当于插入两个分页符。

6. 表格

表格是文档中常见的重要对象，运用表格同样可以进行排版。Word、LaTeX 和 WPS 等综合性字处理软件都提供了丰富的表格创建和编辑功能。

(1) 创建表格

以 Word 为例，可以通过如图 4-1-17 所示的多种方式创建表格。

(2) 表格格式

创建表格后，可以通过调整表格的“设计”和“布局”方式来改变表格格式，前者侧重于表格的格式，如图 4-1-18(a)所示；后者侧重于表格的修改，如图 4-1-18(b)所示。

① 可以利用“表格样式”为表格套用格式模板，并在套用时选择采用哪些样式选项。

② 可以为表格添加默认的边框和底纹，也可以自定义表格的边框和底纹。

③ Word 还提供了绘图边框工具，当鼠标光标变成笔形，拖曳鼠标可在已有表格

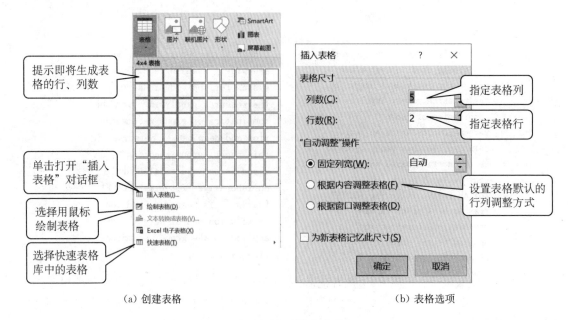

（a）创建表格 （b）表格选项

图 4-1-17 创建表格

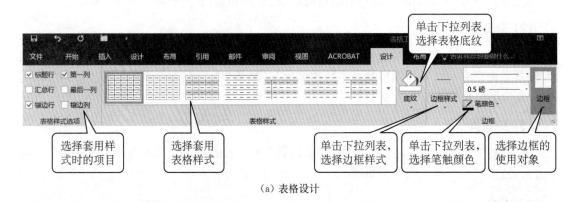

（a）表格设计

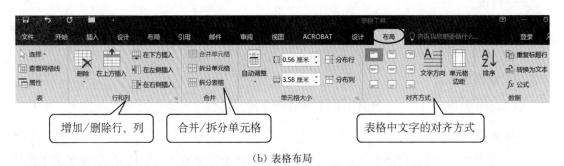

（b）表格布局

图 4-1-18 表格工具

上绘制新的线条或绘制新的表格，表格线条的颜色、粗细和线型可以自定义。

④ 选择"擦除"功能后，鼠标光标会变成一个橡皮的形状 ，这时可以擦除表格单元线。

(3) 修改表格

修改表格主要是通过调整"表格布局"来完成的。主要包括插入和删除单元格、行和列，以及对单元格进行合并和拆分等操作；还能进行改变单元格大小、对齐方式以及某些计算功能。

7. 插图

图文并茂是文档编辑必不可少的需求，所以文字处理软件一般都提供了插图编辑功能。以 Word 为例，它不仅可以绘制插图，还可以利用 SmartArt 功能使列表、流程、组织结构和关系等原本需要复杂的操作步骤才能完成的插图绘制变得轻而易举。

(1) 图片

① 文档中的图片可以是来自本地计算机或网络上的图片。

② 如图 4-1-19 所示，可以调整图片的颜色、艺术效果、图片样式、版式、对齐方式和大小等格式，其中艺术效果和图片样式提供了极为丰富的图片渲染功能，具有不亚于专业绘图软件的表现力。

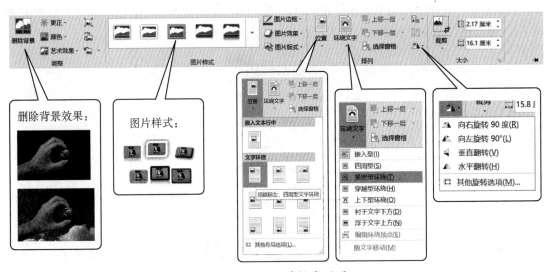

图 4-1-19　图片格式设置

(2) 形状

如果需要在文档中自行绘制比较简单的示意图，可以利用"形状"功能完成。常见的基本形状包括线条、箭头、流程图、标注、星与旗帜等图元。

(3) SmartArt

SmartArt 是一种将文字和图片以某种逻辑关系组合在一起的文档对象，如图 4-1-20 所示。

图 4-1-20　SmartArt 图形实例

(4) 图表

因为图表可以比表格更直观地表达数据间的联系和变化，所以除了使用专门的电子表格软件制作图表外，在文档中也经常需要制作图表，图 4-1-21 所示的就是一个文档中的雷达图表。Office 系列软件包中用于数据处理的软件是 Excel，如需在 Word 文档中进行大量数据处理工作，可以在 Word 中新建或者插入已有 Excel 表格并进行编辑。

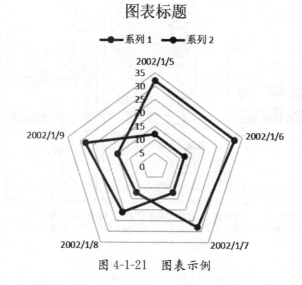

图 4-1-21　图表示例

(5) 屏幕截图

主流文字处理软件都提供了屏幕截图功能，使用方法和常用的网络即时通信软件 QQ、微信等的截图工具类似，此处不再赘述。

8. 页眉和页脚

在比较正式的文档中，例如毕业论文、科技期刊和学校教材等，往往要求添加页眉、页脚和页码,所以添加和编辑页眉、页脚也是 Word、LaTeX 和 WPS 等软件的必备功能。

在 Word 中,页眉、页脚和页码需要用"插入"选项卡的"页眉和页脚"组的相关命令完成。选择插入页眉、页脚或页码后,会自动显示"页眉和页脚工具/设计"动态选项卡,如图 4-1-22 所示。同时,根据插入内容进入页眉或页脚编辑状态,此时文档内容黯淡显示;页眉和页脚编辑结束后单击"关闭页眉和页脚"按钮或双击文档编辑区任意空白处,可切换回普通文本编辑状态。

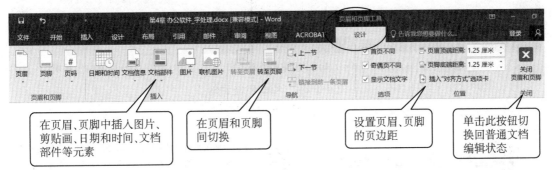

图 4-1-22　页眉和页脚工具

9. 文本框

文本框最主要的优点是能够将文本定位在页面任意位置,并可实现文档中局部文字的横排、竖排以及图文混排的效果,使排版更加生动活泼,效果如图 4-1-23 所示。

苏轼（1037 年 1 月 8 日—1101 年 8 月 24 日）,字子瞻,又字和仲,号东坡居士,宋代重要的文学家,唐宋八大家之一,宋代文学最高成就的代表之一。汉族,北宋眉州眉山（今属四川省眉山市）人。嘉祐（宋仁宗年号,1056—1063）年间"进士"。其文汪洋恣肆,豪迈奔放,与韩愈并称"韩潮苏海"。其诗题材广阔,清新雄健,善用夸张比喻,独具风格,与黄庭坚并称"苏黄",词开豪放一派,与辛弃疾同是豪放派代表,并称"苏辛"。又工书画。有《东坡七集》《东坡易传》《东坡乐府》等。

苏轼在词的创作上取得了非凡的成就,就一种文体自身的发展而言,苏词的历史性贡献又超过了苏文和苏诗。苏轼继柳永之后,对词体进行了全面的改革,最终突破了词为"艳科"的传统格局,提高了词的文学地位,使词从音乐的附属品转变为一种独立的抒情诗体,从根本上改变了词史的发展方向。

苏轼对词的变革,基于他诗词一体的词学观念和"自成一家"的创作主张。

图 4-1-23　文本框示例

10. 文档部件

需要重复在文档中插入的诸如单位地址、联系电话和徽标等信息模块,可以用文档部件的形式保存在模板中,当需要使用时可以快速调用,如图 4-1-24 所示。

11. 艺术字和首字下沉

为使文档标题更为醒目,可通过艺术字和文字效果并用的方式,如图 4-1-25(a)所示。首字下沉即段落的第一个字下沉的格式效果,如图 4-1-25(b)所示。

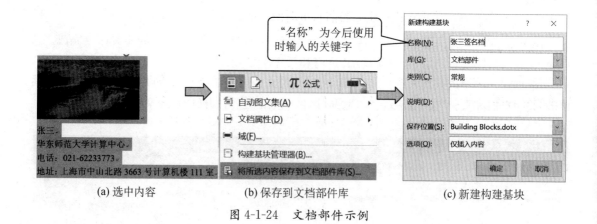

(a) 选中内容　　　　　(b) 保存到文档部件库　　　　　(c) 新建构建基块

图 4-1-24　文档部件示例

（a）艺术字　　　　　　　　　　　　　　　　　　　　（b）首字下沉

图 4-1-25　艺术字和首字下沉示例

编辑艺术字主要通过"绘图工具/格式"完成（如图 4-1-26 所示），可以设置艺术字形状的填充、轮廓和效果，以及旋转方式、与文字的环绕方式和精确大小等。

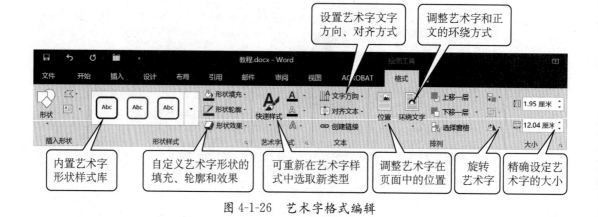

图 4-1-26　艺术字格式编辑

12. 日期和时间

在 Word、LaTeX 和 WPS 等文字处理软件中，都可以根据需要插入自动更新的日期和时间。这里以 Word 为例：

① 如果插入日期和时间时选择了"自动更新"选项，日期和时间将以域的形式插入；将插入点移至域所在位置时将显示默认域底纹，此时按键盘的〈F9〉键可刷新为当前日期和时间。

② 通过按快捷键"〈Alt〉＋〈Shift〉＋〈D〉"可以快速插入系统当前日期，通过按快捷键

"〈Alt〉＋〈Shift〉＋〈T〉"可以快速插入当前系统时间。

13. 公式

公式是理工科论文编写时必不可少的要素,所以主流文字处理软件都具有公式输入模块以备用户使用。除了常用的各种数学符号外,公式编辑器还会提供很多内置的公式模板,如三角函数恒等式、二次方程求根公式、二项式展开公式、泰勒级数等,如图 4-1-27 所示。

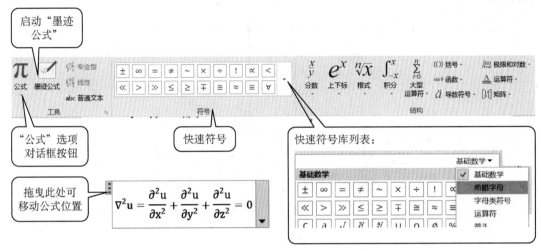

图 4-1-27　编辑公式

Word 2016 提供了"墨迹公式",支持手写公式的图像识别。在识别效率足够高的前提下,使用"墨迹公式"输入,可以比通过模板输入的效率更高。如图 4-1-28(a)所示为用鼠标或者手写板输入公式后的初次识别结果,可以看到符号"▷"识别错误,单击"选择和更正"后,用鼠标选择手写区域的"▷",如图 4-1-28(b)所示,在快捷菜单中选择正确的符号之后,确定"插入"。新输入的公式可以选择保存到自定义公式库,今后可以直接调用。

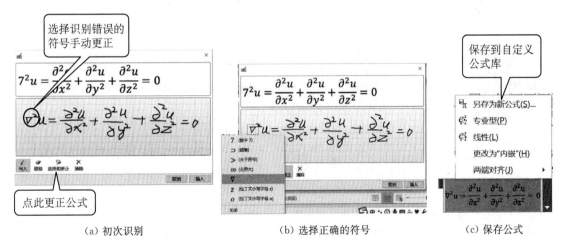

（a）初次识别　　　　　（b）选择正确的符号　　　　　（c）保存公式

图 4-1-28　输入和修改"墨迹公式"

14. 符号和编号

在文档中合理添加符号和编号,能使文档更加重点醒目、条理清晰。

(1) 符号

如图 4-1-29 所示,选择一个符号后单击"插入"按钮或者直接在符号上双击,可将所选符号插入文档中。在文档中巧妙结合符号和艺术字的功能,可以得到令人惊艳的效果。

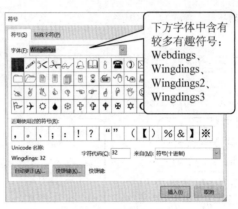

图 4-1-29 "符号"对话框

(2) 编号

在文档中,可以根据需要插入中文、英文、阿拉伯数字以及罗马数字等各种编号。

15. 音频和视频

如果需要文档有声情并茂的效果,比如打开一篇散文能够播放配乐,可以插入音频和视频对象,甚至 Flash 动画对象。

16. 综合案例

例 4-2 微课视频

例 4-2 基本格式排版练习

打开"配套资源\第 4 章\L4-2-1. docx",以原文件名保存在自己的 U 盘中。最终结果如图 4-1-30"排版设计综合案例样张 1"所示,也可参见"配套资源\第 4 章\LJG4-2-1. docx"文件。

(1) 文档的创建、保存和关闭

① 新建一篇文档,输入三段内容:第 1 段是自己对本书第 1 章的掌握情况,第 2 段是希望教师做哪些改进,第 3 段是自己希望再学些什么。以文件名"word1. docx"保存在自己的 C 盘根目录中,然后关闭文档。

• 启动 Word,在默认打开的空文档窗口中输入自己的学习体会,每段完成后按回车键。

• 内容写完后执行"文件"选项卡中的"保存"或者"另存为"命令,在"另存为"对话框的"保存位置"下拉列表中选择 C 盘根目录,在"文件名"文本框中输入 word1,在"保存类型"下拉列表中选择默认的"Word 文档(＊.docx)"。

- 单击"文件"选项卡中的"关闭"命令关闭文档。

② 打开"word1.docx",给文档加标题"我的第一个 word 文档",标题居中,以 PDF 格式保存在 C 盘根目录,文件名为"word2.pdf"。

- 在 Word 窗口中选择"文件/打开"命令,找到并打开"C:\word1.docx"。
- 将插入点光标定位在文章最左上角,按回车键插入一个空行,在该空行处输入"我的第一个 word 文档",并单击"开始"选项卡"段落"组的"居中" 按钮。
- 利用"文件"选项卡的"另存为"命令保存文件,文件名为"word2",保存类型选择"PDF(＊.pdf)"。
- 单击 Word 程序窗口右上角的关闭 按钮,比较与通过"文件"选项卡"关闭"命令关闭有何不同。
- 通过"文件/打开/最近"命令找到 word1.docx 并打开,尝试使用"〈Ctrl〉＋〈W〉"或"〈Ctrl〉＋〈F4〉"组合键关闭文档。

(2) 编辑环境的设置和编辑工具的使用

① 打开文件"L4-2-1.docx",将插入点放入任意段落中,拖曳标尺上的游标体会标尺的作用,并尝试打开、关闭标尺。

> 提示: 可利用"视图"选项卡"显示"组中"标尺"命令,切换标尺的显示/隐藏状态。

② 通过状态栏上的按钮打开和查看"字数统计"对话框。

③ 拖曳状态栏上的显示比例滑块查看不同的显示比例效果;通过"视图"选项卡"显示比例"组上的命令按钮查看文档在"单页"、"多页"、"页宽"等不同状态的显示效果。

④ 用"开始/段落"中的"显示/隐藏编辑标记" 按钮来查看效果。

⑤ 通过状态栏上的视图切换 按钮或"视图"选项卡"视图"组的命令按钮,查看文档在页面视图、阅读视图、Web 版式视图、大纲视图和草稿视图下的显示方式,了解不同视图的功能。

⑥ 将"文件"选项卡中的"打开"命令按钮和"插入"选项卡"文本"组的"艺术字"命令按钮添加到快速访问工具栏。

> 提示: 对于功能区中的命令按钮,可以直接通过右击命令按钮后,在快捷菜单中选择"添加到快速访问工具栏"完成;"文件"选项卡也就是 Backstage 视图中的命令,可以通过单击快速访问工具栏的"自定义快速访问工具栏" 按钮,在下拉列表里选择相应的命令完成。

⑦ 不使用鼠标,仅用键盘打开"导航"窗格。

> 提示: 使用 Word 的新键盘快捷方式,利用〈Alt〉键完成。

(3) 文本编辑和查找替换

① 在"L4-2-1.docx"文档中进行如下文本的选定：选定文章标题，选定第 3 段的 2—4 行，选定第 2 段，不使用鼠标选定第 1 段的第 2 行，不使用鼠标选定第 1 段中的文字"Particulate Matter(颗粒物)"。

> **提示**：键盘上的方向键和〈Shift〉键配合使用可实现鼠标选择字符和段落的功能。

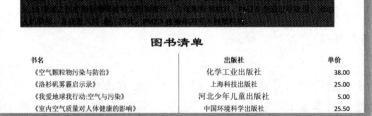

图 4-1-30　排版设计综合案例样张 1

② 将文章的第 2 段和第 3 段合并，然后和第 1 段互换位置。操作完毕后通过"撤销" 按钮全部复原。

③ 将文章中除标题和最后一段以外的所有"PM"及其后任意两个字符的格式设置为隶书、加粗、红色、20 磅、突出显示。

● 单击"开始"选项卡"编辑"组的"替换"命令,打开"查找和替换"对话框,再单击"更多"按钮展开该对话框,在"查找内容"文本框中输入"PM",单击"特殊格式"按钮,选择"任意字符",在"PM"后将插入"＾?",然后重复操作再插入一个"＾?"。

● 将光标定位在"替换为"文本框中,单击"格式"按钮中的"字体"命令,在"替换字体"对话框中设置题目要求的替换字体格式,单击"确定"按钮返回"查找和替换"对话框。

● 再单击"格式/突出显示",如图 4-1-31 所示。

● 单击"替换"以及"查找下一处"按钮可逐个观察文字的替换情况,单击"全部替换"则一次替换全部需替换的内容,还可以通过"搜索选项"将搜索方向设置为"全部"、"向上"或者"向下"搜索以及更多搜索条件。

提示:如果错把"替换为"的格式设置为"查找内容"的格式,将无法查找到结果,此时可以单击"不限定格式"按钮取消错误设置,重新操作。

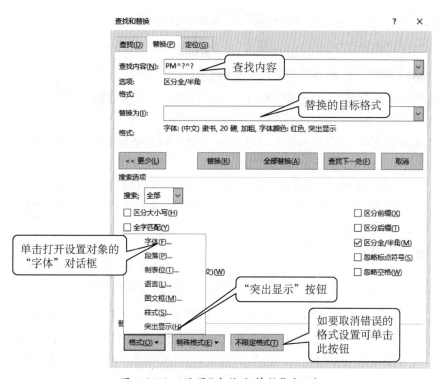

图 4-1-31 设置"查找和替换"对话框

(4) 查看和修改文档属性、多文档切换

① 将所编辑的文档以原文件名保存在 C 盘根目录中。

提示:单击"文件"选项卡中的"另存为"命令,将保存位置改为 C 盘根目录后单击"保存"按钮。

② 查看文档的字数、行数、页数、编辑时间总计等统计信息，了解本文档中是否含有早期版本的 Word 所不支持的内容，并将作者修改为自己的姓名。

- 利用"文件"选项卡中的"信息"命令，在"属性"中观察字数、大小、页数、编辑时间总计等信息，在"相关人员"中修改作者姓名。
- 单击"检查文档/检查兼容性"按钮，打开兼容性检查器，了解与低版本的兼容问题。

③ 打开前面题目中保存的"word1.docx"文件，将其与"L4-2-1.docx"并排在窗口中同步滚动查看。

> 提示：利用"视图"选项卡"窗口"组的"并排查看"和"同步滚动"命令按钮实现。

(5) 字体和段落格式设置

① 对"L4-2-1.docx"文档进行编辑，设置标题字体为华文彩云、22 磅，文本效果为快速文本效果库第 3 行第 1 列的效果，居中显示。

- 选定标题，通过"开始"选项卡"字体"组的字体和字号下拉列表框，设置题目所要求的"华文彩云、22 磅"，单击"文本效果和版式" 按钮，选择指定的快速效果。
- 单击"开始"选项卡"段落"组的"居中"命令 按钮，将标题居中。

② 将标题中的"PM2.5"的间距加宽 5 磅，位置降低 10 磅。

- 选定标题中的"PM2.5"，单击"开始/字体"的对话框启动器 按钮，打开"字体"对话框，选择"高级"选项卡。
- 字符间距下拉列表选择"加宽"，磅值选择"5 磅"，位置选择"降低"，磅值选择"10 磅"，单击"确定"按钮。

③ 将文中所有段落的段前、段后间距都设置为 3 磅，首行缩进 2 个字符。

- 选定所有段落，单击"开始/段落"的对话框启动器，在打开的"段落"对话框中选择"缩进和间距"选项卡，按要求设置段前、段后间距后按"确定"。
- 也可以通过调整标尺上的游标完成缩进要求。

④ 如样张所示，给文中的"常见颗粒物列表"设置项目符号，在其中的"PM2.5"前加自定义项目符号，字体为红色，字号为 16 磅，其余项目添加默认格式的项目编号。

- 选定"PM2.5"所在行，单击"开始/段落"的"项目符号"命令下拉列表 ，选择"定义新项目符号"，打开"定义新项目符号"对话框，如图 4-1-32(a)所示。单击"符号"按钮，打开"符号"对话框，选择字体类型为"Wingdings"，如图 4-1-32(b)所示。双击选定的符号回到"定义新项目符号"对话框，再单击"字体"命令按钮，设置项目符号字体为红色、字号为 16 磅，观察预览效果后单击"确定"按钮。
- 选定另外两个项目，单击"开始/段落"中的"编号" 按钮，添加默认项目编号。

⑤ 如样张所示，给第二自然段添加颜色为"橙色、个性色 6，深色 25%"，宽度为"3 磅"的阴影边框。

- 单击鼠标将插入点放入第二自然段任意位置。
- 选择"开始/段落"组的"边框" 按钮下拉列表中的"边框和底纹"命令，打开"边框和

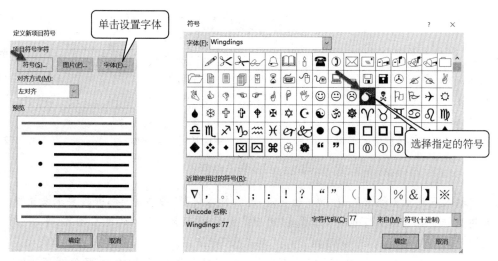

（a）"定义新项目符号"对话框　　　　　　　　（b）选择符号

图 4-1-32　添加自定义项目符号

底纹"对话框,如图 4-1-33(a)所示。根据题目要求设置"边框"选项卡的阴影、颜色和宽度并应用于"段落",单击确认。

⑥ 按样张所示给文章最后一段添加填充色为"橙色、个性色 6、深色 25%",样式为"20%",颜色为"自动"的底纹。

● 将插入点移至最后一段。

● 按上题的方法再次打开"边框和底纹"对话框,选择"底纹"选项卡,按题目要求参照图 4-1-33(b)所示,设置题目要求的底纹后按"确定"。

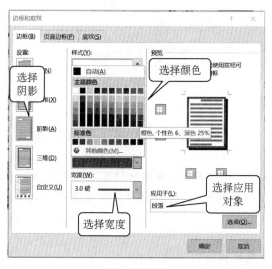

（a）边框设置　　　　　　　　　　　　　（b）底纹设置

图 4-1-33　设置边框和底纹

⑦ 利用制表位在文档后面插入如图 4-1-34 所示的文本,其中标题的字体字号为隶书、18 磅、居中,字段名称的字体字号为宋体、9 磅、加粗,其余文字的字体字号为宋体、9 磅。

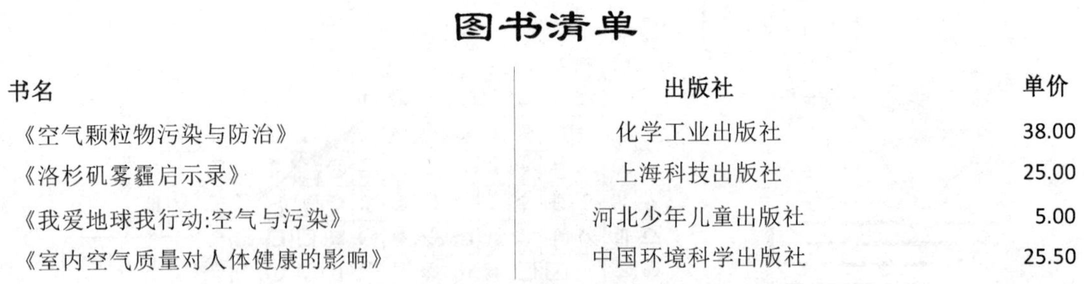

图书清单

书名	出版社	单价
《空气颗粒物污染与防治》	化学工业出版社	38.00
《洛杉矶雾霾启示录》	上海科技出版社	25.00
《我爱地球我行动:空气与污染》	河北少年儿童出版社	5.00
《室内空气质量对人体健康的影响》	中国环境科学出版社	25.50

图 4-1-34　制表位效果

- 将插入点移至文档末尾，按回车键另起一行，输入标题"图书清单"，并按要求设置字体。
- 将光标定位至标题下面一行，单击"开始"选项卡"段落"的对话框启动器，单击"缩进和间距"选项卡中的"制表位"命令按钮，打开"制表位"对话框。
- 分别在 1.35 字符、20 字符、27 字符和 40.5 字符位置设置左对齐、竖线对齐、居中和小数点对齐制表位，如图 4-1-35 所示。

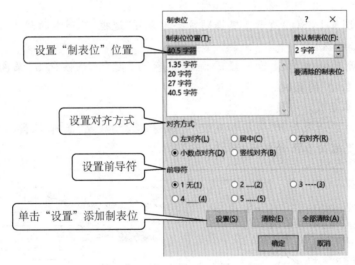

图 4-1-35　添加制表位

- 单击"确定"按钮，按键盘〈Tab〉键，将光标定位后输入相应的文字并设置字体字号。

(6) 打印预览和打印设置

单击"文件"标签打开 Backstage 视图，选择"打印"命令，在右侧的预览栏中改变显示比例，查看打印预览效果，查看并练习设置页面属性和打印机属性，按题目要求保存并关闭文档"L4-2-1.docx"。

例4-3　表格和图片的插入与编辑练习

打开"配套资源\第 4 章\L4-3-1.docx"，按下列要求操作，以原文件名保存在自己的 U 盘中。最终结果如图 4-1-36"排版综合案例样张 2"所示，也可参见"配套资源\第 4 章\LJG4-3-1.docx"文件。

(1) 自定义和修改样式

① 选定文档标题，设置字体为绿色、华文新魏、20 磅、加粗、居中；将此标

例 4-3 微课视频

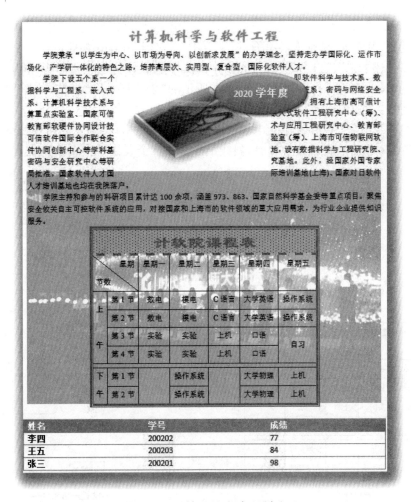

图 4-1-36　排版综合案例样张 2

题样式保存到快速样式库,并命名为"计软标题"。

• 利用"开始"选项卡"字体"组中的相关命令按钮为标题设置格式。

• 选定设置好格式的标题文本,在浮动工具栏上点击"样式",选择快捷菜单中的"创建样式",在随后打开的"根据格式设置创建新样式"对话框的"名称"一栏输入"计软标题",单击"确定"。此时所创建的样式将出现在快速样式库中。

② 修改标题样式,为其添加"填充-橄榄色,着色 3,锋利棱台"的文本效果;更新样式库中的"计软标题"为最新的格式。

• 利用"开始"选项卡"字体"组中的"文本效果和版式"按钮将标题改为题目所要求的格式。

• 选定修改后的样式,在快速样式库中右击"计软标题",在快捷菜单里选择"更新计软标题以匹配所选内容"。

(2) 创建表格

在文章结尾建立如图 4-1-37(a)所示的表格。

• 单击"插入"选项卡"表格"组的"插入表格"命令,设置好相应的行数和列数。

提示: 放置"星期/节数"的单元格可由原本左对齐和右对齐的两个单元格合并而成。

● 选定"上午"所占的单元格，在自动显示的"表格工具"动态标签中选择"布局"选项卡，利用"合并"组的"合并单元格"命令将其合并。"下午"、"自习"处操作相同。

● 将"上午"、"下午"、"自习"三个单元格中的文字位置设置为垂直居中：利用"表格工具/布局/表"中的"属性"命令，打开如图 4-1-37(b)所示的"表格属性"对话框，选择"单元格"选项卡，在"垂直对齐方式"中选择"居中"完成设置。

● 其中"星期/节数"单元格内的斜线可以利用"插入/表格/绘制表格"命令绘制。在 Word 2016 中，有些版本没有表格橡皮擦工具，斜线最好是在整个表格基本编辑完成后再绘制，否则不易取消。

| | (a) 表格样张 | | (b) 设置表格属性 |

图 4-1-37　添加表格

(3) 编辑表格

① 将表格自动调整为适合数据内容的列宽，并在整个页面居中。

● 选取整个表格，单击"开始"选项卡"段落"组的"居中"按钮；在"表格工具/布局/单元格大小"组中单击"自动调整/根据内容自动调整表格"命令。

② 在表格上方插入新行，并输入标题"计软院课程表"。

③ 按样张将表格标题字体设置为绿色、22 磅、加粗、隶书，标题所在单元格设置为"橄榄色、个性 3、淡色 40％"填充，"15％、自动"图案的底纹；标题所在单元格下边框线设置为绿色、3 磅虚线；将整个表格的外边框设置为样张所示的绿色、3 磅。

● 选定表格第一行，单击"表格工具/布局/行和列"组中的"在上方插入"按钮；选定新插入行的所有单元格，右击鼠标，选择"合并单元格"。

● 选定表格标题单元格，输入标题"计软院课程表"，利用"开始"选项卡"字体"组的命令按钮设置标题字体；选择"表格工具/设计/表格样式/边框/边框和底纹"命令，打开"边框和底纹"对话框，按题目要求的格式设置虚线下边框。再选定整个表格，用类似方法按题目要求设置整个表格的外边框，如图 4-1-38 所示。

④ 在表格下方添加一行空行后输入以下文本（每行文本以回车结束）：

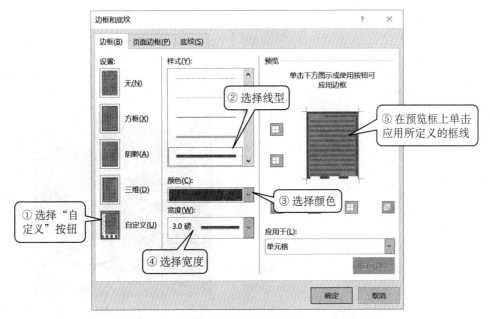

图 4-1-38　设置边框

姓名,学号,成绩

王五,200203,84

李四,200202,77

张三,200201,98

将上述文本转换为表格,并套用"清单表 3,着色 3"的内置表格样式。注:因软件版本不同,样式名可能不同,选择与样张相似的效果即可。

● 输入并选定须转换为表格的文本内容,单击"插入"选项卡"表格"组中的"表格"按钮,选择"文本转换成表格"命令,在随后打开的"将文字转换成表格"对话框中,选择文字分隔位置为"逗号"。

● 选定转换后的表格,在"表格工具/设计/表格样式"组的快速样式库里选择套用"清单表 3,着色 3"的内置表格样式。

⑤ 将转换后的表格按成绩由低到高排序。

● 将插入点移入表格中的任意单元格,单击"表格工具/布局/数据/排序"命令,在"排序"对话框中,设置主要关键字为"成绩",类型为"数字","升序"排列,有标题行,单击"确定"完成表格设置。

(4) 图片操作

① 插入"配套资源\第 4 章\L4-3-2.jpg",将图片大小调整为原来的 25%,并按样张所示裁剪掉笔记本的屏幕。

● 单击"插入"选项卡"插图"组中的"图片"命令按钮,打开"插入图片"对话框,找到指定素材文件后单击"插入"按钮。

● 在自动显示的"图片工具"动态标签中,单击"格式"选项卡"大小"组中的对话框启动器,如图 4-1-39(a)所示。在"布局"对话框的"大小"选项卡中,将"缩放"修改为原始大小的"25%",然后单击"确定"按钮。

● 单击"图片工具/格式/大小"的"裁剪"按钮,拖曳图片上出现的裁剪控制点,如图4-1-39(b)所示,在文档空白处单击,确定此裁剪操作。

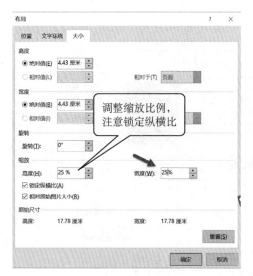

（a）缩放图片　　　　　　　　　　　　　　　　　　　（b）裁剪图片

图 4-1-39　调整图片大小和裁剪

② 修改图片颜色，重新着色为"橄榄色、个性色 3、深色"，使用"预设 10"的图片效果。

● 继续选定图片，单击"图片工具/格式/调整"组的"颜色"下拉列表中的"重新着色/橄榄色、个性色 3、深色"，如图 4-1-40(a)所示。

● 单击"图片工具/格式/图片样式"组的"图片效果/预设/预设 10"，如图 4-1-40(b)所示。

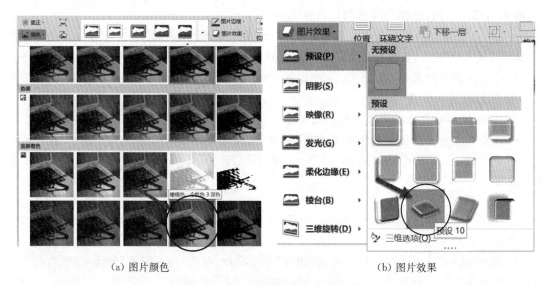

（a）图片颜色　　　　　　　　　　　　　　　　　　　（b）图片效果

图 4-1-40　设置图片颜色和效果

③ 将图片与文字的环绕方式改为"四周型"环绕，然后根据样张所示移动图片位置。

● 右击图片，在快捷菜单中选择"环绕文字/四周型"。

● 鼠标指向图片，当鼠标指针变成四方向箭头时移动图片至样张所示位置。

④ 给图片添加图片水印，素材为"配套资源\第 4 章\L4-3-3.jpg"，结果如样张所示。

- 插入素材图片，单击"图片工具/格式/调整"组的"颜色"下拉列表中的"重新着色/冲蚀"。
- 右击图片，在快捷菜单中选择"环绕文字/衬于文字下方"命令。

⑤ 联机图片操作。读者可自行尝试"插入/联机图片"命令，寻找适合主题的图片并插入文档，再进行适当编辑。

⑥ 形状操作。在图片右上角插入样张所示的形状，并输入字号为 14 磅、宋体加粗的文字"2020 学年度"。

- 单击"插入"选项卡"插图"组的"形状/标注/椭圆形标注"，在鼠标光标变成十字形后，拖曳鼠标如样张所示绘制形状；在随后自动显示的"绘图工具"动态标签"格式"选项卡中，选择"形状样式"组的形状样式库中最后一行第四个的"强烈效果-橄榄色，强调颜色 3"。
- 在所插入的形状上右击，在快捷菜单中选择"编辑文字"，输入 14 号、加粗的"2020 学年度"。

⑦ 设置完毕，按题目要求保存并关闭当前文档。

例 4-4 SmartArt 和公式等对象的练习

打开"配套资源\第 4 章\L4-4-1. docx"，按下列要求操作，以原文件名保存在自己的 U 盘中。最终结果如图 4-1-42"排版综合案例样张 3"所示，也可参见"配套资源\第 4 章\LJG4-4-1. docx"文件。

(1) SmartArt 操作

利用素材文档中的图片"L4-4-2. jpg"、"L4-4-3. jpg"、"L4-4-4. jpg"、"L4-4-5. jpg"，如样张所示组成 SmartArt 图形，其中文字字体为宋体、12 磅，更改颜色为"个性色 6-彩色填充"。

例 4-4 微课视频

> 提示：单击"插入"选项卡"插图"组中的"SmartArt"按钮，打开"选择 SmartArt 图形"窗口，找到"图片"类的"六边形群集"；将素材中的图片用"剪切、复制"的方法放入 SmartArt 图形中；直接在 SmartArt 中的文本占位符上输入题目要求的文字，并设置字体和字号；通过"SmartArt 工具/设计/创建图形"组中的命令改变图形方向，用控制点调整大小。

(2) 文本框操作

将文档中的"概览"部分如样张所示加入竖排文字文本框中，"概览"的所有字符大小为 12 磅，如样张所示排列，文本框效果为"强烈效果-橙色，强调颜色 6"。

> 提示：先选定需要放入文本框的内容，再单击"插入/文本框/绘制竖排文本框"，适当调节文本框的大小和位置；字符大小通过"开始/字体"中的按钮实现；文字排列通过"开始/段落"中的按钮实现；效果通过"绘图工具/格式/形状样式"中的快速样式库实现。

(3) 页面布局

将文档左、右页边距调整为 2 厘米，第二自然段分成带分隔线的两栏，并给文档加入文字水印"Computer Center"，效果如样张所示。

● 利用"布局"选项卡"页面设置"组中的"页边距"命令，选择"自定义页边距"，按题目要求设置。

● 选定第一自然段的内容，单击"布局/页面设置"中的"分栏"命令，选择"更多分栏"，按题目要求设置。

● 单击"设计/页面背景"中的"水印"命令，选择"自定义水印"，在打开的"水印"对话框中选择"文字水印"，水印颜色为"黑色，文字1，淡色35％"，按照题目要求完成设置。读者可在"水印"对话框中选择"图片水印"，然后自行尝试用自己喜欢的图片做"图片水印"的效果。

(4) 页眉、页脚和页码设置

① 插入"运动型"页眉，内容为"计算机科学与软件工程学院"，字体为华文琥珀、20磅、橙色-个性色6。

② 插入"空白型"页脚，插入"配套资源\第4章\L4-4-6.jpg"，大小调整为原来的10％，在页脚居中。

③ 插入页码，页码格式为"壹，贰，叁…"，位置在"页边距/普通数字/大型（右侧）"。

> 提示：利用"插入/页眉和页脚"中的"页眉"、"页脚"和"页码"命令完成。

(5) 符号与编号、艺术字、公式、日期和时间的插入和编辑

① 在文中的"亮点"前插入样张所示的符号✍，并将格式设置为红色、加粗、20磅。

② 将标题设置为艺术字，采用艺术字库中"填充-黑色，文本1，轮廓-背景1，清晰阴影-背景1"的效果，字体为宋体、36磅，并将版式调整为"上下型环绕"。

③ 如样张所示在文档最后插入公式并使其居中，公式为：

$$F(\omega) = \sqrt[3]{\frac{1+a_2}{\sum\limits_{n=1}^{5} a^n}} \int_{-\infty}^{\infty} f(t)e^{-j\omega t}dt$$

④ 章结尾处插入可以更新的系统时间。

> 提示：利用"插入/符号"组中的"符号"命令，添加自定义符号，符号字体为"Wingdings"；选定标题后，利用"插入/文本/艺术字"命令完成题目要求的艺术字效果；利用"插入/符号"组的"公式"按钮，插入新公式。时间可以用快捷键"〈Alt〉＋〈Shift〉＋〈T〉"插入，也可以用"插入/文本/日期和时间"完成。

(6) 音频和视频的插入

在公式后面插入音频和视频素材，文件为"配套资源\第4章\L4-4-7.wav和"配套资源\第4章\L4-4-8.avi"。

● 单击"插入"选项卡"文本"组的"对象"命令，在打开的"对象"对话框中选择"由文件创建"选项卡，单击"浏览"按钮，找到指定文件后单击"插入"，在"对象"选项卡里单击"确定"。

● 需要注意的是，在Word中插入音频和视频对象时，文档中仅出现对象图标，如图4-1-41所示，双击对象图标后将启动本地计算机上安装的默认媒体播放程序进行播放。

图 4-1-41　音频和视频对象图标

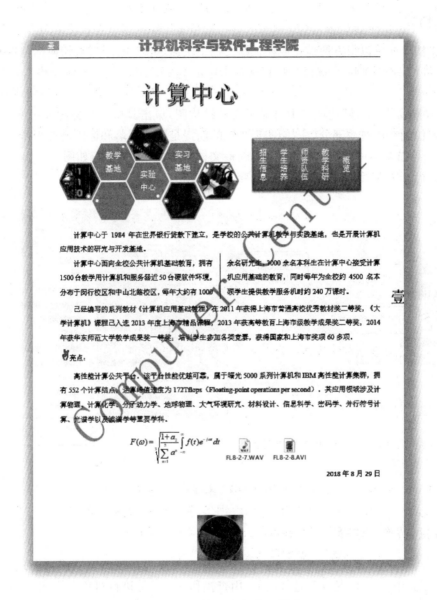

图 4-1-42　排版综合案例样张 3

4.1.3　长文档规范化和自动化技术

在使用前两小节所介绍的技术完成文档主体内容的编辑之后,不同使用者可能还会有一些更高级的处理要求,例如,科技论文和书籍的撰写者需要给文章添加目录和引文标注;会议或大型活动的组织者需要群发邀请函和通知；书籍、杂志主编需要审阅和校对来自不同作者的不同版本的稿件等。另外，对于可能经常需要调整的内容，为了提高效率，用户有必要掌握一些自动化的排版方式。本小节将对此做简要介绍，重点介绍完成毕业论文必须掌握的相关技术。

1. 文档导航

使用文档导航可以很方便地完成在长篇文档中快速定位、重排结构、切换标题等操作。

① 如图 4-1-43(a)所示，选择"视图"选项卡中的"显示"组，勾选"导航窗格"，可打开导航窗格。

② 在导航窗格"标题"选项卡中可显示文档结构图，单击其中一个标题即可实现跳转，同时光标将定位到文档对应部分（注：能实现跳转的前提是已将段落和标题设置为样式）。

③ 右击导航窗格中的文档标题，弹出调整文档结构的快捷菜单，如图 4-1-43(b)所示，可根据需要进行升级、降级、插入新标题等改变文档结构的操作。

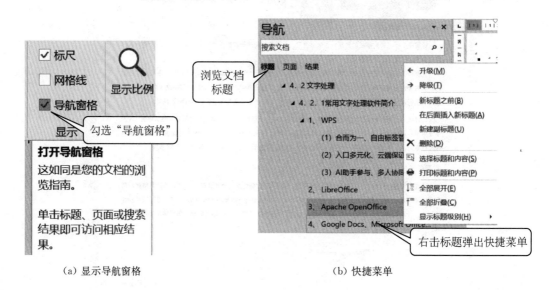

（a）显示导航窗格　　　　　　　　　　（b）快捷菜单

图 4-1-43　文档导航

2. 查找、替换和选择

编辑文档时，经常需要在已完成的长篇文档中查找多次出现的文字或者格式，并加以修改，这时就需要用到查找、替换和选择功能，用查找和选择功能进行对象定位，用替换功能进行逐个或者批量修改。

① 在导航窗格"搜索文档"框中输入要搜索的关键字，搜索结果将突出显示，如图 4-1-44所示。

② 在"开始"选项卡的"编辑"组中，单击"替换"按钮，打开"查找和替换"对话框，可以进行无格式、带格式、特殊字符以及样式的查找和替换操作；按〈F5〉键则直接打开"查找和替换"对话框的"定位"选项卡，可进行各种对象的目标定位。

③ 在"查找和替换"对话框的"替换"选项卡中，单击"替换"以及"查找下一处"按钮可逐个

观察文字的替换情况，单击"全部替换"则一次替换全部须替换的内容，还可以通过对"搜索选项"设置来实现方向为"全部"、"向上"或者"向下"的搜索以及更多搜索条件。

④ 在"开始"选项卡的"编辑"组中，单击"选择"按钮，打开"选择窗格"，在这里可以选择文档中的所有文本，选择格式相似的文本，选择隐藏的、堆叠的或文本背后的形状，还可以选择图片、SmartArt 图形或图表等其他对象；按住〈Ctrl〉键的同时单击所需选择的对象可以同时选中多个对象。

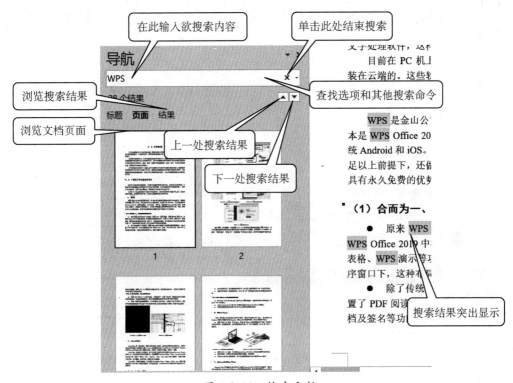

图 4-1-44 搜索文档

3. 目录

目录是论文和书籍等长文档中不可缺少的组成部分，所以 Word、LaTeX 和 WPS 等文字处理软件都提供了自动提取目录的功能。当目录所在文档内容发生变化后，可以很方便地更新。利用 Word 自动提取目录功能的前提是文档的各级标题采用了样式或设置了大纲级别。当然，也可以利用上文介绍过的制表位手动输入目录。

(1) 创建目录

选择"引用"选项卡，单击"目录"组的"目录"命令按钮，在打开的下拉列表中可见 Word 提供的"手动目录"、"自动目录 1"和"自动目录 2"等内置目录样式。其中"手动目录"仅提供目录框架，其他内容须使用者自行填写；"自动目录 1"和"自动目录 2"功能类似，选择其中之一后单击鼠标可插入目录，右击鼠标显示快捷菜单，可选择目录插入的位置和编辑属性等。

(2) 修改和更新目录

自动目录默认只能提取"标题1—3"级别的目录，如果需要提取更多级别的目录，需要选择"目录"下拉列表中的"自定义目录"按钮，如图4-1-45（a）所示。打开"目录"对话框，修改显示标题的级别，如图4-1-45（b）所示。单击"目录"对话框"选项"按钮打开"目录选项"对话框，如图4-1-45（c）所示；单击"修改"按钮打开"样式"对话框，可修改默认目录样式，如图4-1-45（d）所示。

当文档标题发生变化后，选择"引用"选项卡，单击"目录"组的"更新目录"按钮，即可自动更新目录。

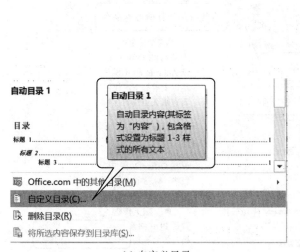

(a) 自定义目录

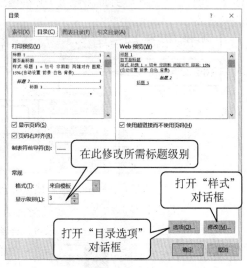

(b) "目录"对话框

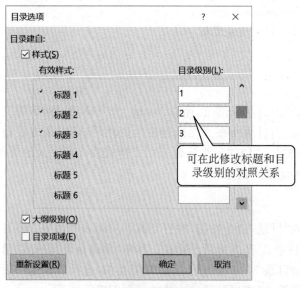

(c) "目录选项"对话框

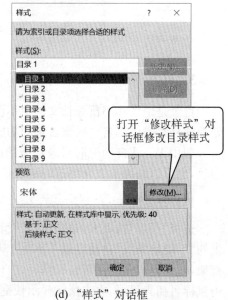

(d) "样式"对话框

图 4-1-45　目录的创建和修改

4. 脚注和尾注

在论文或书籍中常常需要附加解释、说明或一些必要的参考显示等，Word、LaTeX 和 WPS 等软件都具备添加、编辑脚注和尾注的功能。通常情况下，文档每页末尾处的注释称为脚注，在每节或者整个文档末尾处的注释称为尾注。如要在文档中插入脚注和尾注，可通过"引用"选项卡的"脚注"组中的相关命令完成。

(1) 插入和编辑脚注

① 以 Word 为例，选择"引用"选项卡，单击"脚注"组的"插入脚注"命令按钮，插入点自动移至当前页面左下角的脚注位置，输入脚注内容后在正文任意位置单击鼠标即可切换回正文编辑状态。

② 文档中添加脚注的位置会出现脚注标记，鼠标移至标记处光标会变成"　"的形状，同时会显示对应的脚注内容。

③ 单击"脚注"组的对话框启动器，打开"脚注和尾注"对话框，可以自定义脚注和尾注的位置和格式。

④ 删除脚注只需删除正文中的脚注标记即可。

(2) 插入和编辑尾注

① 插入尾注的步骤和插入脚注类似，选择"引用"选项卡，单击"脚注"组的"插入尾注"命令按钮，进入尾注编辑状态。

② 在任一页面的编辑状态，选择"引用"选项卡，单击"脚注"组的"显示备注"按钮，可以快速切换到文档尾部的尾注处，双击尾注的插入点则回到对应的标记处。删除尾注只需删除正文中的尾注标记即可。

5. 题注

图片和表格是文档的常见元素。一篇比较长的论文中可能会出现大量图片或表格，这些图片或表格一般都需要编号和做简要的文字说明，以便于在正文中对其引用。如果这些图片或表格的编号是手动输入的，一旦对图片或表格进行增减或者前后位置变动，就要对上、下文的编号整体修改，这个工作繁琐且容易出错。

因此，Word、LaTeX 和 WPS 等软件普遍提供了图表题注功能。如果用户利用题注功能进行图片或表格的编号，当图片或表格的数量或位置发生变动时，题注功能可以自动更新编号，以保证编号的正确顺序。

例 4-5　添加可自动更新的题注

利用题注，在"配套资源\第 4 章\L4-5-1. docx"中，为两张环保题材的图片添加可自动更新的编号，如图 4-1-46(a)所示。尝试调整图片段落位置，完成题注的自动更新，结果如"配套资源\第 4 章\LJG4-5-1. docx"所示。以下为在 Word 2016 中的实现步骤：

① 在第一幅图片上右击，选择"插入题注"，或者使用"引用/题注/插入题注"命令，打开如图 4-1-46(b)所示的"题注"对话框。

② 单击"新建标签"按钮，打开如图 4-1-46(c)所示的"新建标签"对话框，如样张所示输入

标签后单击"确定"。

③ 单击"编号"按钮，打开如图 4-1-46(d)所示的"题注编号"对话框，根据样张选择编号格式，单击"确定"按钮，完成第一幅图片的题注添加。

④ 用同样的方式为第二幅图片添加样张所示题注。

⑤ 尝试将两幅图片连同题注的位置调换。选择所有题注，或者利用"〈Ctrl〉＋〈A〉"组合键选择整个文档，单击〈F9〉键，完成全部编号的更新，如图 4-1-46(e)所示。

⑥ 可以尝试在两图之间再插入一张新图，并为该图插入题注，此时题注编号会自动出现正确数字，其后的图片题注编号也会自动加 1。

说明：

● 域是 Word 中可以实现自动更新的元素，需要自动更新的日期和时间、页码、目录、索引等，都需要以域的形式插入文档中。

● 如果需要在题注中出现可以自动更新的章节号，则需要预先为内置标题 1—9 样式设置自动编号。

（a）样张

（b）"题注"对话框

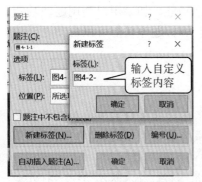

（c）"新建标签"对话框

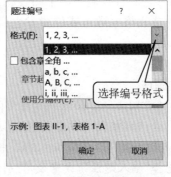

（d）设置编号格式

（e）更新编号

图 4-1-46　使用题注

6. 交叉引用

在毕业论文等大型文档的撰写过程中,经常需要在某个地方引用文档其他位置的内容,比如在 5.1 节中需要出现"参见 4.1.1 节相应内容"的引用说明。一般把需要出现"参见 4.1.1 节相应内容"的位置称为"引用位置",而把所指向的位置"4.1.1 节"称为"被引用位置"。

如果"参见 4.1.1 节相应内容"是手动输入的,假设在论文编撰过程中,原来的 4.1.1 节调整到了 4.1.3 节,就需要进行对应的手动修改。类似的查找和修改工作不仅非常麻烦,而且极易疏漏,所以 Word、LaTeX 和 WPS 等软件都提供了交叉引用功能,即用软件实现引用和被引用位置变化的监控以及同步自动更新。

以 Word 为例,将插入点移到引用位置,然后输入除了章节编号之外的内容,例如"参见节相应内容",章节编号位置留空,然后选择"引用/题注/交叉引用",打开"交叉引用"对话框,如图 4-1-47 所示设置引用类型和引用内容,并选择被引用位置的标题。

图 4-1-47 "交叉引用"对话框

7. 邮件合并

在需要批量制作信封、胸卡、邀请函、会议通知等文档主体内容相同、只有个别元素不同的文档时,可以采用 Word 和 WPS 等软件提供的邮件合并功能。在开始邮件合并工作前,可以先准备好需要进行邮件合并的主文档和数据源文件,数据源文件可以是 Word 文档、Excel 表格和 Access 数据库等。

例 4-6　通过邮件合并功能制作会议通知

将"配套资源\第 4 章\邮件合并主体. docx"和"邮件合并数据源. docx"合并为一个文件"会议通知. docx"。以下为在 Word 2016 中的实现步骤:

① 打开"配套资源\第 4 章\邮件合并主体. docx",单击"邮件"选项卡的"开始邮件合并"组的"选择收件人"命令按钮,选择"使用现有列表",在随即打开的"选取数据源"对话框中选择"配套资源\第 4 章\邮件合并数据源. docx",单击"打开"按钮。

② 将插入点移至文档正文开始的冒号前,即需要插入数据源的位置,单击"邮件"选项卡

的"编写和插入域"组的"插入合并域"命令,选择所需字段名称"姓名"和"职称",则两个字段将以域的形式插入到主文档中。

③ 如果需要根据插入记录的值改变对象的称呼,如"性别"为"女"时在域后添加"女士",则可以单击"编写和插入域"组的"规则"按钮,选择"如果…那么…否则"命令,在打开的"插入 Word域:IF"对话框中设置规则(如图 4-1-48 所示),然后单击"确定"按钮保存该规则。

④ 单击"邮件"选项卡的"预览结果"组的"预览结果"按钮,按"下一条"、"上一条"等记录指示器可以逐条预览合并后的效果。

⑤ 单击"邮件"选项卡的"完成"组的"完成并合并"命令按钮,可以选择将结果合并为单个文档、发送电子邮件或直接打印输出,在本例中选择"编辑单个文档",在随后出现的"合并到新文档"对话框中指定需要合并的记录数目,可以合并全部记录,也可以合并指定记录,单击"确定"按钮完成邮件合并。

⑥ 利用"文件/另存为"命令,将合并后的邮件保存为"会议通知.docx"。

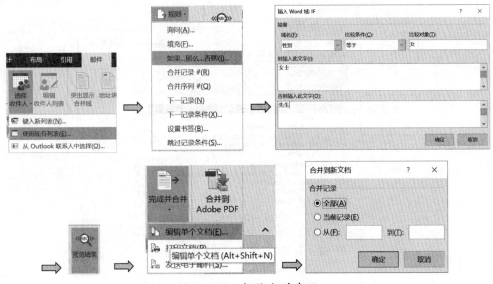

图 4-1-48　邮件合并步骤

*8. 审阅

文档的主编、审阅人和编辑等在评阅、校对文档时,需要对文档内容提出批评、修改意见等,Word 和 WPS 在"审阅"选项卡中提供了这些功能。

(1) 校对

文档作者和审稿人可以很方便地利用 Word 中的"审阅/校对"组的相关命令,完成拼写和语法检查、信息检索、同义词查找和字数统计等操作。

(2) 翻译

"查字典"是人们在阅读英文文献时的常见需求,对此,Word 提供了便捷的翻译功能。

① 翻译屏幕提示。

在 Word"审阅"选项卡的"语言"组中,单击"翻译",然后单击"翻译屏幕提示",当"翻译屏幕提示"![按钮]按钮处于选中状态时,说明该功能已打开。此时将鼠标悬停于文档中的单词上,将显示淡出模糊状态的翻译屏幕提示,鼠标指向该提示后清晰显示翻译结果。

② 更详细的翻译。

● 按住键盘上的〈Alt〉键的同时单击所需翻译的单词,将弹出"信息检索"窗格,显示单词的双语解释,如图 4-1-49 所示。

● 选定一个文档中的一个段落甚至全文后,按住键盘〈Alt〉键的同时单击鼠标左键,"信息检索"窗格中可以对所选段落或全文进行翻译。

● Word 不仅可以进行中文和英语的互译,还可进行其他语言的互译,在"信息检索"窗格中对源语言和"翻译为"的目标语言下拉列表进行选择即可。

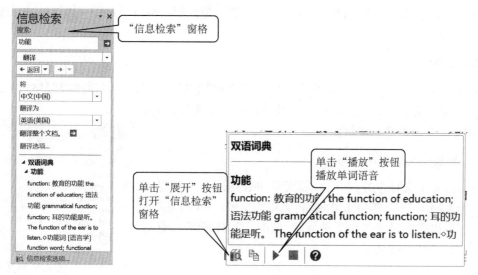

图 4-1-49　双语翻译屏幕提示

(3) 中文简繁转换

与港澳台同胞和海外华人交流文献时,会产生中文简体和繁体互换的需求,Word 提供了这项功能。操作方法是:选定需要进行简体字和繁体字转换的文本,单击"审阅"选项卡的"中文简繁转换"组中的相应命令按钮,可以很方便地将选定文本进行繁体字和简体字的相互转换。

(4) 批注

审稿人可通过添加批注的形式提出自己的修改意见。单击"审阅"选项卡的"批注"组的"新建批注"命令,Word 将在页面右侧添加一个批注区,并自动生成一个以当前用户名进行批注的批注框,如图 4-1-50 所示。

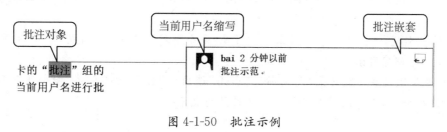

图 4-1-50　批注示例

（5）修订

单击"审阅"选项卡的"修订"命令按钮，当前文档将进入修订状态，进入修订状态后对文档所作的所有修改将被程序记录。

（6）更改

文档作者或者主编可以通过"审阅"选项卡的"更改"组中的"接受"和"拒绝"按钮选择是否接受修订或批注的内容。

（7）比较文档版本

文档的最后定稿人可以选择"审阅"选项卡，单击"比较"组的"比较"命令，在打开的"比较文档"对话框中选择原文档和修订后的文档，从而实现在同一窗口中对每一修订处进行逐条比较和合并的功能。

（8）限制编辑

文档作者可以通过"审阅"选项卡的"保护"组的"限制编辑"命令，打开"限制格式和编辑"任务窗格，限定有权修改文档的用户以及可以修改的类型、格式等，以避免不必要的修订和批注。

（9）查找同义词和反义词

进行英文论文写作时，在同一篇文章中表达同一个意思应适当选择不同词汇，以避免重复，提高文章的文采。Word 在"审阅/校对"中提供了同义词和反义词库（如图 4-1-51 所示），有标记（Antonym）的是反义词。

图 4-1-51　同义词和反义词

9. 综合案例

例 4-7　目录、脚注和尾注

打开"配套资源\第 4 章\L4-7-1. docx"，按下列要求操作完成后，以原文件名保存在自己的 U 盘中。最终结果参照"配套资源\第 4 章\LJG4-7-1. docx"。

（1）目录创建

给文档创建如图 4-1-52(a)所示的目录，并思考如果要得到第 4 级目录，应该如何完成。

① 根据图 4-1-52(a)所示目录，修改文档现有标题样式。其中将一级标题"关于本市推动新一代人工智能发展的实施意见"设置为"标题 1"样式；将"一、明确总体要求"、"二、拓展人工智能融合应用场景"等，设置为"标题 2"样式；将"（一）指导思想"、"（二）发展目标"等设置为"标题 3"样式，如样张所示。

注：可以用快捷键"〈Ctrl〉＋〈F〉"打开如图 4-1-52(b)所示的"导航窗格"随时观察样式的修改情况。

② 选择"引用"选项卡，单击"目录"组"目录"命令下拉列表中的"内置——自动目录 1"命令，在正文前方创建目录。

③ 如果要生成第 4 级目录，则须通过"引用"选项卡"目录"组"目录"命令下拉列表中的"自定义目录"命令，在"目录"对话框自定义目录的显示级别。

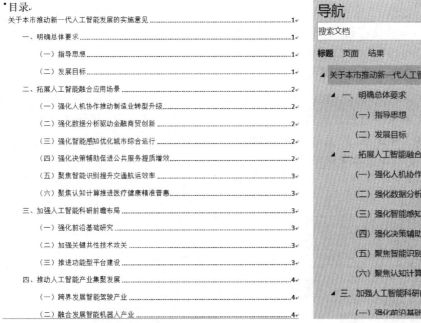
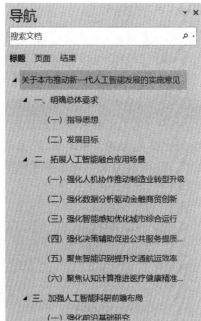

（a）目录样张　　　　　　　（b）大纲导航

图 4-1-52　长文档综合案例样张

(2) 脚注和尾注的插入和编辑

① 将正文第一段对"新一代人工智能"的概要说明改为"脚注"的形式（插入在本页正文底部）。

② 给文档标题添加尾注，内容为"本文摘自上海市经济和信息化委员会网站"。

> 提示：通过"引用"选项卡"脚注"组的相关命令完成操作。

例 4-8　邮件合并

打开"配套资源\第 4 章\L4-8-1.docx"和"配套资源\第 4 章\L4-8-2.docx"，完成邮件合并，最后结果合并为一个文档"发送会议通知.docx"。

例 4-8 微课视频

> 提示：通过"邮件"选项卡相关命令完成。

例 4-9　审阅文档

打开"配套资源\第 4 章\L4-9-1.docx"，按下列要求操作。最终结果参照"配套资源\第 4 章\LJG4-9-1.docx"。

(1) 校对和翻译

① 利用"审阅"选项卡"校对"组的"拼写和语法"命令，打开"语法"窗格，查看文档中可能存在的错误并修改，如果没有错误，可以单击"忽略"。

② 通过"校对"组的"字数统计"命令查看文档统计信息。

③ 利用"审阅"中的翻译工具将文档第一自然段翻译为英文。

> 提示：选定文档第一自然段的内容，按住〈Alt〉键的同时单击鼠标，将打开如图 4-1-53 所示的"信息检索"对话框，设置翻译的源语言为"中文（中国）"，目标语言为"英语（美国）"，Word 将自动翻译出参考结果。

图 4-1-53　信息翻译

(2) 利用"审阅"中的修订功能完成文件的修订

① 将文件另存为"LJG4-9-1.docx"，然后对"LJG4-9-1.docx"进行修订操作。

② 单击"审阅"选项卡"修订"组的"修订"按钮，进入文档修订状态。修改第一自然段中"位于美丽的东海之宾"中的"宾"字为"滨"，删除"以花农培训、花卉的种植"中的"的"字，并在此添加批注，内容为"原文为'花卉的种植'，为行文流畅起见删除'的'字"。

③ 保存文件"LJG4-9-1.docx"后关闭。

(3) 比较修订前和修订后的文档

① 启动 Word 后，选取"审阅"选项卡"比较"组的"比较"命令，打开"比较文档"对话框，分别选择原文档和修订的文档名后单击"确定"，Word 将弹出一个对话框要求确认，此时单击"确定"，即可出现如图 4-1-54 所示的比较文档状态。

② 如需要确认修订则单击"审阅/更改"中的"接受"按钮。

提示：也可以通过"视图"选项卡"窗口"组的"并排查看"命令打开修订前和修订后的文档，单击"同步滚动"按钮后可以通过滚动鼠标滚轮同步滚动比较两个文档的细节。

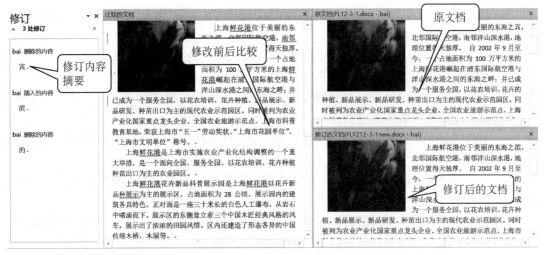

图 4-1-54　修订前后比较

(4) 文档保护

如果不希望他人对文档进行修改，或者只能进行某种类型的修改，可以单击"审阅/保护"的"限制编辑"命令，打开如图 4-1-55 所示的"限制编辑"窗格，完成文档保护操作。

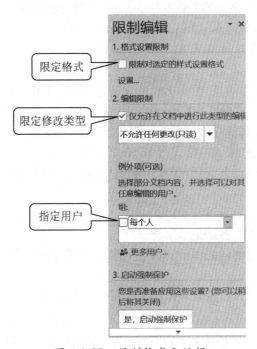

图 4-1-55　限制格式和编辑

习题与实践

1. 简答题

（1）同样作为使用最广泛的文字处理软件，LaTeX 和 Word 相比，分别适合哪些领域，各有哪些长处？

（2）除了利用 Word 自带的翻译功能外，你还知道哪些为文档添加翻译的方法？

（3）因文档内容发生变化而导致目录内容发生变化时，如何更新目录？

（4）脚注与尾注有何区别？如果撰写论文时添加了新的参考文献，尾注内容如何更新？

（5）如果不利用样式能建立目录吗？

（6）用样式设置文档格式有哪些便利？如果要将样式库中的"标题 1"的字体修改为蓝色，用什么方法实现？

（7）设置图片格式时，"图片效果"和"艺术效果"有何不同，分别能实现什么功能？图片和文字的环绕方式有几种方法可以实现？

（8）"图片工具"选项卡"图片样式"组中的"图片版式"功能和 SmartArt 效果一样吗？

（9）嵌入在文档中的多媒体素材能自动播放吗？

（10）除了利用 Word 可以自动生成目录外，当 Word 导出为 PDF 格式后也能利用 Acrobat 添加目录，但与 Word 的自动生成目录相比较，后者的目录能导出到 Acrobat 之外的软件使用吗？

2. 实践题

（1）打开"配套资源\第 4 章\SY4-1-1. docx"文件，按下列要求操作，结果如图 4-1-56 "Word 实践样张 1"所示，也可参见"SYJG4-1-1. docx"文件。

① 将文档中除标题以外所有的"水"替换成楷体、11 磅、蓝色、双曲蓝色下划线的"Water"。

② 将文档标题"地下水污染"的文字效果设置为"填充-黑色，文本 1，轮廓-背景 1，清晰阴影-着色 1"，然后将文字格式设置为蓝色、华文琥珀、二号，文字间距加宽"3 磅"，并设置阴影为"透视-右上对角透视"，映像为"全映像，8pt 偏移量"，居中显示。

③ 设置文中的"酚、铬、汞、砷"格式为 16 磅，添加拼音指南。

④ 将文章第一段中的"人类活动"4 个字的格式设置为加粗、间距加宽 5 磅，位置提升 10 磅。

⑤ 将正文所有段落设置为首行缩进 2 字符。

⑥ 设置第三自然段左右各缩进 2 字符。

⑦ 给第三自然段添加如样张所示的自定义蓝色、3 磅边框；"深蓝，文字 2，淡色 80%"的填充底纹。

⑧ 利用制表位给文章开始的目录添加如样张所示的制表位。

> 提示：包括一个在 8 字符处的左对齐制表位，和一个在 32 字符处的带前导符"2"的右对齐制表位。

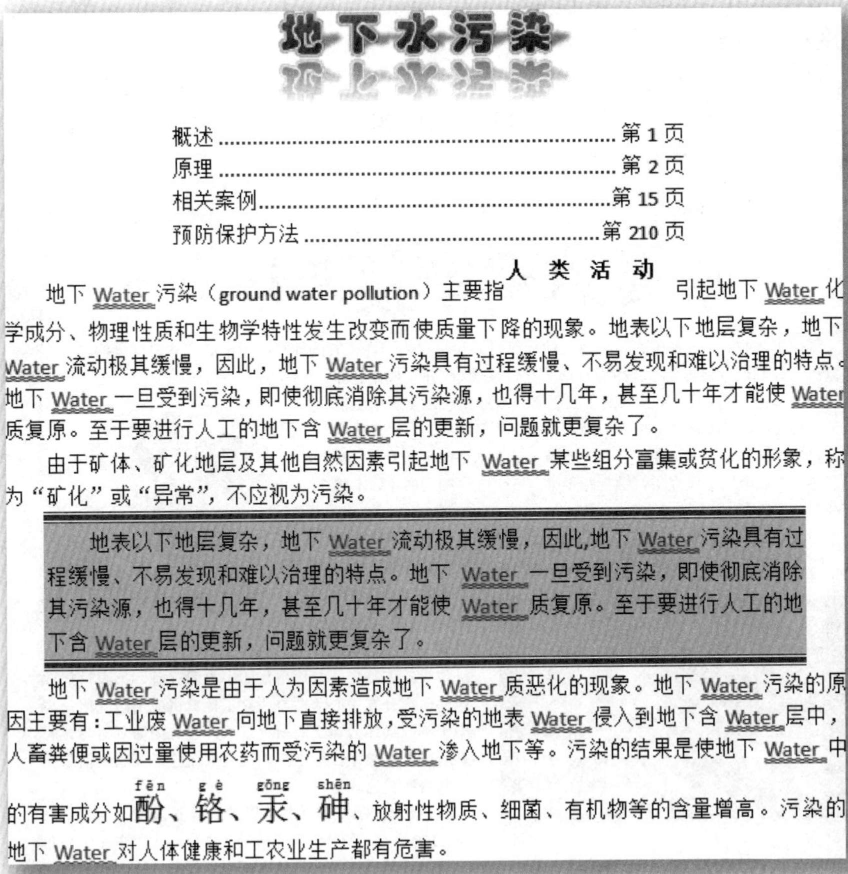

人 类 活 动

地下 Water 污染（ground water pollution）主要指 引起地下 Water 化学成分、物理性质和生物学特性发生改变而使质量下降的现象。地表以下地层复杂，地下 Water 流动极其缓慢，因此，地下 Water 污染具有过程缓慢、不易发现和难以治理的特点。地下 Water 一旦受到污染，即使彻底消除其污染源，也得十几年，甚至几十年才能使 Water 质复原。至于要进行人工的地下含 Water 层的更新，问题就更复杂了。

由于矿体、矿化地层及其他自然因素引起地下 Water 某些组分富集或贫化的形象，称为"矿化"或"异常"，不应视为污染。

地表以下地层复杂，地下 Water 流动极其缓慢，因此，地下 Water 污染具有过程缓慢、不易发现和难以治理的特点。地下 Water 一旦受到污染，即使彻底消除其污染源，也得十几年，甚至几十年才能使 Water 质复原。至于要进行人工的地下含 Water 层的更新，问题就更复杂了。

地下 Water 污染是由于人为因素造成地下 Water 质恶化的现象。地下 Water 污染的原因主要有：工业废 Water 向地下直接排放，受污染的地表 Water 侵入到地下含 Water 层中，人畜粪便或因过量使用农药而受污染的 Water 渗入地下等。污染的结果是使地下 Water 中的有害成分如酚（fēn）、铬（gè）、汞（gǒng）、砷（shēn）、放射性物质、细菌、有机物等的含量增高。污染的地下 Water 对人体健康和工农业生产都有危害。

图 4-1-56 Word 实践样张 1

（2）打开"配套资源\第 4 章\SY4-2-1.docx"文件，按下列要求操作，以原文件名保存在自己的 U 盘中。最终结果如图 4-1-57"Word 实践样张 2"所示，也可参见"SYJG4-2-1.docx"文件。

① 设置文档标题为艺术字，样式为"填充-红色，着色 2，轮廓-着色 2"，字体为宋体，字号为 36 磅，居中对齐。

② 在文档中插入素材文件"SY4-2-2.jpg"，将原始背景删除后添加"顶部聚光灯-个性色 6"的预设渐变效果填充。

提示：使用"背景消除"选项卡中的"标记要保留的区域"命令按钮，实现样张所示的结果。右击鼠标，选择"设置图片格式/填充与线条"中的渐变填充，再做相应设置。

③ 插入如样张所示的横排文字文本框，然后修改图片的文字环绕方式，再适当调整大小后放入该文本框，将文本框的"形状样式"改为"强烈效果-红色，强调颜色 2"，适度调整大小

后，在样张所示位置与文本混排。

④ 如样张所示插入 SmartArt 图形，并更改样式为"优雅"，输入文字"博士、硕士、本科、创新人才"；将"创新人才"的"形状填充"设置为"顶部聚光灯-个性色 6"的预设渐变效果填充；大小调整为高度和宽度都是 5.52 厘米，与文本混排。

⑤ 修改文末的表格格式，套用内置表格样式"清单表 4-着色 2"，并使表格在页面居中。

⑥ 在文末利用艺术字和符号完成样张所示的效果。

⑦ 设置左右页边距都为 2 厘米。

计算机科学技术系

创建于 1979 年，是国内较早成立的计算机系科。作为国内优秀的计算机科学研究与教育机构之一，计算机系计算机科学与技术一级学科博士学位授予权，并主要在计算机软件与理论、计算机应用技术两个二级学科专业招收硕士和博士研究生，并设有计算机科学与技术一级学科博士后流动站。本科专业为计算机科学与技术，学制四年。硕士培养包括学术型硕士研究生，学制三年；专业型硕士研究生，学制两年半。博士生学制为四年，本博连读学制为五年。

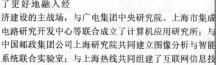

我系与国内外的学术交流与合作相当活跃，与美国、加拿大、德国、法国、瑞士、澳大利亚、新加坡等国外知名大学和科研机构建立了良好的交流合作关系。近年来为了更好地融入经济建设的主战场，与广电集团中央研究院、上海市集成电路研究开发中心等联合成立了计算机应用研究所；与中国邮政集团公司上海研究院共同建立图像分析与智能系统联合实验室；与上海热线共同组建了互联网信息技术联合实验室。

自建系以来，我系共培养了本科生 2600 多名，专科生 1100 多名，博士、硕士研究生 700 多名。毕业生分布在国内外大学、研究院所以及国家机关、银行证券、著名计算机技术公司从事研究、开发、技术支持和管理等工作。毕业生中已有相当一部分人成为博士生导师、教授、高级工程师、公司总经理及政府部门的负责人，为国家信息技术事业的发展做出了贡献。

姓名	职称	研究领域	办公室	电话	E-Mail
张三	教授	数字移动通信系统的用户设备测试技术	信息楼 111 室	1111	zs@edu.cn
李四	教授	多媒体技术，远程教育技术，分布计算环境	信息楼 222 室	2222	ls@edu.cn
王五	教授	模式识别,图像处理,人工智能,信息检索,数据挖掘	信息楼 333 室	3333	wu@edu.cn

图 4-1-57　Word 实践样张 2

（3）打开"配套资源\第 4 章\SY4-3-1.docx"文件，按下列要求操作，以原文件名保存在自己的 U 盘中。最终结果参照“配套资源\第 4 章\SYJG4-3-1. docx”。

① 设法为文档添加如图 4-1-58 样张所示的可自动更新的目录。

② 为文档中“学术概况”中“真正创新性的核心课程体系”添加脚注，内容为：

上海纽约大学本科学生需要修满 128 个学分才能毕业。课程涵盖通识教育核心课程、专业课程和选修课程三个部分。

③ 在文档标题后添加尾注，内容为“摘自上海纽约大学官网 http://shanghai. nyu. edu/cn”。

④ 将文档改为修订状态后，将文档标题字体改为红色、隶书、36 磅、居中显示。

⑤ 将文档限定为仅允许添加批注，设置完成后保存并关闭 Word。

目录

上海纽约大学……1
1.学校概况……1
上海纽约大学的愿景……1
价值……2
使命……2
上海纽约大学的科研……2
2.学术概况……2
真正创新性的核心课程体系……3
发挥我们的优势……3
全球性……3
3.招生情况……3
入学要求……3
上海纽约大学 2014 年招生方案（中国学生）……4

图 4-1-58　Word 实践样张 3(目录)

4.2 电子表格处理

电子表格类软件可以实现日常生活、学习、工作中的各种数据处理。电子表格类软件可分为两大类：一类是为特定需求开发的程序，例如金蝶等财务软件；另一类就是常说的"电子表格"，它是一种通用的制表工具，能够满足大多数的表格数据处理需求。需要强调的是，制表仅仅是电子表格的功能之一，电子表格还可以理解为用来计算的"纸"，在这张"纸"上，可以实现数据分析等比较复杂的运算。

4.2.1 常用电子表格软件简介

1979 年，美国 Visicorp 公司开发了运行于苹果 II 上的 VISICALE，这是第一款电子表格软件。其后，美国 Lotus 公司于 1982 年开发了运行于 DOS 下的 Lotus 1-2-3，该软件集表格、计算和统计图表于一体，成为当时国际公认的电子表格软件代表作。在中国也曾经出现过 CCED 等具代表性的电子表格软件。进入 Windows 时代后，微软公司的 Excel 逐步取而代之，成为目前普及性最广的电子表格软件。

1. WPS

目前市场上比较流行的电子表格软件除了我们非常熟悉的 Excel 外，还有金山公司开发的 WPS 表格，覆盖 Windows、Linux、Android、iOS 等多个平台，可以无障碍兼容"∗.xls"文件格式。WPS 表格的设计从中国人习惯的思维模式出发，操作简单。WPS 表格移动版可运行于 Android、iOS 平台，个人版永久免费，体积小、速度快，支持 xls/xlsx 文档的查看和编辑，以及多种 Excel 加解密算法。此外，WPS 已支持 305 种函数和 34 种图表模式。为解决手机输入法输入函数困难的问题，WPS 还提供专用公式输入编辑器，方便用户快速录入公式，充分体现了人性化的设计理念。

2. Minitab

Minitab 是目前网络上比较优秀的现代质量管理统计软件，该软件采用了一套全面、强大的统计方法来分析数据，包括基础统计、回归和质量工具、因子设计、控制图、可靠性和生存等功能，新增功能包括柏拉图、气泡图、泊松回归、离群值测试、公差区间、稳定性研究、等价性测试等。软件操作界面非常直观并易于使用，支持深入挖掘数据，支持从 Excel 和数据库中导入数据、支持震撼和丰富的图形，可以让用户更轻松地查看和理解分析结果及其含义。

要生成质量数据处理七大工具之一的柏拉图，利用 Minitab 非常便捷。所谓柏拉图又叫排列图，是根据搜集的数据，按不良原因、不良状况、不良发生位置等不同区分标准，寻求占最大比率的原因、状况或位置，将质量改进项目从最重要到最次要顺序排列的一种图表。

例 4-10　利用 Minitab 绘制如图 4-2-1 所示的柏拉图

① 选择"统计/质量工具/Pareto 图"命令，在弹出的"Pareto 图"对话框中，在"缺陷或属性数据在"文本框中双击左侧的"故障项"，在"频率位于"文本框中双击左侧的"数量"。

② 单击"选项"按钮，在弹出的对话框中对 X 轴坐标和 Y 轴坐标进行命名：如 X 轴输入"数量"，Y 轴输入"原因"，单击"确定"按钮生成柏拉图。

③ 双击图表标题，修改标题的内容，双击背景、折线、柱状图等，可以修改颜色等信息。

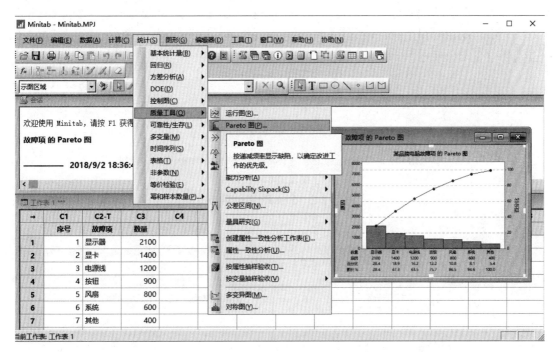

图 4-2-1　运用 Minitab 绘制柏拉图

3. FineReport

FineReport 是帆软软件有限公司研发的一款企业级 Web 报表软件，采用"Excel＋绑定数据列"形式的操作界面，会使用 Excel 的用户，基本上就会使用 FineReport，完美兼容 Excel 公式，支持公式、数字和字符串的拖曳复制，降低了从 Excel 报表到 Web 报表迁移的难度。应用 FineReport 报表，可以将多业务系统数据集中于一张报表中，实现财务、销售、客户、库存等各种业务主题的分析、数据填报等。

FineReport 设计器可以进行表格、图形、参数、控件、填报、打印、导出等报表中各种功能的设计，其界面如图 4-2-2 所示。

FineReport 采用零编码的设计理念，仅需简单的拖曳便可以设计出复杂的报表，如参数查询、填报、驾驶舱等。采用空白画布式界面，用户可在界面上自由组合不同的可视化元素，形成综合分析看板，如图 4-2-3 所示。

4. Microsoft Office Excel

Excel 是由 Microsoft 公司开发的一款使用方便、功能强大的数据处理软件，它具有强大

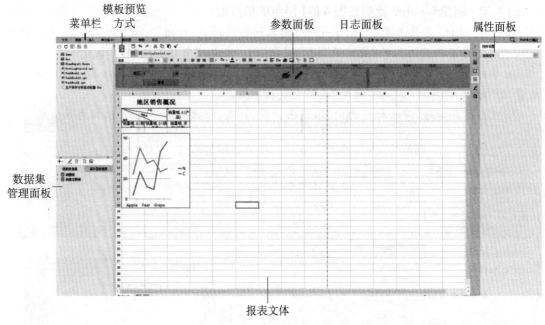

图 4-2-2　FineReport 界面

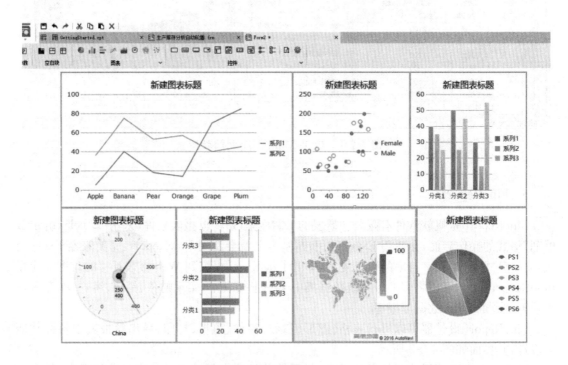

图 4-2-3　FineReport 综合分析看板

的表格处理、函数应用、图表生成、数据分析、数据库管理等功能，是 Microsoft Office 办公套件中的一个重要的核心组件。

　　一个 Excel 文件称作一个工作簿，每个工作簿内最多可以含有 255 个工作表，工作表是电子表格处理数据的主要场所，每个工作表由单元格、行号、列标、工作表标签等组成。在 Excel

中,工作簿、工作表、单元格三者是包含的关系,即工作簿包含工作表,工作表包含单元格。

如图 4-2-4 所示,Excel 窗口由功能区和工作表窗口两部分组成。

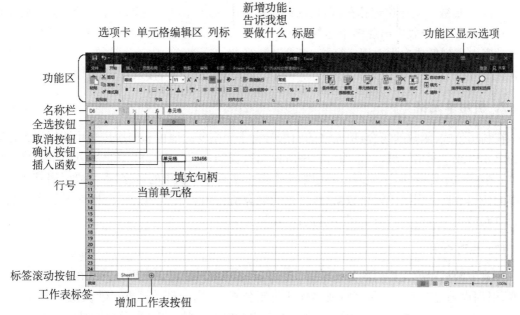

图 4-2-4　Excel 应用程序窗口

功能区左上角是保存按钮和自定义快速访问工具栏,包括了一些常用的操作命令,还可以根据需要通过"文件/选项/快速访问工具栏"命令进行添加。右上角按钮可以控制功能区与选项卡的显示。

功能区包含一组选项卡,主要有文件、开始、插入、页面布局、公式、数据、审阅、视图等,每个选项卡下还包括相应的命令来实现 Excel 操作。为了方便查找命令,Excel 2016 新增了"告诉我您想要做什么"的功能,只要在此输入想要进行的操作(如插入表格),下拉菜单中就会显示相应的命令,避免用户因不熟悉软件操作而到处查找功能命令的麻烦,特别适合学习使用。

Excel 具备强大的数据分析与处理功能,其中公式和函数提供了强大的计算功能,用户可以运用公式和函数实现对数据的分析和处理。

4.2.2　公式与函数

1. 公式[①]

公式是从等号开始的一个表达式,由数据、函数、运算符、单元格或区域引用等组成,类似于文本型数据的输入。在某个单元格中输入公式"＝A1＋B1＋C1",表示将这三个单元格中的数据进行求和,计算结果在此单元格中显示,而公式本身则在该单元格的编辑栏中显示。用

[①] 限于篇幅,有关电子表格的基本操作,将在本教材的"配套资源\在线补充资源"中介绍,需要学习这部分内容的读者可以自学完成。

户可以在编辑栏或单元格中输入公式。单元格的公式可以像其他数据一样进行编辑，包括修改、复制、移动。

公式中的常量可以是数值型和文本型。公式中的运算符有四类：算术运算符（＋、－、＊、/、％、＾、负数－）、连接运算符（＆）、比较运算符（＝、＞、＞＝、＜＝、＜、＜＞）、引用运算符（：、，和空格）。当公式中出现多个运算符时，Excel 对运算符的优先级做了规定：四类运算符优先顺序由高到低依次为引用运算符、算术运算符、连接运算符、比较运算符，其中算术运算符从高到低分别为－（负数）、％、＾、＊和/、＋和－。优先级相同时，按从左到右顺序计算。

2. 引用单元格

在利用公式、函数的场合，单元格的引用具有十分重要的地位和作用。引用即标识工作表上的单元格或单元格区域，并指明公式中所使用数据的位置。在公式中通过引用单元格来代替单元格中的实际数值，不但可以引用本工作簿中所有工作表中的数据，也可以引用其他工作簿中的任何数据。引用单元格数据后，公式的运算值将随着被引用的单元格数据的变化而变化。单元格引用可分为相对引用、绝对引用和混合引用。

(1) 相对引用

公式中的相对单元格引用是基于引用的单元格的相对位置。如果公式所在单元格的位置改变，引用也随之改变。如果多行或多列地复制公式，引用会自动调整。默认情况下，新公式使用相对引用。此时被单元格引用的地址称为相对地址，例如 F10 表示为相对地址。

(2) 绝对引用

公式中的绝对单元格引用是指在被引用时单元格位置固定不变。如果公式所在单元格的位置改变，绝对引用保持不变。此时被单元格引用的地址称为绝对地址。实际上只要在相对地址前加入"＄"符号，相对引用就变成绝对引用，例如 ＄F＄10 就是绝对地址。

(3) 混合引用

混合引用就是在行和列地址中分别使用了相对引用和绝对引用，例如 ＄F10 或者 F＄10。如果公式所在单元格的位置改变，则相对引用地址改变，而绝对引用地址不变。引用工作表的格式是〈工作表的引用〉! 〈单元格的引用〉，引用是可以跨工作簿的，被引用的工作簿要处于打开状态。例如在计算商品价格时，折扣率数列放在 A 工作簿中的 Sheet3 工作表中的 F 列 10 行开始的单元格中，那么引用的就是：[A. XLS]Sheet3! ＄F10。

3. 常用函数

(1) 函数简介

函数是一些预定义的公式，包括函数名和参数。用户把参数传递给函数，函数按特定的指令对参数进行计算，然后把计算的结果返回给用户。

Excel 函数一共有 14 类，分别是财务函数、日期与时间函数、数学与三角函数、统计函数、查询与引用函数、数据库函数、文本函数、逻辑函数、信息函数、工程函数、多维数据集函数、兼容性函数、Web 函数以及用户自定义函数。其中较常用的函数有：SUM、AVERAGE、COUNT、MAX、MIN、IF 及分别表示逻辑与、或、非的 AND、OR、NOT 函数。

① 函数的语法。Excel 函数调用的语法结构包括函数名和参数两部分,其一般形式为:函数名(参数 1,参数 2,……)。

其中函数名说明函数要执行的运算;参数指定函数使用的数值或单元格,参数可以是常数、单元格地址、单元格区域、单元格区域名称或函数等。

② 函数的调用方法。若要在某个单元格中计算 C3:C10 及 D16:D23 区域的和,可以采用如下方法:

方法 1:在公式中直接调用,即直接在单元格中输入公式:"=SUM(C3:C10, D16:D23)"。

方法 2:利用"公式"选项卡下的"插入函数"命令,方法如下:

• 选定单元格,单击单元格编辑栏中的"ƒx"按钮或者"公式"选项卡"函数库"组中的"插入函数"命令,打开如图 4-2-5 所示的对话框,选择需要的函数,单击"确定",打开"函数参数"对话框,如图 4-2-6 所示。

图 4-2-5 "插入函数"对话框

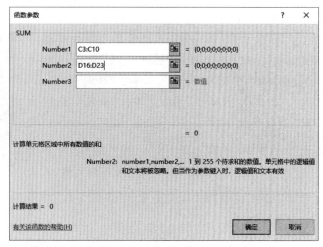

图 4-2-6 "函数参数"对话框

• 单击"函数参数"对话框第一个参数 Number1 右侧的"切换"按钮,此时隐藏"函数参数"对话框的下半部分,鼠标拖选工作表 C3:C10 区域,再次单击"切换"按钮,恢复显示"函数参数"对话框的全部内容。

• 同样的方法,单击第二个参数 Number2 右侧的"切换"按钮,拖选工作表 D16:D23 区域,单击"确定"按钮。此时该单元格显示公式:"=SUM(C3:C10, D16:D23)"。

(2) 常用统计函数

① SUM 函数。SUM 是汇总求和函数,用于计算各参数的累加和,其语法格式为:SUM(Number1, Number2, …)。"Number1, Number2"参数可以是数字、单元格或区域、单元格名称,各参数间用西文逗号","分隔。

② AVERAGE 函数。AVERAGE 是平均值函数,用于计算各参数的平均值,其语法格式为:AVERAGE(Number1, Number2, …)。

③ MAX 函数。MAX 是最大值函数，用于统计各参数中的最大值，其语法格式为：MAX（Number1，Number2，…）。

④ MIN 函数。MIN 是最小值函数，用于统计各参数中的最小值，其语法格式为：MIN（Number1，Number2，…）。

⑤ COUNT 函数。COUNT 是计数函数，用于统计各参数中数值型数据的个数，其语法格式为：COUNT(Value1，Value2，…)。

⑥ RANK 函数。RANK 是排名函数，它返回的是一个数字在一组数据中的位次，其语法格式为：RANK(Number，Ref，Order)。

Number 是需要排位的数字所在的单元格；Ref 为参加排位的范围（因范围固定不变，故采用绝对引用）；Order 如果为 0 或者省略，是降序排列，如果不为 0，则为升序排列。

例 4-11　统计排名

打开"配套资源\第 4 章\L4-11-1. xlsx"文件，依据学生总分统计学生排名，如图 4-2-7 所示。

① 选中 D2 单元格，单击该单元格编辑栏中的"ƒx"按钮，在弹出的"插入函数"对话框中的"搜索函数"中输入"RANK"，单击"转到"按钮。

② 选择"RANK"函数，单击"确定"，在弹出的"函数参数"对话框中，单击第 1 行"Number"文本框右侧的"切换" 按钮，此时隐藏"函数参数"对话框的下半部分，鼠标选中 C2 单元格，再次单击"切换" 按钮，恢复显示"函数参数"对话框的全部内容。

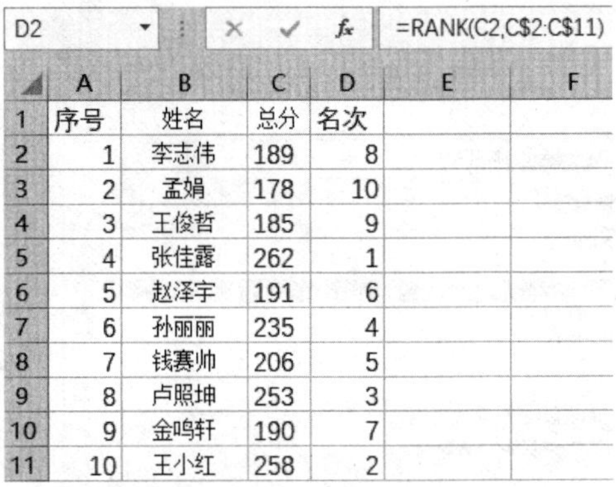

图 4-2-7　按总分排名

③ 单击第 2 行"Ref"文本框右侧的"切换" 按钮，拖选工作表中 C2:C11 区域，再次单击 按钮，恢复显示，此时光标在第 2 行文本框中，按功能键〈F4〉，将该单元格区域转换为绝对地址，如图 4-2-8 所示。

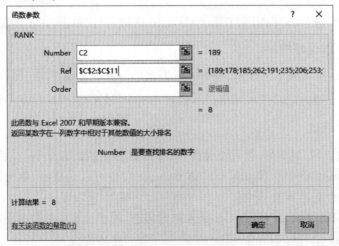

图 4-2-8　"RANK"函数参数对话框

④ 单击"确定"按钮,在此单元格中显示结果,在编辑区域显示公式"＝RANK(C2,C2：C11)"。也可以直接在 D2 单元格中输入"＝RANK(C2,C2：C11)",按回车键确认。

⑤ 选中 D2 单元格,拖曳单元格右下角的自动填充柄向下填充至 D11 单元格,即完成学生名次的统计。

> 提示:若需要升序,在"函数参数"对话框中的第 3 行"Order"文本框中输入 1,或者将公式直接写成"＝RANK(C2,C2：C11,1)"。

⑦ COUNTIF 函数。COUNTIF 是单条件统计函数,用于统计符合条件的数据的个数,其语法格式为:COUNTIF(Range, Criteria)。

Range 指数据区域,Criteria 是计数条件,其形式可以是数字、表达式或文本。

⑧ SUMIF 函数。SUMIF 是条件求和函数,用于统计满足条件的单元数据中的累加和,其语法格式为:SUMIF(Range, Criteria, Sum_range)。

其中 Range 是指条件数据区域,Criteria 是指求和的条件,可以是数字、表达式或者文本,Sum_range 是指用于求和计算的数据区域。在 Range 中查找满足条件的单元格,将满足条件的单元格对应于 Sum_range 中的数据求和。如果省略 Sum_range,则直接对 Range 中的单元格求和。

例 4-12　计算服装汇总数量

打开"配套资源\第 4 章\L4-12-1. xlsx"文件,使用条件求和函数 SUMIF 计算如图 4-2-9 所示的服装汇总数量。

E2			×	✓	f_x	=SUMIF(A2:A13,"服装",B2:B13)	
▲	A	B	C	D	E	F	G
1	产品名称	数量					
2	日用品	125		服装数量	79		
3	食品	230					
4	服装	12					
5	小家电	5					
6	日用品	168					
7	食品	120					
8	服装	35					
9	小家电	8					
10	日用品	235					
11	食品	210					
12	服装	32					
13	小家电	6					

图 4-2-9　汇总求和

① 选中 E2 单元格,单击该单元格编辑栏中的"ƒx"按钮,弹出"插入函数"对话框。

② 在对话框中的"选择函数"列表中选择"SUMIF"函数。

③ 单击"确定"后弹出"函数参数"对话框,单击第 1 行"Range"文本框右侧的"切换" [图标] 按钮,鼠标拖选工作表中的 A2：A13 区域,再次单击"切换" [图标] 按钮,恢复显示"函数参数"对话框的全部内容。

④ 在第 2 行"Criteria"文本框中输入"服装"(只需直接输入服装两字,西文双引号会自动

添加）。

⑤ 在第 3 行"Sum_range"文本框中输入"B2：B13"或者鼠标拖选 B2：B13 区域，如图 4-2-10 所示。

⑥ 单击"确定"按钮，E2 单元格显示服装汇总结果，在其编辑区域显示公式"=SUMIF(A2：A13，"服装"，B2：B13)"。

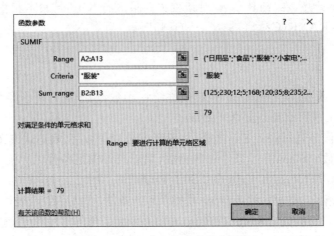

图 4-2-10 "函数参数"对话框

(3) 逻辑函数

① AND 函数。AND 是逻辑"与"函数，当所有参数的逻辑值均为真时返回 TRUE，只要有一个参数的逻辑值为假就返回 FALSE。其语法格式为：AND(Logical1，Logical2，…)。

"Logical1，Logical2"各参数表示的是检测的条件，可以是比较式、数值或逻辑常数（TRUE 或者 FALSE），其结果为 TRUE 或 FALSE。

② OR 函数。OR 是逻辑"或"函数，只要有一个参数的逻辑值为真时就返回 TRUE，只有当所有参数的逻辑值均为假时才返回 FALSE。其语法格式为：OR（Logical1，Logical2，…）。

③ NOT 函数。NOT 是逻辑"反"函数，如果参数逻辑值为 TRUE，其返回值为 FALSE，如果参数值为 FALSE，则其返回值为 TRUE。它的语法格式为：NOT(Logical)。

它只有一个参数 Logical，该参数也是一个逻辑值，可以是比较式、数值。

另外，逻辑函数经常与 IF 函数嵌套使用。

(4) IF 函数

IF 是条件函数，它根据逻辑条件的值，返回不同的结果，其语法格式为：IF(Logical_test，Value_if_true，Value_if_false)。

Logical_test 为逻辑条件，若其值为真，返回 Value_if_true 表达式的值；否则返回 Value_if_false 表达式的值。

例 4-13 判断成绩是否合格

打开"配套资源\第 4 章\L4-13-1. xlsx"文件，判断女大学生 50 m 测试成绩是否合格，

8.9 s 以内为合格,如图 4-2-11 所示。

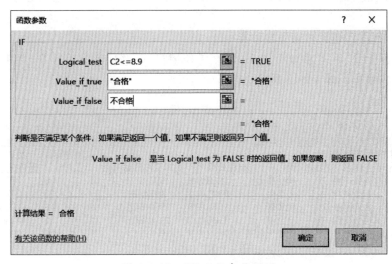

图 4-2-11　统计学生 50 m 跑是否合格

① 选中 D2 单元格,单击该单元格编辑栏中的"*f*x"按钮,弹出"插入函数"对话框。

② 在对话框中的"选择函数"列表中选择"IF"函数。

③ 单击"确定"后弹出"函数参数"对话框,在"Logical_test"文本框中输入"C2≤8.9",在 Value_if_true 文本框中输入"合格",在 Value_if_false 文本框中输入"不合格"(只需直接输入合格、不合格,双引号会自动添加),如图 4-2-12 所示。单击"确定"按钮。

图 4-2-12　IF 函数参数设置

④ 选中 D2 单元格,拖曳单元格右下角的自动填充柄向下填充至 D11 单元格,即完成所有学生的评价计算。

(5) 常用日期及时间函数

① YEAR、MONTH、DAY 函数。YEAR、MONTH、DAY 函数是计算给定日期中的年、月、日的函数,其语法格式为:YEAR(Serial_number),MONTH(Serial_number),DAY(Serial_ number）。

参数 Serial_number 是一个日期值。YEAR 返回某日期的年份，返回值为 1900—9999 之间的整数。MONTH 返回某日期的月份，返回值为 1—12 之间的整数。DAY 返回某日期的天数，返回值为 1—31 之间的整数。

例如："＝YEAR("2018/8/12")"返回值为 2018，"＝MONTH("2018/8/12")"返回值为 8，"＝DAY("2018/8/12")"返回值为 12。

② NOW 函数。NOW（）函数返回当前的时间，例如："＝NOW（）"返回值为"2018/8/12 20：20"。

③ TODAY 函数。TODAY（）函数返回当前的日期，例如："＝TODAY（）"返回值为"2018/8/12"。

④ EDATE 函数。EDATE 函数用于计算某个日期间隔指定月份之后的日期。其语法格式为：EDATE(Start_date, Months)。

Start_date 为指定的日期，Months 是间隔的月份，为正数时返回未来的日期，负数返回过去的日期。例如：某男职工的出生日期为 1967 年 10 月 8 日，60 岁退休，即出生 60×12 个月后退休，通过函数"＝EDATE("1967-10-8",60＊12)"即可计算出该男职工退休的日期。

⑤ DATEDIF 函数。DATEDIF 函数返回某个日期与指定日期之间的天数、月数或者年数，其语法格式为：DATEDIF(Start_date, End_date, Unit)。

DATEDIF 函数中的 Start_date 和 End_date 分别表示起始日期和结束日期，第三个参数 Unit 为"y"，表示返回值为年，如果为"m"，返回值为月份，如果为"d"，返回值为天数。

例 4-14　利用日期及时间函数计算

打开"配套资源\第 4 章\L4-14-1. xlsx"文件，利用函数计算当前日期、职工的年龄、工龄及退休日期，其结果如图 4-2-13 所示。

I3	▼	:	×	✓	*fx*	=EDATE(E3,IF(C3="男",60,55)*12)		
▲	A	B	C	D	E	F	G	H	I
1	某企业职工信息表							当前日期	2018/7/19
2	序号	姓名	性别	部门	出生日期	参加工作日期	年龄	工龄	退休日期
3	1	黄小明	男	网络中心	1963/9/8	1988/6/16	55	30	2023/9/8
4	2	张有尹	女	人事处	1971/2/1	1994/9/1	47	23	2026/2/1
5	3	刘明艳	女	销售部	1965/6/5	1990/6/25	53	28	2020/6/5
6	4	金国鹏	男	企划部	1970/1/3	1994/8/25	48	23	2030/1/3
7	5	王永波	男	行销部	1972/5/6	1996/9/26	46	21	2032/5/6

图 4-2-13　统计结果

① 选中 I1 单元格，在 I1 单元格中输入"＝TODAY（）"，按回车键确认，显示当前的系统日期。

② 选中 G3：H12 区域，右击鼠标，在弹出的快捷菜单中选择"设置单元格格式"命令，在弹出的对话框中选择"数字"选项卡，在"分类"中选择"数值"，小数点位数选择"0"，单击"确定"按钮，将此区域数据类型设置为数值。

③ 选中 I3：I12 区域，右击鼠标，在弹出的快捷菜单中选择"设置单元格格式"命令，将此区域数据类型设置为日期型。

④ 选中 G3 单元格，在 G3 单元格中输入"＝YEAR(NOW())－YEAR(E3)"，按回车键

确认,显示员工的年龄。

> 提示: NOW()函数返回当前的时间,YEAR()函数返回某日期的年份。

⑤ 选中 H3 单元格,在该单元格中输入"＝DATEDIF(F3, TODAY(),"y")",按回车键确认,显示员工的工龄。

> 提示: DATEDIF()函数返回某个日期与指定日期之间的天数、月数或者年数,这里为 F3 单元格内容中的日期与 TODAY()返回的当前日期之间的差,第三个参数为"y",表示返回值为年,如果为"m",返回的是月份,如果为"d",返回的是天数。

⑥ 选中 I3 单元格,在 I3 单元格中输入"＝EDATE(E3, IF(C3="男",60,55) ∗ 12)",按回车键确认,显示员工的退休日期。

> 提示: 本例中嵌套了一个"IF(C3="男",60,55)"函数,如果为男职工,60 岁退休,如果为女职工,55 岁退休。

⑦ 选中 G3:I3 单元格,拖曳单元格右下角的自动填充柄向下填充至 I12 单元格,即计算出该公司所有职工的年龄、工龄及退休日期。

⑧ 单击"快速访问工具栏"中的"保存"按钮保存文档。注:由于系统当前日期不同,统计结果可能与样张不同。

(6) 函数嵌套

函数嵌套是指一个函数可以作为另一函数的参数使用。例如公式:

$$=IF(AND(B3>=9.9, B3<=10.1),"合格","不合格")$$

其中 IF 为一级函数,AND 为二级函数。先执行内嵌的 AND 函数,再执行 IF 函数,即 B3 单元格的值在 9.9 与 10.1 之间,产品质量合格,否则不合格。

AND 函数作为 IF 函数的参数,它返回的数值类型必须与 IF 参数使用的数值类型相同。

4. 综合案例

例 4-15　工作表的管理

打开"配套资源\第 4 章\L4-15-1. xlsx"文件,在工作表中输入序号及学号(如图 4-2-14 所示),并将工作表改名为"初始数据表"。复制"初始数据表"工作表,并将复制的新工作表重新命名为"复制数据表",工作表的标签颜色改为"绿色",同名保存文件。

(1) 输入序号及学号

① 在 A 列输入序号。当要输入序号这种连续编号或者等差、等比性质的数据时,可以在

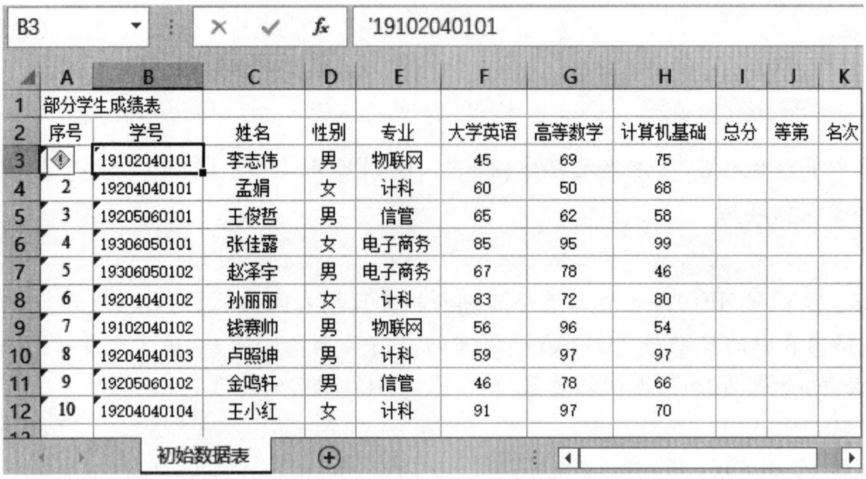

图 4-2-14　初始数据表

A3、A4 单元格分别输入 1 和 2，同时选中 A3、A4 单元格，然后把鼠标移到 A4 右下角的填充柄上，直到出现一个黑色"十"字形指针，按下鼠标左键向下填充。

② 在 B 列输入学号。当要输入学号这种数值型的字符串时，需要在输入数据的前面加西文单引号"'"。

(2) 重命名工作表

右击左下角的 Sheet1 标签，在快捷菜单中选择"重命名"命令，在工作表标签处输入"初始数据表"。

(3) 复制工作表并修改工作表标签颜色

① 右击左下角的"初始数据表"标签，在快捷菜单中选择"移动或复制"命令，在弹出的对话框中勾选"建立副本"复选框，在"下列选定工作表之前"选择"(移至最后)"，单击"确定"，复制此工作表。

> 提示：复制工作表的另一种方法是，先选择需复制的工作表，按住〈Ctrl〉键，鼠标拖曳其左下角的工作表标签至指定位置即可。

② 在复制后，原来的工作表后出现了"初始数据表(2)"工作表，双击该工作表标签，重新输入"复制数据表"工作表表名，按回车键确认。

③ 右击"复制数据表"标签，在弹出的快捷菜单中选择"工作表标签颜色"中的"绿色"。

④ 单击"快速访问工具栏"中的"保存"按钮保存文档。

例 4-16　单元格数据的编辑

(1) 插入和隐藏列

在"复制数据表"工作表中的"大学英语"列前插入"学院"列，并输入自定的内容，然后将"学院"列隐藏。

① 打开例 4-15 编辑后的"L4-15-1.xlsx"文件，选中"复制数据表"工作表的 F 列，鼠标右

击该区域,在弹出的快捷菜单中选择"插入"命令,即在"大学英语"列前插入一列。在 F2 单元格输入"学院",在 F3:F12 单元格输入自定的学生所在学院名称。

② 选中新的 F 列,鼠标右击该区域,在弹出的快捷菜单中选择"隐藏"命令。

(2) 定义名称并添加批注

将"复制数据表"工作表中的成绩区域定义为"XSCJ";为"I6"单元格添加批注"最高分",同名保存文件。

① 选中"复制数据表"工作表中的 G3:I12 区域,右击该区域,在弹出的快捷菜单中选择"定义名称"命令,并在"新建名称"对话框中的"名称"文本框中输入"XSCJ"。

② 鼠标右击 I6 单元格,在弹出的快捷菜单中选择"插入批注"命令,在文本框中输入"最高分";将鼠标移至 I6 单元格,显示批注,鼠标离开此单元格则隐藏批注。

③ 单击"快速访问工具栏"中的"保存"按钮保存文档。

例 4-17　公式、函数的应用

打开例 4-16 编辑后的"L4-15-1.xlsx"文件,切换至"初始数据表"工作表,按下列要求操作,最终结果可参见图 4-2-15 所示,同名保存文件。

	K3		× ✓ f_x	=RANK(I3,I$3:I$12)						
▲	A	B	C	D	E	F	G	H	I	J	K
1	部分学生成绩表										
2	序号	学号	姓名	性别	专业	大学英语	高等数学	计算机基础	总分	等第	名次
3	1	19102040101	李志伟	男	物联网	45	69	75	189	一般	8
4	2	19204040101	孟娟	女	计科	60	50	68	178	一般	10
5	3	19205060101	王俊哲	男	信管	65	62	58	185	一般	9
6	4	19306050101	张佳露	女	电子商务	85	95	99	279	优秀	1
7	5	19306050102	赵泽宇	男	电子商务	67	78	46	191	一般	6
8	6	19204040102	孙丽丽	女	计科	83	72	80	235	一般	4
9	7	19102040102	钱赛帅	男	物联网	56	96	54	206	一般	5
10	8	19204040103	卢照坤	男	计科	59	97	97	253	良好	3
11	9	19205060102	金鸣轩	男	信管	46	78	66	190	一般	7
12	10	19204040104	王小红	女	计科	91	97	70	258	良好	2
13											
14			学生人数			10					
15			平均分			65.7	79.4	71.3			
16			最高分			91	97	99			
17			最低分			45	50	46			
18			不及格人数			4	1	3			

图 4-2-15　学生成绩统计样张

(1) 利用常用函数计算和统计学生的总分、学生人数,以及各科目的平均分、最高分、最低分

① 选中 I3 单元格,选择"开始"选项卡中的"编辑"组,单击"自动求和"下拉列表中的"求和",此时在 I3 单元格中会显示"=SUM(F3:H3)",按回车键即求出第一个学生李志伟的总分。选中 I3 单元格,拖曳单元格右下角的自动填充柄向下填充至 I12 单元格,即完成学生总分统计。

② 同理,选中 F14 单元格,选择"自动求和"下拉列表中的"计数",鼠标拖选 F3:F12 区域,以更改系统默认的选择范围,此时在 F14 单元格中显示"=COUNT(F3:F12)",按回车键即求出学生人数。

> 提示：COUNT 函数仅用于统计数值型数据的个数；也可以先将 F3：F12 区域命名为"YYCJ"，直接在 F14 单元格中输入"＝COUNT（YYCJ）"求出学生人数。

③ 选中 F15 单元格，选择"自动求和"下拉列表中的"平均值"，鼠标拖选 F3：F12 区域，在 F15 单元格中显示"＝AVERAGE（F3：F12）"，按回车键即求出大学英语课程的平均分。

④ 选中 F16 单元格，选择"自动求和"下拉列表中的"最大值"，鼠标拖选 F3：F12 区域，在 F16 单元格中显示"＝MAX（F3：F12）"，按回车键即求出大学英语课程的最高分。

⑤ 选中 F17 单元格，选择"自动求和"下拉列表中的"最小值"，鼠标拖选 F3：F12 区域，在 F17 单元格中显示"＝MIN（F3：F12）"，按回车键即求出大学英语课程的最低分。

⑥ 同时选中 F15、F16、F17 单元格，拖曳单元格右下角的自动填充柄向右填充至 H17 单元格，即完成各科目的平均值、最高分、最低分的统计。

（2）利用统计函数计算学生的不及格人数及学生排名

① 选中 F18 单元格，选择"自动求和"下拉列表中的"其他函数"，在弹出的对话框中选择"或选择类别"下拉菜单中的"统计"，在"选择函数"中选择"COUNTIF"，单击"确定"按钮。在弹出的对话框中，单击 Range 右侧的 ▦ 按钮，选择 F3：F12 区域后按回车键确认，然后在 Criteria 文本框中输入"＜60"，如图 4-2-16 所示。此时在 F18 单元格中显示"＝COUNTIF（F3：F12,"＜60"）"，按"确认"按钮完成英语科目不及格人数的统计。

> 提示：COUNTIF 函数是条件统计函数，第一个参数 Range 是统计数据所在的单元格区域，第二个参数 Criteria 是统计的条件，仅对符合该条件的单元格进行计数；也可以直接在 F18 单元格中输入"＝COUNTIF（F3：F12,"＜60"）"，注意两个参数之间一定要用西文 ","分隔。

图 4-2-16　COUNTIF 函数对话框

② 选中 F18 单元格,拖曳单元格右下角的自动填充柄向右填充至 H18 单元格,即完成学生各科考试不及格人数的统计。

③ 参照例 4-11 完成依据学生总分统计学生排名的操作,或直接选中 K3 单元格,在此单元格中输入"＝RANK(I3,＄I＄3:＄I＄12)",按回车键确认。

> 提示: RANK 函数返回的是一个数字在一组数据中的位次,第一个参数 I3 为需要排位的数字所在单元格,第二个参数为参加排位的范围。因范围固定不变,故采用绝对引用。

④ 选中 K3 单元格,拖曳单元格右下角的自动填充柄向下填充至 K12 单元格,即完成学生名次的统计。

(3) 利用函数嵌套计算学生成绩等第

统计规则为:总分大于等于 270 分为优秀,小于 270 分且大于等于 240 分为良好,小于 240 分为一般。

① 选中 J3 单元格,选择"自动求和"下拉列表中的"其他函数",弹出"插入函数"对话框,选择"IF"函数,单击"确定"按钮。在弹出的"IF"函数的"函数参数"对话框中,将光标定位在第 1 行"Logical_test"文本框中,并先用鼠标选定 I3 单元格,再输入"＞＝270"。

> 提示: 输入的"＞＝"符号应为西文字符输入法下输入的符号。

② 按〈Tab〉键,将光标切换到第 2 行"Value_if_true"文本框中,输入文字"优秀",如图 4-2-17 所示。

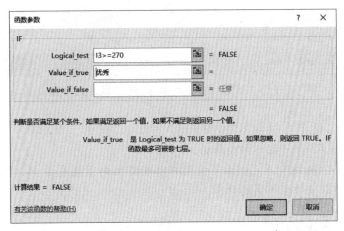

图 4-2-17　"IF"函数"函数参数"对话框 1 的参数设置

③ 再次按〈Tab〉键,将光标切换到第 3 行"Value_if_false"文本框中,此时"优秀"两字被自动加上了一对西文字符的引号。当光标在第 3 行文本框时,打开工作表的名称框下拉列表,如图 4-2-18 所示。

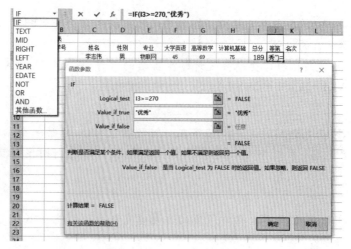

图 4-2-18　嵌套"IF"函数

④ 选择左上角的"IF"函数，弹出新的"函数参数"对话框，在第 1 行"Logical_test"文本框中设置"I3＞＝240"，在第 2 行"Value_if_true"文本框中输入文字"良好"，在第 3 行"Value_if_false"文本框中设置"一般"，如图 4-2-19 所示。

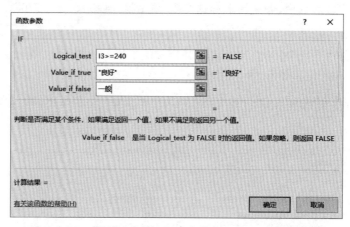

图 4-2-19　"IF"函数"函数参数"对话框 2 的参数设置

也可在 J3 单元格中直接输入"＝IF(I3＞＝270,"优秀",IF(I3＞＝240,"良好","一般"))"，按回车键确认，即可显示该生等第。

⑤ 选中 J3 单元格，拖曳单元格右下角的自动填充柄向下填充至 J12 单元格，即可完成利用函数嵌套功能对每个学生等第的计算。

例 4-18　工作表格式化

打开例 4-17 编辑后的"L4-15-1.xlsx"文件，切换至"复制数据表"工作表，按下列要求操作，最终结果如图 4-2-20 所示，同名保存文件。

(1) 设置标题及数据的格式

将"复制数据表"的标题文字设置为幼圆、20 磅、粗体，并在 A1:L1 区域中跨列居中；单元格填充背景色为浅绿，图案样式为 25% 灰色；除标题外所有数据居中对齐；将各列宽调整为最

序号	学号	姓名	性别	专业	大学英语	高等数学	计算机基础	总分	等第	名次	
							部分学生成绩表				
1	19102040101	李志伟	男	物联网	▼ 45	69	75	189	一般	8	
2	19204040101	孟娟	女	计科	▼ 60	▼ 50	68	178	一般	10	最高分
3	19205060101	王俊哲	男	信管	65	62	▼ 58	185	一般	9	
4	19306050101	张佳露	女	电子商务	▲ 85	▲ 95	▲ 99	279	优秀	1	
5	19306050102	赵泽宇	男	电子商务	67	78	46	191	一般	7	
6	19204040102	孙丽丽	女	计科	▲ 83	72	80	235	一般	4	
7	19102040102	钱赛帅	男	物联网	▼ 56	▲ 96	54	206	一般	5	
8	19204040103	卢照坤	男	计科	▼ 59	▲ 97	▲ 97	253	良好	3	
9	19205060102	金鸣轩	男	信管	▼ 46	78	66	190	一般	6	
10	19204040104	王小红	女	计科	91	▲ 97	70	258	良好	2	

图 4-2-20　工作表格式化样张

适合的宽度。

① 选中 A1 单元格,单击"开始"选项卡中的"字体"组,在"字体"下拉列表中选择"幼圆",在"字号"下拉列表中选择"20",选中"加粗"按钮。

② 取消 F 列的隐藏:选中 A1:L1 区域,右击鼠标,在弹出的快捷菜单中选择"设置单元格格式"命令,在弹出的对话框中选择"对齐"选项卡,在"水平对齐"下拉列表中选择"跨列居中"。

③ 切换到"填充"选项卡,在背景色中选择"浅绿",图案样式选择"25％灰色",单击"确定"按钮。

④ 选中 A2:L12 区域,单击"开始"选项卡"对齐方式"组中的"居中"按钮。

⑤ 选取 A 列至 L 列,选择"开始"选项卡中的"单元格"组,单击"格式"下拉列表中的"自动调整列宽"命令。再次将"学院"所在列(F 列)隐藏。

(2) 设置表格边框和条件格式

设置"复制数据表"表格的边框线,外框为粗线,内框为虚线;用条件格式将学生各科成绩设置为"图标集"中的"3 个三角形"。

① 选中 A1:L12 区域,右击鼠标,在弹出的快捷菜单中选择"设置单元格格式"命令,在弹出的对话框中选择"边框"选项卡,先选择粗线,单击"外边框",再选择"虚线",单击"内部",单击"确定"按钮。

② 选中 G3:I12 区域,选择"开始"选项卡中的"样式"组,单击"条件格式"下拉列表中的"图标集"中的"3 个三角形"选项。

(3) 设置批注格式

将 I6 单元格的批注格式设置成红色、隶书、12 磅的文字,文字在批注框中水平、垂直居中对齐,批注框的背景色为象牙色。

① 鼠标右击 I6 单元格,在弹出的快捷菜单中选择"显示/隐藏批注"显示批注。选中批注框,右击鼠标,在弹出的快捷菜单中选择"设置批注格式",在弹出的对话框中将"字体"选项卡中的相关参数设置为红色、楷体、12 磅。

② 选择"对齐"选项卡,将"文本对齐方式"分别设置为水平居中、垂直居中。

③ 在"颜色与线条"选项卡中,将"填充"设置为"象牙色",单击"确定"按钮。

(4) 套用表格格式

新建一个工作表 Sheet1,将"复制数据表"中的数据(不包含格式)复制到 Sheet1 工作表中,然后套用表格格式中的"浅色区"的"表样式浅色 18",并转换到普通区域。

① 单击工作表标签右侧的"＋"号按钮,新建工作表 Sheet1。

② 选择"复制数据表"中的 A1:L12 区域,右击鼠标,在快捷菜单中选择"复制",再切换至

Sheet1 工作表，鼠标右击该工作表的 A1 单元格，在快捷菜单中选择"粘贴选项"中的"值"。

③ 选中 Sheet1 工作表中的 A2：L12 区域，选择"开始"选项卡中的"样式"组，单击"套用表格格式"下拉列表"浅色"区中的"表样式浅色 18"，在弹出的"套用表格式"对话框中选择默认项，单击"确定"按钮，这时所有列的右侧都有下三角按钮。

④ 光标停在已经套用表格格式的区域中，单击"表格工具/设计"选项卡"工具"组中的"转换为区域"按钮，在弹出的对话框中单击"是"按钮，将表格转换到普通区域。

⑤ 单击"快速访问工具栏"中的"保存"按钮保存文档。

例 4-19　快速填充

打开"配套资源\第 4 章\L4-19-1.xlsx"文件，试用快速填充的方法从 A 列中提取员工的姓名及工号，同名保存文件。

① 选中 B2 单元格，输入姓名"黄小明"。

② 选中 B3 单元格，输入"高"，此时自动显示快速填充结果（如图 4-2-21 所示），按回车键确认，完成姓名列的快速填充。

	A	B	C
1	员工姓名	姓名	工号
2	黄小明20191231	黄小明	
3	高有尹20193733	高有尹	
4	苏明艳20191233	苏明艳	
5	党国鹏20194577	党国鹏	
6	白水波20190001	白水波	
7	黄天洛20198065	黄天洛	
8	张天和20198761	张天和	
9	张小雨20191232	张小雨	

图 4-2-21　姓名列快速填充结果

③ 选中 C2 单元格，输入黄小明的工号"20191231"。

④ 选中 C3 单元格，输入工号的第 1 个数字"2"，此时自动显示工号的快速填充结果（如图 4-2-22 所示），按回车键确认。

	A	B	C
1	员工姓名	姓名	工号
2	黄小明20191231	黄小明	20191231
3	高有尹20193733	高有尹	20193733
4	苏明艳20191233	苏明艳	20191233
5	党国鹏20194577	党国鹏	20194577
6	白水波20190001	白水波	20190001
7	黄天洛20198065	黄天洛	20198065
8	张天和20198761	张天和	20198761
9	张小雨20191232	张小雨	20191232

图 4-2-22　工号列快速填充结果

⑤ 单击"快速访问工具栏"中的"保存"按钮保存文档。

例 4-20　页面设置

打开"配套资源\第 4 章\L4-15-1. xlsx",将工作表设置为页面水平放置;在页眉输入"部分学生成绩表",在页脚输入打印日期,同名保存文件。

① 选择"页面布局"选项卡,单击"页面设置"组中的对话框启动器,弹出"页面设置"对话框,选择"页边距"选项卡,勾选居中方式中的"水平"复选框。

② 选择"页眉/页脚"选项卡,单击"自定义页眉"按钮,在"页眉"对话框中的中部文本框输入"部分学生成绩表",单击"确定"按钮。

③ 单击"自定义页脚"按钮,光标停在"页脚"对话框中的中部文本框里,单击该对话框中第 4 个"插入日期"按钮即可,单击"确定"按钮。

④ 单击"快速访问工具栏"中的"保存"按钮保存文档。

4.2.3　数据管理技术

在大数据时代,仅仅获取和占有数据是远远不够的,只有通过对数据的分析与处理才能获取更多智能的、深入的、有价值的信息。常用的数据分析与处理方法包括对数据管理与数据挖掘的分析,例如数据的排序、筛选、汇总和透视表等;利用图表直观地呈现数据特点,以进行可视化分析,如柱形图、直方图等;还有统计与预测分析,如相关性分析、回归分析、方差分析等。

1. 数据的排序方法

为了便于查看、分析电子表格数据,用户需要对数据进行排序。Excel 软件提供了简单排序、复杂排序和自定义排序等多种排序方法。

(1) 简单排序

根据数据表中的某一字段进行单一排序,排序的顺序按照单元格内的数值或者字符串大小。排序前,将光标选中要进行排序的列的任意一个单元格,选择"开始"选项卡中的"编辑"命令组,单击"排序和筛选"按钮,在下拉列表中有"升序"、"降序"和"自定义排序"三个选项。在"数据"选项卡中也有"排序和筛选"命令组,点击"排序"按钮,在弹出的"排序"对话框中进行排序项目的设置。

(2) 复杂排序

同时对两列或两列以上的数据进行排序称为复杂排序。进行复杂排序的关键是不仅要设置"主要关键字"的排序依据和次序,还要单击"添加条件"按钮,增加设置"次要关键字"的排序依据和次序。排序结果就是数据先根据主要关键字排序,当主要关键字相同时,再根据次要关键字排序,以此类推。

(3) 自定义排序

当简单排序和复杂排序都不能满足排序要求时,用户可以自定义排序。在以上出现的"排序"对话框中的"次序"选项中选择"自定义序列"即可进行相关操作。

例 4-21 数据排序

打开"配套资源\第 4 章\L4-21-1. xlsx"文件，将数据按销售部、市场部和研发部次序进行排序，对同一部门按职位从高到低排序，结果如图 4-2-23 所示。

某公司部分职工工资表

序号	工号	部门	姓名	性别	职位	基本工资	岗位工资	绩效工资	扣款	应发工资
2	200001	销售部	苏嘉宁	男	部门经理	7800	5000	4500	2400	14900
17	200002	销售部	刘美玲	女	项目经理	6000	3500	4200	1800	11900
3	200108	销售部	李妍婷	女	职员	4800	1800	1500	1300	6800
9	200106	销售部	张平安	男	职员	4600	1500	700	900	5900
10	200102	销售部	刘志敏	女	职员	4700	1500	1700	1050	6850
12	200101	销售部	王天赐	男	职员	4800	1000	800	950	5650
18	200128	销售部	张洋	男	职员	4300	1000	500	400	5400
6	100001	市场部	孙丽萍	女	部门经理	7500	5000	3700	2320	13880
20	100002	市场部	刘伟宏	男	项目经理	6500	3500	2500	2100	10400
5	100105	市场部	王海	男	职员	4500	1500	1500	1200	6300
15	100117	市场部	林玲玲	女	职员	4500	1500	1500	950	6550
16	100111	市场部	王伟	男	职员	4400	1000	1000	750	5650
1	300001	研发部	王俊波	男	部门经理	8000	5000	2500	2500	13000
4	300002	研发部	李述	男	项目经理	7500	4000	1000	1350	11150
11	300003	研发部	王丽华	女	项目经理	6700	4000	1500	1100	11100
14	300004	研发部	朱佳英	女	项目经理	5600	4000	1500	1300	9800
7	300121	研发部	何霞	女	职员	4800	2000	2000	930	7870
8	300122	研发部	吴小娟	女	职员	5600	1500	1500	950	7650
13	300111	研发部	刘志祥	男	职员	5400	1500	1000	700	7200
19	300124	研发部	王丽平	女	职员	4700	1000	1500	200	7000

图 4-2-23　排序结果

① 将光标放至数据区域，选择"数据"选项卡中的"排序和筛选"组，单击"排序"按钮，弹出"排序"对话框。

② 在主要关键字中选择"部门"，在"次序"中选择"自定义序列"，在弹出的对话框中输入"销售部、市场部、研发部"，点击"确认"按钮。

③ 点击"添加条件"按钮，在次要关键字中选择"职位"，在"次序"中选择"升序"命令（如图 4-2-24 所示），单击"确定"按钮。注：部门经理、项目经理、职员按升序排的时候，职位是从高到低。

图 4-2-24　自定义序列排序

2. 数据的筛选方法

筛选就是从数据列表中显示满足符合条件的数据，不符合条件的其他数据则隐藏起来。筛选有自动筛选和高级筛选。

(1) 自动筛选

选择数据区域中的任一单元格,选择"数据"选项卡中的"排序和筛选"组,单击"筛选"按钮,数据列表中的每一个字段旁会出现一个小箭头,表明数据列表具有了筛选功能,再次单击"筛选"按钮则会取消筛选功能。选择要筛选的字段旁的下拉按钮,根据列中数据类型,在弹出的列表中可以选择"数字筛选"或"文本筛选"选项,以进行指定内容的筛选;或者利用搜索查找筛选功能,在搜索框中输入内容,然后根据指定的内容筛选出结果。

例 4-22 筛选数据

打开"配套资源\第 4 章\L4-22-1. xlsx"文件,筛选出研发部应发工资"≥9800"和"<7200"(元)的人员数据,结果如图 4-2-25 所示。

某公司部分职工工资表

序号	工号	部门	姓名	性别	职位	基本工资	岗位工资	绩效工资	扣款	应发工资
1	300001	研发部	王俊波	男	部门经理	8000	5000	2500	2500	13000
4	300002	研发部	李述	男	项目经理	7500	4000	1000	1350	11150
11	300003	研发部	王丽华	女	项目经理	6700	4000	1500	1100	11100
14	300004	研发部	朱佳英	女	项目经理	5600	4000	1500	1300	9800
19	300124	研发部	王丽平	女	职员	4700	1000	1500	200	7000

图 4-2-25 自定义筛选结果

① 选择数据区域中的任意一个单元格,选择"数据"选项卡中的"排序和筛选"组,单击"筛选"按钮。

② 在"部门"字段的下拉列表中选择"研发部"。

③ 在"应发工资"字段的下拉列表中,选择"数字筛选"中的"介于"命令,弹出"自定义自动筛选方式"对话框。

④ 在对话框中,设置"应发工资"大于或等于 9800,或者小于 7200,如图 4-2-26 所示,单击"确定"按钮完成筛选。

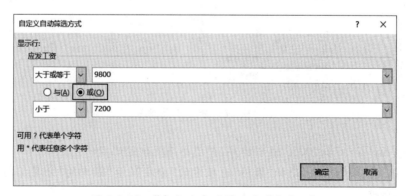

图 4-2-26 "自定义自动筛选方式"对话框

(2) 高级筛选

对于筛选条件更为复杂的筛选,则需要用到高级筛选。使用高级筛选时,应选定一个区域作为条件区域,然后在条件区域分行输入要筛选的多个条件,处于同一行的筛选条件是"与"的关系,不在同一行的相互之间是"或"的关系,选择"数据/排序和筛选/高级"按钮,在弹出的"高级筛选"对话框中,可以选中"列表区域",即需要高级筛选的数据区域,选择筛选设定的"条件区域"和指定高级筛选结果显示的起始区域。

3. 数据的分类汇总方法

分类汇总是指依据列表中的某一类字段进行的汇总。汇总时可以根据需要选择汇总方式(如求和、计数、平均值等)。在创建分类汇总前,必须根据分类字段对数据列表进行排序,让同类字段集中显示在一起,然后再进行分类汇总。对数据进行汇总后,会将该类字段组合为一组,同时在屏幕左边自动显示一些分级显示符号("＋"或"－"),单击这些符号可以显示或隐藏对应层上的明细数据。在已经建立好的分类汇总列表的基础上,还可以继续增加其他字段的分类汇总,这便是"嵌套"。要实现"嵌套"分类汇总,只要在新创建分类汇总时,勾选另外需要汇总的选项,同时特别注意取消"分类汇总"对话框中的"替换当前分类汇总"选项。如果要删除已建立的分类汇总,单击"分类汇总"对话框中的"全部删除"按钮即可。

例 4-23 分类汇总

打开"配套资源\第 4 章\L4-23-1.xlsx"文件,按"部门"分类汇总"应发工资"的总和,再统计各部门职位人数,其结果如图 4-2-27 所示。

序号	工号	部门	姓名	性别	职位	基本工资	岗位工资	绩效工资	扣款	应发工资
			某公司部分职工工资表							
2	200001	销售部	苏嘉宁	男	部门经理	7800	5000	4500	2400	14900
		销售部			部门经理 计数	1				
17	200002	销售部	刘美玲	女	项目经理	6000	3500	4200	1800	11900
		销售部			项目经理 计数	1				
3	200108	销售部	李妍婷	女	职员	4800	1800	1500	1300	6800
9	200106	销售部	张平安	男	职员	4600	1500	700	900	5900
10	200102	销售部	刘志敏	女	职员	4700	1500	1700	1050	6850
12	200101	销售部	王天赐	男	职员	4800	1000	800	950	5650
18	200128	销售部	张洋	男	职员	4300	1000	500	400	5400
					职员 计数	5				
		销售部 汇总								57400
					部门经理 计数	1				
					项目经理 计数	1				
					职员 计数	3				
		市场部 汇总								42780
					部门经理 计数	1				
					项目经理 计数	3				
7	300121	研发部	何霞	女	职员	4800	2000	2000	930	7870
8	300122	研发部	吴小娟	女	职员	5600	1500	1500	950	7650
13	300111	研发部	刘志祥	男	职员	5400	1500	1000	700	7200
19	300124	研发部	王丽平	女	职员	4700	1000	1500	200	7000
					职员 计数	4				
		研发部 汇总								74770
					总计数	20				
		总计								174950

图 4-2-27 分类汇总结果

① 必须先按"部门"和"职位"进行排序(若已排序就跳过此操作)。

② 将光标放至数据区域,选择"数据"选项卡的"分级显示"组中的"分类汇总"按钮,弹出"分类汇总"对话框。

③ 在对话框中,选择"分类字段"为"部门","汇总方式"为"求和","选定汇总项"中勾选"应发工资",其他默认,如图 4-2-28(a)所示,单击"确定"按钮。

④ 将光标放至数据区域,再次点击"分类汇总"按钮,在弹出的"分类汇总"对话框中,将"分类字段"选择为"职位","汇总方式"选择为"计数","选定汇总项"中勾选"职位",取消默认的"替换当前分类汇总"选项,如图 4-2-28(b)所示,单击"确定"按钮,完成分类汇总。

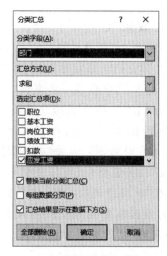

（a）按部门分类汇总　　　　　　（b）按职位分类汇总

图 4-2-28　分类汇总对话框设置

⑤ 单击左侧分级显示符中的"＋"、"—"按钮，显示/隐藏研发部和市场部的明细数据。

4. 数据透视表的制作方法

数据透视表是一种对大量数据进行快速汇总和建立交叉列表的交互式表格，它不仅可以通过转换行和列来查看源数据的不同汇总结果，也可以显示不同页面已筛选的数据，还可以根据需要显示区域中的细节数据。

例 4-24　利用数据透视表汇总数据

打开"配套资源\第 4 章\L4-24-1.xlsx"文件，利用数据透视表，汇总出各职位男女员工应发工资的总和与绩效工资平均值，其结果如图 4-2-29 所示。

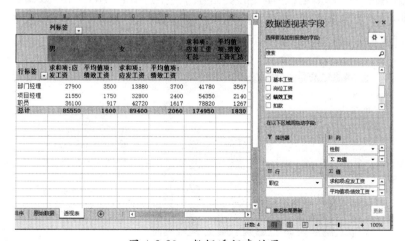

图 4-2-29　数据透视表结果

① 将光标停在数据表中的任一单元格内。

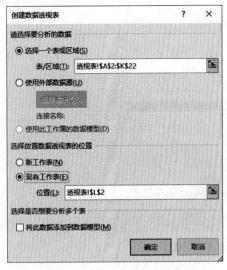

图 4-2-30　"创建数据透视表"对话框

② 选择"插入"选项卡的"表格"组中的"数据透视表"按钮，弹出"创建数据透视表"对话框。

③ 在弹出的对话框中，在"表/区域"文本框中选择要分析的单元格区域 A2：K22，在"选择放置数据透视表的位置"选项中选择放置数据透视表的位置，可以放置到新工作表中，也可以放置在现有工作表中，如图 4-2-30 所示。单击"确定"按钮，出现"数据透视表字段"任务窗格和"数据透视表工具"选项卡。

④ 在"数据透视表字段"任务窗格中设置需要的选项。例如直接拖曳"职位"字段到"数据透视表字段"任务窗格的"行标签"处；将"性别"字段拖曳到"列标签"处。

⑤ 将"应发工资"字段拖曳到"数据透视表字段"任务窗格的"数值"处。拖曳的数据项默认为"求和项"，同样将"绩效工资"字段拖曳到"数值"处，点击"绩效工资"字段右侧下拉箭头，在弹出的快捷菜单中选择"值字段设置"命令，在弹出的"值字段设置"对话框中，选择"计算类型"中的"平均值"。

⑥ 设置单元格格式为平均值不保留小数，自动换行，适当调整列宽，完成透视表操作。

*5. 数据透视图的制作方法

数据透视表虽然已能较全面地显示数据信息，但有时为了能让用户更直观地了解数据信息，还可以通过数据透视图来表示。数据透视图是针对数据透视表显示的汇总数据而实行的一种图解表示方法。数据透视图是基于数据透视表的，不能在没有数据透视表的情况下只创建一个数据透视图。

创建数据透视图的方法是：选择"插入"选项卡中的"图表"组，单击"数据透视图"下拉按钮，在列表中选择"数据透视图"选项，在弹出的"创建数据透视图"对话框中设置，这和创建数据透视表的过程相似，如图 4-2-31 所示。Excel 的图表特性大多数都能应用到数据透视图中。

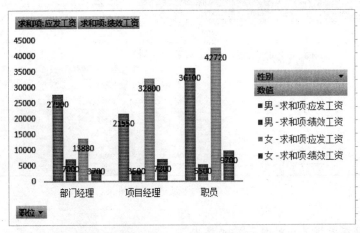

图 4-2-31　数据透视图

6. 综合案例

例 4-25　数据的管理

(1) 数据的排序

打开"配套资源\第 4 章\L4-25-1.xlsx",先用公式计算员工的应发工资,再按部门升序排列,同一部门按性别升序排列,再按应发工资降序排列,其结果如图 4-2-32 所示。

例 4-25 微课视频

	A	B	C	D	E	F	G
1	部分员工工资一览表						
2	部门	姓名	性别	主管地区	基本工资	岗位津贴	应发工资
3	采购部	于佳伟	男	华南	4950	3640	8590
4	采购部	黄毅	男	华东	4654	3670	8324
5	采购部	徐丽艳	女	华南	4942	3740	8682
6	采购部	董丽娟	女	华中	4885	3640	8525
7	售后服务	孟伟	男	华南	4740	3700	8440
8	售后服务	唐思雨	女	华东	4923	3740	8663
9	售后服务	赵昕	女	华东	4959	3700	8659
10	售后服务	马芷薇	女	华北	4809	3700	8509
11	维修部	赵林	男	华中	4852	3670	8522
12	维修部	张贵山	男	华北	4774	3700	8474
13	维修部	曹红梅	女	华北	4720	3740	8460
14	销售部	王小明	男	华南	4891	3670	8561
15	销售部	李小娜	女	华南	4620	3740	8360
16	销售部	李敏	女	华东	4642	3700	8342

图 4-2-32　排序结果样张

① 选中 G3 单元格,选择"开始"选项卡中的"编辑"组,单击"自动求和"下拉列表中的"求和",在 G3 单元格中显示"＝SUM(E3:F3)",按回车键即求出员工的应发工资。运用自动填充工具求出其他员工的应发工资。

② 选中 A2:G16 区域,选择"开始"选项卡中的"编辑"组,单击"排序和筛选"下拉列表中的"自定义排序"命令,弹出"排序"对话框。

③ 在弹出的"排序"对话框中,单击"主要关键字"下拉列表中的"部门","排序依据"选择"数值","次序"选择"升序"。

④ 单击"添加条件"按钮,添加次要关键字"性别",升序排列。

⑤ 再次单击"添加条件"按钮,添加次要关键字"应发工资",降序排列,如图 4-2-33 所示,单击"确定"按钮。

图 4-2-33　"排序"对话框

(2) 数据的筛选

复制 Sheet1 工作表，将复制的新工作表重新命名为"筛选"，在当前工作表中筛选出采购部和维修部中应发工资高于平均值的员工，结果如图 4-2-34 所示。

	A	B	C	D	E	F	G
1	部分员工工资一览表						
2	部门	姓名	性别	主管地区	基本工资	岗位津贴	应发工资
3	采购部	于佳伟	男	华南	4950	3640	8590
5	采购部	徐丽艳	女	华南	4942	3740	8682
6	采购部	董丽娟	女	华中	4885	3640	8525
11	维修部	赵林	男	华中	4852	3670	8522

图 4-2-34　筛选结果样张

① 按住〈Ctrl〉键，鼠标拖曳 Sheet1 工作表至最后，在原来的工作表后出现"Sheet1(2)"工作表，双击该工作表标签，重新输入"筛选"工作表名称，按回车键确认。

② 将光标停在"筛选"工作表的第 2 行任意单元格中，选择"开始"选项卡中的"编辑"组，单击"排序和筛选"下拉列表中的"筛选"命令，此时在本行单元格的右侧均显示有向下的箭头。

③ 单击"部门"右侧的下拉列表，在弹出的列表中选择"采购部"和"维修部"。

④ 单击"应发工资"右侧下拉列表"数字筛选"中的"高于平均值"命令，即可筛选出应发工资高于平均值的员工。

*(3) 数据的高级筛选

复制"筛选"工作表，将复制的新工作表重命名为"高级筛选"，筛选出所有"采购部"员工和"女性"的应发工资大于 8500 元的员工信息，筛选结果另外放在 J6 起始的单元格，如图 4-2-35 所示。

	J	K	L	M	N	O	P
2	部门	性别	应发工资				
3	采购部						
4		女	>8500				
5							
6	部门	姓名	性别	主管地区	基本工资	岗位津贴	应发工资
7	采购部	于佳伟	男	华南	4950	3640	8590
8	采购部	黄毅	男	华东	4654	3670	8324
9	采购部	徐丽艳	女	华南	4942	3740	8682
10	采购部	董丽娟	女	华中	4885	3640	8525
11	售后服务	唐思雨	女	华东	4923	3740	8663
12	售后服务	赵昕	女	华东	4959	3700	8659
13	售后服务	马芷薇	女	华北	4809	3700	8509

图 4-2-35　高级筛选结果

① 复制"筛选"工作表，并将其名称改为"高级筛选"。

② 在"高级筛选"工作表中，单击"编辑"组"排序和筛选"下拉列表中的"筛选"命令，取消前面的筛选结果。

③ 在 J2、K2、L2 单元格分别输入"部门"、"性别"、"应发工资"，在 J3 单元格输入"采购部"，在 K4 单元格输入"女"，在 L4 单元格输入">8500"。需要注意的是，">"符号一定是西文半角的。另外，为避免录入错误，可通过复制/粘贴的方式录入。

提示：同时满足两个条件，即"与"关系的需要写在同一行；两个条件只要满足一个，即"或"关系的需要写在不同行。

④ 选择"数据"选项卡，单击"排序和筛选"组中的"高级"按钮，在弹出的"高级筛选"对话框中，选择"将筛选结果复制到其他位置"，"列表区域"指的是高级筛选的数据区域，选择 A2：G16，"条件区域"选择"J2：L4"，"复制到"指的是高级筛选的结果显示的起始区域，选择 J6 单元格（如图 4-2-36 所示），单击"确定"按钮。筛选出的结果在 J6 起始单元格区域显示。

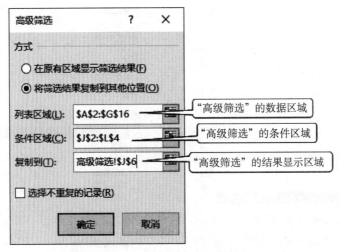

图 4-2-36　"高级筛选"对话框设置

(4) 数据的分类汇总

复制 Sheet1 工作表，将复制的新工作表重命名为"分类汇总"，在此工作表中按"部门"汇总出基本工资、应发工资的平均值及各部门的职工人数，平均值保留二位小数，如图 4-2-37 所示。

	A	B	C	D	E	F	G	H
1		部分员工工资一览表						
2		部门	姓名	性别	主管地区	基本工资	岗位津贴	应发工资
3		采购部	于佳伟	男	华南	4950	3640	8590
4		采购部	黄毅	男	华东	4654	3670	8324
5		采购部	徐丽艳	女	华南	4942	3740	8682
6		采购部	董丽娟	女	华中	4885	3640	8525
7	采购部 计数		4					
8		采购部 平均值				4857.75		8530.25
9		售后服务	孟伟	男	华南	4740	3700	8440
10		售后服务	唐思南	女	华东	4923	3740	8663
11		售后服务	赵昕	女	华东	4959	3700	8659
12		售后服务	马芷薇	女	华北	4809	3700	8509
13	售后服务 计数		4					
14		售后服务 平均值				4857.75		8567.75
15		维修部	赵林	男	华中	4852	3670	8522
16		维修部	张贵山	男	华北	4774	3700	8474
17		维修部	曹红梅	女	华北	4720	3740	8460
18	维修部 计数		3					
19		维修部 平均值				4782.00		8485.33
20		销售部	王小明	男	华南	4891	3670	8561
21		销售部	李小娜	女	华南	4620	3740	8360
22		销售部	李敏	女	华东	4642	3700	8342
23	销售部 计数		3					
24		销售部 平均值				4717.67		8421.00
25	总计数		17					
26		总计平均值				4811.50		8507.93

图 4-2-37　分类汇总结果样张

① 复制 Sheet1 工作表，并将其重命名为"分类汇总"。

② 选择"数据"选项卡，单击"分级显示"组中的"分类汇总"按钮，在弹出的对话框中进行设置：分类字段为"部门"，汇总方式为"平均值"，选定汇总项为"基本工资"、"应发工资"两个字段，其他默认（如图 4-2-38 所示），单击"确定"按钮。

> 提示：分类汇总前必须先按汇总字段进行排序，而本例中的数据已排过序。

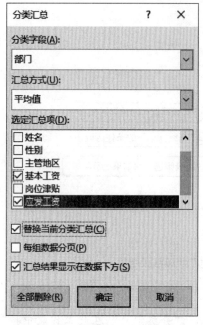
图 4-2-38 "分类汇总"对话框设置(1)

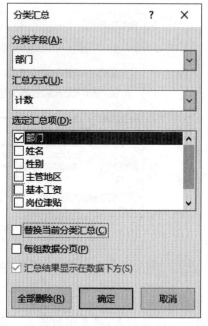
图 4-2-39 "分类汇总"对话框设置(2)

③ 鼠标首先拖选采购部的基本工资平均值至应发工资平均值单元格区域，按住〈Ctrl〉键，再用鼠标分别拖选售后服务、维修部、销售部平均值及总计平均值区域。右击鼠标，在弹出的快捷菜单中选择"设置单元格格式"命令，在弹出的对话框中选择"数字"选项卡，在"分类"区域选择"数值"，小数点位数选择"2"，单击"确定"按钮。

④ 再次选择"数据"选项卡，单击"分级显示"组中的"分类汇总"按钮，在弹出的对话框中进行设置：分类字段为"部门"，汇总方式为"计数"，选定汇总项为"部门"一个字段，取消对"替换当前分类汇总"多选框的勾选，其他默认（如图 4-2-39 所示），单击"确定"按钮。

> 提示：在数据表左侧有表格的折叠 ▭ 按钮，单击第 3 重明细的折叠按钮，即可隐藏明细数据（▭ 按钮变 ➕ 按钮），反之，则显示明细数据。如要删除分类汇总，可点击"分类汇总"对话框中的"全部删除"按钮。

(5) 数据透视表

复制 Sheet1 工作表,将复制的新工作表重命名为"透视表",在 A18:G24 区域生成如图 4-2-40 所示的数据透视表,同名保存文件。

列标签					
平均值项:基本工资		求和项:应发工资		平均值项:基本工资汇总	求和项:应发工资汇总
行标签　男	女	男	女		
采购部　¥4,802.00	¥4,913.50	¥16,914.00	¥17,207.00	¥4,857.75	¥34,121.00
售后服务　¥4,740.00	¥4,897.00	¥8,440.00	¥25,831.00	¥4,857.75	¥34,271.00
维修部　¥4,813.00	¥4,720.00	¥16,996.00	¥8,460.00	¥4,782.00	¥25,456.00
销售部　¥4,891.00	¥4,631.00	¥8,561.00	¥16,702.00	¥4,717.67	¥25,263.00

图 4-2-40　数据透视表样张

① 复制 Sheet1 工作表,并将其重命名为"透视表"。

② 单击"插入"选项卡中"表格"组的"数据透视表",在弹出的对话框中,"选择一个表或区域"为当前工作表的 A2:G16,"选择放置数据透视表的位置"为"现有工作表"中的 A18,单击"确定"按钮。

③ 在右侧弹出的"数据透视表字段"任务窗格,将"部门"字段拖曳至行标签,将"性别"字段拖曳至列标签,将"基本工资"、"应发工资"字段拖曳至值标签,再单击"基本工资"数值下拉列表中的"值字段设置",计算类型选择"平均值",其右侧的"数据透视表字段"任务窗格如图 4-2-41 所示。

④ 选中 A18:G20 区域,右击鼠标,在弹出的快捷菜单中选择"设置单元格格式"命令,在弹出的对话框中选择"对齐"选项卡,勾选"文本控制"组的"自动换行",单击"确定"退出。

⑤ 选中 B21:G24 区域,右击鼠标,在弹出的快捷菜单中选择"设置单元格格式"命令,在弹出的对话框中选择"数字"选项卡,分类选择"货币",小数点后保留 2 位,选择人民币货币符号,单击"确定"按钮。

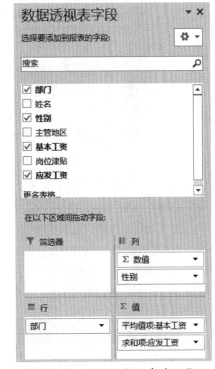

图 4-2-41　"数据透视表字段"任务窗格

⑥ 将光标停在数据透视表内,选择"设计"选项卡中的"布局"组,单击"总计"下拉列表中的"仅对行启用",则在透视表右侧显示汇总项,下方的汇总项取消。

⑦ 适当调整列宽和行高。

⑧ 单击"快速访问工具栏"中的"保存"按钮保存文档。

4.2.4　数据可视化技术

图表是指将表格中的数据以图形的形式表示出来,它能使数据表现得更加可视化、形象化,方便用户了解数据的内容、宏观走势和规律。除了常用的柱形图、折线图、饼图等图表外，Excel 2016 新提供了旭日图、瀑布图、直方图、树状图、箱型图等图表，大大丰富了图形的表现形式。

1. 创建图表

创建图表时，可以先选择创建图表的数据源，再选择"插入"选项卡的"图表"组中的图表类型，在其下拉列表中进一步选择合适的图表类型，即可完成插入图表的操作。

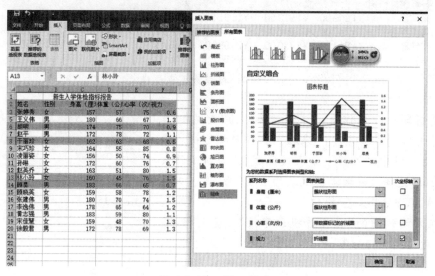

图 4-2-42　插入图表

如图 4-2-42 所示，这是一张根据"新生入学体检指标报告"工作表创建的新生体检数据图表。为创建图表，用户首先需要选择显示的数据，如姓名、性别、身高、体重、心率和视力等，再插入"推荐的图表"，选择"所有图表"下拉列表中的"组合"，根据数据类型、大小等特点对所生成图表的图表类型和次坐标选择项做适当调整。当图表创建完后，在选中图表状态时，就会自动显示"图表工具"动态标签及下面的"设计"和"格式"两个选项卡，如图 4-2-43 所示。

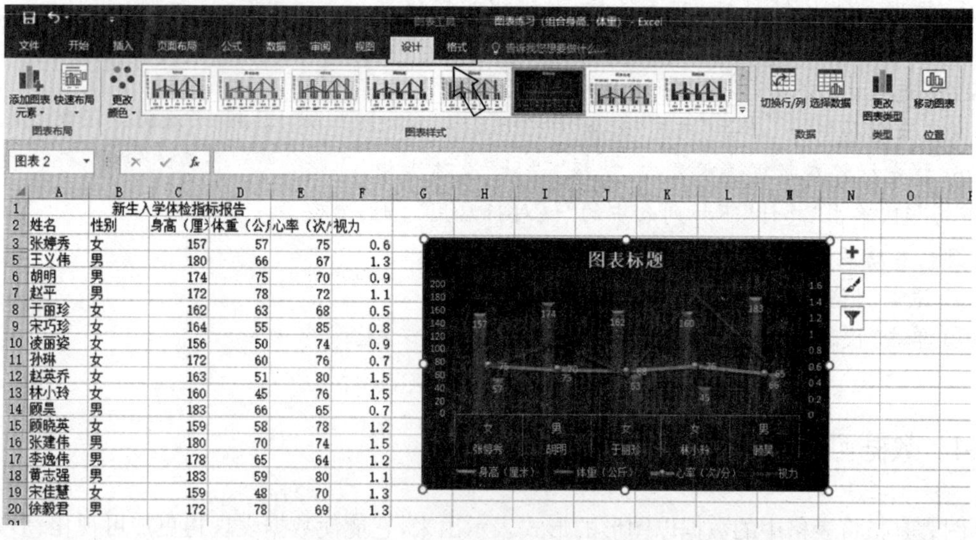

图 4-2-43　"图表工具"选项卡

其中"图表工具/设计"选项卡是对图表整个格局的设置，如图表布局、图表样式等；"图表工具/格式"选项卡是对图表中对象格式的设置，如形状样式、艺术字样式等，如图 4-2-44 所示。

图 4-2-44　"图表工具/格式"选项卡

图表旁边的选项卡可对图表中的对象进行编辑，比如利用图标元素就可以对图表标题、坐标轴标题、图例等进行设置，如图 4-2-45 所示。

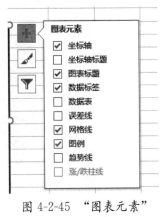

2. 编辑图表中的对象

(1) 更改图表类型

如果已经创建好的图表并不能很好地反映数据之间的关系，可以重新选择适当的图表类型。具体方法有两种：

① 选中要更改类型的图表，重新单击"插入"选项卡的"图表"组中的图表类型按钮，在弹出的下拉列表中单击合适的图表类型。

图 4-2-45　"图表元素"选项卡

② 选中要更改类型的图表，选择"图表工具/设计"选项卡，在"类型"组中单击"更改图表类型"按钮，在弹出的"更改图表类型"对话框中重新设置所需的图表类型，如这里将原图表更改为簇状柱形图，如图 4-2-46 所示。

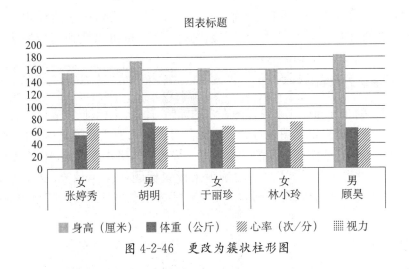

图 4-2-46　更改为簇状柱形图

(2) 更改图表数据源

在已有的图表中，可以重新选择图表的数据源。例如在图 4-2-46 中，由于视力数据与其他数据的差距较大，在图中显示很不明显，可以将其从图表中删除。具体方法是：在选中图表的状态下，选择"图表工具/设计"选项卡的"数据"组中的"选择数据"按钮，在弹出的"选择数据源"对话框中，勾掉"视力"选项。

创建图表时，Excel 软件根据数据源中的行与列直接产生图表的分类轴和数据轴，当用户对行与列的数据在图表中的表现不满意时，可以在选中图表的状态下进行修改。具体方法是：选择"图表工具/设计"选项卡的"数据"组中的"切换行/列"按钮，就完成了为图表所引用的数据进行行与列切换的操作。在"更改图表类型"里选择三维簇状柱形图，生成如图 4-2-47 所示的图表，视力项被删除，且行列数据被互换。

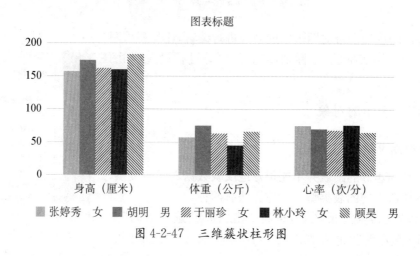

图 4-2-47　三维簇状柱形图

(3) 快速设置图表布局和样式

创建好图表后，在选中图表的状态下，选择"图表工具/设计"选项卡的"图表布局"组中的"快速布局"列表，选择其中一种布局，即可快速地设置图表样式。

图表样式包括图表中的绘图区、背景、系列、标题等一系列元素的样式，选择"图表工具/设计"选项卡的"图表样式"组中的"图表样式"列表，也可以快速完成图表样式的重新设置。

(4) 自定义图表布局和样式

除了利用预设的布局和样式来设置图表中的标题、背景、坐标轴、图表区、绘图区等一系列图表对象外，用户还可以自定义图表对象。比如在图表中添加或删除坐标轴标题、图例、数据标签、模拟运算表等。这些图表对象的文本除了一般的字体格式设置外，还可以通过"图表工具/格式"选项卡的"艺术字样式"组中的选项来设置标题的文本填充、文本轮廓和文本效果。选中这些图表对象还可以通过"图表工具/格式"选项卡的"形状样式"组中的按钮进行外观设置。

(5) 图表功能应用

① 箱型图。当需要查看数据分布的情况（如想了解性别差异对课程成绩的影响）时，使用 Excel 2016 新增的"箱型图"查看数据分布就非常清晰，如图 4-2-48 所示。

首先选择要比较的数据范围，包括性别、语文成绩、数学成绩和外语成绩，然后选择"插入"

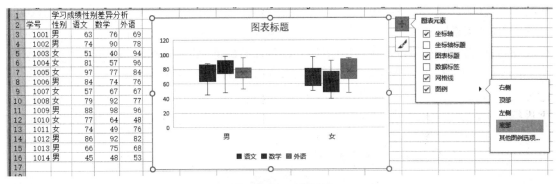

图 4-2-48　箱型图

选项卡,点击"图表"组右下角的箭头,弹出"插入图表"对话框,选择"所有图表"选项卡中的"箱型图"后按"确定"。为了更清楚地表示数据来源,可以点击"图表元素"图标,勾选"图例",将位置设置在"底部"。

箱型图用"四分位数"表示数据的分布情况,即统计学中,把所有数值由小到大排列并分成四等份,处于三个分割点位置的数值就是四分位数(如图 4-2-49 所示),最大值和最小值之间,有三个分割点,分别是上四分位数(75%)、中位数(平均值)和下四分位数(25%)。

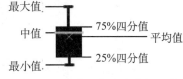

图 4-2-49　"四分位数"表示法

② 树状图。树状图非常适合展示数据之间的层级和占比关系,矩形的面积代表数值的大小,颜色和排列代表数据的层级关系,比如用它来分析各门店的销售数据就非常直观。

插入树状图的方法是先选择要显示的数据,然后选择"插入"选项卡,点击"图表/推荐的图表"命令,在弹出的"插入图表"对话框中选择"所有图表"选项卡中的"树状图"后确定,生成如图 4-2-50 所示的树状图。

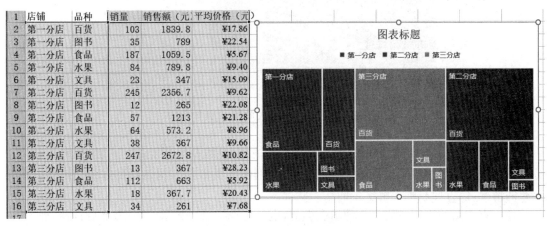

图 4-2-50　各门店销量树状图

树状图图表是用颜色来区分不同大类的，比如第一分店、第二分店、第三分店，每种大类里面的各小类（如百货、食品等）则用大小不同的矩形来代表，实际上现在各个矩形的标签都源自数据表里的"销量"一列。如果要查看销售额的情况可以更换图表的数据来源，方法是先选中图表，然后点击"图表工具/设计/选择数据"按钮，在弹出的"选择数据源"对话框中，在其左侧窗格内分别点击"销量"、"平均价格"标签，然后点击上方的"删除"按钮，将其删除，如图 4-2-51 所示。

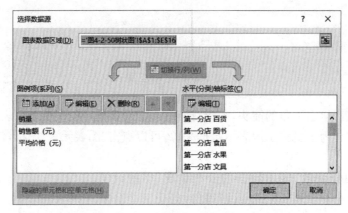

图 4-2-51 "选择数据源"对话框

在默认的操作中，大类的名字是被放置到各自大类中占比最大的那个小类里的，点击树状图里的矩形，Excel 会在右侧弹出"设置数据系列格式"任务窗格，可以在"无"、"重叠"、"横幅"之间切换，如图 4-2-52 所示为"横幅"的样式。

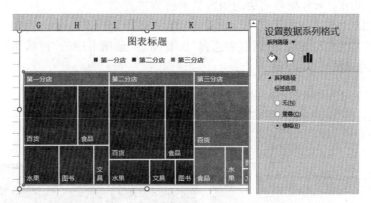

图 4-2-52 "横幅"样式的销售额树状图

③ 直方图。直方图或排列图（经过排序的直方图）是数据统计常用的一种图表，一般用于分析数据在各个区段的分布情况，为用户分析和判断提供依据。例如用直方图体现考试成绩分布的情况，以方便教师了解学生的学习状况。

插入直方图的方法与前面几种图表类似，也要先选择需要显示的数据，然后选择"插入"选项卡，点击"图表"命令组中"推荐的图表"，在"所有图表"选项卡中选择"直方图"，修改图表标题名称为"人工智能成绩分布直方图"，即可生成如图 4-2-53 所示的成绩分布直方图。

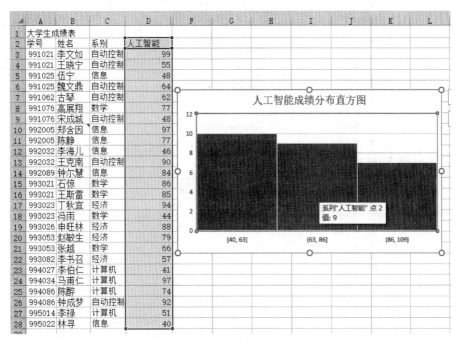

图 4-2-53　成绩分布直方图

　　一般情况下，直方图中默认把数据划分为三个蓝色方块，Excel 把一个方块叫作一个"箱"，分别代表各个数据区间内的数据分布情况。鼠标停留在箱中即可显示分布的数据数。用户如果需要重新划分区段（箱体数），则可双击直方图的水平分类轴区域，在右侧的"设置坐标轴格式"任务窗格中，选择"坐标轴选项"下面的"箱"，然后点击"箱宽度"或者"箱数"单选按钮。修改数据后，工作表中的直方图的"箱"的个数或者"箱"的宽度就会发生变化，如图 4-2-54 所示。如果要更改直方图图表类型，可选择排列图，将直方图箱体按区间数据多少排列，这样会增加一条曲线，代表各个数据区间所占比重逐级累积上升的趋势，如图 4-2-55 所示。

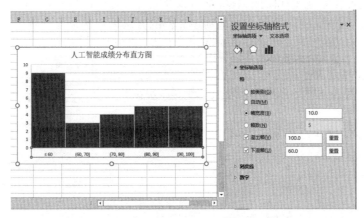

图 4-2-54　调整直方图的箱宽度和箱数

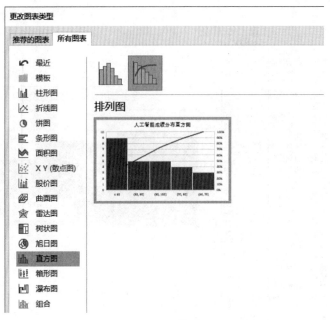

图 4-2-55　排列图

除了上述新增的图表外，Excel 还新增了瀑布图、旭日图、漏斗图等图表，应用方法可以参考其他教程。

④ 迷你图。相对于前面介绍的图表，迷你图是可以存放在单元格中的小图表。通过在数据旁插入迷你图，可显示相邻数据的趋势，使用户能直观地了解数据之间的关系和变化。如 4-2-56 所示的"2013—2017 年三次产业增加值占国内生产总值比重"工作表，当用户希望能清楚地观察各产业五年中占 GDP 变化的情况时，采用迷你图方式显示可以一目了然。

创建如 4-2-57 所示的迷你图的方法是：选择"插入"选项卡，单击"迷你图"组中的"折线图"、"柱形图"或"盈亏"三种迷你图类型，弹出"创建迷你图"对话框（如图 4-2-56 所示），在该对话框中可以设置要创建迷你图的数据范围，以及放置迷你图的位置，确定后就可以生成迷你图。迷你图和普通数据一样，可以通过拖动填充柄的方法来快速创建迷你图。

2013-2017年三次产业增加值占国内生产总值比重					
产业	2013	2014	2015	2016	2017
第一产业	9.3	9.1	8.8	8.6	7.9
第二产业	44	43.1	40.9	39.9	40.5
第三产业	46.7	47.8	50.2	51.6	51.6

图 4-2-56　"创建迷你图"对话框

当选中迷你图所在的单元格时，会自动显示"迷你图工具"动态标签及下面的"设计"选项卡,在该选项卡中,用户可以修改迷你图的数据源和类型、套用迷你图样式、修改迷你图颜色以及更改迷你图标记的颜色等,如图 4-2-57 所示。

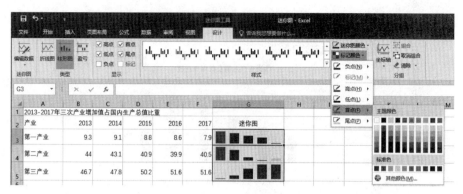

图 4-2-57 迷你图样张

3. 综合案例

例 4-26 建立柱状图、折线图组合图表

打开"配套资源\第 4 章\L4-26-1. xlsx"文件,在 E2:K17 区域建立如图 4-2-58 所示的柱状图、折线图组合图表。添加"国民生产总值及其增长速度"图表标题,将图表标题形状样式选择为"透明-深色,黑色 1"。将图表中最大值的数据显示出来,注意数值轴的刻度,同名保存文件。

例 4-26 微课视频

图 4-2-58 柱形图、折线图组合图表样张

① 选中 A2:C2、A4:C4、A6:C6、A8:C8、A10:C10、A12:C13 区域,选择"插入"选项卡中的"图表"组,单击"柱状图"下拉列表中的"二维柱形图"中的"簇状柱形图"按钮。

② 鼠标放至柱状区域,右击鼠标,在弹出的快捷菜单中选择"更改系列图表类型"命令,在弹出的"更改图表类型"对话框中将比上年实际增长的图表类型设置为"带标记的堆积折线图",并勾选"次坐标轴"(如图 4-2-59 所示),单击"确定"按钮,将增长速度用折线表达。

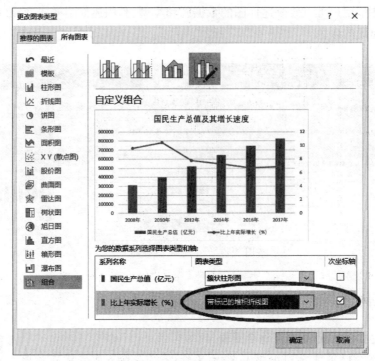

图 4-2-59 "更改图表类型"对话框

③ 选中右侧的坐标轴，右击鼠标，在弹出的快捷菜单中选择"设置坐标轴格式"命令，在弹出的任务窗格中，将"坐标轴选项"中的"最大值"改成"30"，按回车键确认（整个折线下移）。

④ 选中图表标题区域，将标题修改为"国民生产总值及其增长速度"。选中图表标题，选择"图表工具/格式"选项卡中的"形状样式"组，在形状样式库中选择"预设"组中的"透明-深色，黑色1"。

⑤ 单击图表中的蓝色数轴，再单击 2017 年的蓝色数轴，在选中该最大值数轴的状态下，右击鼠标，在弹出的快捷菜单中，选择"添加数据标签"命令。

⑥ 用同样的方法，先单击图表中的红色折线，再单击 2010 年的圆点标记，右击鼠标，在弹出的快捷菜单中，选择"添加数据标签"命令。

⑦ 选中刚建立好的图表，将其拖曳到指定位置，拖曳四边，调整大小。

⑧ 单击"快速访问工具栏"中的"保存"按钮保存文档。

> 提示：若要打印图表，只需选中图表，选择"文件"选项卡中的"打印"命令，此时打印面板中已经将打印范围设定为"打印选定图表"，单击"打印"按钮即可。

例 4-27 微课视频

例 4-27　建立瀑布图

打开"配套资源\第 4 章\L4-27-1. xlsx"文件，在该组数据中，"业务收入"—"业务成本"="毛利润"，"毛利润"—"其他支出"—"税金"="净利润"，是个逐步减少的过程。在 D1:J16 区域建立如图 4-2-60 所示的瀑布图，将图例在下方显示。为了使图表更为直观，不显示主网格线。同名保存文件。

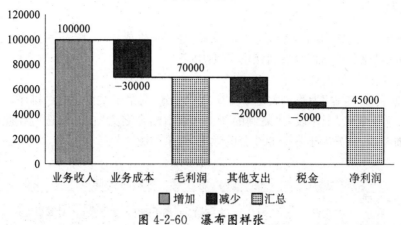

图 4-2-60　瀑布图样张

① 选中全部数据,单击"插入"选项卡中的"图表"组右下角的对话框启动器,在弹出的对话框中选择"所有图表"选项卡,在左侧的图表类型列表中选择"瀑布图",单击"确定"按钮,生成瀑布图。

> 提示:生成的瀑布图还不符合题目要求,因为图表中各个数据块的排列是逐步上扬的,无法表现出利润逐步减少的过程。

② 需要将图表中的"毛利润"列设置为"总计"(因为"毛利润"列是由"业务收入"减去"业务成本"得到的)。双击"毛利润"蓝块,在 Excel 右侧弹出的"设计数据点格式"窗格中勾选"设为总计"。

③ 再单击"净利润"蓝块,在右侧的窗格中勾选"设为总计"。此时各个数据的色块被阶梯式的线条连接,逐步下降,形似"瀑布"。

④ 选中图例区域,在右侧的"设置图例格式"窗格中,将图例位置选择"靠下"。

⑤ 将图表标题修改为"净利润瀑布图"。

⑥ 为了更直观地显示瀑布图,需要去掉主网格线。选中水平方向的主网格线,在右侧的"设置主要网格线格式"窗格中,将线条类型设置为"无线条"。

⑦ 选中刚建立好的图表,拖曳到指定位置,拖曳四边调整大小。

⑧ 单击"快速访问工具栏"中的"保存"按钮保存文档。

习题与实践

1. 简答题

(1) 除了本书提到的电子表格类软件外,请再列举一些常用的电子表格类软件,并说明该软件具有的主要功能、特点和应用的行业。

(2) 常用的数据分析与处理有哪些方法? 各有什么特点?

(3) Excel 2016 新增的图表类型有哪些? 主要应用的领域是什么?

2. 实践题

（1）打开"配套资源\第 4 章\SY4-4-1.xlsx"中的"学生成绩"工作表，针对学生专业与学习成绩进行分析，以原文件名保存在自己的 U 盘中。

① 利用公式计算学生的总分。

② 将数据表以"专业"为第一关键字升序，以"总分"为第二关键字降序排序。

③ 复制"学生成绩"工作表，将复制的新工作表重新命名为"自动筛选"，在此工作表中筛选出建筑装饰专业、总分大于等于 300 分的学生，结果如图 4-2-61 所示。

	A	B	C	D	E	F	G	H	I
1	某校部分学生成绩								
2	学号	专业	姓名	性别	大学语文	高等数学	大学英语	计算机应用	总分
9	1002	建筑装饰	张英	女	97	77	80	84	338
10	1017	建筑装饰	宋国英	男	89	88	65	82	324
11	1005	建筑装饰	林玲	女	88.5	48	90	96.5	323

图 4-2-61　筛选结果样张

④ 复制"学生成绩"工作表，重新命名为"透视表"，制作如图 4-2-62 所示的数据透视表，统计各专业男女学生总分的平均值，结果保留到小数点后两位。

平均值项:总分	列标签		
行标签	男	女	总计
国际贸易	260.50	326.00	304.17
建筑装饰	311.50	304.00	307.00
涉外会计	305.75		305.75
园林设计	270.50	253.25	259.00
总计	293.06	302.50	297.78

图 4-2-62　数据透视表样张

⑤ 复制"学生成绩"工作表，重新命名为"三维簇状柱形图"，在 B22:H38 区域插入如图 4-2-63 所示三名学生成绩的三维簇状柱形图，图例放至右侧，背景为形状样式"细微效果-橄榄色，强调颜色 3"。

⑥ 复制"学生成绩"工作表，重新命名为"旭日图"，按计算机应用课程成绩 90 分及其以上为优秀，80—89 分为良好，70—79 为中等，60—69 为及格，不及格再分为两个分数段，50 分及其以上和 50 分以下的规则插入如图 4-2-64 所示的旭日图，标题内容为"成绩评定统计图"，形状样式为"强烈效果-红色，强调颜色 2"；绘图区为"纸莎草纸"纹理填充；整个图表添加"内部左上角"阴影。

（2）打开"新生体检报告"工作表，针对性别和不同学院新生身高差异进行分析，以原文件名保存在自己的 U 盘中。

① 复制"新生体检报告"工作表，重新命名为"身高排名"，设置标题"新生入学体检指标报告"在 A1:H1 跨列居中，宋体，20 磅。底纹图案颜色为"橄榄色，个性色 3"，图案样式为"25%灰色"。

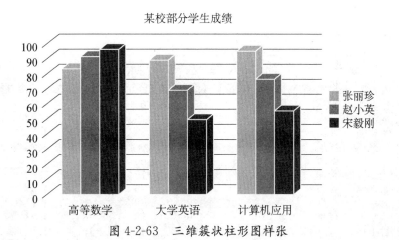

图 4-2-63　三维簇状柱形图样张

成绩评定统计表

成绩评定	成绩区间	人数
优秀		4
良好		5
中等		4
及格		2
不及格	50分及以上	1
	50分以下	2

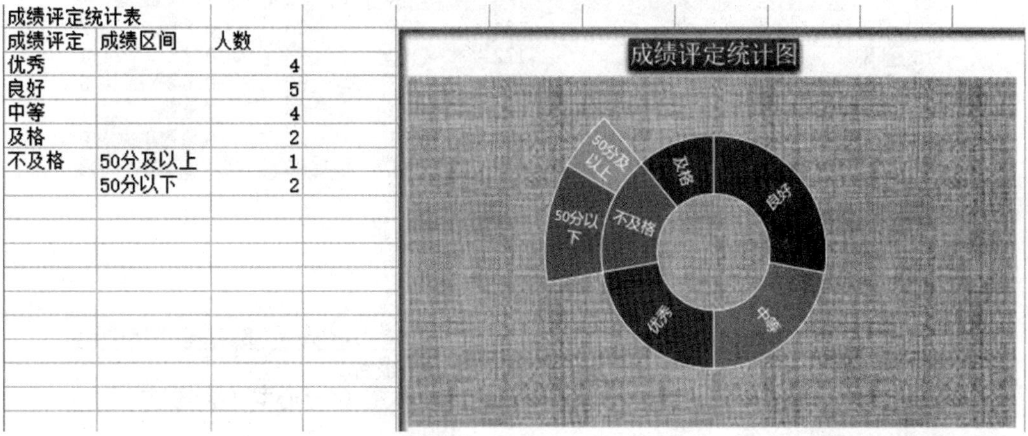

图 4-2-64　旭日图样张

② 按性别升序，在性别相同的情况下按姓名升序，并分别定义“男身高”和“女身高”两个区域名称。新建一列“身高排名”，利用排名函数分别对男女生身高进行排序，使用“开始/条件格式”中的“数据条”进行渐变填充，套用表格格式为“表样式深色 11”，结果如图 4-2-65 所示。

③ 复制“新生体检报告”工作表，重新命名为“新生体检报告分类汇总”，按性别生成分类汇总，统计出男生、女生的平均身高、体重、心率和视力，汇总结果保留二位小数，结果如图 4-2-66 所示。

④ 复制“新生体检报告”工作表，重新命名为“新生体检报告透视表与透视图”，插入数据透视表和数据透视图，分析不同学院学生身高平均值的差别情况。数据透视图的图表样式为“样式 4”，如图 4-2-67 所示。

(3) 打开“养老保险数据”工作表(某人购买的养老保险业务)，表格中的数据为在计划每月缴费 800 元，保险收益分别为 3.5%、5%、7.5%、12%，以及保险年限分别为 10、15、20、25、30 年的情况下到期可得的总金额。选择保险收益为 3.5%年度收益金额数据，在“B9:F23”区域创建瀑布图表，修改标题为“到期金额”，设置图表样式为“样式 3”，更改颜色为“彩色/颜色 3”，其样张如图 4-2-68 所示。

	A	B	C	D	E	F	G	H
1	新生入学体检指标报告							
2	姓名	学院	性别	身高（厘米	体重（公斤	心率（次/	视力	身高排名
3	顾昊	管理	男	183	66	65	0.7	1
4	胡明	财经	男	174	75	70	0.9	6
5	黄志强	外语	男	183	59	80	1.1	1
6	李逸伟	管理	男	178	65	64	1.2	5
7	王义伟	外语	男	180	66	67	1.3	3
8	徐毅君	管理	男	172	78	69	1.3	7
9	张建伟	外语	男	180	70	74	1.5	3
10	赵平	信息	男	172	78	72	1.1	7
11	顾晓英	信息	女	159	58	78	1.2	7
12	林小玲	信息	女	160	45	76	1.5	6
13	凌丽姿	信息	女	156	50	74	0.9	10
14	宋佳慧	财经	女	159	48	70	1.3	7
15	宋巧珍	外语	女	164	55	85	0.8	2
16	孙琳	管理	女	172	60	76	0.7	1
17	于丽珍	财经	女	162	63	68	0.5	5
18	张苗苗	财经	女	163	50	65	1.4	3
19	张婷秀	外语	女	157	57	75	0.6	9
20	赵英乔	管理	女	163	51	80	1.5	3
21								

图 4-2-65　身高排名样张

	A	B	C	D	E	F
1		新生入学体检指标报告				
2	姓名	性别	身高（厘	体重（公	心率（次/	视力
3	王义伟	男	180	66	67	1.3
4	胡明	男	174	75	70	0.9
5	赵平	男	172	78	72	1.1
6	顾昊	男	183	66	65	0.7
7	张建伟	男	180	70	74	1.5
8	李逸伟	男	178	65	64	1.2
9	黄志强	男	183	59	80	1.1
10	徐毅君	男	172	78	69	1.3
11		男 平均值	177.75	69.63	70.13	1.14
12	张苗苗	女	163	50	65	1.4
13	张婷秀	女	157	57	75	0.6
14	于丽珍	女	162	63	68	0.5
15	宋巧珍	女	164	55	85	0.8
16	凌丽姿	女	156	50	74	0.9
17	孙琳	女	172	60	76	0.7
18	赵英乔	女	163	51	80	1.5
19	林小玲	女	160	45	76	1.5
20	顾晓英	女	159	58	78	1.2
21	宋佳慧	女	159	48	70	1.3
22		女 平均值	161.50	53.70	74.70	1.04
23		总计平均值	168.72	60.78	72.67	1.08

图 4-2-66　分类汇总样张

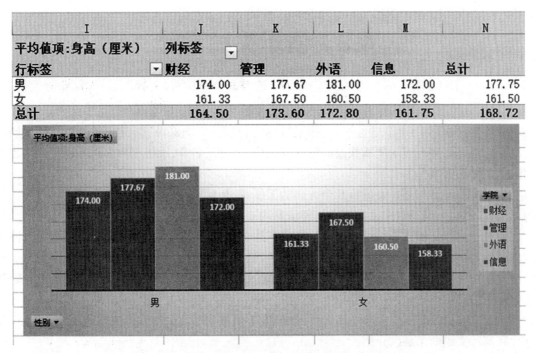

平均值项:身高（厘米）	列标签				
行标签	财经	管理	外语	信息	总计
男	174.00	177.67	181.00	172.00	177.75
女	161.33	167.50	160.50	158.33	161.50
总计	164.50	173.60	172.80	161.75	168.72

图 4-2-67　数据透视表与数据透视图样张

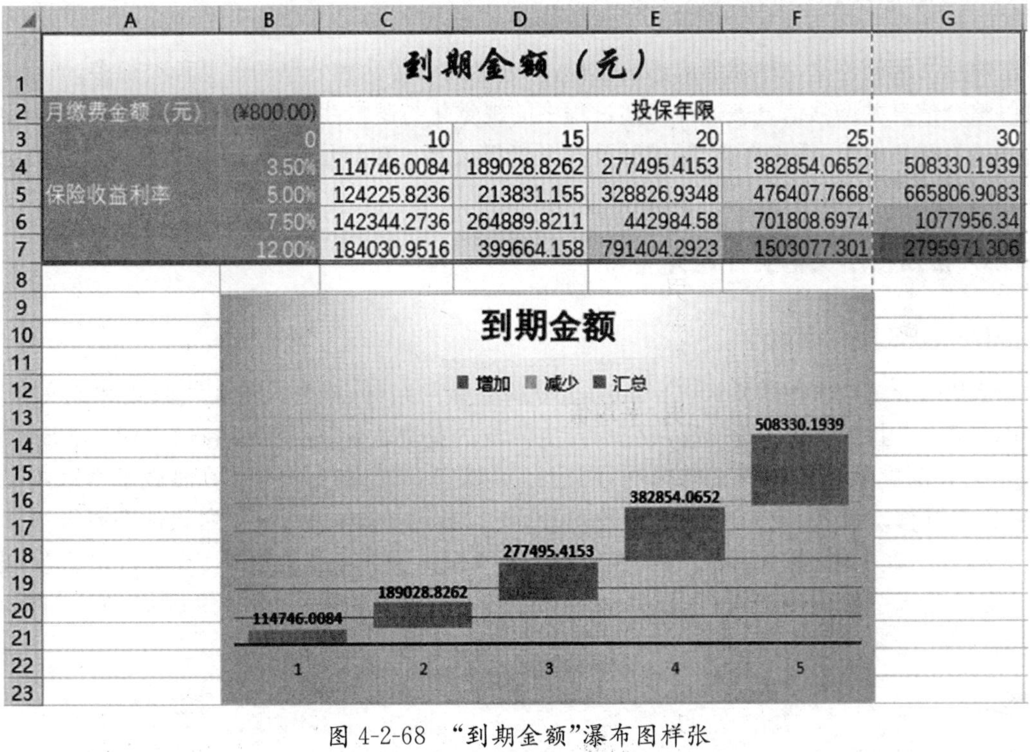

	A	B	C	D	E	F	G
1				到期金额（元）			
2	月缴费金额（元）	(¥800.00)			投保年限		
3		0	10	15	20	25	30
4		3.50%	114746.0084	189028.8262	277495.4153	382854.0652	508330.1939
5	保险收益利率	5.00%	124225.8236	213831.155	328826.9348	476407.7668	665806.9083
6		7.50%	142344.2736	264889.8211	442984.58	701808.6974	1077956.34
7		12.00%	184030.9516	399664.158	791404.2923	1503077.301	2795971.306

到期金额

■ 增加　■ 减少　■ 汇总

图 4-2-68　"到期金额"瀑布图样张

4.3　演示文稿设计

在工作和学习中（如课题答辩、工作汇报、立项报告、培训课件、岗位竞聘、公司宣传、同行对比等），都需要进行演示文稿作品的设计与制作。海报、名片、手机 H5 页面等也可以考虑利用演示文稿作为制作工具。

演示文稿设计与制作要进行几个方面的工作：一是目标群体分析，从观众角度去设计文稿的逻辑，以不同类型观众的关注点去梳理信息内容框架。观众人数、会场情况、演示时间与长度也是设计演示文稿逻辑编排、排版、配色要考虑的因素。二是文稿结构设计，将逻辑思路整理成框架，将大纲与幻灯片标题对应，精炼观点，确保正确简洁。三是素材美化，在服务于逻辑的前提下构思合适的形式以表达页面主题、美化文稿，提升信息的可视化，帮助观众能直观快速地接受信息。

演示文稿设计与制作属于平面设计范畴，本节侧重演示文稿的设计原则与制作方法，按幻灯片和演示文稿两个层次介绍。

4.3.1　常用演示文稿软件简介

演示文稿软件是一种辅助沟通的软件，沟通中需要传达和分享的信息种类很多，演示文稿可以整合信息并增强信息表达与传递过程中的视觉化与逻辑性，提高沟通的效率与质量，其成品支持打印机输出、手机浏览、触摸屏及投影机播放等。在演示文稿软件中，有一些是办公套件的组件，还有一些是针对演示文稿独立开发的软件。

1. 常用演示文稿套件简介

(1) WPS Presentation

WPS Presentation 是 WPS Office 办公软件套装的组件，提供大量在线版式和范文库，模板库丰富，是由金山软件股份有限公司自主研发的免费软件。目前最新版本是 WPS Office 2019。它深度兼容微软的文档标准，同时针对我们中国用户的使用习惯做了百余项功能优化，支持移动设备，支持一键输出长图片，支持云端协作。WPS 系列软件在打开多个文档时是统一在一个窗口下的，这与 Microsoft Office 不同。手机版 WPS 支持语音发送命令，支持插入手机内的音视频、图片等多种资源，相对于将手机资料传送到 PC 端再合成更为简单。

图 4-3-1　WPS 可在同一窗口下打开多个文件

(2) LibreOffice Impress

LibreOffice 套件是国际化的开源项目,对用户完全免费,可运行于 Microsoft Windows、GNU Linux 以及 Mac OSX 等操作系统上,与主流办公软件兼容度高,支持中文。对系统配置要求较低,占用资源很少。Impress 是负责制作演示文稿/幻灯片的组件。

(3) iWork Keynote

iWork 最早是苹果公司推出的运行于 MacOS 操作系统下的应用软件,是由 Keynote、Pages 和 Numbers 组成的工具软件套装,如图 4-3-2(a)所示,iWork 也有针对移动设备的版本。用户只要用浏览器登录 iCloud 就可以享受 iWork 网页版的功能,不需要拥有苹果硬件设备也可以使用,支持 Windows、Linux、Chrome OS 等操作系统。登录 iCloud 后用户将获得 1GB 的免费存储空间,用网页版 iWork 编辑的文档都将保存在 iCloud 云存储上,如图 4-3-2(b)所示,并且可以生成公开链接并将其分享到互联网上。Microsoft PowerPoint 最早是微软公司从苹果公司收购的,所以两者比较相似。Keynote 秉承苹果公司一贯风格,在设计界面上更加友好、简约,但在功能层面区分度不大。

(a) iWork

(b) iCloud

图 4-3-2　iWork 的网页版功能

(4) Microsoft Office 365 PowerPoint

Microsoft Office 365 是一个基于云的订阅服务,它将应用与 OneDrive 和 Microsoft Teams 等云服务结合,支持多种设备随时创建和共享内容,提供家庭和商用、年付和买断等多种购买服务方式。PowerPoint 服务提供大量模板和华丽的动态效果,同时也能更好地支持协同处理共享项目。目前相比单机版本,只有 Microsoft Office 365 PowerPoint 可以做出备受推崇的幻灯片变体平滑切换效果。

此外,微软与腾讯合作,推出了在微信中整合 Office 365 移动办公套件功能的 Office 365 微助理,实现微信环境下的移动办公。微软听听是其中的一款小程序,它可为 PPT、Word、Excel、Pdf、图片文档添加语音。在微软听听录制完语音讲解后,可以直接通过微信分享给他人。这个小程序丰富了分享文档与协同办公的方式,与传统的微信文件分享相比,优势有二:一是文档一直存在云端不会过期;二是文件打开时间短、占用流量少。

(5) Microsoft Office PowerPoint

Microsoft Office PowerPoint 是一款最常用的演示文稿制作软件,它可将文本、图像、图形、声音、动画、视频等多种要素集于一体，同时又具备链接外部文件的功能，形成具有一定实用价值的交互性演示文稿。其制作方式简单易学，是最实用的演示文稿设计制作软件。最新版能较好地支持云存储、协同工作、多平台、跨设备和智能办公等。

在 2018 年 9 月 25 日召开的微软 Ignite 大会上，微软宣布面向 Windows 和 Mac 推出 Office 2019 正式版。Office 2019 办公套件是对 Office 365 订阅服务过去三年来所有功能更新的一次整合。延续 Office 2016 的做法，微软 Office 2019 办公套件依然为"买断制"，即以这种方式入手 Office 2019 的用户不会像 Office 365 订阅用户的设备那样可以在后续获得功能更新。而已经拥有 Office 365 订阅的设备用户，亦无须再单独购买 Office 2019 办公套件。

Office 2019 中的 PowerPoint 允许用户创建带有 Morph 和 Zoom 等新功能的演示文稿，同时微软还改进了墨水功能，比如加入漫游铅笔盒、压力敏感度、倾斜效果等。

2. 演示文稿类软件简介

(1) Prezi

2007 年，Adam Somlai-Fischer 和 Peter Halacsy 为了能更充分地表达演讲的内容，开始着手创建一种新的方式来解决该问题，因此他们开发了 Prezi 并在匈牙利布达佩斯创建了公司。2009 年 7 月的 TED Global 大会上，James Geary 在他的演讲 "Mixing Mind And Metaphor" 中使用了 Prezi 制作的演示文稿，其与众不同的呈现形式引起了观众的很大兴趣。2012 年，Prezi 成为基于云端的可视化演示/演讲工具，允许用户在不使用传统 PowerPoint 式幻灯片的情况下，创建更精彩的内容演示文档。

Prezi 与 Keynote 或者 PowerPoint 等软件的线性呈现信息的方式不同，它是非线性的、以系统性与结构性一体化的方式来进行演示的软件。在首帧的画布上，用户可以从全局视角完整看到整体信息脉络，再利用缩放动作和快捷动作以路线的呈现方式从一个帧转场到另一个帧，以呈现更具体的局部信息，方便用户自由选择需要细看的某些分支，因此，Prezi 的呈现方式更加宏观，逻辑更清晰。演示中的平移、局部缩放等动画效果流畅、视觉冲击力极强。

Prezi 特有的 Zooming User Interface（缩放式用户界面）的特点是界面可缩放，Zoom Out 能纵观全局，Zoom In 可以探察细节，实现了由整体到局部的 Mindmap 的开放性思维方式，如图 4-3-3 所示。

Prezi 支持客户端（如 Windows、Mac、iPad、iPhone 等）的离线编辑制作，也支持网站上的在线创建编辑，同时支持即时会议协作。相比 PowerPoint，Prezi 支持更多种类的素材，如 Youtube 视频、PDF 文件等。此外，Prezi 推出了 PowerPoint 文件导入功能，支持 PPT 和 PPTX 两种格式，网页与桌面版都可以使用。使用 Prezi 之前需要先注册账号，其公共版是免费的，提供容量较小的空间，而畅享版和专业版则需要付费，另外教育版也是免费的。

(2) iPresst

iPresst 是由腾讯公司开发的在线媒体创作发布平台，它侧重分享，功能近似于 Prezi，可以插入文本、图像、超级链接等元素并设置动画等效果，支持 Flash、视频、音频文件的插入，支持网页嵌入式对象插入，也就是可以直接在 iPresst 中查看某个网页，如图 4-3-4 所示。此外，相比 Prezi，其对中文的支持更好。

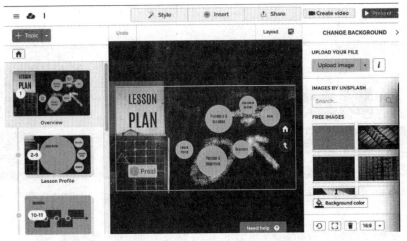

图 4-3-3　Prezi 界面

图 4-3-4　iPresst 界面

(3) Focusky

Focusky 是一款国产软件，提供丰富的模板库，如图 4-3-5 所示。它是一款新型多媒体幻灯片制作软件，支持多种语言，采用与 Prezi 类似的整体到局部的演示方式。它以路线的呈现方式，模仿视频的转场特效（如图 4-3-6 所示），再加入 3D 镜头缩放、旋转和平移特效，强化视觉冲击力。它的自由路径编辑功能支持创建思维导图风格的幻灯片演示文稿。Focusky 支持多种输出格式，如 HTML 网页版、exe 程序、视频等，可以上传网站空间实现在线浏览，或者在 Windows 和苹果电脑上进行本地离线浏览。

(4) Impress.js

有一些演示文稿软件可以通过 HTML、CSS、Javascript 等前端语言来制作，Impress.js 是典型代表，它有一个免费开源的 Javascript 库，可以用来制作效果酷炫的幻灯片，如三维空间的无限延伸、3D 效果等。Impress.js 可以从 Github 上下载，图 4-3-7 是 Impress.js 演示文稿的编写案例。

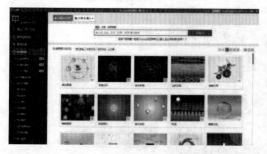

图 4-3-5　Focusky 在线模板库

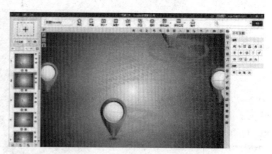

图 4-3-6　Focusky 制作界面

第一个div创建了一个有白色底框的幻灯片，位置在第四象限，沿x轴顺时针旋转90度。文本是100px大小的"Hello, world!"。

```
1    <div class="step slide" style="font-size:100px" data-x="0" data-y="0">
2        <q>Hello, World!</q>
3    </div>
```

图 4-3-7　Impress.js 编辑界面

(5) Haiku Deck

Haiku Deck 是一款 iPad 版的演示文稿制作工具，带有一些免费的常用模板，也可付费购买专业版。Haiku Deck 操作比较简单，成品可以在 iPad 和 iPhone 上与网络实时同步，并可以用 iPhone 作为遥控器。

(6) 101 教育 PPT

"101 教育 PPT"是基于云端的一站式教学解决方案，免费为用户提供大量的资源。用户使用库内资源可以快速制作课件，仅需少量修订即可满足教学要求。其亮点是提供了大量的3D 资源以支持用户创作。

3. 演示文稿相关插件

(1) Snap! by Lectora

Snap! by Lectora 与 PowerPoint 兼容性很好，是功能比较强大的插件，内含处理音视频的功能，能与演示文稿配合进行录制、剪辑等工作。Snap! by Lectora 还可以添加各种类型的测试题，增加交互性。利用 Snap! by Lectora 可以将课件转换为能够互动的动画。

(2) iSlide

iSlide 是一款基于 PowerPoint 的插件工具，内置近两万种 PPT 模板（资源持续更新），其包含富有吸引力的 PPT 图表库、图片库、图标库、图示库，支持一键化处理全局统一设置，如图4-3-8 所示。

(3) Spring

Spring 是一款免费的 Microsoft Office PowerPoint 转 Flash 工具，可以轻松地将 PPT 演

图 4-3-8　iSlide 安装界面

示文档转换为对 Web 友好的 Flash 影片格式,转换的同时将会保留原有的可视化与动画效果,易于分发,兼容多种浏览器。

(4) OneKeyTools

OneKeyTools 简称 OK 插件,是一款免费开源的 Microsoft Office PowerPoint 第三方插件。图片工具丰富,有图片虚化和图片亮度递进等丰富的功能;有音频的分割、合并、混音、转换、录音功能,能引入和融合语音并能进行语音识别。

(5) Pocket Animation

Pocket Animation 又叫口袋动画,能提供多种功能。用户如能善用该插件可以事半功倍,提升演示文稿制作的效率与质量,如图 4-3-9 所示。

图 4-3-9　口袋动画功能界面

4.3.2　幻灯片设计

演示文稿由若干张“幻灯片”组成。有些软件称之为“帧”,为方便介绍,下文统一称其为“幻灯片”。为保证最终的呈现效果,用户在制作幻灯片时首先需要根据使用场地设置幻灯片的比例,以适应不同的显示屏尺寸。此外,为保证演示文稿软件的操作效率,应重视软件的操作设置。

1. 幻灯片的创建和格式化[①]

(1) 创建幻灯片

PowerPoint 提供了多种创建幻灯片的方法:
① 在软件内部创建单张幻灯片,可以指定创建的位置与版式。
② 利用模板与主题创建演示文稿。

---

① 限于篇幅,有关演示文稿设计的基本操作,将在本教材的“配套资源\在线补充资源”中介绍,需要学习这部分内容的读者可以自学完成。

PowerPoint 模板是以扩展名为"＊.potx"保存的包含版式、主题颜色、主题字体、主题效果和背景样式的一张或一组幻灯片文件。

PowerPoint 拥有强大的模板功能，提供了多种不同类型的内置免费模板，也可以创建自己的自定义模板（如图 4-3-10 所示）；还可以输入关键词从 Office.com 和其他合作伙伴网站上获取多种免费模板。

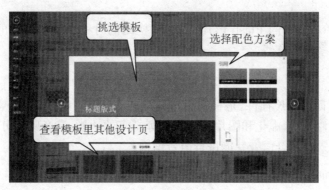

图 4-3-10　模板的使用

③"复制选定幻灯片"功能可以对文档中原有的部分幻灯片进行再次复制。

④"幻灯片（从大纲）"功能可以快速将 Word 文稿转换为多张幻灯片。

⑤"重用幻灯片"功能可以打开其他的演示文稿，在重用幻灯片窗格中出现的幻灯片列表里，单击选择使用部分幻灯片插入文档。

(2) 格式化——大纲视图

大纲视图相对普通视图，文字内容是连续显示的，可以方便地跨页面选择部分文字，以批量设置字体或者段落，如图 4-3-11 所示。在设计文稿之初，善用大纲视图编写幻灯片的结构纲要，可方便地拆分或者合并文稿的层级，也利于后续修改格式时可快速地进行批量调整。

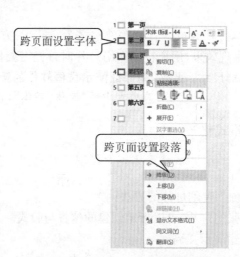

图 4-3-11　大纲视图下调整层级

例 4-28　演示文稿的重用和批量调整格式

① 启动 PowerPoint 应用程序,在文档窗口中选择"空白演示文稿"。

② 在默认的第一张幻灯片的标题中输入"小小数据大大信息",设置格式为微软雅黑、48磅、加粗,颜色的 RGB 参数为"191、52、32"。

③ 单击"快速访问工具栏"中的"保存"按钮,或是单击"文件"选项卡,选择"保存"命令,在弹出的"另存为"对话框中输入文件名"L4-28-1. pptx",保存类型是"PowerPoint 演示文稿",将文件保存在适当位置。

④ 单击"开始"选项卡的"幻灯片"组中的"新建幻灯片"下拉箭头,选择"重用幻灯片"命令,在右侧窗格中点击"浏览"按钮,选择"配套资源\第 4 章\L4-28-2. pptx"文件,依次将弹出幻灯片,点击后将其追加进"L4-28-1. pptx"中并保存。

⑤ 单击"视图"选项卡的"演示文稿视图"组中的"大纲视图"按钮,按"〈Ctrl〉+〈A〉"组合键,全选所有幻灯片。

⑥ 单击"开始"选项卡的"字体"组中的"字体"下拉箭头,选择"微软雅黑"字体。

⑦ 单击"视图"选项卡的"演示文稿视图"组中的"普通"按钮,回到编辑窗口。

(3) 格式化——应用设计工具栏

应用主题可以简化制作高水准演示文稿的创建过程。

演示文稿设计栏有三部分:主题、变体、自定义。主题是一组统一的设计元素,它使用颜色、字体和效果来设置所有幻灯片的外观。PowerPoint 提供了多个标准的预建主题,变体是对设计主题的进一步延展,通过更改颜色、字体和背景样式效果后生成自定义主题。这些设置会全局影响演示文稿中的所有幻灯片。

例如,新建的演示文稿幻灯片因为来源多样,排版风格不统一,可以使用"重设幻灯片"和"变体"组中的"字体"功能,快速重置单张或者全部幻灯片的版式,包括如内部元素的位置、大小与格式等。这种重置操作改变的是元素相对于幻灯片的位置与大小,元素内部不会变动。

例 4-29　重设幻灯片

① 打开"配套资源\第 4 章\L4-29-1. pptx"文件,发现各张幻灯片的文字字体与位置较为混乱。

② 选择全部四张幻灯片并单击鼠标右键,选择"重设幻灯片",查看文字位置。

③ 选择全部四张幻灯片,单击"设计"选项卡中的"变体/字体",将所有幻灯片文字设置为黑体,样张可查看"LYZ4-29-1. pptx"文件。

需要注意的是,修改的文字应在幻灯片的占位符中。另外在 PowerPoint 中,对局部做的设置优先级别是最高的,也就是说当在使用主题设计时,系统会保留之前的个性化设置,不会自动替换。

(4) 格式化——应用设置为默认

为保证文稿的规范性,用户所使用的图形与文本框在样式上应固定统一。利用"设置为默认文本框"功能可将一个设置好边框、字体、字号、段落等的文本框作为默认样式,以后新建的文本框样式都会与这个样式一致。同样,当用户设置好某个形状的效果后,右击鼠标,在快捷菜单中将其"设置为默认形状"，以后新建的形状样式也都会与这个样式一致。新建默认样式之前已有的文本框或者图形可通过"格式刷"快速修改样式。

(5) 格式化——套用 SmartArt

SmartArt 中有各式各样的关系图表，单击"插入"选项卡"SmartArt"按钮，将文字或者图片添加入 SmartArt 可以得到格式一致的显示效果。此外，调整 SmartArt 的布局和配色十分方便，能减少大量重复性操作；替换文字或者图片也更加简便，无须再次处理替换之后的图片样式。活用 SmartArt 可以快速制作风格统一且较为规范的演示文稿。

(6) 格式化——节

在 PowerPoint 中，可以将幻灯片分组，以节的形式来管理，从而增强管理的层级性。在导航窗格内选择某一节，可以单独设计本节所含幻灯片的主题、切换或者版式。通过对幻灯片标记并将其分成多个节，可以与他人协作创建演示文稿。

2. 幻灯片的超链接和动画效果

(1) 超链接与动作效果

通过应用超链接和动作效果，可以实现幻灯片与幻灯片之间、幻灯片与其他外界文件或程序之间以及幻灯片与网络之间的自由转换。在制作观众自行浏览的演示文稿时，超链接和动作按钮能更好地平衡观众的自主选择和引导观众按一定顺序浏览这两种需求。

① 应用超链接。选择要添加超链接的文本或对象，单击"插入"选项卡"链接"组中的"超链接"按钮，在弹出的"插入超链接"对话框中选择链接目标，目标有四类：现有文件或网页、本文档中的位置、新建文档、电子邮件地址。

② 添加动作按钮。如要添加特定动作，可选择要添加动作按钮的幻灯片，单击"插入"选项卡"插图"组中的"形状"，在展开的"形状"库中，最后一类形状是 PowerPoint 预置的一组带有特定动作的图像按钮，如图 4-3-12 所示。选择要添加的按钮形状，单击幻灯片上的放置动作按钮的位置，然后拖动鼠标绘制动作按钮，在弹出的"动作设置"对话框中，通过"单击鼠标"选项卡或"鼠标悬停"选项卡的设置即可完成特定动作效果的设定。

图 4-3-12　动作按钮

如要添加自定义动作，可选择要添加动作按钮的幻灯片，选择动作按钮形状或文本框并在幻灯片上绘制，单击"插入"选项卡"链接"组中的"动作"按钮，在弹出的"动作设置"对话框中，通过"单击鼠标"选项卡或"鼠标悬停"选项卡的设置来完成动作效果的设定。

(2) 切换效果与设置

幻灯片的切换效果是指一张幻灯片切换到另一张幻灯片时，屏幕的变化方式，包括切换效果、切换速度及伴随声音、换片方式。利用幻灯片的切换效果可以更好地增强演示文稿的播放效果。切换方式包括鼠标控制、时间控制等方式，适合演讲者需要自己控制节奏的场合。

① 添加切换效果：选择要添加切换效果的幻灯片，单击"切换"选项卡"切换到此幻灯片"组中的快翻按钮，从展开的预设"切换效果"库中选择所需的切换效果。

② 设置切换速度和伴随声音：在"切换"选项卡中"计时"组的"声音"下拉列表中，选择所需的声音；在"持续时间"框中，键入或选择所需声音的持续时间。

③ 设置幻灯片的换片方式：选择要设置的幻灯片（可以是多张幻灯片），在"切换"选项卡的"计时"组的换片方式中，勾选"单击鼠标时"换片方式和"设置自动换片时间"，并在"设置自动换片时间"文本框中键入换片时间。

另外，平滑是演示文稿的新效果，在 Office 365 中可以见到。在两张幻灯片中分别插入矩形和圆形，平滑切换能完成平滑的过渡变形效果，如图 4-3-13 所示。

图 4-3-13　幻灯片平滑切换效果

(3) 动画效果与设置

在幻灯片中设置动画能使幻灯片上的文本、形状、声音、图像、图表和其他对象具有动画效果，以达到突出重点、灵活排版，以及提高演示文稿的观赏性的目的。

① 添加动画。动画分为四类：进入、强调、退出和动作路径。选择要添加动画的对象，单击"动画"选项卡"动画"组中的快翻按钮，即可从"动画"库中选择所需的动画效果。此外，在幻灯片中的对象上可以添加多个动画。选择要添加动画的对象，单击"动画"选项卡"高级动画"组中的"添加动画"按钮，在展开的窗口中，选择需要添加的动画效果。同一对象可以添加多个动画，但操作中要注意添加和替换的区别。

② 复制动画。使用动画刷可以复制动画效果。选中需要复制动画的幻灯片中的对象，单击或双击"动画"选项卡"高级动画"组中的"动画刷"按钮，单击新对象完成一次或多次的复制动画效果。

③ 触发器。触发器可以实现动作经过某种触发才会执行的效果。一个触发器可以同时触发多个动作，一个对象的不同动作也可以由不同触发器触发。

善用动画窗格、计时、正文文本动画可以设计丰富的复杂动画。例如将动画的重复次数设定为一个小于 1 的数字，动画会停止在动画进行的中途，并保留瞬间状态。

将动画效果和切换效果组合使用，可以创作出多种不同的动态效果。在演示文稿的制作过程中，如有需要强调的元素时可以考虑使用动画效果。动画效果还适合呈现需要化整为零的复杂图例以及一些过程性、推理性、工艺性的描述与展示。是否应用动画效果和切换效果主要是通过其对演示文稿逻辑展现是否具有推动作用来衡量的，如不必要就尽量减少使用。

例 4-30　打开"配套资源\第 4 章\L4-30-1.pptx"文件，做一个光束效果的动画。完整样张参见"LYZ4-30-1.pptx"。

① 本步骤不需要操作。简单了解一下 Office 应用商店，在菜单栏的"插入"选项卡中有"加载项"组，其内的"应用商店"中有各种各样的辅助制作工具，可以通过"分类"来查找一些高质量的应用，以进一步丰富幻灯片的制作手段（建议使用 Windows 10 和 Edge 浏览器最新版

本）。下载下来的应用可以在"我的加载项"中看到，方便用户使用。观察幻灯片中来自"应用商店"的"梅花"和"桃心"两个图形，在搜索框内输入"Emoji Keyboard"，点击"添加"完成应用加载后，即可插入到幻灯片中，如图 4-3-14 所示。

② 本步骤不需要操作。观察并分析幻灯片中光束的制作方法，如图 4-3-14 所示。提示：绘制一个三角形和圆形并将它们进行组合，然后将其复制并旋转，再将这两个组合形状再次进行组合，使其变为一个对称的整体光束形状，注意摆放的位置。

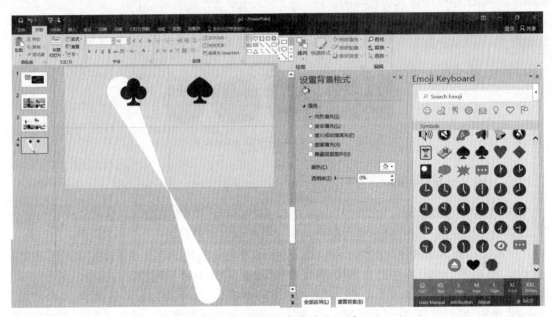

图 4-3-14　制作光束基本元素

③ 设置点击"动作"按钮触发光束动画效果。单击"动画"选项卡，在展开的窗口中为光束形状添加"缩放"的进入动画。单击"动画"选项卡中的"动画窗格"，双击窗格中的第一个动画，如图 4-3-15 所示设置"计时"对话框中的参数。

图 4-3-15　动画参数设置（1）　　　　图 4-3-16　动画参数设置（2）

④ 单击"动画"选项卡"高级动画"组的"添加动画"下拉箭头,为光束添加"陀螺旋"的强调动画。双击动画窗格里的对应动画,在弹出的对话框中选择"效果"选项卡,点击"数量"下拉箭头,在"自定义"中输入"80"后敲击键盘〈Enter〉键(切勿直接点击确认),此时在数量中会出现"80°顺时针",如图 4-3-16 所示。点击"确定"按钮关闭对话框。

⑤ 单击"动画"选项卡"高级动画"组的"添加动画"下拉箭头,为光束再次添加第二个"陀螺旋"的强调动画。双击动画窗格里的对应动画,在弹出的对话框中选择"效果"选项卡,点击"数量"下拉箭头,在"自定义"中输入"－80"后敲击键盘〈Enter〉键,此时在数量中会出现"80°逆时针",点击"确定"按钮关闭对话框。在"动画"选项卡的"计时"组中,设置两次"陀螺旋"动画均为"上一动画之后"。

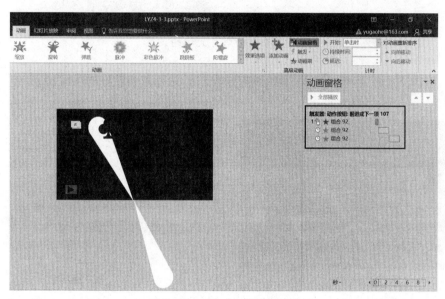

图 4-3-17　光束动画效果图

3. 幻灯片的设计与美化技术

幻灯片的设计与美化要以所面向人群的特点、需求为前提,从观众的角度出发设计文稿,在清晰呈现逻辑的前提下提升幻灯片内元素的呈现形式,以吸引观众的注意力,引导观众思维,增强观众体验度。通过"设计"选项卡"自定义"组中的命令能调整幻灯片大小,如图 4-3-18 所示。在制作演示文稿初期一定要确定此项,设置合理尺寸以配合播放场地的需求。

(1) 文字

文字设计要从字体、字号和样式效果综合考量。标题字要醒目,大字号能增强注意力,如图 4-3-19(a)所示。正文要易读,可通过变换字号产生对比感。学术报告类幻灯片的正文和标题文字建议采用微软雅黑、黑体等无衬线类字体,文字颜色与背景色对比度高,不超过三种字体和颜色。适度调整段落行距,不要过于紧密,栏宽不宜过长,如图 4-3-19(b)所示。文字也可以用于装饰,但要注意切合文稿主题风格,如图 4-3-19(c)所示。整段文字要按层级划分开,增

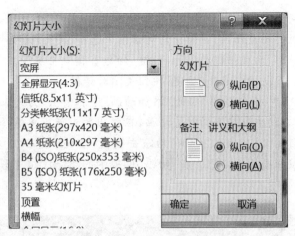

图 4-3-18　幻灯片大小的设置

加易读性，如图 4-3-19(d)所示。另外要注意字库支持，选择兼容性好的字体。

（a）　标题醒目

电子书包

以M区中小学学生的家长为调查对象设计问卷。

根据问卷原始数据，有些家长表示孩子所在班级已经参加了电子书包试点项目，抽取其中满足上述条件的400份有效问卷作为研究分析使用。

以下的样本数据分析都是针对孩子已经参加过电子书包项目的家长，这些家长对电子书包已经有了基本的了解。

（b）　段落行距适宜

（c）　文字装饰

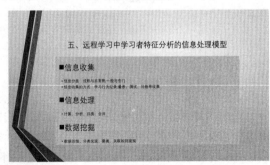

（d）　文字层级处理

图 4-3-19　文字的设计

此外，幻灯片支持的墨迹公式功能支持手写插入公式；墨迹书写支持将手绘笔或者荧光笔痕迹添加到文档中，能识别四边形、三角形和圆形。具体操作方法为：

① 选择"插入"选项卡中的"符号"组，单击"公式"下拉箭头，选择"墨迹公式"。

② 单击"审阅"选项卡，选择"墨迹"组的"开始墨迹书写"。

例 4-31 制作文字云

本例样张参见"配套资源\第 4 章\LYZ4-31-1.pptx"文件。本例需要使用 Office 应用商店完成,详见例 4-30 说明。

① 新建空白幻灯片,在"标题文本框"中输入多行英文。

② 单击"插入"选项卡"加载项"组的"应用商店"中的箭头,在对话框中键入"Word Cloud"进行搜索并单击"添加"按钮,如图 4-3-20 所示。

图 4-3-20 添加应用商店

③ 单击"插入"选项卡下的"加载项"组的"我的加载项",选择"Pro Word Cloud"。选中文本框,在右侧窗格内设置各项参数并单击生成按钮,将生成的文字云复制即可使用。如不满意可以多次单击生成按钮刷新随机方案,如图 4-3-21 所示。

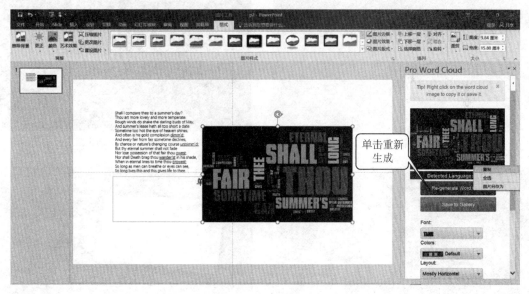

图 4-3-21 设置参数生成文字云

(2) 图片与形状

图片与形状有装饰和延展幻灯片的作用,以插图、图标、背景或布局形式出现在幻灯片中,虚化、边框、蒙版、Merto 风格等是常用的设计方式。要选用与主题有紧密关联，能传达幻灯片文字的意境，能感染观众情绪的高清图片，同时注意构图与比例，以保持视觉上的均衡与舒适性。在选用图标方面，要注意位置对齐、风格统一，比如线性、阴影等细节要一致，位置和大小要符合其信息层级，不易过大或者过于抢眼。这里列举了一些不同的图片与形状搭配使用的效果，如图 4-3-22 所示。图形与形状组合时的基本操作如下：

① 单击"图片工具/格式"动态选项卡"大小"组中的"剪裁"可自由剪切图片。

② 单击"绘图工具/格式"动态选项卡"插入形状"组中的"合并形状"，可完成布尔运算。

③ 单击"图片工具/格式"动态选项卡"调整"组内命令可按需求抠图或改变图片色调、清晰度。

(a) 抠图

(b) 三分构图法

(c) 图标分类

(d) 布尔运算与拼图

(e) 利用形状做蒙版

(f) 样机处理

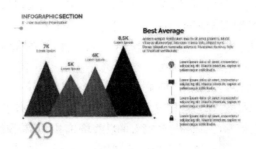

（g）形状图表

（h）利用形状底纹布局

图 4-3-22　图片与形状的搭配

例 4-32　布尔运算

打开"配套资源\第 4 章\L4-32-1.pptx"文件，按如下要求操作，样张如"LYZ4-32-1.pptx"文件所示。

① 在选中图片的同时选中文字（先选图片，再选文字）。

② 选择"绘图工具/格式"中的"合并形状/相交"命令，即可得到布尔运算的效果，文字与图片整合在了一起。注意图片与文字的叠放顺序。

③ 完成效果如图 4-3-23 所示。

图 4-3-23　完成效果

例4-33　制作 Metro 风格的图片

打开"配套资源\第 4 章\L4-33-1.pptx"，按如下要求操作，样张为"配套资源\第 4 章\LYZ4-33-1.pptx"文件。

① 单击"开始"选项卡"幻灯片"组的"新建幻灯片"命令，插入第二张幻灯片。

② 在"插入"选项卡的"表格"组，点击"表格"按钮，插入一个 4 行 9 列的表格。在"表格工具/设计"选项卡的表格样式选项中去掉标题行。在"表格工具/布局"选项卡的"表格尺寸"中，设置表格高度为 6 厘米。

③ 鼠标右击表格外框线，选择"设置形状格式"，在"填充"组内点选"图片或纹理填充"，将素材图片"L4-33-2.jpg"填充到表格中，勾选"将图片平铺为纹理"，图片位置参数如图 4-3-24 所示。

图 4-3-24　制作表格中的图片

④ 再次打开"设置形状格式"窗格，修改表格透明度为 40%，产生 Metro 风格的效果。

⑤ 复制一张表格，将其移至原表格下方，如样张调整其中部分单元格的透明度。

⑥ 鼠标右击表格外框线，选择"另存为图片"命令，将表格存成图片。删除下方的表格，插入由表格转成的图片。选择图片，在"图片工具"选项卡"调整"组的"颜色"中选择"饱和度 0%"，得到黑白的 Metro 风格的效果。

(3) 音频和视频

在幻灯片插入音频和视频能强化声情并茂的效果。在单击"插入"选项卡"媒体"组中的"音频"或"视频"按钮后，会自动显示"音频（视频）工具/格式"和"音频（视频）工具/播放"动态选项卡，它们能实现以下功能：

① 使用"标牌框架"命令，提取视频中某一帧做视频的封面。

② 使用"颜色"命令增加视频滤镜。

③ 使用"剪裁视频"命令去除部分片段。

④ 设置音视频书签，触发其他动画。

例 4-34　设置视频

打开"配套资源\第 4 章\L4-34-1. pptx",按如下要求操作,样张参见"LYZ4-34-1. pptx"文件。

① 点选幻灯片中的视频,单击"视频工具/格式"选项卡,选择"视频样式"组中的"视频边框"下拉箭头,为视频添加适当粗细的蓝色外框线。

② 点选视频素材,单击"视频工具/播放"选项卡,将"视频选项"组中的"开始"方式设置为"自动",视频即会自动播放。播放视频并在适当画面暂停,单击"视频工具/格式",选择"调整"组中的"标牌框架/当前框架",设置视频封面。

③ 依次选择幻灯片右侧五个文本框,选择"动画/出现",设置每个文本框的触发方式为对应视频中的各个"书签"(在"效果选项"的"计时"标签中设置)。"开始播动效果"为对应的书签。

④ 预览查看自动播放的效果。

(4) 设置幻灯片背景

使用 PowerPoint 可以方便地设置幻灯片的背景,改变演示文稿的整体外观。如图 4-3-25 所示,在平铺模式可更改窗格参数,可以形成不同的效果。当母版、版式和单张幻灯片均设置背景格式时,优先级从高到低依次是幻灯片、版式、母版。

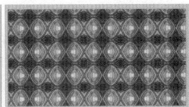

图 4-3-25　设置幻灯片背景参数

4. 幻灯片的版式结构和配色方案

(1) 版式结构

版式的功能是在保证重点信息突出的同时能保证层级关系的清晰。PowerPoint 支持 11 种基础版式,如选择不同的设计主题,配套的版式数量和选项各有不同,能适应不同的格式与排列要求。例如:相互并列的内容选择"两栏内容"版式;只有一张图表的内容选择"标题和内容"版式。排放在版式占位符中的文字可以在大纲视图里浏览,方便批量处理。

前文已有介绍,单击"设计"选项卡"幻灯片大小"组中的"自定义"命令,能选择不同尺寸类型的幻灯片。例如选择纵向 A4 版面,可以用 PowerPoint 编写书稿;也可以自定义尺寸,设计微信封面或者海报等。在幻灯片大小确定好后,版式结构也会有相应的改变,每种版式内容的占位符排版位置都会有所调整。

幻灯片中元素的间距能将幻灯片分割成不同的视觉单元。紧密或者疏离能产生并列或对比的关系。同时也要注意留白,避免因视觉上的杂乱而影响逻辑的表达。

幻灯片中多种元素共存时要注意对齐。版面工整有序会增加易读性和流畅性。如图

4-3-26 所示，幻灯片版面的上下、左右两边是相同空白的区域，三张图片等高、等齐，位于版心位置；图片之间间隔相同而边界留白更宽，使得三张图有紧密的并列感；图片下方的文字居中对齐，间隔相同；人像角度相似，视觉效果对称、平衡且舒适。

图 4-3-26　对齐应用版式

PowerPoint"视图"选项卡"显示"组中的命令（如参考线、网格线），"格式"动态选项卡"排列"组中的"对齐"命令，都可以精准辅助幻灯片内各元素进行对齐。另外，善用表格、线条也可以增加版式的丰富性。

(2) 配色方案

幻灯片有两种颜色模式：一种是 RGB 模式，RGB 模式中有 256 级亮度，RGB 数值越高表示亮度越高，RGB(0,0,0)显示黑色，RGB(255,255,255)显示白色；另一种是 HSL 模式，其中 H 是色相，S 是饱和度，L 是亮度，HSL 同样有 256 级。

幻灯片配色首先要保证内容能够被清楚看到、易识别。其次是要根据内容选择色调。不同的颜色会给人带来不同的主观感受和情绪，如学术类、科技类文稿常选择蓝色系，教育、装修行业常使用绿色。基调色与文稿主题的契合度，是配色考虑要素之一。幻灯片中有多种颜色时，可以选择同一色系或者同一饱和度，以使配色方案更为和谐。

PowerPoint 支持在主题选定后，更改配色方案。单击"设计"选项卡"变体"组中的"颜色"可以快速适配。配色方案包括设置文字、背景、超链接。Office 内置了 23 种配色方案，同时支持用户自定义个性化的配色方案，且自定义配色方案支持多次跨文档使用，可以满足一般配色需求。

大多数公司的 LOGO 和 VI 视觉设计，也是常用的配色方案参考依据，PowerPoint 中"取色器"能识别屏幕上的颜色，方便提取已有图像的颜色，但利用"取色器"提取主色和辅色的数量建议不超过三种。

一些专业的设计网站为不同领域不同行业提供了很多设计配色方案，方案有单色搭配、互补色搭配、三角形搭配等。此外，用户还可以使用专业的色轮工具，以满足高级的设计需求。

5. 综合案例

例 4-35　幻灯片综合设计一

打开并查看"配套资源\第 4 章\L4-35-1. pptx"文件，完成实验内容。本例素材在"配套资源\第 4 章"文件夹中。按下列要求操作，最终结果可参见

例 4-35 微课视频

"LYZ4-35-1.pptx"文件。

(1) 为幻灯片添加"图文框"形状

① 选中第5张幻灯片,单击"插入"选项卡"插图"组中的"形状"按钮,插入基本形状中的"图文框"形状。

② 鼠标右击"图文框"形状,在快捷菜单中选择"设置形状格式",在右侧的任务窗格中选择"填充"里的"图片或纹理填充",单击"文件"按钮,选择素材图片"L4-35-2.jpg",为形状填充图片效果。

③ 再次选中"图文框"形状,在"图片工具/格式"动态选项卡"调整"组中,选择"颜色"下拉箭头,选择"饱和度:0%"选项,如图4-3-27所示。

(2) 为幻灯片添加图片并去除背景

① 继续选中第5张幻灯片,单击"插入"选项卡"图像"组中的"图片"按钮,插入图片"L4-35-3.png"。

② 选中图片,在"图片工具/格式"动态选项卡的"调整"组中,选择"删除背景"按钮,通过适当增加与减少标记,将吉祥物之外的背景删除,完成后适当调整图片位置,如图4-3-27所示。

图4-3-27　焦点之战

(3) 在幻灯片中插入SmartArt图形

① 选中第8张幻灯片,单击"插入"选项卡"插图"组中的"SmartArt"按钮,选择"交替六边形"图形,将图形颜色调整为"彩色范围-个性色5至6"。适当缩小图形并移至合适的位置。

② 选中SmartArt图形,在"SmartArt工具/设计"动态选项卡的"创建图形"组中,选择"添加形状"下拉箭头,适当增加形状个数。完成后运用鼠标拖放的方式移动个别形状位置,并添加文字,效果如图4-3-28所示。

(4) 为幻灯片添加数据表

① 选中第11张幻灯片,单击"插入"选项卡"插图"组中的"图表"按钮,插入簇状柱形图。

② 在弹出的表格中,如图4-3-29更改表格数据,完成后适当调整图表位置。

注:如未弹出表格或不小心将表格关闭,可在"图表工具/设计"动态选项卡"数据"组中,单击"编辑数据"按钮调出数据源表格。

(5) 为幻灯片添加音频

① 选中第1张幻灯片,单击"插入"选项卡"媒体"组中的"音频"下拉箭头,选择"PC上的音频",插入文件"L4-35-4.mp3"。

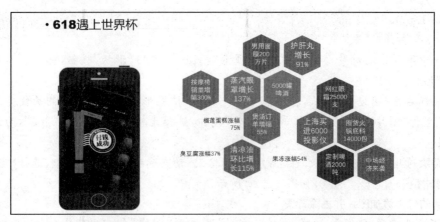

图 4-3-28　SmartArt 图形效果

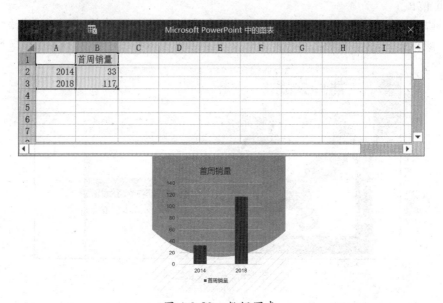

图 4-3-29　数据图表

②　选中音频，在"音频工具/播放"动态选项卡"编辑"组中，选择"剪裁音频"按钮剪裁音频，参数如图 4-3-30 所示。

③　选中音频，点击"向前移动"按钮，找到"00：03：75"时间节点，在"音频工具/播放"动态选项卡"书签"组中，选择"添加书签"按钮，在"00：03：75"时间节点添加书签。

④　选中音频，在"音频工具/播放"动态选项卡"音频选项"组中，点选设置"自动"开始、"循环播放，直至停止"、"跨幻灯片播放"、"放映时隐藏"、"播完返回开头"五项。

(6)　为幻灯片添加录制的音频

选中第 9 张幻灯片，单击"插入"选项卡"媒体"组中的"音频"下拉箭头，选择"录制音频"，单击红色圆形按钮，录制自己的解说声音，如图 4-3-31 所示。

(7)　使用演示者视图放映幻灯片

①　当连接投影仪后，单击"幻灯片放映"选项卡，勾选"使用演示者视图"，按〈F5〉键放映。

②　如没有连接投影仪，按"〈Alt〉＋〈F5〉"组合键，可强制使用演示者视图，如图 4-3-32 所示。

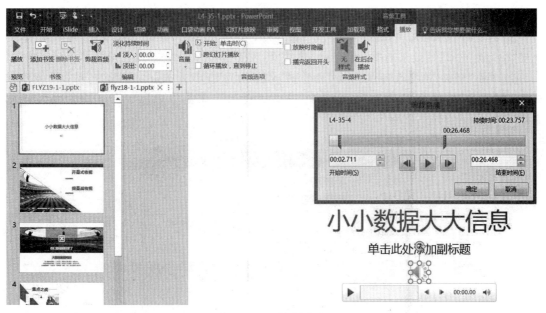

图 4-3-30　编辑音频

图 4-3-31　录制声音

图 4-3-32　演示者视图

(8) 为幻灯片上的数字设置动画效果

① 选中第 2 张幻灯片，选择数字 1，单击"动画"选项卡"动画"组中的"缩放"动画效果，并设置"幻灯片中心"的效果选项，在"计时"选项卡，设置开始为"上一动画之后"，其他保持默认。

② 单击"动画"选项卡"高级动画"组中的"添加动画"下拉箭头，选择"脉冲"动画。双击该动画，在"计时"选项卡中，设置开始为"与上一动画同时"，重复"3 次"，如图 4-3-33 所示，其他保持默认。

图 4-3-33　参数设置

③ 选中数字 1，单击"动画"选项卡的"高级动画"组中的"动画刷"，将动画效果复制到第 6 张（数字 2）和第 10 张（数字 3）幻灯片的数字对象中。

(9) 为第 4 张幻灯片设置动画效果（动画均设置为"上一动画之后"）

① 选择最下面的"矩形 7"文本框，单击"动画"选项卡"动画"组中的"浮入"动画效果，并设置"下浮"、"按段落"的效果选项，在"效果"选项卡，设置动画文本为"按字母"、"非常快(0.5 秒)"，如图 4-3-34 所示。

图 4-3-34　参数设置　　　　　　图 4-3-35　参数设置

② 分别选择"文本框 3"(白色方形图标)和"矩形 14"(文字"他们都提前回家了"),单击"动画"选项卡的"动画"组中的"压缩"(在"温和型"中)动画效果,如图 4-3-35 所示。将动画的开始均设置为"上一动画之后"。

(10) 为 SmartArt 图形设置动画效果

① 选中第 8 张幻灯片,选择 SmartArt 图形,单击"动画"选项卡"动画"组中的"出现"动画效果,并设置"逐个级别"的效果选项,计时选择"上一动画之后",持续时间为"0.25",如图 4-3-36 所示。

图 4-3-36　参数设置

② 选择 SmartArt 图形,单击"动画"选项卡"高级动画"组中的"添加动画"下拉箭头,选择"强调"组中的"闪烁"动画效果,并设置"逐个级别"的效果选项,计时选择"上一动画之后"、"非常快(0.5 秒)",如图 4-3-37 所示。

图 4-3-37　参数设置

③ 选择 SmartArt 图形,单击"动画"选项卡"高级动画"组中的"添加动画"下拉箭头,选择"强调"组中的"加深"动画效果,并设置"逐个级别"的效果选项,计时选择"上一动画之后"、"非常快(0.5 秒)"。

(11) 观察动画制作效果

观察并分析第 1 张、第 3 张幻灯片动画效果制作结果。观察并体会第 13 张幻灯片交互动画效果制作结果。

例4-36　幻灯片综合设计二

打开并查看"配套资源\第4章\L4-36-1.pptx"文件，完成实验内容。本例素材在"配套资源\第4章"文件夹中。按下列要求操作，最终结果可参见"LYZ4-36-1.pptx"文件。

(1) 为幻灯片调整顺序

① 选中第2张幻灯片，拖动鼠标将其移至最后一张幻灯片。

② 将第2张幻灯片内的两张图片分别剪切并粘贴到第1张幻灯片内任意位置。

③ 将空白的第2张幻灯片删除。

(2) 修饰幻灯片

① 选中第1张幻灯片，鼠标右击幻灯片空白处，在快捷菜单中选择"设置背景格式"，在右侧的任务窗格中选择"填充"里的"渐变填充"，单击"预设渐变"下拉箭头，选择如图4-3-38所示的背景色"底部聚光灯-个性色4"。

② 选中第1张幻灯片中的图片，在"图片工具/格式"动态选项卡的"调整"组中，选择"删除背景"按钮，通过适当增加标记，将白色背景删除，完成后适当调整图片位置，如图4-3-39所示。

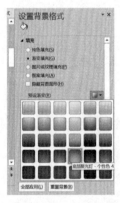

图4-3-38　参数设置　　　　　　图4-3-39　效果图

③ 选择文字"2008奥运歌曲"，单击"开始"选项卡"字体"组中的"字体"下拉箭头，选择"华文琥珀"字体，字号为"88"，颜色为"红色"。

④ 选择文字"那些激励我们的歌儿"，单击"插入"选项卡"链接"组中的"超链接"，设置文字超级链接到网址"www.baidu.com"。

(3) 设置图片动画

① 选中第2张幻灯片中的图片，单击"动画"选项卡"动画"组中的"缩放"，设置参数为"对象中心"效果选项、"上一动画之后"，持续时间为"00.50"。

② 单击"动画"选项卡"高级动画"组中的"动画刷"，将动画效果复制到第3张、第4张、第5张幻灯片的图片上。

(4) 设置标题幻灯片动画

① 选择第1张幻灯片中的印章图片，单击"动画"选项卡"动画"组中的"脉冲"动画。在"动画窗格"中双击该动画，在"计时"选项卡中设置开始为"上一动画之后"，期间为"快速(1

秒)",重复"5 次",其他保持默认,如图 4-3-40 所示。

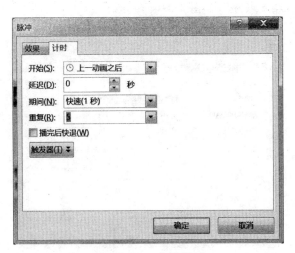

图 4-3-40　参数设置

②　继续选择印章图片,单击"动画"选项卡"高级动画"组中的"添加动画"下拉箭头,选择"淡出",设置参数为"上一动画之后",持续时间为"00.50"。

③　选择文字"2008 奥运歌曲",单击"动画"选项卡"动画"组中的"擦除"动画,设置参数为"自左侧"效果选项、"上一动画之后",持续时间为"00.50"。

④　选择福娃图片,完成下落的动画。单击"动画"选项卡"动画"组中的"直线"动画效果,并设置"下"的效果选项。双击"动画窗格"中的该动画,在"计时"选项卡设置开始为"上一动画之后",期间为"中速(2 秒)",如图 4-3-41。在"效果"选项卡设置平滑开始"1 秒",平滑结束"0秒",弹跳结束"1.2 秒",如图 4-3-42 所示。

图 4-3-41　参数设置

图 4-3-42　参数设置

(5) 设置最后一张幻灯片动画

①　选择歌词部分的文字,单击"动画"选项卡"动画"组中的"浮入"动画,设置参数为"上浮"、"按段落"效果选项、"上一动画之后",持续时间为"00.50"。双击"动画窗格"中的该动画,

在"效果"选项卡设置动画文本为"按字母"，"10％"字母之间延迟，如图 4-3-43 所示。在"正文文本动画"选项卡设置"相反顺序"，如图 4-3-44 所示。

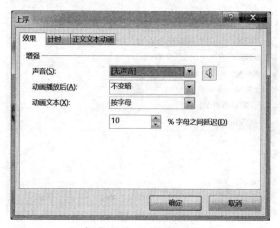

图 4-3-43　参数设置

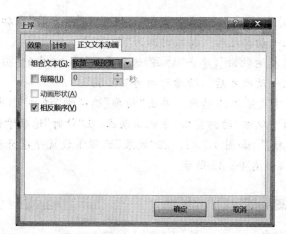

图 4-3-44　参数设置

② 在右侧"动画窗格"中，选择文字的动画，将动画顺序改为先播放文字再播放图片。

③ 在右侧"动画窗格"中，将文字动画展开，再选择图片动画，将其上移至文字动画中，使其动画出现顺序如图 4-3-45 所示。

图 4-3-45　动画顺序设置

4.3.3　演示文稿设计

1. 演示文稿布局的设计方法

(1) 创建演示文稿

① 启动 PowerPoint 应用程序,系统默认创建了名为"演示文稿 1"的空白演示文稿。空白演示文稿是 PowerPoint 中最简单且最普通的模板,在这个模板中的幻灯片除了标题格式外,没有任何格式配置。在"文件"选项卡上,单击"新建",在"模板和主题"列表框下,选择演示文稿模板。

② 在任意一个幻灯片窗口按"〈Ctrl〉+〈N〉"快捷键也可新建空白演示文稿。

演示文稿布局有一些基本的设计原则:

第一,可识别和易接受。首先,在设计演示文稿时要统一规范字号、字体、颜色、对比度的设置。不能仅从制作者角度单方面进行设计,要从观众角度去审视演示文稿是否直观易懂,对不同的受众要有不同的、有针对性的呈现方式。其次,要从观众角度审视视觉效果,因为受众人群的文化、审美决定了信息是否能被有效提取和接受。

第二,流畅性。各幻灯片间的配合要有节奏感,能引导视线、带动情绪。在布局方面,不仅要考虑单页面效果,也要考虑其在整体中的定位以及上下幻灯片的关联性。

(2) 母版

母版是特殊的幻灯片,用于创建幻灯片的框架。一个演示文稿可以包含多个母版,每个母版可以拥有多个不同的版式。版式是构成母版的元素,是预先设定好的幻灯片的版面格式,每张幻灯片都是基于版式创建的。使用母版可以减少重复性工作,提高工作效率。母版、版式、页面是依次递减的限制关系,即普通页面的布局受版式的影响,版式的排版受母版影响。

幻灯片母版最基本的作用是批量添加幻灯片元素、页码或者占位符。占位符可以实现元素的快速替换,例如将占位符中的原有图片替换,图片的大小、样式都完全相同,无须二次排版。样式重复的内容应尽量减少使用直接插入的方式,而应多使用占位符。

PowerPoint 有 3 种母版类型:幻灯片母版、讲义母版和备注母版。单击"视图"选项卡"母版视图"组中的"幻灯片母版"按钮,可进入幻灯片母版视图,并自动显示"幻灯片母版"选项卡。幻灯片母版是最常用的母版,它包含 5 个区域:标题区、对象区、日期区、页眉页脚区和数字区。这些区域就是占位符,通过对母版上的这些占位符进行格式设置,能够控制所有基于该母版所创建的幻灯片中的标题、文本以及背景的格式,从而保证整个演示文稿中的所有幻灯片风格统一。将鼠标指针移动到左侧缩略图上,会浮现出窗口信息,如图 4-3-46 所示。

插入母版和版式可以通过以下方法:

① 进入幻灯片母版视图,单击"幻灯片母版"选项卡"编辑母版"组中的"插入幻灯片母版"按钮,即完成了母版的插入。

② 进入幻灯片母版视图,选中要插入版式的位置,单击"幻灯片母版"选项卡"编辑母版"组中的"插入版式"按钮,即在指定位置插入了新版式。

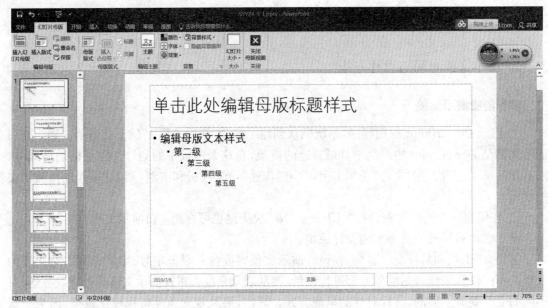

图 4-3-46　幻灯片母版视图

在幻灯片母版视图中可以通过以下方法设置母版格式：

① 在"开始"选项卡下，通过选择或单击"字体"组中各个按钮来实现字体格式的设置。

② 拖动占位符边界上的控制点至适当大小，即可调整占位符大小；拖动占位符边界至适当位置，即可移动和调整占位符的位置。

在幻灯片母版视图中可以通过以下方法设置版式布局：

① 取消"母版版式"组的"标题"和"页脚"复选框，能够隐藏标题和页脚、日期区与数字区占位符。

② 单击"母版版式"组中的"插入占位符"下拉箭头，选择需要的占位符类型即可在幻灯片窗格中的适当位置绘制占位符。要注意的是，更新的母版版式在关闭幻灯片视图回到普通视图后，需要使用"重设幻灯片"命令，才能看到更新后的效果。

(3) 节与缩放定位

在 PowerPoint 中，可以使用多个节来组织大型幻灯片版面，以简化其管理，方便导航；通过对幻灯片进行标记并将其分为多个节，可以使演示文稿层次分明。

缩放定位是 PowerPoint 2019 新增功能之一，能实现按预设的顺序在指定的幻灯片、节之间跳转，能部分呈现 Prezi、Cusky、AxeSlide 等软件整体到局部的效果。在"插入"选项卡上，单击"插入"，在"缩放定位"列表框下，选择相应选项。

① 摘要缩放定位：摘要缩放定位可以将选择的多张幻灯片缩略图集中展现，单击缩略图就可以实现从演示文稿的一个位置任意跳转到另外一个位置的效果。

② 节缩放定位：实现将幻灯片每一节的第一页作为缩略图，单击缩略图可方便快速地跳转到节首页幻灯片。

③ 幻灯片缩放定位：能在任意幻灯片内插入其他幻灯片的缩略图。

• 插入幻灯片缩略图：用鼠标从左侧导航区拖曳幻灯片到当前编辑幻灯片内。

• 可以在"图片工具/格式"动态选项卡,单击"调整"组中的"更改图片"重新设定缩略图,不影响演示效果。

例 4-37 为演示文稿分节,并在幻灯片视图中设置母版格式

打开"配套资源\第 4 章\L4-37-1.pptx",按如下要求操作,样张为"LYZ4-37-1.pptx"。

① 为演示文稿分节。选中第一张幻灯片,单击"开始"选项卡的"幻灯片"组中的"节",选择"新增节",将第一张幻灯片设置为第一节;单击普通视图左侧缩略视图中的第一与第二张幻灯片之间,使得鼠标在此位置闪烁,单击"开始"选项卡的"幻灯片"组中的"节/新增节",分出第二个节。以此方式,设置第二、三、四张幻灯片为第二节,第五、六张幻灯片为第三节,第七、八张幻灯片为第四节。鼠标右击各节,在快捷菜单中选择"重命名节",设置各节名称分别为"封面"、"爱情"、"尊敬"、"长寿"。

② 分别点选节标题,单击"设计/主题",为每小节单独设置一个主题,主题名依次为徽章、平面、柏林、框架(参照 LYZ4-37-1.pptx),并单击"设计/变体",设置配色方案均为"紫罗兰色"。

③ 鼠标右击普通视图左侧缩略视图中的第一张幻灯片,在快捷菜单中选择"版式",将第一张幻灯片的版式改为"节标题"。

④ 选择"尊敬"节标题,单击"视图/幻灯片母版",在左侧大纲视图中将未被使用的版式全部删除。鼠标移动到每一个版式上,凡提示"任何幻灯片都不使用"的版式均右击,在快捷菜单中选择"删除版式"。在剩余两页幻灯片中,分别右击,在快捷菜单中选择"设置背景格式",将背景颜色改为"淡紫,个性色 1"。单击菜单栏中的"关闭母版视图",退出母版视图。

⑤ 选择"爱情"节标题,单击"视图/幻灯片母版",在母版视图下设置标题文字为"等线,36磅",右侧正文字体为"等线,24 磅";点选左侧占位符,单击"绘图工具/格式",设置占位符边框为"淡紫,个性色 1",4.5 磅粗细,并退出母版视图。

⑥ 选择"封面"节标题,单击"视图/幻灯片母版",在母版视图下单击"插入/形状"中的心形形状,将其放置在幻灯片左侧,并退出母版视图。

⑦ 预览查看自动播放的效果。

(4) 演示文稿静态设计

演示文稿可以辅助提升演讲和展示的说服力,可以清晰形象地展现内容逻辑,因此从功能上可以将其分为"演讲型"和"阅读型"两种演示文稿。"演讲型"常用于发布会、演说或者工作会议,主要作用是辅助演讲者,侧重于展示形式,例如手机厂商的产品发布会。"阅读型"比较多用于毕业答辩、培训、报告等场合,更多侧重于信息与逻辑的高密度呈现,如咨询公司的行业分析报告。根据不同的功能侧重,演示文稿布局设计按照图文关系可以分为文字流、全图流和图文流。

① 文字流。文字流的主要特点是字号极大,近乎满屏;字体加粗饱满;颜色与主题一致,变化少;内容上只保留最简化的关键词。这种纯文字文稿的图案、文字与内涵三位一体,能带给观众强烈的视觉冲击力,如图 4-3-47 所示。制作时注意文字字体的选择,字体风格与主题匹配,排版上注意文字和留白的平衡、适度。

坚持 运动 强健自己的体魄

更高 更快 更强
Faster Higher Stronger
——更团结
Together

图 4-3-47　文字流

② 全图流。全图流的主要特点为：背景是一张铺满屏幕的图片，图片切合主题，高清有美感；图片上有少量说明类文字，精炼简短；图大字少。该类型的演示文稿常用于演讲场景，配合演讲者的叙述，为观众营造氛围，调动观众情绪。如图 4-3-48 所示。制作时强调以图为主导，文字点明主题，注重素材选择与设计。

图 4-3-48　全图流

③ 图文流在学术汇报、行业咨询中常常会见到，文字占比相对较大，因此页面表现力主要在于提升图版率，比如全图流就是图版率最高的。图 4-3-49 展现了一些设计感较强且布局合理的案例。要注意的是，演示文稿整体风格布局的统一性，设计要素的一致性。

（a）提炼关键数据

（b）改变文字内容底色

（c）图形分割版面

（d）图形装饰背景

（e）提炼视觉化符号

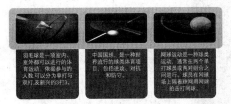
基本介绍

（f）相关图片修饰

图 4-3-49 图文流

(5) 演示文稿动态设计

动态效果（如动画和切换）在适合的情况下能增加演示文稿的流畅度，引导观众的视线。如图 4-3-50 所示，演示文稿统一采用色块布局，色块的动画效果和幻灯片间的切换效果在方向上配合，能流畅地呈现出项目各环节的顺序与连接。

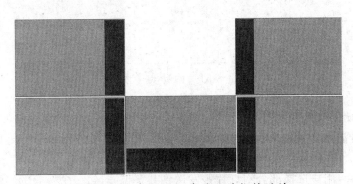

图 4-3-50 多张幻灯片动画的衔接设计

(6) 放映、分享与导出

① 放映。在"幻灯片放映"选项卡下，单击"设置"组中的"设置幻灯片放映"按钮，在弹出的"设置放映方式"对话框中，可以设置放映类型、放映范围、放映选项、换片方式等。在没有外接投影仪的情况下，可按"〈Alt〉＋〈F5〉"组合键强制使用演示者视图进行放映。

• 切换幻灯片：幻灯片进入放映状态，可以通过左击鼠标或按〈Page Down〉、〈↓〉键切换到下一对象的演示，通过按〈Page Up〉、〈↑〉键切换到上一对象的演示；也可以通过右键快捷菜单，单击快捷菜单中的"下一张"或"上一张"来切换幻灯片放映；还可以通过单击屏幕左下方的幻灯片放映工具栏按钮来切换幻灯片放映。

• 定位幻灯片：幻灯片进入放映状态时，直接输入页码数字，然后按回车键，幻灯片即跳转到目标位置放映。

• 局部扩大：幻灯片进入放映状态，右击鼠标，选择快捷菜单中的"放大"命令，可以在播放状态下对页面的某一部分放大浏览。

② 共享。PowerPoint 提供了四种共享方式，即与人共享、电子邮件、联机演示和发布幻灯片，以满足用户不同用途的需要，如图 4-3-51 所示。

• 与人共享：可以将文档保存到自己的 OneDrive 上，方式类似于保存在本地文件夹，方便

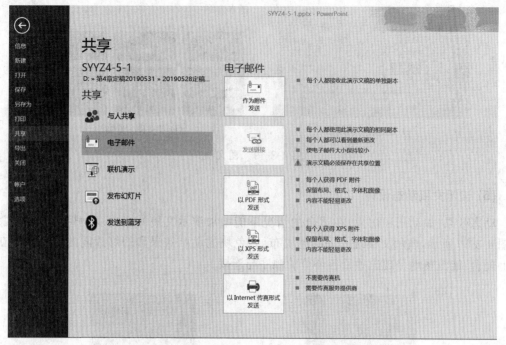

图 4-3-51　四种共享方式

用户从任何位置访问文件并随时与他人共享。

- 电子邮件：演示文稿以附件、链接、PDF 文件、XPS 文件或 Internet 传真的形式发送给其他人。
- 发布幻灯片：用户选择部分幻灯片并发送到共享位置，每一个发布的幻灯片单独保存为一个文件，方便修订，如图 4-3-52 所示。

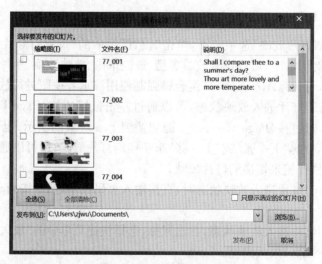

图 4-3-52　发布幻灯片

- 联机演示：不需要安装程序，其他用户使用接收到的链接，可同步观看用户的演示；图 4-3-53 是发送的链接，图 4-3-54 是其他用户查看的效果与界面。

图 4-3-53　共享链接

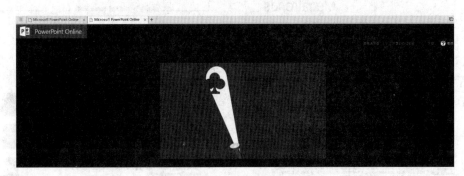

图 4-3-54　共享效果与界面

③ 导出。PowerPoint 提供了将演示文稿输出为其他类型文件的功能,以满足用户不同用途的需要。

• 通过"创建 PDF/XPS 文档",可将演示文稿保存为扩展名为"*.pdf"或者"*.xps"的文件,方便用户浏览或者打印文件。

• 通过"创建视频",可将演示文稿保存为扩展名为"*.wmv"或者"*.mp4"的文件。保存时可以选择视频质量,支持将演示文件导出为 1080P 高清视频,同时支持将录制的旁白一起合成到视频中。

• 为了能将制作完成的演示文稿分发或转移到其他计算机上播放,PowerPoint 提供了将演示文稿打包成 CD 的功能。

• 通过"创建讲义",可将幻灯片和备注放进 Word 文档中。

• 通过"更改文件类型",可将演示文稿保存为模板、图形文件以及其他类型的文件。

2. 罗兰贝格的 PPT 设计技术

罗兰贝格公司是一家知名的咨询公司,公司设计的文稿更多地被用于阅读和浏览,以帮助客户梳理信息与逻辑。由于文稿的信息量大,因此可将其称为阅读稿,观众称为阅读者,演示文稿软件主要扮演排版工具的角色。阅读稿最核心的内容是它承载的信息,其逻辑与数据能被清晰无误且严谨地表达是关键。

演示文稿的逻辑框架能清晰、有条理地呈现的基础是整理和归纳信息内容，这包括提炼文稿脉络的内容层级的优先级关系，如单张幻灯片内多个模块之间并列、递进或者比较的关系，同模块内各元素的关系。关系的梳理决定文稿的整体秩序感与节奏感。另外，内容系统化是通过知识图形化与数据图表化体现的。下面通过罗兰贝格公司的一些研究报告来理解表达可视化的过程。

　　① 目录页。目录是呈现整体架构的页面。目录设计通常是由文字内容与图示相结合的，图示或者图形起装饰和强化整齐的作用。另外，排版还重视对齐与均等，如图 4-3-55 所示。

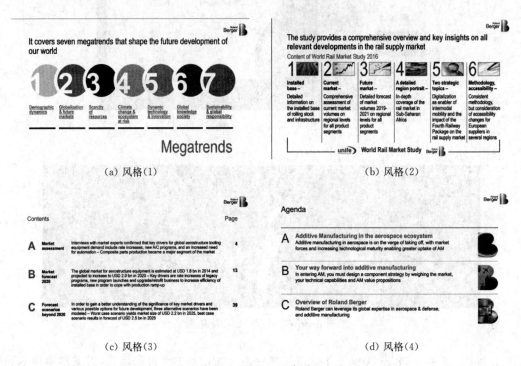

图 4-3-55　目录页

　　② 内容页。内容页常用的版式有中心型、左右型、上下型、矩阵型和包含型。

　　③ 图表。图表类型可依据数据特点选择，如柱形图可对各项目进行比较，折线图反映趋势，饼状图反映比例构成。在样式上偏向于使用扁平化设计。在配色上，图表与整体文稿的配色应一致，用灰色及淡色表示不太重要的数据，用更加醒目的颜色表示突出的关键性数据。另外，添加框线和箭头可强化对数据变化的表达。此外，数据标签是必不可少的，如图 4-3-56 所示。

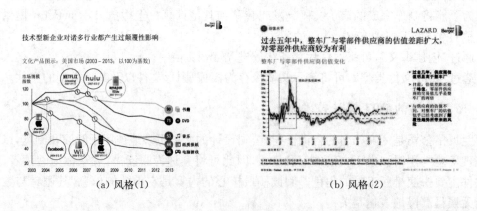

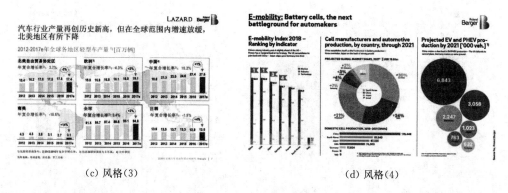

(c) 风格(3)　　　　　　　　　　　　　　　(d) 风格(4)

图 4-3-56　图表布局

④ 表格。表格设计和图表设计有很多相同之处。表格适用于多维度的数据分析和总结，常使用色块和文字颜色进行分级，以增加表格的易读性。关系紧密的单元格间分割线以淡色为主，排版时要注意内容对齐，文字多采用左对齐方式，如图 4-3-57 所示。

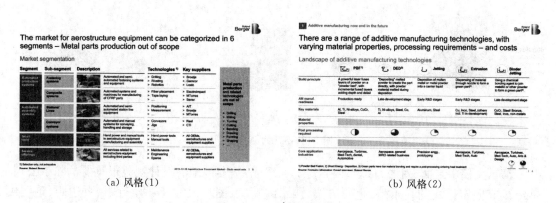

(a) 风格(1)　　　　　　　　　　　　　　　(b) 风格(2)

图 4-3-57　表格设计

⑤ 结论页。这一类页面的内容多依赖扁平化的图标与图形进行排版设计。用图标生成层次丰富的点、线、面关系，提升文字间的并列、对比、承续的关系。图标使用要注意大小、角度、粗细等细节，确保不要使其成为干扰项。增加项目符号能让文字内容的呈现更有条理，如图 4-3-58 所示。

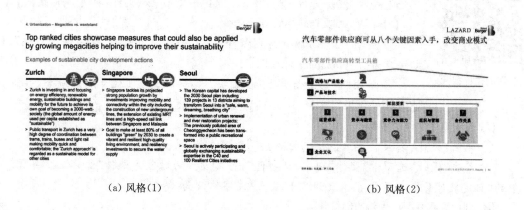

(a) 风格(1)　　　　　　　　　　　　　　　(b) 风格(2)

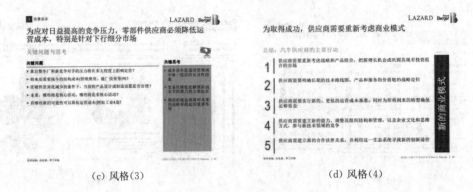

（c）风格（3）　　　　　　　　　　　　　　（d）风格（4）

图 4-3-58　结论页的关系、阐述

⑥ 其他页面。封面、封底、过渡页、转场页可将公司 logo 标志融合行业图片，凸显鲜明的风格化，如图 4-3-59 所示。

（a）风格（1）　　　　　　　　　　　（b）风格（2）　　　　　　　　　　　（c）风格（3）

图 4-3-59　过渡页设计

演示文稿由封面、封底、目录、内容等页面组成，一套详细的设计规范很重要。除了公司的 logo 要有固定模式的显示外，色彩方案、网络线宽度、图片尺寸、字号、行距、页边距、透明度、段间距、面积大小、线条粗细、圆角大小等细节的规则量化，会强化演示文稿的规范性和秩序感，固化演示文稿的风格，从而形成公司的独有特色。

3. 综合案例

例 4-38 微课视频

例 4-38　演示文稿综合设计

先查看"配套资源\第 4 章\LYZ4-38-1.pptx"文件，再完成实践内容。

（1）将 Word 文档转换为演示文稿

① 启动 PowerPoint 应用程序，在文档窗口中选择"空白演示文稿"，保存文件名为"LJG4-38-1.pptx"。

② 单击"新建幻灯片"下拉箭头，选择"幻灯片（从大纲）"命令，在弹出的对话框中找到"L4-38-1.docx"，生成多张幻灯片。

（2）设置演示文稿的主题

① 单击"设计"选项卡"主题"组中的"视差"选项。

② 单击"设计"选项卡"变体"组中的"颜色"，将其设置为绿色。选择"变体"组"字体"选项中的"自定义字体"，将西文字体改为"Arial"，中文字体改为"等线"。

（3）利用大纲视图产生新的幻灯片

① 在大纲视图左侧导航窗格内，删除第 1 张空白的幻灯片，然后选择第 7 张幻灯片中的

两行二级标题文字,右击,在弹出的快捷菜单中选择"升级"命令,产生两张新的幻灯片。

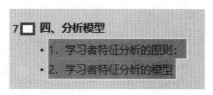

图 4-3-60　选中相应的两行文字

② 选中新生成的第 8 张页面,在右侧编辑界面内将标题序号的文字修改为"四、"。

③ 在大纲视图下点选第 7 张幻灯片,右击,在快捷菜单中选择"删除幻灯片"命令,删除幻灯片。

(4) 设置第 1 张幻灯片的版式

① 在普通视图下,右击第 1 张幻灯片,在快捷菜单中选择"版式/标题幻灯片"。

② 在副标题文本框中输入文字"答辩人:"。

③ 按"〈Ctrl〉+〈A〉"组合键全选第 1 张幻灯片内的文本框,在"绘图工具/格式"选项卡中,选择"排列"组中的"对齐"下拉菜单,使用"右对齐"命令,使其与标题文本框右对齐。

(5) 利用大纲视图合并幻灯片

选择第 3 张幻灯片,在大纲视图下的左侧导航窗格内,选择幻灯片中的文字,右击鼠标,选择快捷菜单中的"降级"命令,降低第 3 张幻灯片的层级。

(6) 设置第 4 张幻灯片的版式

① 在普通视图下,鼠标右击第 4 张幻灯片,在快捷菜单中选择"版式/标题与文本"。

② 适当调整标题文本框的宽度,调整标题文字的大小为"28"磅,并将其放置在幻灯片正上方。

(7) 插入表格

① 选中第 3 张幻灯片,单击"插入/表格",插入一个三行两列的表格,复制"配套资源\第 4 章\L4-38-1.docx"中的相应文字到该表格中。

② 选择第一行所有单元格,单击"表格工具/布局/合并单元格"命令合并表格标题行并将表格内所有文字居中设置。

③ 选择整个表格,在右击快捷菜单中选择"设置形状格式",在右侧面板中选择"大小与属性",设置水平位置 7 厘米、左上角,设置垂直位置 7 厘米、左上角,使表格位于版心位置。

(8) 在母版视图中插入"日期和时间",设置所有幻灯片文字的大小

① 单击"视图/幻灯片母版",选择左侧导航里的第 1 张版式,选择"插入/日期和时间",勾选对话框中的"日期和时间"、"自动更新"、"标题幻灯片中不显示"并点击"全部应用"按钮确认。

② 选择第 1 张版式里的标题文本框,单击"开始/字体",设置字号为 28 磅。

③ 选择第 1 张版式里的内容文本框,单击"开始/字体",设置字号为 14 磅。

(9) 设置第 3 张、第 6 张幻灯片以及第 5 张、第 7 张、第 8 张幻灯片的版式

① 在普通视图下,分别右击第 3 张、第 6 张幻灯片,在快捷菜单中选择"版式/标题和内容",设置相应版式。

② 再分别点击第 5 张、第 7 张、第 8 张幻灯片,在快捷菜单中选择"版式/图片与标题",设置相应版式。

(10) 复制文字并调整文字的层级关系

图 4-3-61　分析主体（第 5 张幻灯片）

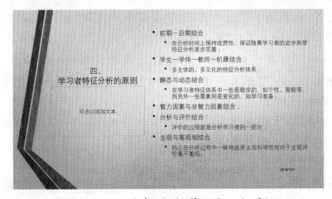

图 4-3-62　分析原则（第 6 张幻灯片）

图 4-3-63　分析模型（第 7 张幻灯片）

① 在第 6 张幻灯片后插入一张版式为"图片与标题"的幻灯片。

② 选择"配套资源\第 4 章\L4-38-1.docx"文档中的相应文字,将其复制粘贴到第 5 张、第 6 张和第 7 张幻灯片中。

③ 选择粘贴好的文字,单击"开始/段落"中的"项目符号"命令,使用默认符号设置项目符号,如图 4-3-61、图 4-3-62、图 4-3-63 所示。

(11) 将文字转换为 SmartArt 图形

分别选择第 5 张、第 6 张和第 9 张幻灯片中文字所在的文本框,单击"开始"中"转换成

SmartArt"命令,分别设置为"基本循环"版式、"垂直块列表"版式和"垂直项目符号列表"版式,颜色默认。

(12) 利用形状工具绘制模式图和矩形

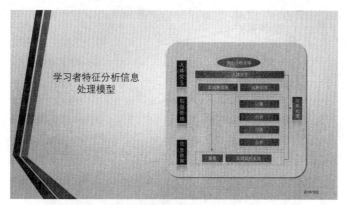

图 4-3-64 处理模型

① 在第 8 张幻灯片中,单击"插入/插图/形状"中的相应形状,绘制中注意同级形状大小相同、间距相等。

② 注意各分组模块等长等高,内部图形对称排列,文字居中对齐。对齐可以选择相应形状,使用"绘图工具/格式/排列/对齐"中的"横向分布"和"纵向分布"命令。

③ 在第 7 张幻灯片中,单击"插入/插图/形状"中的矩形形状,鼠标右击形状,在快捷菜单中选择"设置形状格式"命令,设置形状格式的深度、材料、光源、三维旋转的参数,如图 4-3-65 所示。立方体的最终效果如图 4-3-66 所示。

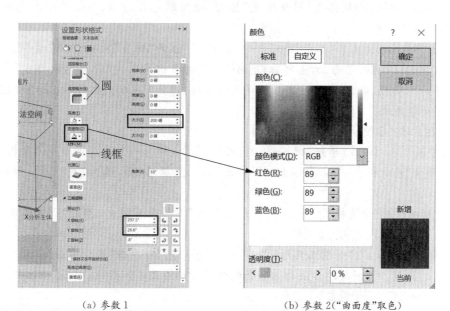

(a) 参数 1   (b) 参数 2("曲面度"取色)

图 4-3-65 绘制立方体的参数

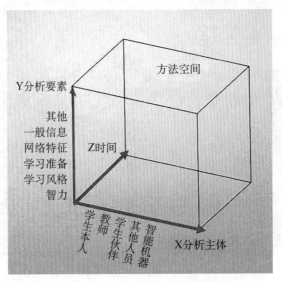

图 4-3-66　立方体效果

(13) 更改 SmartArt 图形的填充色和线条

为了起到装饰作用，将各张幻灯片中的 SmartArt 的形状色块部分的填充色改为主题设计中修饰线条的深灰色。将所有 SmartArt 形状的宽度统一设置为 22 厘米，主标题行高度均为 2 厘米，垂直位置为 7 厘米。

① 选中第 4 张幻灯片，将其转换为"水平项目符号"列表，选中图形上的部分形状，单击"SmartArt 工具/格式/形状样式/形状填充"按钮，使用取色器，蘸取幻灯片中灰色的装饰框线，修改形状填充颜色。

② 单击"SmartArt 工具/格式"选项卡中的"排列"组的"对齐"按钮，设置对齐方式为"水平居中"；选中 SmartArt 图形，右击鼠标，选择"设置对象格式"，在"设置形状格式"窗格中设置垂直位置为 7 厘米，宽度为 22 厘米。同样在该窗格，将第 4 张幻灯片中 SmartArt 图形的首行高度设置为 2 厘米。

(14) 为图片增加底纹

① 选中第 7 张幻灯片，单击"插入/插图/形状"命令，插入一个圆角矩形，在"绘图工具/格式"动态选项卡"形状样式"下拉箭头组中，单击"其他主题填充"，选择"样式 2"，如图 4-3-67 所示。

② 在"形状轮廓"中选择"无轮廓"，在"形状效果"下拉箭头组中，单击"阴影"，选择"右下斜偏移"。

③ 选中形状底纹，在"绘图工具/格式/排列/下移一层"中单击"置于底层"命令，按样张将其移至合适的位置。用同样的方法为第 8 张幻灯片中的图形添加底纹。

(15) 为所有幻灯片设置背景

① 单击"视图/幻灯片母版"，选择第 1 张版式，在"背景/背景样式"中选择"样式 10"。

② 关闭幻灯片母版，将设置应用于全部幻灯片。

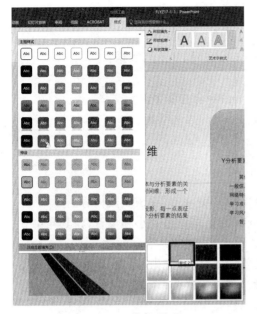

图 4-3-67　选择样式 2

图 4-3-68　修饰标题文字

(16) 修饰标题文字

① 选中第 2 张幻灯片，将正文第 2 段的"关键词"几个字删去。选中"摘要"标题文字，将其改为白色。单击"插入/插图/形状"命令，插入一个矩形，形状轮廓设置为"白色"。

② 单击形状，选择"绘图工具/格式/排列"，单击"下移一层"，将该形状置于"摘要"文字下方。

③ 复制"摘要"文字及矩形，将"摘要"改为"关键词"并移至合适的位置。选择两个矩形，选择"绘图工具/格式/排列/对齐"命令，使用"右对齐"命令，对齐矩形位置，如图 4-3-68 所示。

(17) 为箭头添加动画效果

选择第 7 张幻灯片中的三个箭头，分别设置"向上"、"向右"、"向上"方向的"擦除"效果动画；"持续时间"为 1 秒钟，"计时"为"上一动画之后"。

① 分别选择箭头线段，单击"动画/擦除"，在"效果选项"下拉菜单中分别设置三种方向。

② 单击"动画/计时"，分别设置"开始"与"持续时间"。

(18) 计算演练答辩时间

① 单击"幻灯片放映/排练计时"，计算各张幻灯片答辩所用的时间。

② 单击〈Esc〉键，退出计时并选择保存每页幻灯片的计时时间。

习题与实践

1. 简答题

(1) 插入幻灯片的视频在播放前会显示为带播放器框架的静态图片样式，默认显示静态的图片（影片的第一个画面）。如何能自定义静态图片，使封面看起来更加美观？

（2）说说触发器和超级链接的区别。

（3）演示文稿中粘贴的 Excel 表格，如何能与原 Excel 表格同步更新数据？

（4）如何用移动设备控制 PPT 播放？

（5）在"审阅"选项卡中有"比较"命令，尝试使用这个命令合并多个演示文稿。

（6）以修改字体为例，思考规范使用占位符的好处。

2. 实践题

建议先查看"SYYZ4-5-1.pptx"文件，再打开文件"SY4-5-1.pptx"完成实践内容。

（1）将第 1 张幻灯片中的图片替换为"SY4-5-2.jpg"并适当调整大小和位置，将其与第 3 张幻灯片图片的颜色均设置为"绿色，个性色 6 深色"。

（2）在第 4 张幻灯片中添加多个任意形状并将其叠加，颜色设置为"绿色，个性色 6"系列里的任意一种颜色，形状轮廓设置为"无轮廓"；为图片添加绿色框线；为文字设置图像填充，使用的图像为"SY4-5-3.jpg"，效果如图 4-3-69 所示。

图 4-3-69　网球页面效果

（3）为第 5 张幻灯片中的笔刷形状填充图像"SY4-5-4.jpg"，如图 4-3-70 所示。

图 4-3-70　自行车页面效果

（4）在第 6 张幻灯片中插入文稿"SY4-5-5.pptx"中的视频素材，适当调整大小和位置，设置视频标牌框架，如图 4-3-71 所示。

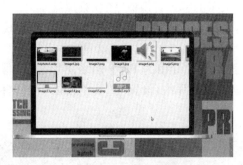

图 4-3-71　插入视频

（5）使用"应用商店"内的"Emoji Keyboard"图表，装饰第 8 张幻灯片中的图表；使用"应用商店"内的"高级二维码编辑器"，插入任意一个二维码，如图 4-3-72 所示。

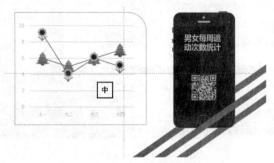

图 4-3-72　插入装饰和二维码

（6）在第 9 张幻灯片表格下插入黑色半透明底纹。

（7）设置第 11 张幻灯片的表格格式；插入图片"SY4-5-6. jpg"、"SY4-5-7. jpg"，如图 4-3-73 所示。

（8）设置第 12 张幻灯片内的文字，如图 4-3-74 所示。

图 4-3-73　幻灯片效果

图 4-3-74　框线

提示：添加文本框，输入若干个"一"，使用"文本效果/转换"组中的"弯曲/圆形"命令，适当调整圆心的大小。

（9）将演示文稿中所有文字的字体替换成"微软雅黑"。

（10）设置文稿逻辑节，名称分别为"封面"、"目录"、"内容"。其中"内容"包含第3张开始的全部幻灯片。

（11）将第5张和第8张幻灯片导出为PNG网络图形格式，保存在文件夹"图片组"中。将保存的图片分别插入相应的幻灯片中，设置为"置于顶层"，摆放位置如图4-3-75、图4-3-76所示。

图4-3-75　插入图片（1）

图4-3-76　插入图片（2）

（12）设置文稿超链接颜色为"黄色"；已访问的超链接颜色为"白色，文字1"。

> 提示：在"设计/变体/颜色"中，选择"自定义颜色"命令对超链接颜色进行设置。

（13）打开素材"SY4-5-8. pptx"放映，在放映中按〈PrtSc〉键截图，将 3 张截图均保存到第 10 张幻灯片并适当调整大小和位置；添加半透明绿色矩形作为整个幻灯片的蒙版并将其置于顶层。

（14）将素材"SY4-5-9. pptx"中的幻灯片按顺序全部复制到第二节的"目录"中。为第 2 张幻灯片中的所有图片设置动作，将灰色图片依次设置为鼠标悬停超级链接到第 3 至第 12 张幻灯片；彩色图片依次设置为单击鼠标超级链接到第 13 至第 22 张幻灯片。

（15）对第 14 张幻灯片内的所有对象设置"淡出"动画，除文字外，其他对象的计时为"上一动画之后"，文字为"与上一动画同时"。除图片和文字动画的持续时间为"02：00"外，其他动画的持续时间均为"00：25"。

（16）对第 15 张幻灯片的形状设置"飞入"动画，计时为"上一动画之后"，效果选项为"自右侧"。

（17）对第 16 张幻灯片的图片设置延迟"01：00"的"退出/淡出"动画；视频设置延迟"01：00"的"播放"动画，计时均为"上一动画之后"开始。其他动画要求参见"SYYZ4-5-1. pptx"样张。

（18）设置第 22 张幻灯片文字"Replay"链接到第 2 张幻灯片。

（19）设置幻灯片切换方式，依次为"淡出"、"页面卷曲"、"无"、"无"、"无"、"无"、"无"、"无"、"无"、"无"、"无"、"无"、"门"、"淡出"、"推进/自右侧"、"缩放/切出"、"缩放/切出"、"缩放/切入"、"日式折纸/向左"、"无"、"涡流"、"缩放/切出"。除第 1 张和第 2 张幻灯片的换片方式为"单击鼠标时"，其他幻灯片均设置为"设置自动换片时间"。

4.4 综合练习

4.4.1 选择题

1. 关于 PDF 文档，说明不正确的是_____。
   A. PDF 是 Portable Document Format 的缩写，意为"可移植文档格式"
   B. 由 Adobe 公司最早开发的跨平台文档格式
   C. Adobe Acrobat Pro 可以将 PDF 文件格式导出为 Word 格式
   D. Adobe Acrobat Reader 只能对 PDF 文本进行阅读，不能进行标注

2. 在 Word 中，如果使用者需要对文档进行内容编辑，最好使用审阅选项卡内的_____命令，以便文档的其他使用者了解修改情况。
   A. 批注　　　　　　B. 修订　　　　　　C. 比较　　　　　　D. 校对

3. 在 Word 中，表述错误的是_____。
   A. 选择文件功能区中的打印选项可以进行页面设置
   B. 表格和文本可以互相转换
   C. 可以给文本选择各种样式，并且可以更改样式
   D. 页边距不能通过标尺进行设置

4. 文档内的图片在添加_____后，使用者可以通过插入交叉引用的方式在文档的任意位置引用该图片。
   A. 脚注　　　　　　B. 题注　　　　　　C. 引文　　　　　　D. 索引

5. SmartArt 图形包含_____。
   A. 流程图　　　　　B. 关系图　　　　　C. 矩阵图　　　　　D. 以上都包括

6. 在 Word 操作中，如果有需要经常执行的任务，使用者可以将完成任务要做的多个步骤录制到一个_____中，形成一个单独的命令，以实现任务执行的自动化和快速化。
   A. 批处理　　　　　B. 域　　　　　　　C. 宏　　　　　　　D. 代码

7. 在选择性粘贴时，可以使复制的数据与原数据修改时保持一致的选项是_____。
   A. 值　　　　　　　B. 格式　　　　　　C. 转置　　　　　　D. 粘贴链接

8. 利用 Excel 软件对数据进行的排序不包括_____。
   A. 简单排序　　　　B. 复杂排序　　　　C. 单元格排序　　　D. 自定义排序

9. 使用高级筛选时，处于条件区域内同一行的条件是_____关系。
   A. 与　　　　　　　B. 或　　　　　　　C. 非　　　　　　　D. 与或

10. 筛选就是从数据列表中显示满足符合条件的数据，筛选有_____筛选和高级筛选。
    A. 自动　　　　　　B. 手动　　　　　　C. 低级　　　　　　D. 简单

11. _____可以对大量数据进行快速汇总和建立交叉列表的交互式表格。
    A. 数据透视表　　　B. 分类汇总　　　　C. 筛选　　　　　　D. 排序

12. 在创建分类汇总前，必须根据分类字段对数据列表进行_____。

    A. 筛选   B. 排序   C. 计算   D. 指定

13. 不属于 Excel 主要功能的是_____。

    A. 数据图表   B. 排序筛选

    C. 计算与函数   D. 文字排版

14. 在 Excel 图表中，_____可以存放在单元格中。

    A. 柱形图   B. 迷你图

    C. 直方图   D. 透视图

15. 在 A1、A2 单元格中分别输入第一季度、第二季度，选中 A1：A2 区域，使用填充柄功能填充，在 A4 单元格内生成的信息是_____。

    A. 第一季度   B. 第二季度   C. 第三季度   D. 第四季度

16. 单元格 C3 中输入公式为"＝IF(AND(B3＞＝9.9,B3＜＝10.1),"合格","不合格")"，若 B3 的值为 10，则单元格 C3 显示_____。

    A. 合格   B. 不合格   C. 10   D. 错误标记

17. PowerPoint 触发器动画除使用鼠标单击对象的方式触发外，还可以使用_____来触发动画。

    A. 书签   B. 节   C. 切换   D. 动画刷

18. 下列不是 PowerPoint 能保存的文件格式扩展名的是_____。

    A. potx   B. wmv   C. pptx   D. dbk

19. PowerPoint 中编辑时可以多次被不同文档使用的是_____。

    A. 母版   B. 模板   C. 版式   D. 节

20. PowerPoint 文档打印时不能选择的颜色效果是_____。

    A. 灰度   B. 纯黑白   C. 颜色   D. RGB 色

21. PowerPoint 中，从外部复制的文字，不可以用_____粘贴选项进行粘贴。

    A. 图片   B. 纯文本   C. 保留原格式   D. 嵌入

22. 强制使用演示者视图的组合键是_____。

    A. 〈Alt〉＋〈F5〉   B. 〈Ctrl〉＋〈F5〉

    C. 〈Alt〉＋〈F12〉   D. 〈Alt〉＋〈Shift〉＋〈F5〉

23. PowerPoint 中动作路径动画分为三类，不包含以下的_____。

    A. 基本   B. 直线和曲线   C. 特殊   D. 细微型

24. PowerPoint 中可以影响所有幻灯片效果的，不包含以下的_____。

    A. 改变母版   B. 改变动画   C. 改变主题   D. 改变切换

25. 在演示文稿中，如果要演示电脑操作过程给大家看，可以使用_____命令，将操作过程提前插入到幻灯片中。

    A. 动作   B. 屏幕截图   C. 屏幕录制   D. 加载项

4.4.2　是非题

1. 在 Word 中，利用水平标尺可以设置段落的缩进格式。

2. 在 Word 中，一种选定矩形文本块的方法是按住〈Ctrl〉键的同时用鼠标拖曳。

3. 在 Word 功能区中按〈Alt〉键可以显示所有功能区的快捷键提示，按键盘〈Esc〉可以退出键盘快捷方式提示状态。

4. 在 Excel 中，工作簿、工作表、单元格三者是包含关系。

5. 在 Excel 中，最小的操作单位是单元区域。

6. 简单排序是根据数据表中的某一字段进行单一排序。

7. 在已经建立好的分类汇总的列表基础上，不能继续增加其他字段的分类汇总。

8. 想要创建一个包含演示文稿中的幻灯片和备注的 Word 文档，可以使用创建讲义命令。

9. PowerPoint 中，需要将一个对象的全部动画效果复制到另外一个对象时会用到动画格式刷。

10. 需要异地用户能同步察看 PowerPoint 文档的放映，需要用到联机演示命令。

4.4.3 综合实践

1. 打开"配套资源\第 4 章\ZH4-1-1.docx"，按如下要求操作，结果如图 4-4-1 所示，或者参见"配套资源\第 4 章\ZHYZ4-1-1.docx"。

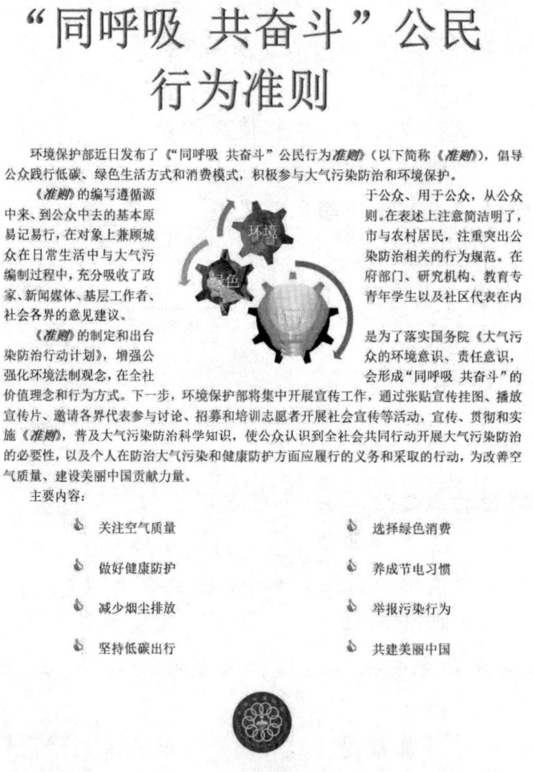

"同呼吸 共奋斗" 公民
行为准则

环境保护部近日发布了《"同呼吸 共奋斗"公民行为准则》（以下简称《准则》），倡导公众践行低碳、绿色生活方式和消费模式，积极参与大气污染防治和环境保护。

《准则》的编写遵循源中来、到公众中去的基本原则易记易行，在对象上兼顾城众在日常生活中与大气污染编制过程中，充分吸收了政家、新闻媒体、基层工作者、社会各界的意见建议。

《准则》的制定和出台染防治行动计划，增强公强化环境法制观念，在全社价值理念和行为方式。

于公众、用于公众，从公众则，在表述上注意简洁明了，市与农村居民，注重突出污染防治相关的行为规范。在府部门、研究机构、教育专青年学生以及社区代表在内

是了落实国务院《大气污众的环境意识、责任意识，会形成"同呼吸 共奋斗"的

下一步，环境保护部将集中开展宣传工作，通过张贴宣传挂图、播放宣传片、邀请各界代表参与讨论、招募和培训志愿者开展社会宣传等活动，宣传、贯彻和实施《准则》，普及大气污染防治科学知识，使公众认识到全社会共同行动开展大气污染防治的必要性，以及个人在防治大气污染和健康防护方面应履行的义务和采取的行动，为改善空气质量、建设美丽中国贡献力量。

主要内容：

🔶 关注空气质量　　　　　　🔶 选择绿色消费

🔶 做好健康防护　　　　　　🔶 养成节电习惯

🔶 减少烟尘排放　　　　　　🔶 举报污染行为

🔶 坚持低碳出行　　　　　　🔶 共建美丽中国

图 4-4-1　Word 样张

（1）设置文档标题为艺术字"填充-橄榄色，着色 3，锋利棱台"。

（2）设置所有段落首行缩进 2 字符。

（3）插入如图 4-4-1 所示的 SmartArt 图形，其中 SmartArt 中的图片为"ZH4-1-2.jpg"、

"ZH4-1-3.jpg"和"ZH4-1-4.jpg",更改颜色为"彩色范围-个性色 5 至 6"。

(4) 如图 4-4-1 所示,适当调整 SmartArt 图形的大小,并设置如图 4-4-1 所示的图文混排格式。

(5) 将文章中除标题之外的"准则"两个字都设置为红色、加粗、倾斜。

(6) 如图 4-4-1 所示,为文中结尾处的"主要内容"添加如样张所示的红色、四号项目标志👍。

(7) 如图 4-4-1 所示,将"主要内容"分为两栏。

(8) 插入空白型页脚,自行搜索中国环境标志,宽度和高度约为 2 厘米,如图 4-4-1 所示插于页脚,页脚底端距离 6 厘米。

2. 按中华人民共和国 2018 年国民经济和社会发展统计公报,2014—2018 年三次产业增加值占国民生产总值比重如图 4-4-2 所示,创建名为"国民经济统计"的工作簿文件,并按如下要求操作,样张如图 4-4-3 所示,或参见"ZHYZ4-2-1.xlsx"。

图 4-4-2　三次产业增加值比重图

(1) 利用所学的输入方法建立数据表,输入数值前设置数据验证条件。

(2) 复制工作表,将工作表更名为"产业增加值比重表",标签颜色设置为"金色,个性色 4,淡色 40%"。

(3) 将表格标题设置为"华文新魏"、"16 磅"、"橙色,个性色 2",并在 A1:G1 单元格内跨列居中,底纹为"蓝色"。

(4) 利用公式计算 2014—2018 年各产业增加值占国内生产总值的比重的平均值,其结果保留 1 位小数。

(5) 将第三产业增加值比重超过 50% 的单元格设置为浅红填充色、深红文本。

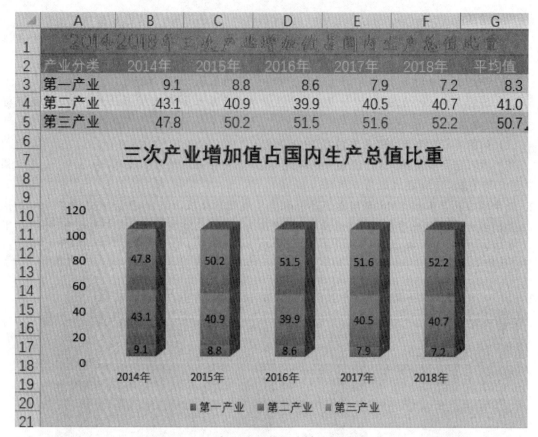

图 4-4-3　Excel 样张

（6）套用表格格式中的"表样式深色 9"，将区域转为普通。

（7）在 A6:G21 区域创建如图所示图表，背景格式为形状样式"细微效果-金色，强调颜色 4"。

3. 打开"配套资源\第 4 章\ZH4-3-1. pptx"文件，利用文件夹中的素材资料，按如下要求操作。

（1）在母版里删除所有没有使用的版式，将颜色改为"黄绿色"。

（2）在第 1 张中，用"ZH4-3-2. jpg"图片替换原有图片并适当调整大小；在母版版式里删除文字占位符的同时放大图形框的尺寸，在幻灯片中居中。

（3）在第 2 张中，用"ZH4-3-3. jpg"图片替换原有图片并适当调整大小。在第 4 张中，插入"ZH4-3-4. jpg"图片并适当调整大小；在第 5 张中，插入"ZH4-3-5. jpg"图片并适当调整大小。

（4）在第 3 张中，将主标题文字改为"节气"，字号为"72 磅"；副标题文字改为"时间的流转"；字体为"微软雅黑"。在第 6 张中，将主标题文字改为"未完待续"；副标题超级链接到第 1 张幻灯片的同时，将文字改为"敬请期待"。

（5）在第 7 张中，将版式改为"竖排标题和文本"；将"ZH4-3-6. txt"内的文字复制到幻灯片内，行距为"双倍行距"，字体为"华文隶书"；将主标题文字改为"介绍"。

（6）删除第 8 张至第 12 张幻灯片，移动第 3 张幻灯片到第 1 张幻灯片前，移动第 7 张幻灯片到第 2 张幻灯片前。

（7）将所有幻灯片的切换方式改为"涟漪"，效果选项为"从左下部"，切换方式为"自动换片时间 00∶04∶00"。第 1 张幻灯片切换时播放"ZH4-3-7. wav"声音。

(8) 所有幻灯片的图片动画均为"浮入",效果选项为"上浮",计时方式为"上一动画之后"。

(9) 将第 2 张幻灯片的文字动画设置为"浮入",效果选项为"按字/词"进行"下浮",计时方式为"上一动画之后"。

(10) 在最后一张幻灯片中插入图片"ZH4-3-4. jpg"、"ZH4-3-3. jpg"、"ZH4-3-8. jpg"、"ZH4-3-5. jpg",利用图片版式"图片条纹"生成 SmartArt 图形,并适当调整图形的大小和位置。将动画设置为"随机线条",效果选项为"逐个",计时方式为"上一动画之后"。

(11) 在母版中插入"开始"按钮,设置为"无动作",播放"风铃"声音;母版中插入"结束"按钮,设置为"无动作"、"停止前一声音"。

(12) 放映幻灯片查看效果。

本章小结

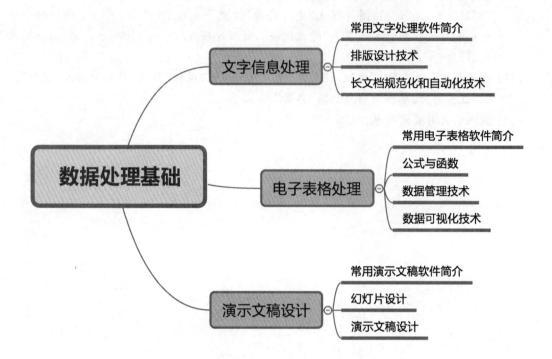